SJ
1842

Manfred Flemming · Gerhard Ziegmann
Siegfried Roth

Faserverbundbauweisen

Fasern und Matrices

Mit 200 Abbildungen

Springer-Verlag Berlin Heidelberg GmbH

Professor Dr. Manfred Flemming
ETH Zürich
Institut für Konstruktion und Bauweisen
Tannenstrasse 3
CH - 8092 Zürich

Dr. Gerhard Ziegmann
ETH Zürich
Institut für Konstruktion und Bauweisen
Bauweisenlabor
Wagistrasse 13/18
CH - 8052 Schlieren

Dipl.-Ing. FH Siegfried Roth
Tobelstraße 17
D - 88682 Salem

ISBN 978-3-642-63352-2   ISBN 978-3-642-57776-5 (eBook)
DOI 10.1007/978-3-642-57776-5

CIP-Eintrag beantragt

Satz: Reproduktionsfertige Vorlage der Autoren
SPIN: 10126793   62/3020 - 5 4 3 2 1 0 - Gedruckt auf säurefreiem Papier

Dieses Buch widmen wir unseren

geduldigen Frauen

Christa

Gabriele

Elisabeth

Vorwort

Dieses Buch ist aus der Überzeugung entstanden, daß die Faserverbundwerkstoffe einer großen Zukunft entgegensehen. Absehbar entwickeln sich zukünftige Werkstoffe zu komplizierten Stoffsystemen mit mehreren Funktionen.

Der Umgang solcher Systeme verlangt ein tiefes Verständnis der Stoffkomponenten und des Gesamten. Deshalb werden die derzeit und zukünftig verwendeten Fasern und Matrixsysteme näher beschrieben. Dabei wird versucht verstärkt auf Probleme einzugehen, die das Verhalten dieser Werkstoffe wesentlich mitbestimmen.

Der Bereich der Verstärkungsfasern umfaßt neben den Glas-, Kohlenstoff- und Aramidfasern auch polymere Fasersysteme, denen eine große Zukunft für Hybridanwendungen in belasteten Strukturen nachgesagt wird. Zusätzlich werden heute bekannte Naturfasern besprochen sowie deren Potential diskutiert und mit bekannten Synthesefasern verglichen.

Schließlich seien noch exotische Keramikfasern erwähnt, die bei Hochtemperaturanwendungen - zusammen mit entsprechenden Matrices - verstärkt Eingang finden.

Die Beschreibung der Matrices beinhaltet schwerpunktmäßig die polymeren Systeme, die den überwiegenden Anteil in der Anwendung ausmachen. Neben Polyester- und Epoxidharzen werden Hochtemperatursysteme wie Polyimide und Bismaleinimide diskutiert sowie die bekannten Phenolharze erfaßt.

Selbstverständlich umfaßt das Buch die immer bedeutender werdenden thermoplastischen Polymere, die das Einsatzspektrum und die Bauweisentechnologie für Faserverbunde beträchtlich erweitern können.

Auch die heute exotischen Randbereiche der keramischen und metallischen Matrixsysteme werden betrachtet, um dem Leser einen gesamthaften fundierten Überblick über die Werkstoffe in der Faserverbundtechnologie zu präsentieren.

Dieses Buch wird in Kürze ergänzt durch weitere Werke, die vor allem die Bauweisen und die Fertigungstechniken enthalten. Ein weiterer Schwerpunkt wird sich mit der Darstellung und Diskussion der mechanisch/physikalischen Eigen-schaften befassen.

Die Autoren sind seit vielen Jahren an vorderster Front im Bereich der Faserverbundwerkstoffe tätig, in Industrie und Hochschule. Das vorhandene fundierte Wissen ist in diesem Buch umgesetzt. Es dient sowohl als Lehr- als auch als Nachschlagewerk für das stetig wachsende Gebiet der Faserverbundbauweisen.

Unser Dank gilt insbesondere unseren Mitarbeitern Frau Götz, Herrn Hintermann, Herrn Arias und Herrn Christen sowie deren Hilfsassistenten, die ganz wesentlich am Entstehen dieses Buches beteiligt waren.

Zürich/Schlieren, im Frühjahr 1995

M. Flemming
S. Roth
G. Ziegmann

Inhaltsverzeichnis

1. Einführung

Unsere Gesellschaft, unsere Wirtschaft und Industrie werden aus technischer Sicht zunehmend von folgenden Technologiesäulen bestimmt [1.1]:
- *Elektronik*
- *Kommunikation*
- *Gentechnologie*
- *Werkstoffe*

Die Säule "Werkstoffe" ist dabei die einzige mit langer Tradition. Nicht umsonst wurden ganze Epochen wie *Stein-*, *Eisen-* und *Bronzezeit* nach Werkstoffen benannt. Diese Reihe setzte sich fort mit *Stahl* und Aluminium, die bis heute bedeutende Industriekerne bilden.

Wie Abb. 1.1 zeigt, durchlaufen Technologien während ihren Lebenszyklen mehrere Phasen. Es ist leicht nachvollziehbar, daß etablierte Werkstoffe, Produkte und Systeme in der Reifephase der S-förmigen Wachstumskurve liegen. Ohne Zuführung von Zukunftstechnologien werden diese Werkstoffe und deren Produkte auslaufen oder sich in Billigländer verlagern. Ein typisches Beispiel hierzu ist der Billigstahl. In Industriestaaten produzierter Billigstahl ist in der Regel am Markt nicht mehr absetzbar. Er wird, wie hinreichend bekannt, subventioniert. Davon ausgenommen sind Spezialstähle, also Legierungen, deren Herstellung ein beträchtliches Know-how erfordern. Dies gilt im Prinzip auch für *Aluminium*. Solche Spezialitäten verbessern die Produkte und verlängern damit deren Lebenszyklus, Abb. 1.2. Schrittmachertechnologien können die Reifephase deutlich verlängern. Zur Zukunftsvorsorge müssen diese Schrittmachertechno-

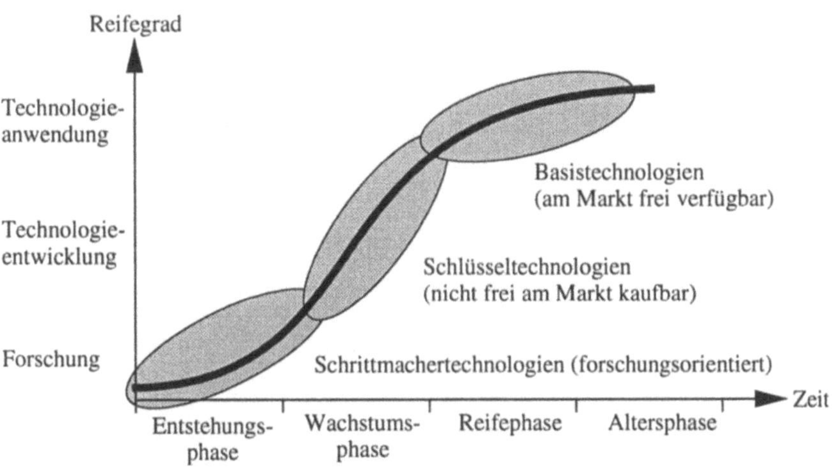

Abb. 1.1. Technologien als Funktion ihrer Position auf der Lebenszykluskurve [1.1]

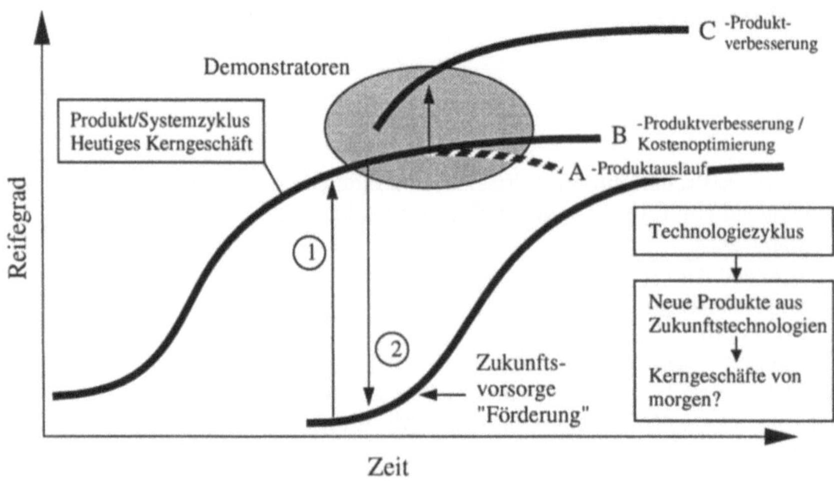

Schrittmachertechnologien sind Bindeglied zwischen heutigen und morgigen Geschäften:

⇒ Stützung heutiger Produkte durch wirtschaftlichere Produktion (z.B. Künstl. Intelligenz)
⇒ Nucleus für neue, d.h. zukünftige Geschäfte

⇒ Forcierung geschäftsfeldübergreifender Schrittmachertechnologien

Abb. 1.2. Auswirkung von *Zukunftstechnologien* auf Produktzyklen (generell)
[1.1]

logien zeitlich, d.h. vor der Sättigung der Kurve B in Abb. 1.2 in den Prozeß
eingespeist werden, sie sind also Bindeglied zwischen heutigen und morgigen
Geschäften. Moderne Werkstoffe haben wirtschaftlich eine große Bedeutung.
Nach [1.2] stimulieren neue Materialien das Wachstum in vielen Bereichen der
Wirtschaft. Letztlich ist es sogar so, daß der Fortschritt in der Werkstoffkunde die
Wachstumsgeschwindigkeit von Schlüsselsektoren der Wirtschaft bestimmt.

Die herausragende Bedeutung der Werkstoffe für die Geschäftsfelder *Luftfahrt*,
Raumfahrt, *Verteidigungstechnik* und Antriebe der Daimler-Benz Aerospace AG
(DASA) zeigt Abb. 1.3 aus [1.1]. Das Technologiefeld:

    Werkstoffe/*Bauweisen* - Flexible Fertigung/*Fertigungsverfahren*

ist als einziges in allen DASA-Geschäftsfeldern vertreten.

Werkstoffe bestimmen also maßgeblich unsere Zukunft.

Es ist festzustellen, daß sich im Laufe der Zeit die Materialindustrie der Luft-
und Raumfahrt mehr und mehr von traditionellen monolithischen Werkstoffen
wie Aluminium, *Titan* u.a. weg und zu den Verbundwerkstoffen hin entwickelt.

Dieser Prozeß ist nicht abgeschlossen und wird noch Jahre andauern [1.3]. Ziel
dieser Verbundwerkstoffe ist es, daß man aus wenigsten zwei unterschiedlichen
Stoffen als Summenwirkung Verbundeigenschaften erzielt , die mit den einzelnen
Komponenten alleine nicht erreicht werden [2.5]. Die erste Generation solcher
Werkstoffe liegt bereits hinter uns.

Schlüsseltechnologiefelder	Anwendungsbr	GB-L	GB-R	GB-V	GB-A
Mikro & Optoelektronik	o				
Photonik	o				
Hochempfindliche Radarsysteme	o		3	7	
Hochleistungsrechner	o				
Signatur-Erkennung	o			6	
Daten & Bildverarbeitung	o		2	7	
Energieumwandlung/Aufbereitung	o			3	
Supraleitung	o				
Life Science	o		1		
Luftatmende Antriebe	x		2		5
Flugphysik/Aerothermodynamik	x	6	1		
Flugsysteme/Avionik	x	12	1	1	
Hochenergieimpulstechnik Waffensystemumgebung Überschall-Projektile und Antriebe Materialien mit hoher Energiedichte	x	1		5	
Werkstoffe/Bauweisen Flexibl. Fertigung/Fertigungsverfahren	o	9	11	4	3
Simulation und Modellierung Passive Sensoren Künstl. Intelligenz und Robotik Software-Entwicklung/-Engineering	o		6	6	1

Abb. 1.3. Verteilung und Häufigkeit der DASA-Schlüsseltechnologien pro Geschäftsfeld bezogen auf Schlüsseltechnologiefelder. *GB-L* Geschäftsbereich Luftfahrt, *GB-R* Geschäftsbereich Raumfahrt, *GB-V* Geschäftsbereich Verteidigungstechnik, *GB-A* Geschäftsbereich Antriebe [1.1]

Glas-, *aramid-* und kohlenstoffaserverstärkte *Kunststoffe* sind in der Luftfahrt, Raumfahrt und Verteidigungstechnik längst etabliert, aber auch in den Branchen außerhalb dieser Geschäftsfelder. Momentan erleben wir bereits die 2. Generation von Verbundwerkstoffen, unter Verwendung besserer Verstärkungsfasern und Matrices. Die treibende Kraft hinter dieser Entwicklung ist der Wunsch der Industrie ihre Produkte noch weiter zu verbessern. Für die Luft- und Raumfahrt bedeutet dies letztlich schneller, höher weiter, leichter. Dieses Ziel kann mit neuen wirkungsvolleren Werkstoffen erreicht werden. Eine Schlüsselrolle spielen dabei die hochtemperaturfesten Verbundwerkstoffe zur Verbesserung der *Triebwerke* sowie der Strukturen von *Hyperschallflugzeugen*.

Der rasante Fortschritt auf dem Materialsektor ist durch das immer tiefere Verständnis der Natur der Werkstoffe begründet. So zeigte sich nach [1.4], daß Werkstoffe eine Art innere Architektur aufweisen - eine Hierarchie aufeinander aufbauenden Strukturebenen. Dadurch lassen sich die Unterschiede der Eigenschaften von verschiedenen Werkstoffen erklären und umgekehrt kann das Verhalten eines Werkstoffes durch die genaue Untersuchung seiner inneren Struktur vorhergesagt werden.

Solche Untersuchungen sind insbesondere durch eine Reihe neuer Geräte und Techniken wie z.B. die Elektronenmikroskopie erst möglich geworden. Die damit erschlossenen inneren Strukturen der Werkstoffe hat letztlich das Fundament zum Verständnis der einzelnen Werkstoffe geschaffen, welches zu neuen, künstlichen Werkstoffen führte [1.4]. Beispiele solcher Werkstoffe sind hochfeste *keramische* und *synthetische Verstärkungsfasern* und Kunststoffe, aber auch hochfeste und *hochtemperaturfeste Metallegierungen.*

Die Eigenschaften der Werkstoffe werden insbesondere durch die *chemischen Bindungen* zwischen den *Atomen* eines Werkstoffes bestimmt. Die fünf möglichen Bindungsarten zeigt Abb. 1.4. In den meisten Stoffen wirken mehrere von ihnen zusammen [1.4]. Die *Ionenbindung* entsteht zwischen Ionen, die sich gegenseitig anziehen. Bei der *kovalenten Bindung* teilen sich die Atompaare einige ihrer äußeren Elektronen und füllen so ihre Elektronenschale auf.

In einem Metall gehören die Elektronen der äußeren Schale aller Atomen gemeinsam an und bewegen sich als Leitungselektronen durch das Atomgitter. Die *van der Waals'sche Bindung* ist die schwache Anziehung zwischen benachbarten neutralen Atomen oder *Molekülen.*

Die etwas stärkere *Wasserstoffbrücken-Bindung* wird durch ein Wasserstoffatom vermittelt, in das sich zwei Moleküle teilen [1.4]. Die meisten hochfesten und -steifen *Konstruktionswerkstoffe* sind *Mehrkomponentensysteme* und werden als Verbundwerkstoffe bezeichnet [1.4]. Im einfachsten Fall besteht ein Verbundwerkstoff aus 2 Komponenten, einer verstärkenden Faser und einer Matrix. Beispiele hierzu sind die bekannten glas-, aramid- und kohlenstofffaserverstärkten Kunststoffe. Im Prinzip lassen sich beliebig viele verschiedene Komponenten in eine Kunststoffmatrix einbringen. Solche Verbunde zeigen meist multifunktionelle Eigenschaften. Durch das breite Spektrum von Verstärkungsfasern und *Matrixsystemen* sind dem Maßschneidern von *Verbundwerkstoffen* kaum Grenzen gesetzt. Zweifelsohne besteht hier ein enormes Potential, welches auszuschöpfen ist. Dies verstärkt sich dadurch, daß sich die Eigenschaften der Verstärkungsfasern in weiten Grenzen variieren lassen. Dies gilt nicht nur für die mechanischen Eigenschaften wie *Festigkeit* und *E-Modul,* sondern generell für die physikalischen Eigenschaften.

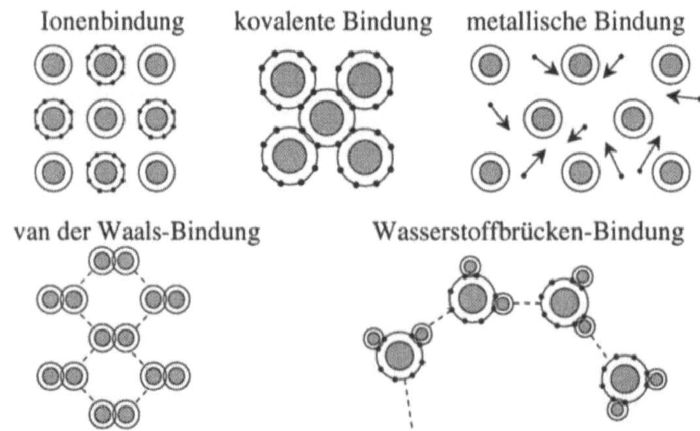

Abb. 1.4. Chemische Bindungsarten zwischen den Atomen eines Werkstoffes [1.4]

Die Matrixsysteme, eingeschlossen die metallischen und keramischen bieten, wie die Verstärkungsfasern ein breites Eigenschaftsspektrum. In zukünftigen Verbundwerkstoffen werden die Matrices mehr als nur "Klebstoff" sein. In [1.5] wird eindrucksvoll dargestellt, wie sich Polymere durch die gezielte Wahl ihrer Grundbausteine mittels raffinierter Verarbeitungsmethoden für die verschiedensten Zwecke maßschneidern lassen. Laut Baer [1.5] steht fest:

Die Polymere, die den Anforderungen von Industrie und Technik des 21. Jahrhunderts gewachsen sind, werden keine in sich einheitlichen, *monolithischen Materialien* sein, sondern äußerst kompliziert strukturierte *Stoffsysteme*. Die Aufgabe der Technologen und Ingenieure ist es, die phantastischen Möglichkeiten aufzugreifen, Schrittmachertechnologien zu entwickeln und den Produkten zuzuführen.

2. Faserarten

2.1 Kohlenstoffasern

Einleitung. Die *Kohlenstoffasern* gehören wegen der zweidimensionalen kovalenten Bindungen strukturmäßig zu den *Schichtwerkstoffen* [2.1]. Ein hoher *Orientierungsgrad* der Graphitkristalle und 100% *Parakristallinität* sowie die 2D-Struktur bestimmen das herausragende Eigenschaftsbild der Kohlenstoffasern in Abb. 2.1.1. Sie sind aus heutiger Sicht die interessantesten Verstärkungsfasern für Verbundwerkstoffe.

Ihre Geschichte beginnt um 1880. Damals wurden durch die *Pyrolyse* von pflanzlichen Stoffen bzw. Kunstseidefilamenten Kohlenstoffasern für die ersten Glühlampen von Edison und Swan hergestellt [2.2]. Mit der Erfindung der Metallwendel sank jedoch das Interesse an Kohlefäden. Erst in den 50er Jahren griff man, angeregt durch die Luftfahrtindustrie die Kohlefaser wieder auf. Zu diesem Zeitpunkt wußte man, daß eine orientierte Graphitstruktur sehr hohe E-Modul- und Festigkeitswerte aufweist, was dann durch praktische Erfahrungen mit *Graphitwhiskern* bestätigt wurde. Unter *Whisker* versteht man faserförmige *Einzelkristallite* mit anisotropem Gitteraufbau [2.3].

Struktur der Kohlenstoffaser. Das elementare Strukturelement der C-Faser ist die *Graphitschicht*. Abb. 2.1.2 zeigt die Elementarzelle des *Graphitkristalls*. Die *Schichtstruktur* ist deutlich erkennbar und bei handelsüblichen C-Fasern röntgenographisch und im Elektronenmikroskop nachweisbar [2.2, 2.4].

Kohlenstoffaser	Struktur	Eigenschaften
Ausgangsstoff Faser Oxidation/Karbonisierung	• 2D kovalente Bindungen • parakristallin (100%) • hohe Orientierung	• hohe Zugfestigkeit • sehr hoher Modul • spröde • gute thermische Beständigkeit • hohe Druckfestigkeit • hohe Dimensionsstabilität

Abb. 2.1.1. Struktur und Eigenschaften der Kohlenstoffaser [2.1]

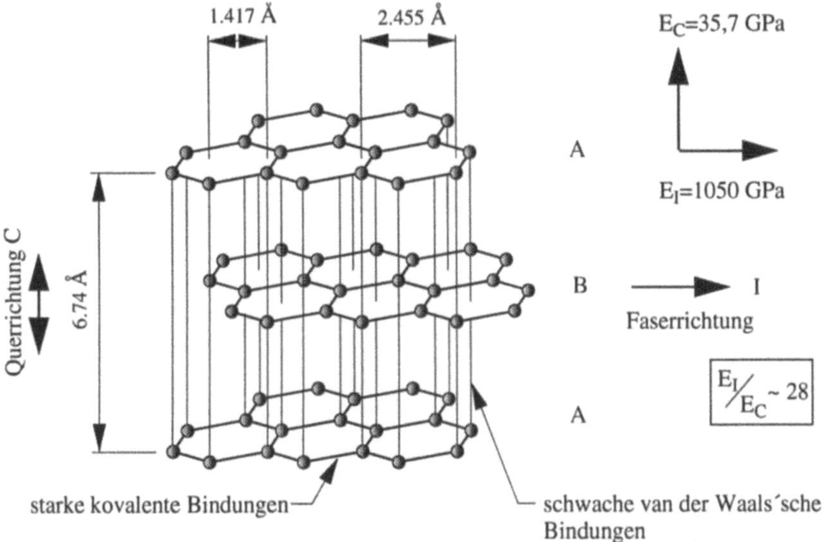

Abb. 2.1.2. *Gitteraufbau* des Kohlenstoffeinkristalls [2.8]

Die Ausrichtung dieser Kohlenstoffbänder bestimmt maßgeblich die Festigkeit und den Modul der Faser in Faserrichtung. Der *theoretische Modul E_I* in Faserrichtung ist 1050 GPa und der senkrechte Modul E_C nur 37,5 GPa. Das Verhältnis E_I/E_C ist ungefähr 28. Die *theoretische Festigkeit σ* in I-Richtung ist $\approx E_I/10$ [2.3, 2.4, 2.5] siehe auch Abb. 2.1.3. Die theoretische Festigkeit und die theoretischen Moduli lassen sich aus den *Bindungsenergien* errechnen. Voraussetzung zur Erreichung dieser Kennwerte ist, daß das Gitter komplett besetzt ist, also keine Fehlstellen aufweist. In der Praxis liegt jedoch keine geordnete Stapelung der Schichten in der ABA-Reihenfolge nach Abb. 2.1.2 vor.

Man beabsichtigte, endlose Kohlenstoffasern mit parakristallinen Strukturen herzustellen. Das Problem dabei war, *polykristalline Fasern* zu fertigen, bei denen die Kristalle bevorzugt in Faserrichtung angeordnet sind. Als Ausgangsmaterial zur Herstellung von Kohlenstoffasern dienen organische Fasern. Ganz allgemein werden drei Anforderungen an sie gestellt [2.2]:

1. daß der polymere *Prekursor* zu einem dünnen Faden versponnen werden kann,
2. daß er sich während der Pyrolyse weder zersetzt noch verflüchtigt und
3. daß er während der Pyrolyse nicht schmilzt und nicht zu sehr schrumpft, also seinen Fadenzustand nicht verliert.

Darüber hinaus muß nach der Pyrolyse ein hoher *Kohlenstoffrückstand* gewährleistet sein., d.h. die Polymerfaser muß in ihrer *Molekülstruktur* einen hohen Kohlenstoffanteil aufweisen.

Ausgangsmaterialien zur Herstellung von C-Fasern. Bei den Entwicklungen Anfang der 60er Jahre wurden in den USA i.w. *Viskosefasern* als Prekursor eingesetzt. Die Kohlenstoffausbeute beträgt dabei jedoch nur ca. 20 % des

Theoretischer Wert für Graphit-Einkristall	Heutiger Stand für C-Fasern	Zukunft ?
E-Modul: $E_I = 1050\,\text{GPa}$	HT-Faser: $E = 250\,\text{GPa}$ HM-Faser: $E = 700\,\text{GPa}$	Weitere Verbesserungen sind unerheblich
Zugfestigkeit: $\sigma_{theor.} = E_I/10$	HT-Faser: $\sigma_{theor.} = 25\,\text{GPa}$ $\sigma_{exp.} = 5\,\text{GPa}$ $= 20\,\%\ \sigma_{theor.}$ HM-Faser: $\sigma_{theor.} = 70\,\text{GPa}$ $\sigma_{exp.} = 3\,\text{GPa}$ $\sim 4\,\%\ \sigma_{theor.}$	Verbesserungen sind noch zu erwarten z.B. E-Modul $= 500\,\text{GPa}$ $\rightarrow \sigma = 50\,\text{GPa}$ $(\varepsilon = 10\,\%)$

Abb. 2.1.3. Theoretische und praktische Eigenschaften von Kohlenstoffasern [2.5]

Ausgangsmaterials. Heute werden dagegen überwiegend *Polyacrylnitrilfasern* (PAN), also *polymeres Ausgangsmaterial* (Prekursor) zur Herstellung von Kohlenstoffasern verwendet.

Der Erfolg der japanischen Hersteller ist vor allem darauf zurückzuführen, daß sie sich von Anfang an auf PAN konzentrierten, das neben einer Kohlenstoffausbeute von 50 % auch prozeßtechnisch einfacher zu handhaben ist. Ein weiterer Vorteil von PAN ist, daß es unter den Handelsnamen Courtelle, Dralon und Dolan in Massen vertrieben wird und deshalb vergleichsweise billig ist.
Die höchste Kohlenstoffausbeute mit >80 % erreicht man mit Pech (Abb. 2.1.4) [2.2, 2.6, 2.7, 2.8]. Deshalb gibt es seit Beginn der 70er Jahre in den USA große Bemühungen zur Entwicklung einer kostengünstigen C-Faser auf Pechbasis.
Die Firma Union Carbide hat mit Pech oder besser mit *Mesophasenpech* die Pechfaserentwicklung in den 70er Jahren maßgeblich bestimmt [2.1, 2.2]. In den 80er Jahren hat das japanische "Government Industrial Research Institute" in Kyushu bedeutende Verbesserungen erreicht. Mit der Kyushu-Methode lassen sich durch zusätzliche *Hydrierung* im Herstellprozeß Fasern mit sehr hohen Moduli und mit *Bruchdehnungen* >1 % herstellen [2.1].

Rohstoff	C [%]	H [%]	N [%]	O [%]	S [%]	Ausbeute CF [%]
RAYON	45	6	-	49	-	20
PAN	68	6	24	-	-	45
MPP	94	4	1.0	0.6	0.4	85

Abb. 2.1.4. Kohlenstoffaser-Rohstoff / *Kohlenstoffausbeute. CF* Carbonfaser [2.7]

Trotz dieser technischen Fortschritte gelang bis heute nicht die Herstellung einer C-Faser, die kostengünstiger ist als eine C-Faser aus PAN, obwohl Pech als Ausgangsmaterial wesentlich billiger ist als PAN.

Neben *Zellulose*, PAN und Pech kommen prinzipiell noch andere Ausgangsmaterialien zur Kohlenstoffaserherstellung in Frage, wie z.B. *Polyamide*, *Polyvinylalkohol* u.a., sowie alle verspinn- und *verkokbaren Kohlenwasserstoffe*, die nicht schmelzen [2.2].

2.1.1 Kohlenstoffasern aus PAN

Die Herstellung zeigt Abb. 2.1.5. Der erste Prozeßschritt ist die *Stabilisierungsreaktion* bei 200 - 300°C. Hier laufen zwei Vorgänge simultan ab, nämlich die *Cyclisierung* der Nitrilgruppe und die *Dehydrierung* der C/C-Kette durch (Luft) Sauerstoff. Dieser Prozeßschritt wird oft etwas unpräzise, aber anschaulich "Oxidation" genannt.

Die zweite Prozeßstufe - die Karbonisierungsbehandlung der stabilisierten PAN-Fasern - erfolgt im Stickstoffstrom. Die erreichten Festigkeiten und Zugmoduli hängen sehr stark von der gewählten Behandlungstemperatur sowie der Reinheit des Ausgangsmaterials ab [2.1]. Der Elastizitätsmodul in Faserrichtung steigt kontinuierlich mit der Behandlungstemperatur, während die Festigkeit bei ca. 1300°C ihr Maximum erreicht (Abb. 2.1.6). Deshalb stellt man im allgemeinen die Hochfestigkeitsfasern (High tensile (HT))und die Intermediate-Modulus- (IM) Fasern bei dieser Temperatur her.

Fasern vom Hochmodultyp (High-Modulus (HM)) werden dann zusätzlich in einer dritten Prozeßstufe einer Graphitisierungsbehandlung bei >2500°C ausgesetzt [2.1, 2.2].

Man kann heute bei den C-Fasern 4 Gruppen unterscheiden.

Die ersten beiden Gruppen stellen die klassischen Kohlenstoffasern dar und wurden schon vor 1980 entwickelt:
1. Die hochfeste Kohlenstoffaser (High-Tensile (HT)), die immer noch 90 % des Faserverbrauchs darstellt,
2. die hochsteife Kohlenstoffaser (High-Modulus (HM))

In Abb. 2.1.7 sind diese Fasern in ihren Eigenschaftsgebieten (Zugfestigkeit/Zugmodul) durch dunkle Tönung gekennzeichnet.

Diese beiden Fasergruppen waren für den Einsatz in Flugzeugprimärstrukturen nicht optimal. Bei der HT-Type (hohe Festigkeit, relativ niedriger E-Modul) war der Modul und bei der HM-Type (hoher E-Modul, niedrige Festigkeit) die Bruchdehnung zu gering [2.9, 2.13].

Die Forderungen der Luftfahrtindustrie mündeten daher in die Entwicklung neuer Fasertypen. Durch eine höhere Reinheit des PAN Prekursormaterials konnten die Faserhersteller eine Bruchdehnung von ca. 2 % erreichen. Diese hohe Faserbruchdehnung ist jedoch nur dann von Nutzen, wenn man dazu die passende Harzmatrix findet, was bedauerlicherweise oft (siehe Kap. 3) nicht der Fall ist. Das Optimum des synergetischen Zusammenwirkens zwischen Faser, Harz und Interface ist meist eine leicht gestellte Forderung, in der Praxis jedoch unter Berücksichtigung von Kosten- und Gewichtsvorgaben sowie technischen Forderungen oft nicht realisierbar.

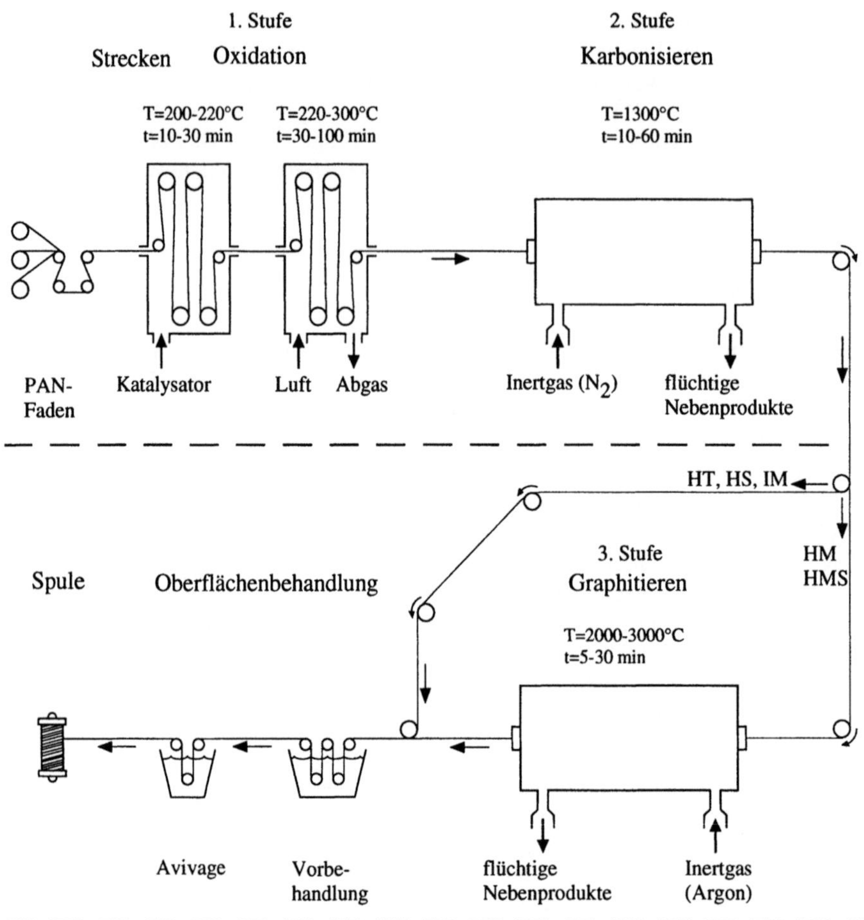

Abb. 2.1.5. Produktionsschema der Kohlenstoffasern auf der Basis von Poly-acrilnitril (PAN)

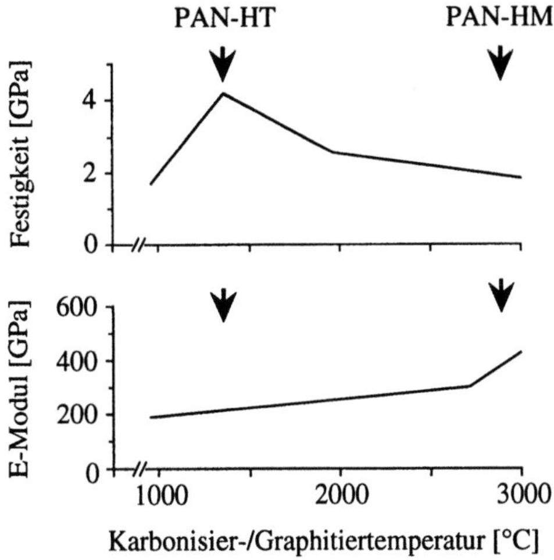

Abb. 2.1.6. Abhängigkeit der Zugfestigkeit und des E-Moduls von Kohlenstoff-fasern auf Polyacrilnitrilbasis von der Behandlungstemperatur [2.4]

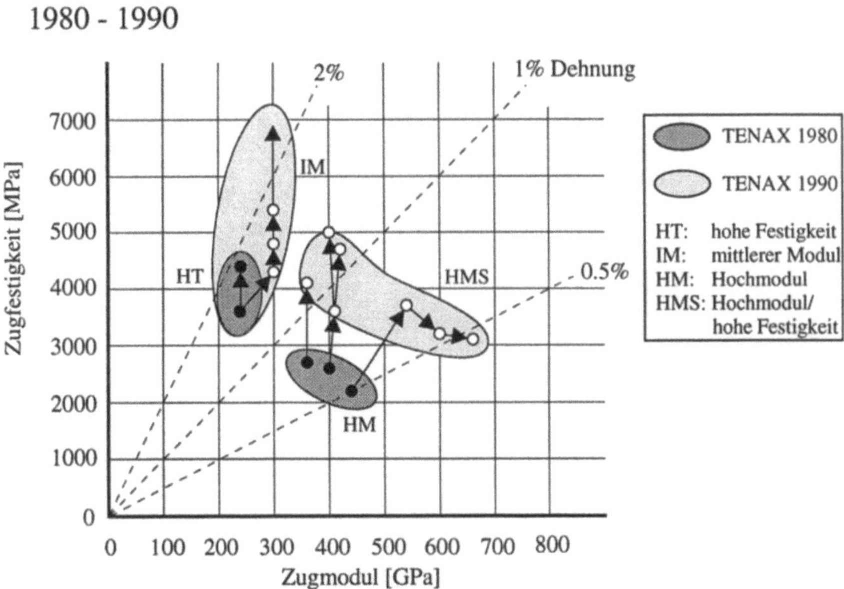

Abb. 2.1.7. Entwicklungsrichtungen von Kohlenstoffasern auf der Basis von Polyacrilnitril [2.1]

Eine Weiterentwicklung des Prekursormaterials nach 1980 von Garnen mit höherer Reinheit und Feinheit führte schließlich zur Entwicklung neuer Fasergruppen:

3. Intermediate Modul-Fasern (IM)

4. Hochmodul/Hochfestigkeits-Fasern (High-modulus/High strength-HMS)

Durch das geänderte *Prekursorgarn* ließen sich die E-Moduli der HT-Fasern zu höheren Werten verschieben (IM-Fasern). Bis 1984/85 hatten alle großen Faserhersteller die verbesserten Typen zu kommerziellen Produkten entwickelt.

Im Jahr 1986 war ein weiterer bisher undenkbarer Entwicklungssprung möglich. Bei Hochmodulfasern wurden mit den HMS-Typen (High Modulus/ Strength = hoher Modul, hohe Festigkeit) erstmalig höhere Festigkeiten und Dehnungen bei fast gleich hohem Modul erreicht. Diese Fortschritte wurden erzielt, in dem man (1) in der Prozeßführung eine entsprechend hohe Orientierung der *planaren Graphitebenen* bzw. -bänder (Abb. 2.1.2 und 2.1.8) [2.2] erreichte und (2) durch Prekursorverbesserungen *Strukturfehler* einschränkte.

In Abb. 2.1.7 sind diese Fasergruppen durch helle Tönung gekennzeichnet. Ob absehbar weitere Verbesserungen in Festigkeit und Modul und damit auch bei der Dehnung möglich sind, hängt stark davon ab, inwieweit sich die *Imperfektionen* (Verunreinigungen, Strukturfehler) reduzieren lassen. Nach [2.1] wirken sich diese insbesondere bei Materialien mit einem starren *Kristallgitter* aus, das sich nur wenig örtlich verformen kann. Bei Belastungen entstehen dadurch beträchtliche *Spannungserhöhungen*, die wiederum *Festigkeitsverluste* mit sich bringen. Nach [2.2, 2.3] könnte man den theoretischen E-Modul von 1050 GPa dann erreichen, wenn man die Graphitebenen parallel zur Faserachse ausrichten könnte. Nach [2.10] soll dies in einigen Jahren möglich sein.

Die wichtigsten Eigenschaften der vier o.g. Standard-*Kohlenstoffasertypen* auf PAN-Basis zeigt Abb. 2.1.9.

Bei Kohlenstoffasern auf PAN-Basis spricht man von zwei Technologien: der Toray- und der Toho-Technologie. Viele Kohlenstoffaserhersteller sind von einer dieser beiden japanischen Firmen lizenziert. Aus Abb. 2.1.10 ergibt sich, daß mit diesen beiden Technologien mehr als die Hälfte der weltweit produzierten C-Fasern auf PAN-Basis hergestellt werden.

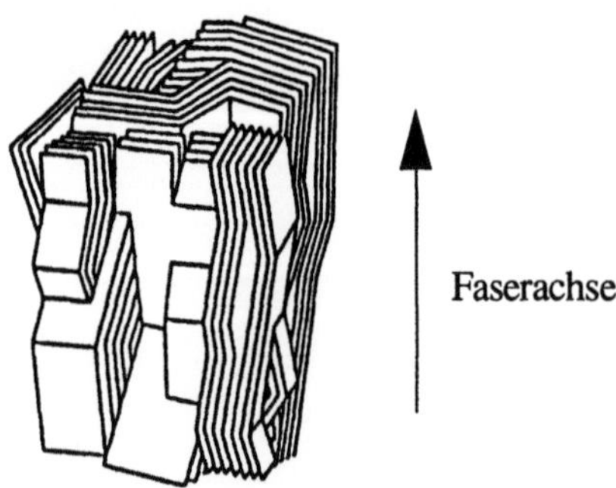

Abb. 2.1.8. Schematische Darstellung der Bandstruktur von graphitierten Kohlenstoffasern [2.4]

Physikalische Eigenschaft		Einheit	Kohlenstoffasern PAN-Basis			
			Hochfest	Inter-mediate	Hochsteif	Hochsteif/Hochfest
			HT	IM	HM	HMS
Dichte	ρ	g/cm^3	1.74	1.80	1.83	1.85
Zugfestigkeit	σ_{Bz}	GPa	3.60	5.60	2.30	3.60
Zugmodul	E_z	GPa	240	290	400	550
Druckfestigkeit	σ_{Bd}	GPa	2.50	4.20	1.50	1.80
Bruchdehnung	ε_{Bz}	%	1.50	1.93	0.57	0.65
Reisslänge	σ_{Bz}/ρ	km	206	311	125	194
Dehnlänge	E_z/ρ	km	13800	16100	21850	29730
Faserdurch-messer	d	μm	~ 7	~ 5	~ 6.5	~ 5
Langzeitein-satztemperatur	T_L	°C	500	500	500	500
Sublimations-punkt	T_S	°C	3600	3600	3600	3600

Abb. 2.1.9. Physikalische Kennwerte von verschiedenen Standard-Kohlenstoff-faser-Typen auf PAN-Basis

Die Abb. 2.1.11 und 2.1.12 zeigen die typischen Eigenschaften der von Toray und Toho hergestellten Kohlenstoffasern. Die übliche *Lieferform* von Kohlenstoffasern ist ein endloses, auf eine Spule aufgewickeltes *Tow* oder synonym ein *Roving*. Diese Tows oder Rovings bestehen aus mehreren *Einzelfilamenten*.

In Abb. 2.1.11 sind in der 2. Spalte die Lieferformen der Tows bzw. Rovings nach ihrer *K-Zahl* (Anzahl der Einzelfilamente) aufgeführt.

Bei Rovings mit 1000 Filamenten spricht man von einem 1K-Typ, wobei K für Kilo = 1000 steht.

Toray liefert also Rovings bis zu 18K bei der Type M30 SC. Die K-Zahl ist insofern wichtig, weil sie eng mit den *Herstellkosten* der Fasern verbunden ist. Es leuchtet ein, daß bei gleicher Durchlaufgeschwindigkeit 1 kg Kohlenstoffasern vom Typ 18K billiger ist, als 1 kg vom Typ 1K.

Bedauerlicherweise verhalten sich die Kosten nicht umgekehrt proportional zur K-Zahl. Dies hängt damit zusammen, daß die Anlagen zur Herstellung von Kohlenstoffasern in der Regel auf eine bestimmte K-Zahl ausgelegt sind. So wird z.B. in der 1. Stufe des *Herstellprozesses*, der Oxidation, (Abb. 2.1.5) eine große Menge abzuführende Wärme frei, was ein großes Problem darstellt. Eine Erhöhung des Materialdurchsatzes und damit des Ausstoßes ist also nur in engen Grenzen möglich. Eine weitere Einengung hinsichtlich der Ausstoßmenge ergibt sich dadurch, daß die PAN-Prekursorfasern über Nuten in Stahlwalzen durch die Anlage, die über 100 m lang sein kann, geführt werden und die Nuten nicht beliebig viele Filamente aufnehmen können.

Grob gesehen kann man in einer bestehenden Anlage zur Herstellung einer 1K-Faser eine 2K-Faser herstellen, indem man alternierend eine Nute frei läßt. Wenn es die *Wärmeabfuhr* in der 1. Stufe des Herstellprozesses erlaubt, dann können die

Faser	Region	Hersteller	Marken-name	Produktions-kapazität [t]	Subtotal
PAN	Asien	Toray Co ◊	Torayca	2250	
		Toho Rayon ‡	Besfight	2020	
		Mitsubishi Rayon ∞	Pyrofil	500	
		New Asahi Carbon	Hicarbon	450	
		Taiwan Plastics	Tairyfil	230	
		Korea Steel	Kosca	150	
	mittlerer Osten	Afikim Carbon	Acif	100	
	Amerika	Hercules	Magnamite	1750	
		BASF ‡ [1]	Celion	1485	
		Amoco	Thornel	1000	
		Akzo	Fortafil	360	
		Courtaulds-Grafil ∞[1]	Grafil	360	
		BPAC ∞	Hitex	40	
		Zoltek	Panex	110	
		Avco	-	20	
	Europa	Courtaulds-Grafil	Grafil	350	
		Akzo ‡	Tenax	500	
		Sofica ◊	Torayca	300	
		Sigri	Sigrafil	25	
		R.K.Carbon	-	230	12230
Pech	Japan	Kureha Chemical	Kureha	900	
		Osaka Gas	Donacarbo	300 Δ	
		Mitsubishi Chemical	Dialead	50 Δ	
		Nippon Oil	Granoc	50	
		New Nippon Steel	-	12 Δ	
		Tonen	Forca	12	
		Petoca	Cabonic	12	
	Amerika	Amoco	Thornel	230	1566

Δ Pech auf Kohle-Basis, die andern Pechfasern sind auf Öl-Basis
◊ Toray Gruppe, Gesamtproduktion: 2600 t, davon 21% PAN-Faser
‡ Toho Rayon Gruppe, Gesamtproduktion: 3920 t, davon 32% PAN-Faser
∞ Mitsubishi Rayon Gruppe liefert Rohmaterial und technische Unterstützung
[1] Produktion mittlerweile eingestellt

Abb. 2.1.10. Weltweite Produktionskapazität von Kohlenstoffasern (Stand Dez. 1991) [2.10]

Nuten mit einem 2K-Prekursor z.B. zu 2/3 besetzt werden, was eine entsprechende Verbilligung mit sich brächte. Wie in späteren Abschnitten immer wieder deutlich wird, ist die Prozeßführung bei der *Kohlenstoffaserherstellung* hochparametrisch und läßt kaum Modifikationen der einzelnen Parameter zu [2.6, 2.10, 2.11, 2.12]. Einen höheren Materialausstoß pro Zeiteinheit begrenzt momentan die 1. Stufe (Abb. 2.1.5). Sie ist die zeitaufwendigste. Deshalb konzentrieren sich fast sämtliche Kohlenstoffaserhersteller auf diese Problemzone. Man kann davon ausgehen, daß hierzu in absehbarer Zeit Verbesserungen möglich sind.

Fasertyp	Filament-durchmesser μm	Anzahl Filamente	Zug-festigkeit MPa	Zug-modul GPa	Bruch-dehnung %	Tex g/1000m	Dichte g/cm³
T300	7	1000	3530	230	1.5	66	1.76
		3000				198	
		6000				396	
		12000				800	
T300J	7	3000	4210	230	1.8	198	1.78
		6000				396	
		12000				800	
T400H	7	3000	4410	250	1.8	198	1.80
		6000				396	
T700S	7	12000	4900	230	2.1	800	1.80
T800H	5	6000	5490	294	1.9	223	1.81
		12000				445	
T1000G	5	12000	6370	294	2.2	485	1.80
M35J	5	6000	4700	343	1.4	225	1.75
		12000				450	
M40J	5	6000	4410	377	1.2	225	1.77
		12000				450	
M46J	5	6000	4210	436	1.0	223	1.84
		12000				445	
M50J	5	6000	3920	475	0.8	216	1.88
M55J	5	6000	4020	540	0.8	218	1.91
M60J	5	3000	3920	588	0.7	100	1.94
		6000				200	
M30	6	1000	3920	294	1.3	56	1.70
		3000				160	
		6000				320	
		12000				640	
M30SC	5	18000	5490	294	1.9	745	1.73
M40	6.5	1000	2740	392	0.7	61	1.81
		3000				182	
		6000				364	
		12000				728	
M46	6.5	6000	2550	451	0.6	360	1.88

Abb. 2.1.11. Eigenschaften von Kohlenstoffasern auf PAN-Basis der Fa. Toray, Japan [Datenblatt Fa. Toray, Japan 1990]

Nichtsdestotrotz ist die K-Zahl ein wichtiger Faktor hinsichtlich der Kosten. Mittlerweile werden auch Fasern mit 24K, 50K und 100K hergestellt [2.14]. Solche Fasern sind entsprechend günstig. Sie liegen heute bei ca. 35.- bis 40.-DM/kg.

Eine wichtige Größe der C-Fasern sind die *Filamentdurchmesser*. Sie bestimmen z.B. maßgeblich die *Druckfestigkeit* von Kohlenstoffaserverbunden. Dickere Fasern verbessern die Druckfestigkeit der Verbunde. Trotzdem gibt es bei den jüngsten Faserentwicklungen einen Trend zu kleineren, aber auch zu größeren Durchmessern [2.10].

Faserbe-zeichnung	Anzahl Filamente	Faser Ø μm	Zug-festigkeit MPa	Zug-modul GPa	Bruch-dehnung %	Gewicht per Einheitslänge tex (g/1000m)	Faser-dichte g/cm^3
HTA	1000		3950	238	1.55	67	1.77
High	3000					200	
Tensile	6000	7.00				400	
	12000					800	
	24000					1600	
UTS	12000	7.00	4810	240	2.00	800	1.80
IMS 3131	6000	6.40	4510	295	2.00	340	1.74
	12000					670	
IMS 5131	6000	5.00	5790	285	2.00	205	1.80
	12000					410	
	24000					820	
HMA	6000	6.75	3100	358	0.60	377	1.79
	12000					750	
UMS 2526	12000	4.80	4900	380	1.20	385	1.78
UMS 3536	12000	4.80	4700	435	1.10	385	1.82

Abb. 2.1.12. Eigenschaften von Kohlenstoffasern auf PAN-Basis der Fa. Toho, Japan [aus Datenblättern der Fa. Toho/AKZO, 1993]

Mit kleineren *Durchmessern* (5-6 μm) hofft man die *Oberflächenfehler* zu reduzieren, um damit die Festigkeiten und die Bruchdehnungen zu erhöhen [2.15], was ja bei den IM-Fasern gelungen ist. So dünne Filamente sind natürlich für die Herstellung von kompliziert geformten Teilen günstig, weil der *Mindestbiege-radius* dadurch kleiner wird.

Die Firma Petoca (Division von Kashima Oil Co.) hat erfolgreich eine dickere Kohlenstoffaser mit einem Durchmesser von 20 μm, einer Festigkeit von 2,7 GPa und einem extrem hohen E-Modul von 900 GPa entwickelt, allerdings nicht auf PAN-, sondern auf Pechbasis [2.10].

Die Vorteile dieser Faser sind eine vermutlich bessere Druckfestigkeit im unidirektionalen Verbund und eine erhebliche Reduzierung der Faserherstell-kosten.

Abb. 2.1.13. stellt die drei zusammenhängenden *mechanischen Eigenschafte*n der auf PAN basierenden Kohlenstoffasern bildhaft dar. Für Standard-anwendungen wurde bisher ausschließlich die HT-Type verwendet. Diese Faser wurde, was das Diagramm darstellt, zur HS-Faser weiterentwickelt. Die Abkürzung HS bedeutet High strain. Mit dieser Faser konnte vor allem wegen ihrer hohen Bruchdehnung von 2 % die von der Luftfahrtindustrie geforderte *"Damage Tolerance"* von Faserverbunden wesentlich verbessert werden. Mittlerweile ist jedoch die IM-Faser dabei, die HS-Type in der weltweiten Anwendung zu überholen. Sie hat bei gleicher Bruchdehnung einen höheren Modul und auch eine höhere Festigkeit. Sie ist preislich eher günstiger als die HS-

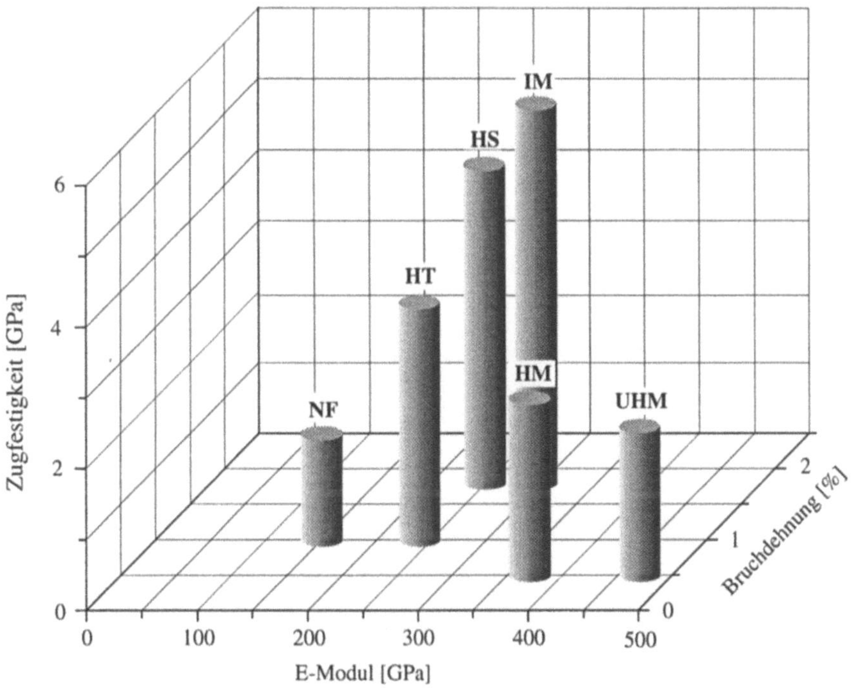

Abb.2.1.13. Mechanische Eigenschaften von Kohlenstoffasern auf PAN-Basis [2.46]

Faser. Neben diesen *Standardfasern* gibt es mittlerweile Fasern, insbesondere auf Pech-, aber auch PAN-Basis, die in Festigkeit, Modul und Bruchdehung deutlich besser, jedoch auch teurer sind.

Wie zu Beginn bereits dargestellt, ist die Kohlenstoffaser hinsichtlich ihrer mechanischen Eigenschaften (Festigkeit und Modul) extrem anisotrop. Dies gilt jedoch auch für die elektrischen und thermischen Eigenschaften.

In Abb. 2.1.14 sind von den Standardfasern auf PAN-Basis neben den mechanischen Eigenschaften z.T. auch die thermischen und elektrischen Eigenschaften angegeben. Man kann dabei erkennen, daß der elektrische Widerstand vor allem vom E-Modul abhängt.

Die Anisotropie der Faser beeinflußt natürlich auch das Kraft-Verformungsverhalten der Faser. Sie zeigt im kraftgeregelten Kurzzeitzugversuch einen ausgeprägten Anstieg des E-Moduls mit ansteigender Verformung. Betrachtet man dagegen dehnungsgeregelte Kraft/Verformungskurven (Abb. 2.1.15), so erkennt man, daß das *Spannungs-Dehnungsverhalten* der Faser linear ist.

Garnfamilie		HT	ST	IM		HM	
Garntyp		HTA	STA	IMA	IMS	HMA	HMS
Dichte	g/cm^3	1.77	1.77	1.77	1.79	1.79	1.84
Zugmodul	GPa	238	238	295	295	358	410
Zugfestigkeit	MPa	3400	4300	4100	5400	2350	3000
Bruchdehnung	%	1.4	1.8	1.4	1.7	0.6	0.73
Faserdurch-messer	μm	7	7	6	5	6.8	6
Spezifische Wärme	J/kg K	710	710	-	-	-	-
Wärmeleitzahl	W/mK	17	17	-	-	-	-
Wärmeaus-dehnungs-koeffizient	10^{-6}/K	- 0.1	- 0.1	-	-	-	-
Elektrischer Widerstand	10^{-3}Ωcm	1.5	1.5	1.4	1.4	1.0	-

Abb. 2.1.14. Elektrische und thermische Eigenschaften von Kohlenstoffasern auf PAN-Basis [Fa. AKZO/Toho, Wuppertal]

2.1.2 Kohlenstoffasern aus Pech

Ziel der Entwicklung von Kohlenstoffasern aus *Steinkohlenteerpech* war und ist es, zu einer preiswerten Faser zu kommen, die eine breite Anwendung in bodengebundenen *Transportsystemen*, in hochqualifizierten *Sportartikeln*, im *Maschinenbau* und im *Hochbau* (Hochhäuser, Brücken) nach sich zieht [2.1, 2.7, 2.10, 2.16].

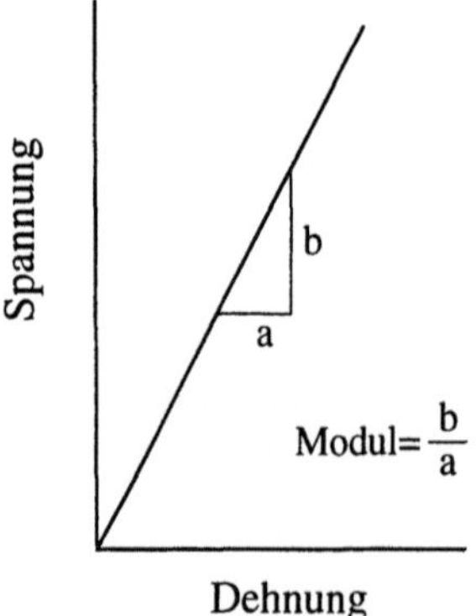

Abb. 2.1.15. Typische Spannungs - Dehnungskurve von Kohlenstoffasern []

Dieser Anspruch stützt sich auf folgende Punkte [2.6, 2.7]:
- *Steinkohlenteerpech* ist sehr preiswert und weltweit verfügbar.
- Der Kohlenstoffgehalt im Pech bzw. im sogenannten Mesophasenpech ist weit höher als bei *Polyacrilnitril* (PAN) (ca. 1,8 kg PAN für 1 kg Kohlenstofffaser), siehe Abb. 2.1.4.
- Das Herstellverfahren von Fasern auf Pechbasis erscheint im Vergleich zu dem von Fasern auf PAN-Basis einfacher und daher preiswerter. So muß das linearpolymere PAN eine Cyclisierung und Vernetzung durchlaufen, um sich der notwendigen *graphitischen Struktur* anzunähern. Dieser Prozeß ist relativ aufwendig.

Die Kosten der Prekursorgarne sind hoch, weil ganz besondere Anforderungen an Reinheit und Titergleichmäßigkeit gestellt werden. Die in Abschnitt 2.1 angesprochenen Strukturfehler sind zum großen Teil auf mangelnde Qualität (Imperfektionen) der Prekursorgarne zurückzuführen. Die strukturellen Fehlstellen in den polyaromatischen Schichten können durch *Glühbehandlungen* z.T. ausgeheilt werden [2.4].

Dem steht jedoch entgegen, daß zur Reinigung des Pechs als Ausgangsmaterial ein erheblicher Aufwand geleistet werden muß, um geeignete verspinnbare Mesophasenpeche herzustellen [2.1].

Mesophasenpech wird aus Steinkohlenteer oder *Petroleum* gewonnen. So fällt z.B. bei der *Primärdestillation* von Steinkohlenteer Pech als nicht verdampfbare Fraktion aus.

Pech hat nun die Eigenschaft, bei Temperaturen unter 400°C zu polymerisieren und *Flüssigkeitskristalle* zu bilden. Diesen Zustand nennt man Mesophasenpech. Die Prekursorfaser daraus wird im Schmelzspinnverfahren hergestellt. Sie wird durch Luftoxidation unschmelzbar gemacht und besteht bereits aus hochorientierten aromatischen Flüssigkeitskristallen. Deshalb glaubt man, daß Kohlenstoffasern auf Pechbasis billiger werden als solche auf PAN-Basis [2.7].

Die *Pechprekursorfaser* durchläuft im Prinzip die gleichen Prozeßstufen (Abb. 2.1.5) wie die PAN-Prekursorfaser (Abb. 2.1.5) [2.2, 2.7, 2.10, 2.15, 2.17].

Da bei ihr 80 % ihrer Substanz - im Vergleich zu ~50 % bei PAN (Abb. 2.1.4) - erhalten bleibt, können die Prozeßstufen kürzer verlaufen, was einen weiteren Kostenvorteil darstellt.

Ein noch ungelöstes Problem ist jedoch, die äußerst spröden und leicht zerbrechlichen Pechfasern bei hoher Vorschubgeschwindigkeit ohne Faserbrüche durch die *Stabilisierung* zu schicken (1. Stufe in Abb. 2.1.5). Dies ist aus heutiger Sicht der Hauptgrund, weshalb diese Faser trotz hoher Kohlenstoffausbeute und verkürzter Behandlungszeit nicht kostengünstiger produziert werden kann.

Abb. 2.1.16 zeigt, daß man bei der Pechfaser bei niedrigerer Karbonisationstemperatur höhere Moduli im Vergleich zu PAN erreichen kann, nicht jedoch höhere Festigkeiten. Verschiedene japanische Hersteller von C-Fasern aus Pech haben sich auf die Herstellung von Hochmodulfasern spezialisiert, die im Modul den PAN-Fasern überlegen sind [2.1, 2.6, 2.16, 2.18]. Mit solchen Fasern können momentan hohe Preise erzielt werden. Aus Abb. 2.1.17 ist erkennbar, in welchem Eigenschaftsgebiet die C-Fasern aus Pechprekursoren liegen; zum Vergleich sind auch die PAN-Gebiete eingezeichnet.

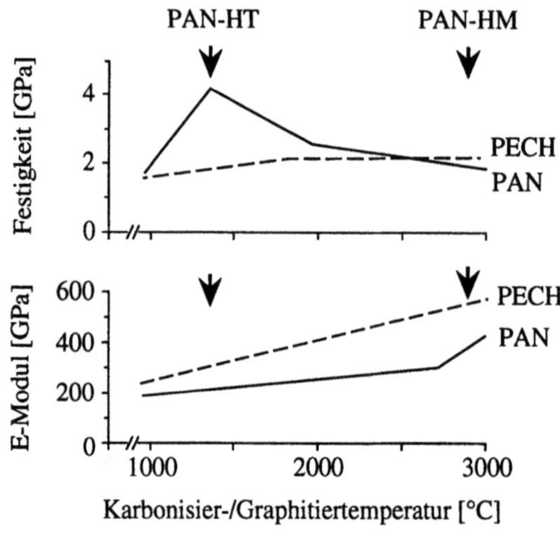

Abb. 2.1.16. Vergleich der Zugfestigkeit und des E-Moduls von Kohlenstoffasern auf PAN- und Pechbasis in Abhängigkeit der Behandlungstemperatur [2.2]

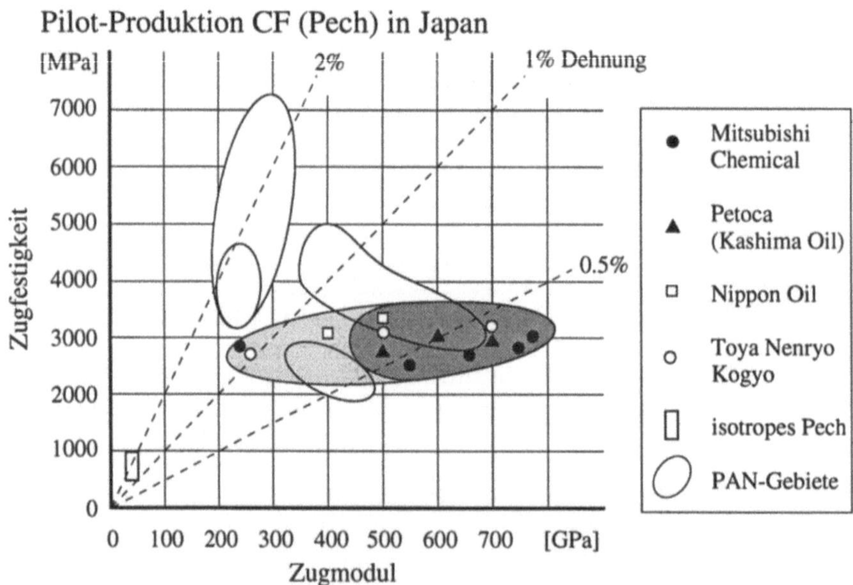

Abb. 2.1.17. Eigenschaftsgebiet von Kohlenstoffasern auf Pechbasis. *CF* Carbonfasern [2.1]

Die Herstellung einer kostengünstigen C-Faser aus Pech bzw. Mesophasenpech wird heute unterschiedlich bewertet. So glauben die einen, daß durch die prinzipiellen Handhabungsprobleme in der Stabilisierung des *Pechprekursors* sowie durch die noch möglichen Verbesserungen des PAN-Prekursors und seiner größeren *"Economy of scale"* (Abb. 2.1.10) die Preise der PAN-C-Faser (Typ HT) auch in weiterer Zukunft kaum zu unterbieten sind, was sich z.B. in Abb. 2.1.18 widerspiegelt. Aus Abb. 2.1.10 ist zu entnehmen, daß von der weltweiten Produktion von 13'646 to pro Jahr 12'080 to auf PAN und nur 1'566 to auf Pech basieren.

Trotzdem sind andere [2.6, 2.18] wiederum der Ansicht, daß eine billige C-Faser mit ausgeglichenen Eigenschaften (HT- oder IM-Type) auf Pechbasis möglich ist. Zu den bereits oben aufgeführten Argumenten für eine kostengünstige C-Pechfaser sind noch hinzuzufügen:

- Die Pechprekursorfaser wird im *Schmelzspinnverfahren*, die PAN-Faser aus der Lösung gesponnen. Dafür sind große Mengen Lösungsmittel erforderlich. Sie sind nicht nur teuer, sondern auch umweltbelastend und sie müssen entsorgt werden.
- Die Kosten des Prekursors aus Pech sind nur halb so hoch wie die des PAN-Prekursors.

In [2.6] ist zweierlei angemerkt:

1. Zukünftig, d.h. in einigen Jahren, sind Preise von $ 18 ÷ 25 für 1 kg Kohlenstoffasern möglich
2. Wie viele glauben, wäre mit einem Preis von $ 25 für 1 kg Kohlenstoffasern der Weg in den sogenannten *"High-volume market"* frei.

Unter High-volume market versteht man die Anwendung der Kohlenstoffasern in großen Mengen (Economy of scale) im *Automobilbau* (PKW, Busse, Nutzfahrzeuge), in *Bahnsystemen*, insbesondere bei *Hochgeschwindigkeitszügen*, im Hochbau (Hochhäuser, Brücken), in hochqualifizierten Sportartikeln und im Maschinenbau [2.19, 2.20].

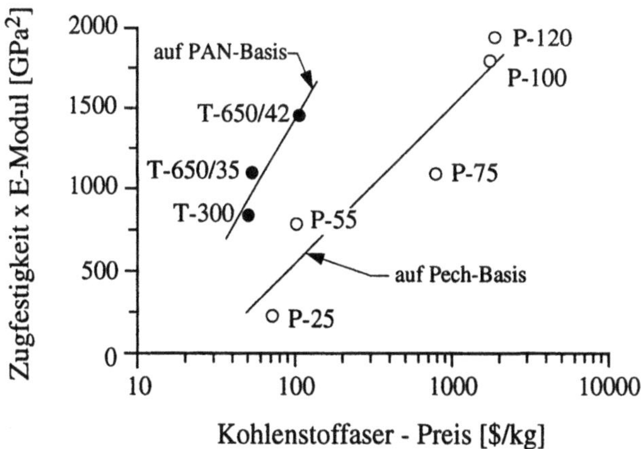

Abb. 2.1.18. Abhängigkeit der Preise von Kohlenstoffasern von ihren mechanischen Eigenschaften [2.6]

In mehreren Projekten [2.1, 2.21] wurden im *Brückenbau* bereits Kohlenstoff-
fasern als *Betonverstärkung* eingesetzt und zwar aus Gewichtsgründen und wegen
der Korrosion der *Stahlarmierungen.* Dazu wurden daumendicke Kabel aus
Kohlenstoffasern entwickelt und hergestellt (Abb. 2.1.19) [2.19].

Zur Realisierung von Kohlenstoffaserpreisen um $ 25 pro kg sind einige
technische Voraussetzungen zu erfüllen:

- die Verbesserung der Zug- und Druckfestigkeit der C-Pechfasern auf das
  Niveau von PAN-C-Fasern, ohne zusätzliche Kosten im Prozessing (Abb.
  2.1.20). Die Ergebnisse intensiver Untersuchungen zur Formation und Struktur
  von C-Pechfasern deuten darauf hin, daß dies in der Tat möglich ist.
- Verbesserungen in der Stabilisierungsstufe (1. Stufe in Abb. 2.1.5), die auch
  Oxidationsstufe genannt wird. Sie ist die zeitaufwendigste und hinsichtlich der
  Endeigenschaften von C-Pechfasern die wichtigste und entscheidenste Prozeß-
  stufe.

Dazu einige Anmerkungen:

In Abb. 2.1.21 ist nochmals schematisch der Herstellprozeß der Kohlenstoffaser
dargestellt. Die Prekursorenfilamente aus PAN oder Pech durchlaufen die vier
Prozeßstufen:

- Stabilisation
- *Carboniserung*
- *Graphitisierung* und
- *Oberflächenbehandlung*

Vor der Carbonisierung des Pechprekursors muß dieser stabilisiert werden. Dies
geschieht im wesentlichen durch Oxidation, deshalb nennt man diese 1. Prozeßstufe auch Oxidationsstufe.

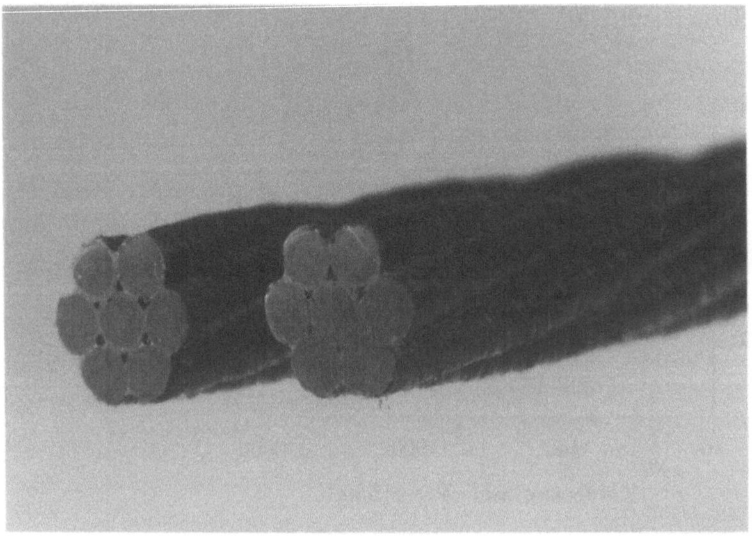

Abb. 2.1.19. Kabel aus Kohlenstoffasern zur Verstärkung von Beton

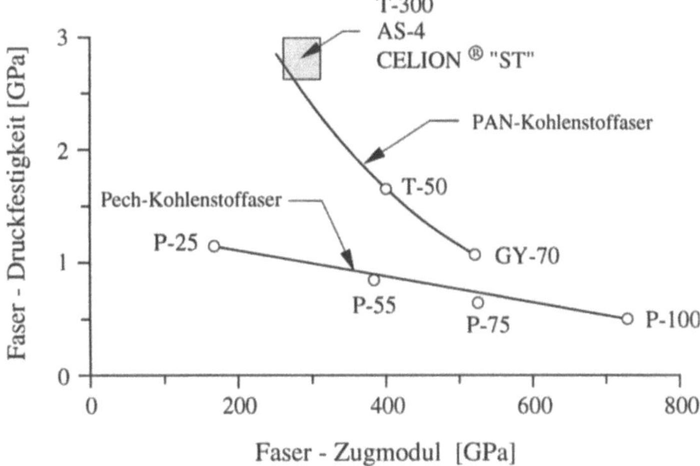

Abb. 2.1.20. Druckfestigkeit von verschiedenen Kohlenstoffasern in Abhängigkeit der Zugmoduli [2.6]

Durch eine milde Oxidation [2.12, 2.15] wird der Pechprekursor quasi gehärtet. Er wird unschmelzbar, was wie bereits o.e. eine wichtige Voraussetzung an den Prekursor ist. Dann wird durch weitere, gezielte *Absorption von Sauerstoff* die dem Prekursor bereits eingeprägte Struktur, wie z.B. (1) die hohe Ausrichtung der Flüssigkristalle, (2) das *aromatische Lagennetzwerk* mit seinen parallel zur Faserachse ausgerichteten Schichten und (3) die *Mikrostruktur* stabilisiert. Nach Abb. 2.1.22 scheint dies jedoch alles andere als geordnet. Die *Morphologie der Fasern* ist noch sehr heterogen und man lernt wohl mehr und mehr die Vorgänge bei der Herstellung der C-Fasern zu verstehen.

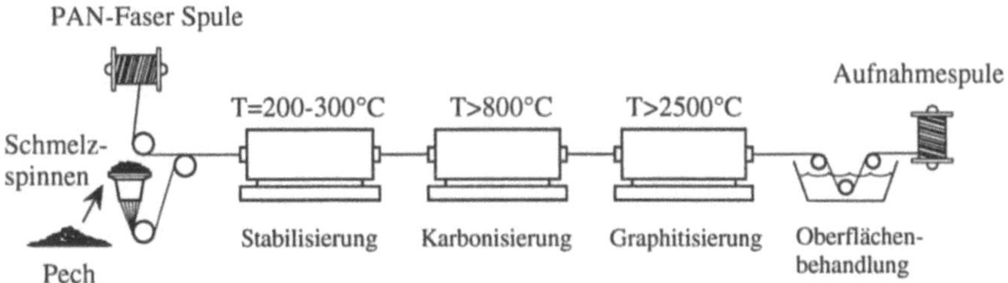

Abb.2.1.21. Schematische Darstellung des Herstellprozesses von Kohlenstoffasern [2.10]

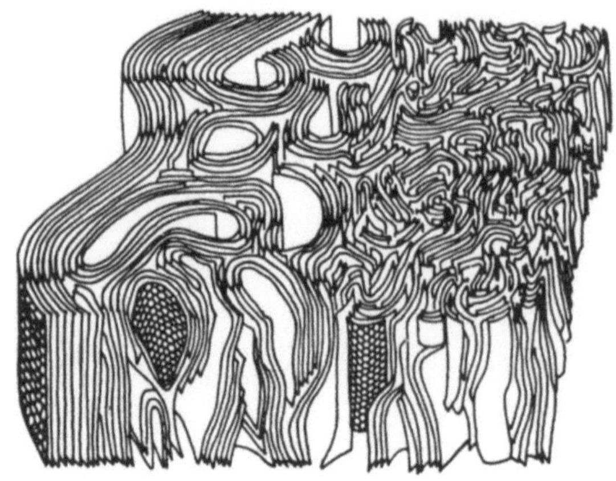

Abb. 2.1.22. Strukturmodell einer auf PAN basierenden, hochfesten Kohlenstoff-faser [2.4]

Morphologie der Kohlenstoffasern auf Pechbasis. An einem praktischen Beispiel aus [2.6] wird die Wichtigkeit der Stabilisierungsstufe bzw. der Oxidation verdeutlicht. Nach Abb. 2.1.23 sind die Zugfestigkeiten der von der Fa. Kashima gefertigten und mit "verbesserte Mesophase" (G) bezeichneten Kohlenstoffasern höher als die mit "Mesophase" (G) bezeichneten, die von Amoco hergestellt werden. Eine genaue Untersuchung dieser beiden Fasern ergab eine ausgezeichnete Orientierung der Kohlenstoffbänder, was durch die hohen Moduli untermauert wird. Eine Analyse der Querschnittsflächen zeigte jedoch völlig verschiedene *Texturen*. So war die Textur der mit "Mesophase G" bezeichneten Amocofaser nach Abb. 2.1.24 flachlagig und die mit "verbesserte Mesophase G" bezeichnete Kashimafaser radial gefaltet.

Die Zugfestigkeitsunterschiede der Pechfasern nach Abb. 2.1.23 sind hauptsächlich auf die unterschiedlichen Texturen zurückzuführen.

Es ist nun bedeutsam, daß diese Texturen im wesentlichen durch die Oxidation der Pechprekursoren in der Stabilisationsstufe (1. Stufe in Abb. 2.1.21) bestimmt werden [2.12, 2.15].

Die Zuführung von Sauerstoff und dessen Absorption bzw. Einlagerung in die Faseroberfläche und den Faserkern, die Position der Sauerstoffatome in den großen Mesophase-Molekülen, die Sauerstoffmenge und -verteilung über den Radius, sowie die hochparametrische *Prozeßführung* (Temperatur, Druck etc.) gelten zusammen mit der Prekursorqualität als die maßgeblichen Faktoren für die Bildung der vernetzten aromatischen Strukturen, der Textur, der Ausrichtung der *Kohlenstoffschichten (-bänder)* nach der Karbonisierung und der Mikrostruktur bzw. Morphologie.

So ist auch zu verstehen, daß diese Prozeßstufe Stabilisation, Abb. 2.1.21 am zeitaufwendigsten und dadurch kostentreibend ist.

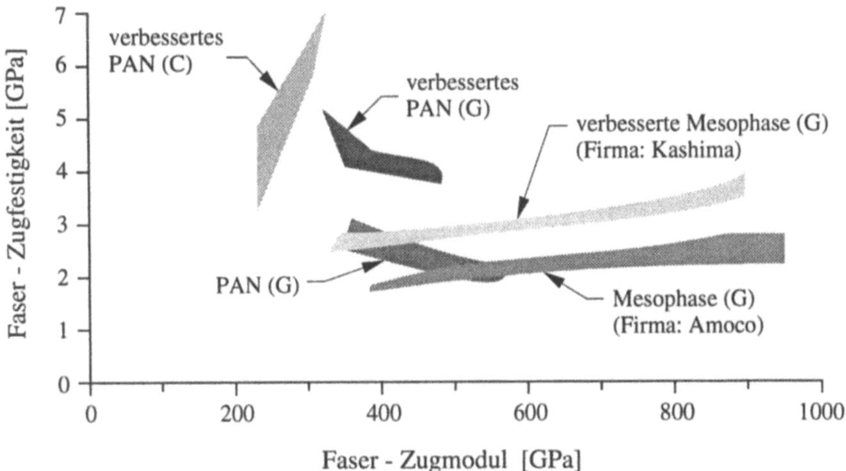

Abb. 2.1.23. Zugfestigkeiten und Moduli von verschiedenen Kohlenstoffasern [2.6]

Obwohl einige theoretische Ansätze zur Vorhersage der Auswirkungen der Oxidation (Verteilung, Menge etc.) unternommen wurden [2.15], gibt es bis heute keine komplexe Beschreibung des Faserverhaltens als Funktion der Prozeßparameter. Die vielen Parameter, die miteinander interaktieren und die Mikrostruktur der Faser bestimmen, verbieten dies momentan.

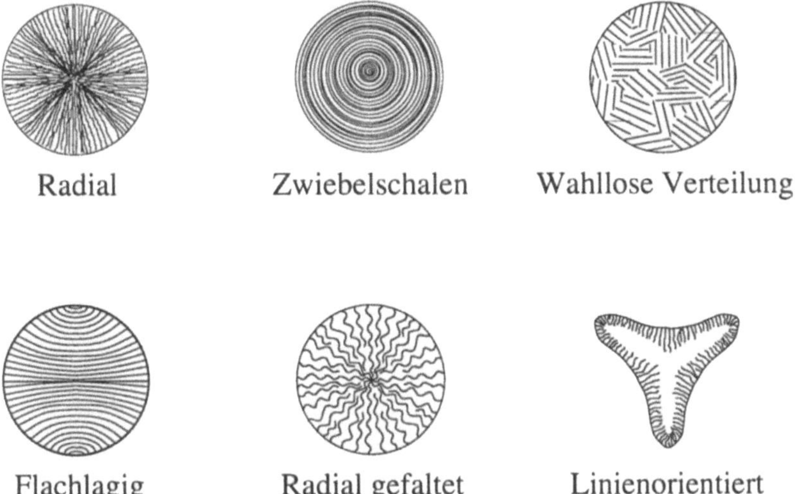

Abb. 2.1.24. Beobachtete Texturen von *Querschnittsflächen* von Kohlenstoffasern auf Pechbasis [2.6]

Die Texturen der Querschnittsflächen der C-Fasern, wie in Abb. 2.1.24 gezeigt [2.15], werden im wesentlichen durch den *Sauerstoffgradienten* in der Stabilisierungsstufe nach Abb. 2.15 und durch das Prekursormaterials bestimmt.

Man weiß, daß eine billige Pechfaser nur möglich ist, wenn die zeitraubende Phase der Stabilisierung zeitlich erheblich reduziert wird, was wiederum nur möglich ist, wenn man die Wirkungsmechanismen genau kennt und das hochparametrische Prozessing so beherrscht, daß reproduzierbare Qualität entsteht.

Versuche, den Stabilisierungsprozeß dadurch zu verkürzen, indem nur der äußere Rand der Faser oxidiert wird, führt zu einer offensichtlich weicheren Faser. Der Grund ist vermutlich die fehlende Ausrichtung der Kohlenstoffschichten im Kern der Faser.

Die C-Fasern auf Pechbasis spielen momentan insbesondere auf Spezialgebieten wie der Raumfahrt eine bedeutende Rolle. Mit ihnen lassen sich Zugmoduli erreichen, die fast an die theoretische Grenze von 1050 GPa kommen [2.8, 2.10]. Im Vergleich zur PAN-Faser muß jedoch berücksichtigt werden, daß die PAN-Hochmodulfaser um ca. 15 % leichter ist.

In den letzten Jahren wurde die hervorragende *thermische Leitfähigkeit* von C-Pechfasern erkannt. Sie liegt weit über der von C-Fasern aus PAN, aber auch über der Wärmeleitfähigkeit von Metallen. Wie Bild 2.1.25 zeigt, ist die Wärmeleitfähigkeit der "Advanced pitch Fiber" gegenüber Kupfer um den Faktor 3 höher. Da sich die Mikrostruktur von hochfesten und hochsteifen Kohlenstofffasern dem Graphitkristall annähern, sind diese Fasern extrem anisotrop.

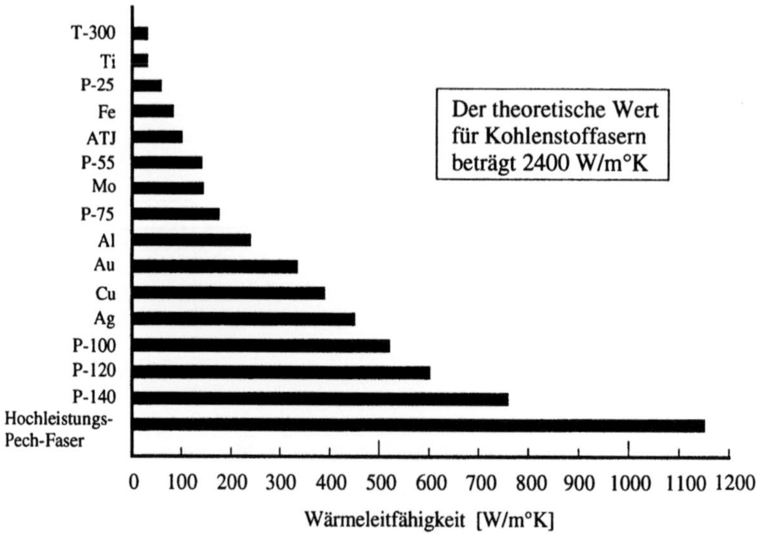

Abb. 2.1.25. Thermische Leitfähigkeit von Kohlenstoffasern und Metallen. *T300* Kohlenstoffaser HT-Type auf PAN-Basis, *P* Kohlenstoffasern auf Pechbasis, alle Werte bei Raumtemperatur [2.8]

Die sehr hohe *Wärmeleitfähigkeit* bei Raumtemperatur gilt nur in Faserrichtung und ist durch die hohen kovalenten Bindungen in I-Richtung (Abb. 2.1.2) begründet. Die hexagonalen Schichten des Kristalls werden in der C-Richtung nur durch van der Waal'sche Kräfte zusammengehalten. In dieser Richtung, also senkrecht zur Faserachse, ist die Wärmeleitfähigkeit praktisch Null [2.8]. Diese Anisotropie der Kohlenstoffasern ist offensichtlich bei Fasern aus Pech ausgeprägter als bei Fasern aus PAN, was in [2.10, 2.11, 2.12, 2.15] bestätigt wird. Die Kohlenstoffschichten von auf Pech basierten Kohlenstoffasern sind besser in Faserachse ausgerichtet. Dieses Verhalten drückt sich auch im *E-Modul* der Faser aus; mit Pechfasern können relativ einfach hohe E-Moduli erreicht werden.

Das anisotrope Verhalten der Kohlenstoffasern beschränkt sich nicht nur auf die mechanischen Eigenschaften und die Wärmeleitfähigkeit, sondern sie findet sich auch bei anderen physikalischen Eigenschaften wie
- elektrische Leitfähigkeit
- *elektrischer Widerstand* und
- *Wärmeausdehnung*

wieder.

Wie die Abb. 2.1.26 und Abb. 2.1.27 zeigen, hängen diese physikalischen Eigenschaften voneinander ab. So nimmt nach Abb. 2.1.26 der lineare Wäremausdehnungskoeffizient α über den elastischen Modul linear ins Negative bis -1,6 · 10^6 · °C^{-1} ab und bleibt ab einem Modul von 700 GPa konstant.

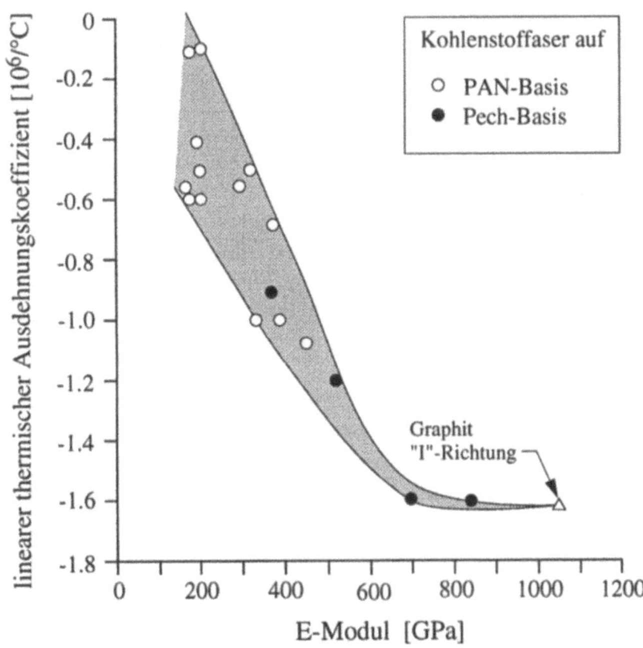

Abb. 2.1.26. Abhängigkeit des linearen Wärmeausdehnungskoeffizienten α vom Elasizitätsmodul E [2.8]

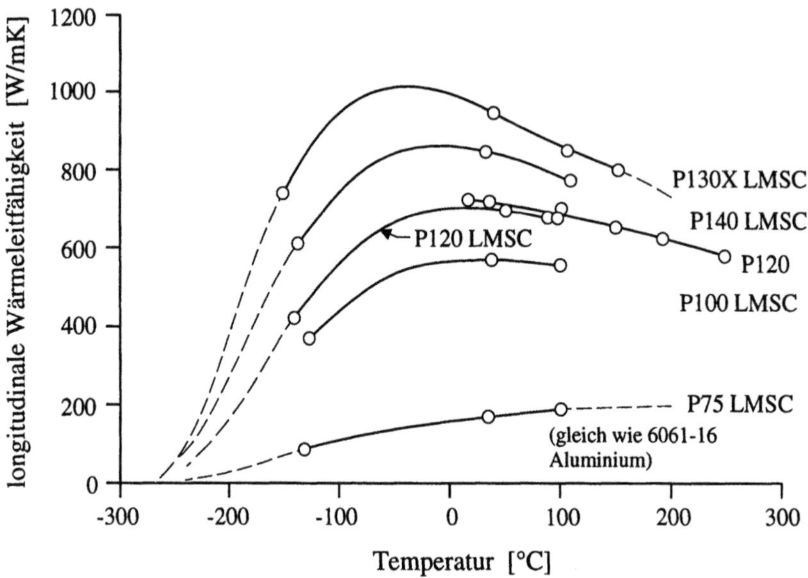

Abb. 2.1.27. Wärmeleitfähigkeit von Kohlenstoffasern auf Pechbasis in Abhängigkeit der Temperatur. *LMSC* Lockheed Missiles and Space Company [2.8]

Abb. 2.1.27 zeigt von verschiedenen Fasern die Wärmeleitfähigkeit in Abhängigkeit der Temperatur. Diese aufwendige Untersuchung wurde nach [2.8] von der Lockheed Missiles and Space Company durchgeführt, wohl im Hinblick auf Anwendungen im Flugkörper- und Raumfahrtbereich.

Die Abhängigkeit zwischen der Wärmeleitfähigkeit und dem *Ohm'schen Widerstand* zeigt Abb. 2.1.28. Dabei sind die mit "P" markierten Fasern auf Pechbasis.

Für die Raumfahrt sind diese Kenntnisse äußerst wichtig im Hinblick auf den *Wärmehaushalt*, die *Temperaturstabilität* von Strukturen und den Wärmetransport von Raumfahrzeugen und *Satelliten*. Schon heute ist die Kohlenstoffaser, bedingt durch diese einzigartigen Eigenschaften in der Raumfahrt nicht mehr wegzudenken.

Durch dieses breite Eigenschaftsspektrum können Anwendungsgebiete erschlossen werden, die bisher die Domänen metallischer Werkstoffe und der Natur waren, oder bisher nicht realisiert werden konnten. Vergleiche mit Verbundwerkstoffen gibt es zahlreich. Von den vielen, z.T. unterschiedlichen Ergebnissen das objektiv richtige zu finden ist nicht einfach.

Erkennbar ist jedoch, daß Faserverbundwerkstoffe in vielerlei Hinsicht natürlichen Werkstoffen wie Holz und Knochen (Abb. 2.8.1, 2.8.2 in Abschnitt 2.8) gleichen.

Die von der Natur produzierten Strukturwerkstoffe wurden in einem langen evolutionären Prozeß optimiert. Die wesentlichen Merkmale natürlicher Werkstoffe und Systeme sind:

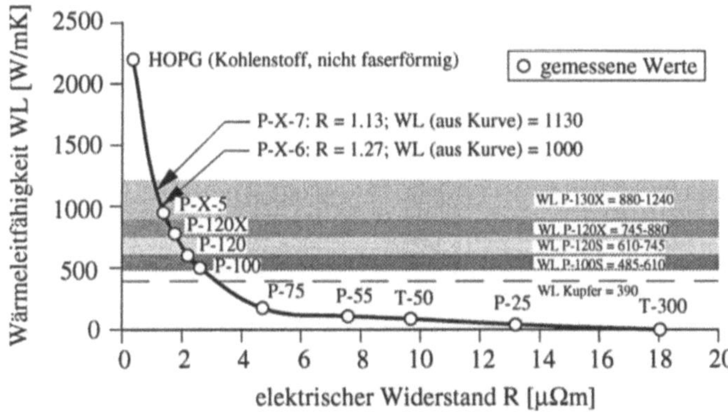

Abb.2.1.28. Elektrische und thermische Eigenschaften von Kohlenstoffasern und Kohlenstoff *HOPG* (hochorientiertes pyrolit. Graphit) [2.8]

- Anisotropie
- Geringe *Dichte*
- Multifunktionalität
- *Regenerierbarkeit*
- *Selbstheilung*
- *Miniaturisierung*
- Recyclingfähigkeit bzw. Degradibilität

Bei den Verbundwerkstoffen findet man die ersten zwei Merkmale wieder. Zum dritten Merkmal finden umfangreiche Forschungen und Entwicklungen statt. Erste Anwendungen gibt es bereits, vor allem im Maßschneidern von Werkstoffen durch *Hybridisierung* mit unterschiedlichen Fasern und Matrixsystemen (Bettungsmassen).

Das vorletzte Merkmal scheint realisierbar.

Unter dem Begriff Mikromechanik werden momentan die ersten Versuche zur Miniaturisierung unternommen. Auf dem letzten Merkmal wird beträchtlich Forschung betrieben, denn nur wenn dieses Merkmal erfüllt ist glaubt man, daß die Faserverbunde eine große Bedeutung und breite Anwendung erreichen.

Man muß dies als Forderung so stehen lassen und akzeptieren, sollte dem Recycling gegenüber jedoch in bestimmten Fällen auch kritisch bleiben. So könnte z.B. eine schadstofffreie thermische Entsorgung von kohlenstofffaserverstärkten Kunststoffen mit *Energierückgewinnung* in vielen Fällen die bessere Lösung sein. Letztlich kommt es auf die Ergebnisse von Energie- und Schadstoffbilanzen an.

Die vielen Möglichkeiten mit faserverstärkten Kunststoffen ergeben sich aus den o.g. Merkmalen, die sich z.T. schon heute in den Faserverbunden wiederfinden. Sie sind in vielerlei Hinsicht den natürlichen Werkstoffen ähnlich. Man muß deshalb unterstellen, daß konkrete Strukturen aus solchen Werkstoffen sehr ökonomisch sind hinsichtlich Gewicht, Kosten und Wirksamkeit.

2.1.3 Zusammenfassung

Aus den verschiedenen Ausgangsmaterialien Zellulose (Rayon), PAN, Pech u.a. sowie den unterschiedlichen Herstellverfahren erklären sich die vielen, in ihren Eigenschaften verschiedenen Fasern.

In den Abb. 2.1.7, 2.1.9 und 2.1.11 bis 2.1.14 sind die wichtigsten geometrischen, mechanischen und physikalischen Eigenschaften und Kenngrößen der Kohlenstoffasern auf PAN-Basis dargestellt.

Man erkennt, daß das Eigenschaftsspektrum sehr breit ist und damit dem Konstrukteur eine Vielfalt von Kohlenstoffasertypen als Verstärkungsfasern für Verbundwerkstoffe zur Verfügung stehen. Dieses Spektrum wurde und wird durch Fasern auf Pech- bzw. Mesophasenpech wesentlich erweitert.

Wie bereits in Abb. 2.1.3 dargestellt, liegt der theoretische E-Modul E_I beim Graphitkristall bei 1050 GPa und die theoretische Festigkeit σ_{th} bei $\sim E_I/10$.

Die Fortschritte bei Kohlenstoffasern in den 80er Jahren haben verdeutlicht, daß man den theoretischen Werten näher kommen kann, dies gilt insbesondere für den Modul.

Die jüngsten Untersuchungen zeigen, daß sich diese Prognose in vieler Hinsicht erfüllt hat. Am deutlichsten illustriert diesen Fortschritt Abb. 2.1.29. Es sind von den wichtigsten Kohlenstoffasern die *Zugfestigkeiten* gegen die *Zugmodul*i aufgetragen. Dabei sind die Fasern von den Firmen Toray und Toho auf PAN- und die von Amoco, Nippon Oil, Petoca und Tonen auf Pechbasis [2.10]. Mit den Fasern T1000 von Toray und IM700 von Toho werden Festigkeiten von 7 GPa und bei der Faser HM 85 von Petoca ein Modul von 850 Gpa erreicht. In dem Diagramm sind die Linien gleicher Bruchdehnungen für 0,5 %, 1 % und 2 % eingetragen. Es gibt handelsübliche Fasern mit einerseits sehr hohen Moduli und andererseits sehr hohen Festigkeiten. In beiden Fällen sind der Regel $\sigma_{th} = E_I/10$ folgend die theoretischen Möglichkeiten noch nicht ausgeschöpft, was Abb. 2.1.29 deutlich aufzeigt.Die Pfeile in dem Diagramm zeigen den zukünftigen Trend an. Man glaubt, daß sich absehbar im Schnittpunkt der Pfeilrichtungen Fasern plazieren werden. Wie man aus Abb. 2.1.3 [2.5] entnehmen kann, schöpft man heute bei hochsteifen Fasern mit einem Modul von 700 GPa die theoretische Festigkeit von 70 GPa bei weitem nicht aus. Sie liegt nur bei 3 GPa. Der Ausnutzungsgrad liegt also gerade bei 4 %.

In jüngster Zeit beobachtet man eine Marktverschiebung. Die Luft- und Raumfahrt stagniert, die Anwendung im zivilen bzw. industriellen Bereich nimmt stark zu. Die Anstrengung aller Hersteller von C-Fasern aus Pech und PAN liegt deshalb heute weniger darin, C-Fasern mit noch höheren Eigenschaften bei höheren Kosten zu entwickeln, sondern die klassische Hochfestigkeitsfaser (HT) und die mittlerweile sehr preiswerte Intermediate Fiber (IM) noch kostengünstiger zu produzieren, um damit

1. neue Einsatzgebiete wie z.B. im Automobilbau, Hochbau, in Transportsystemen und im Maschinenbau, sowie anderen Branchen zu erschließen und um

2. die Herstellkosten von metallischen Strukturen in der Luft- und Raumfahrt merkbar zu unterbieten.

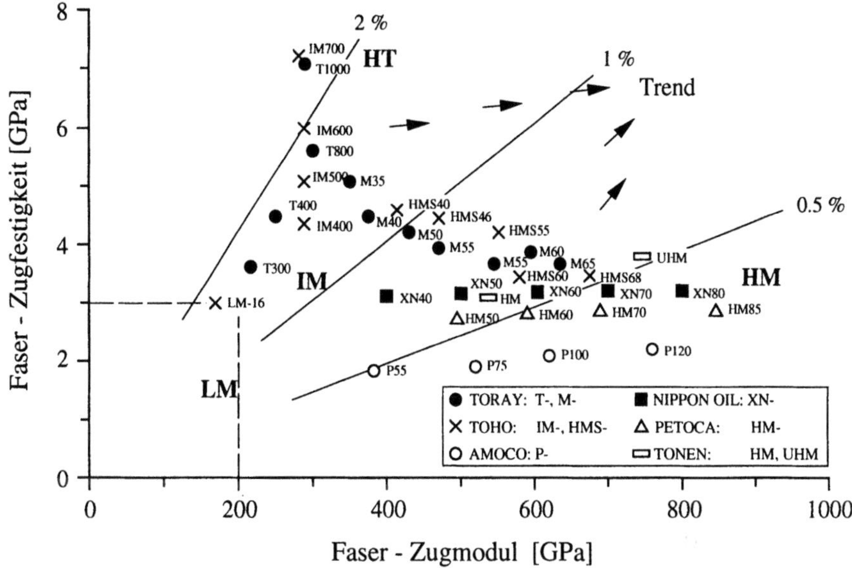

Abb. 2.1.29. Zugfestigkeit und Modul von handelsüblichen Kohlenstoffasern im Vergleich zu Synthesefasern und Metallen [2.10]

Interessanterweise mehren sich die Stimmen die glauben, daß der Zugang in den zivilen Markt absehbar möglich ist. Die Luft- und Raumfahrt wird davon durch eine positive Rückwirkung profitieren.

Was am meisten frappiert ist, daß das Thema Kohlenstoffasern fast unerschöpflich ist. Neue, exotische Fasern zeichnen sich ab. Man ist heute fähig, die Morphologie der Fasern so zu verändern, daß Fasern mit völlig neuen Eigenschaften entstehen. Die Eigenschaften über den Radius lassen sich steuern, und zwar nicht nur die mechanischen, sondern auch die physikalischen und z.B. auch die Dichte. D.h., Fasern mit noch kleineren Dichten sind denkbar [2.10].

Die bereits angesprochene *Anisotropie* der Kohlenstoffasern, die sowohl für mechanische Kenndaten als auch physikalische Eigenschaften zutrifft, wirkt sich in den Verbundwerkstoffen eher positiv als negativ aus. So ist z.B. der geringe E-Modul senkrecht zur Faser ein wahrer Segen für die kohlenstoffaserverstärkten Kunststoffe [2.22].

Durch diese ausgeprägte Anisotropie entstehen zusätzliche Freiheitsgrade in der Gestaltung von Strukturen in einem bisher nicht möglichen Ausmaß. Dies gilt insbesondere im Hinblick auf Multifunktionalität. Die Anisotropie der Faser ist es, die uns Vergleichen mit den natürlichen Werkstoffen näher bringt, denn diese sind ökologisch und ökonomisch optimiert. Die Verbundwerkstoffe bieten in hervorragender Weise neue, bisher undenkbare Lösungswege. Eine großartige Zukunft ist ihnen mehr als sicher.

2.2 Keramikfasern

Die maßgebliche Triebfeder zur Entwicklung *keramischer Fasern* war und ist die geringe *Oxidationsbeständigkeit* von Kohlenstoffasern sowie deren Reaktions-fähigkeit mit Metallen (z.B. Bildung von *Karbiden*), die bei *metallischen Matrices* unerwünscht sind [2.16, 2.23, 2.24].

Der Einsatz von Kohlenstoffasern im Hochtemperaturbereich ist begrenzt, sieht man von aufwendigen Faseroberflächenbeschichtungen zur Verbesserung der Oxidationsbeständigkeit und der Affinität der Faser zur Metallmatrix ab. Im Gegensatz dazu besitzen die keramischen Fasern hervorragende Oxidations- und Temperaturbeständigkeit. Sie lassen sich deshalb problemloser in Metallmatrices einbetten.

Grundsätzlich gibt es momentan vier Grundtypen von keramischen Fasern [2.24].

1. *Siliziumkarbidfasern* (SiC) mit Durchmessern von 100 und 150 μm mit einem Kernfaden aus Wolfram.

2. SiC-Fasern mit einem Durchmesser von 140 μm und einem Kernfaden aus Kohlenstoff.

3. *Aluminiumoxidfasern* ($Al_2 O_3$) mit einem Durchmesser von 3 bis 20 μm.

4. Kernlose Fasern aus SiC und Si-Ti-C-O mit Durchmessern von 8,5 bis 15 μm.

Zweifelsohne sind die letzteren Fasern die interessantesten. Die kleinen Durchmesser erlauben, wie bei der Kohlenstoffaser, ein weites Anwendungs-spektrum. Die Oberflächenbehandlungen können wirksamer und wirtschaftlicher durchgeführt werden als bei den o.g. *Mehrkomponentenfasern*, die, wie die nach-folgenden Beschreibungen zeigen, sehr kompliziert sind.

Abb. 2.2.1 zeigt die wichtigsten Eigenschaften dieser vier Grundfasertypen. Es sind handelsübliche Fasern, d.h. ihre Eigenschaften sind statistisch gesichert.

Typ	Bezeichnung	Durchmesser [μm]	Zugfestigkeit [MPa]	Dichte [g/cm^3]	Handelsbezeichnung Lieferant
1	SiC/W [1]	100/150			
2	SiC/C [2]	140		3.00	
3	SiC [3]	12/15	2965	2.55	Nicalon von Nippon Carbon
	S-Ti-C-O [4]	8.5/10.5	2900	2.37	Tyranno von Ube Industries
4	Al_2O_3	3 - 20	1500 - 2000	3.3 - 3.95	

[1] W: Wolframkernfaden   [2] C: Kohlenstoffkernfaden
[3] und [4]: kernlose Keramikfasern

Abb. 2.2.1. Eigenschaften der 4 keramischen Grundfasertypen [2.24]

2.2.1 Silizium-Karbidfasern mit Kernfäden aus Wolfram

Die keramischen Fasern sind im Gegensatz zu Polymer- und Kohlenstoffasern strukturmäßig dreidimensional, d.h. sie haben in allen 3 Richtungen starke kovalente Bindungen [2.1] und sind deshalb quasi-isotrop.

Bereits in den Anfängen der Entwicklung der Borfaser bei Texaco wurden gleichzeitig von Texaco, General Technologies Corporation und United Aircraft Research Lab. Untersuchungen zur Abscheidung von Siliziumkarbiden (SiC) auf einen Kernfaden aus Wolfram (mit ca. 12 µm Kerndurchmesser) durchgeführt [2.23]. Das Interesse konzentrierte sich dabei auf die zu erwartende hohe Einsatztemperatur von SiC, insbesondere in Verbindung mit metallischen Matrices wie Aluminium und Titan.

Die SiC-Faser mit Wolframseele wurde, wie die Borfaser (siehe Abschn. 2.5) im "Chemical Vapor Deposition" *(CVD)*-Prozeß gewonnen. Bei den Untersuchungen wurde im wesentlichen die *Reaktionskammer* zur Borfaserherstellung verwendet (Abb. 2.2.2). Die Gasprekursoren waren typische Silangase wie *Methyltrichlorosilan*, *Methyldichlorsilan* oder eine Mischung von beiden sowie $SiCl_4$ (Dimethyldichlorsilan) und *Wasserstoff*. [2.23]

Das Temperaturprofil der Faser in der Reaktionskammer unterschied sich beträchtlich gegenüber dem der Borfaser (Abb. 2.2.3). Der Temperaturgradient, ausgehend von der maximalen Temperatur von ~1300°C, ist beim Herstellungsprozeß der SiC-Faser über die Länge der Reaktionskammer mit ~300°C größer als beim Herstellungsprozeß der Borfaser.

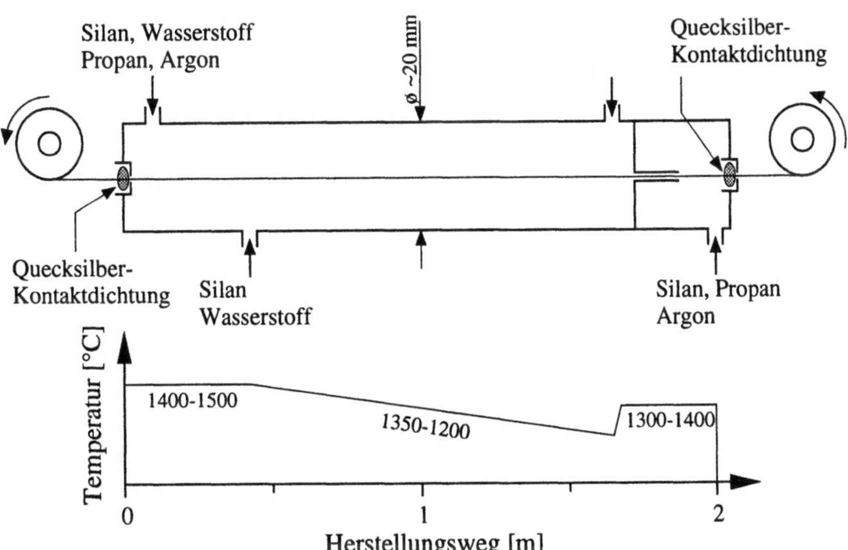

Abb. 2.2.2. Schematische Darstellung der mehrstufigen Reaktionskammer zur Herstellung von Siliziumkarbidfasern mit Kernfäden aus Wolfram und Kohlenstoff [2.23]

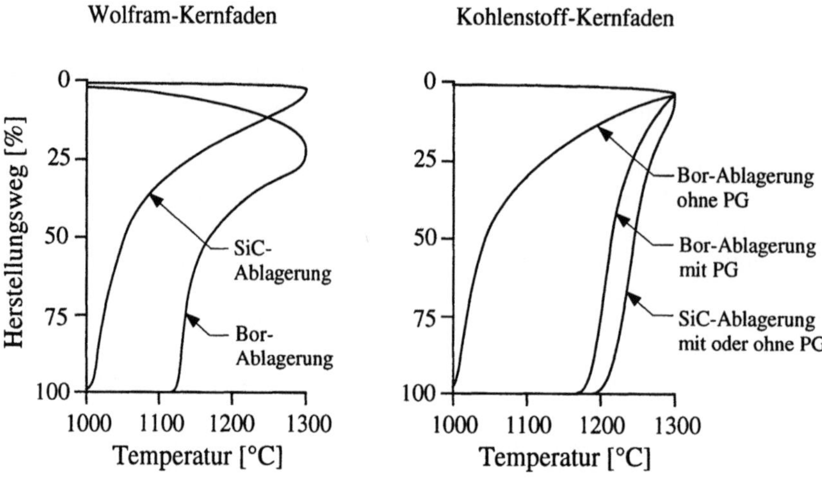

Abb. 2.2.3. Vergleich der *Temperaturprofile* bei der Herstellung von Bor- und SiC-Fasern mit Kernfäden aus Wolfram- Kohlenstofffäden. *W Kernfaden aus Wolfram*, *C* Kernfaden aus Kohlenstoff, *P G* Pyrolitischer Kohlenstoff (1 μm dicke Beschichtung [2.23]

Die Gründe dafür sind (1) die guten Isolationseigenschaften von SiC und (2) die Änderung des elektrischen Widerstands des Kernfadens mit der Temperatur. Dazu muß man wissen, daß der Wolframfaden während des *Abscheideprozesses* als Widerstandselement elektrisch aufgeheizt wird.

Die Qualität dieser SiC-Fasern war im Anfang nicht sonderlich gut. Durch verbessertes Prozessing, z.B. durch eine gleichmäßigere Temperaturverteilung und -führung im Reaktor, durch mehr Stufen zur Einbringung der Gasprekursoren, durch bessere Prekursoren und durch den Abbau von Oberflächendefekten konnten bei Produktionsmengen mittlere Zugfestigkeiten von 3,5 GPa und Moduli von > 400 GPa erreicht werden [2.23, 2.24].

Bei Biegeuntersuchungen solcher Fasern wurden Festigkeiten von über 9,5 GPa ermittelt. Das zeigt, daß der Kernfaden nur unwesentlich an der Fadenzugfestigkeit beteiligt ist. Das große Streuband von 3,5 GPa bis 9,5 GPa erklärt sich auch durch die bei Biegung wesentlich kleinere *Fehlerwahrscheinlichkeit* als bei Zug, da das mit der maximalen Spannung angestrengte Volumen bei Biegung sehr klein, dagegen bei Zug sehr groß ist. Die hohe *Biegefestigkeit* deutet auf ein hohes, bisher noch nicht ausgeschöpftes Potential der SiC-Faser hin. Man kann also davon ausgehen, daß absehbar Fasern mit wesentlich besseren Eigenschaften als z.B. der in Abb. 2.2.1 dargestellten Fasern hergestellt werden.

Es wurde darüber hinaus festgestellt, daß mehrere wichtige Faktoren die Faserqualität maßgeblich mitbestimmen.

So führt z.B. die Verwendung von Methyldichlorsilan und Wasserstoff allein zu einer schnellen Produktionsrate, bei allerdings geringen Festigkeiten [2.23, 2.24, 2.25]. Die Oberflächen dieser Fasern sind ziemlich rauh und knötchenförmig [2.23].

Verwendet man nur Methyldichlorsilan, dann ist der Abscheideprozeß sehr langsam, was zu ziemlich glatten Faseroberflächen führt. Die Festigkeiten sind jedoch nur unwesentlich besser (Abb. 2.2.4). Die Ergebnisse weiterer Untersuchungen durch die Fa. AVCO mit Gasmischungen (blends) führten zu einer beträchtlichen Steigerung der Produktionsrate und zu glatten Faseroberflächen. Zurückzuführen ist dieses Ergebnis auf einen Austausch von Methyltrichlorosilan durch *Dimethyldichlorsilan*. Dadurch konnte die Produktionsrate ohne Festigkeitseinbußen um 60 % gesteigert werden.

Bei weiteren Untersuchungen wurde festgestellt, daß die Oberflächen der so hergestellten SiC-Fasern sehr *reibempfindlich* sind. So führt z.B. das bloße Reiben von 2 Fasern gegeneinander zu Festigkeitseinbußen von 35 % (Abb. 2.2.5)

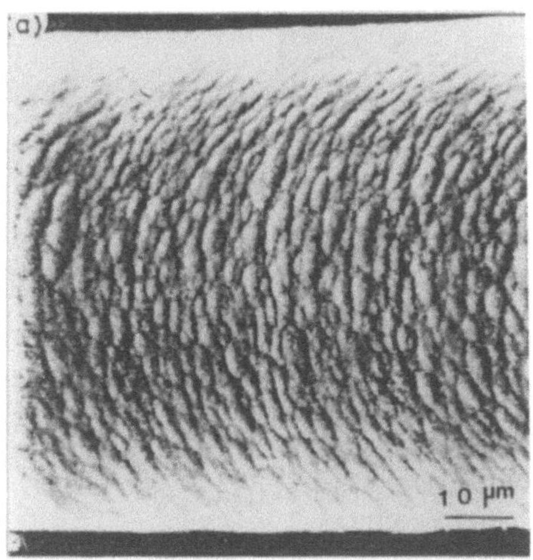

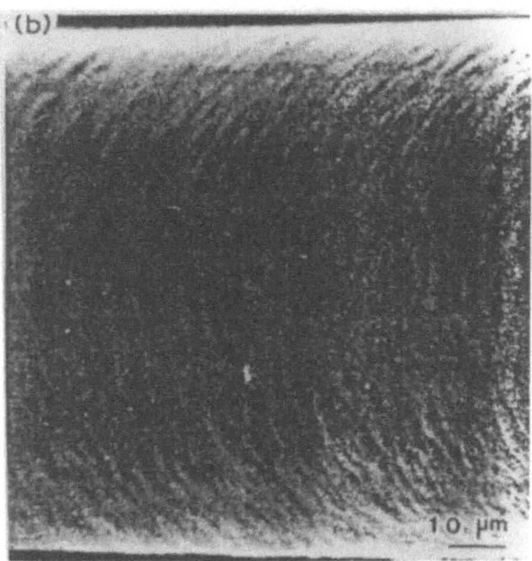

Abb. 2.2.4. Vergleich der Oberflächen von SiC-Fasern, *a* Fasern von Methyldichlorsilan und *b* Fasern von Dimethylchlorsilan [2.23©]

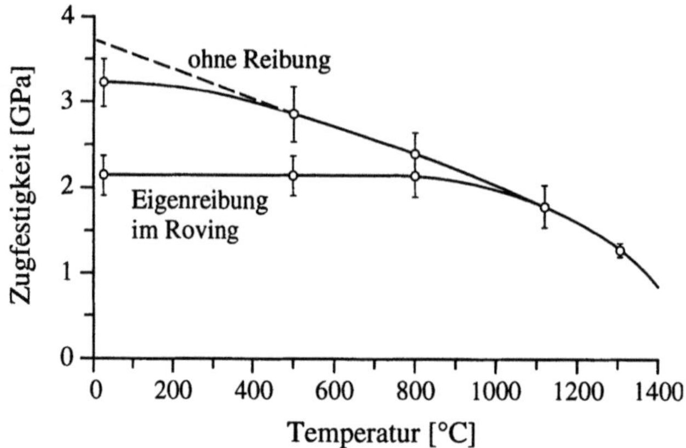

Abb. 2.2.5. Zugfestigkeit und Reibempfindlichkeit (Oberfläche) von SiC/W-Fasern in Abhängigkeit von der Temperatur [2.23]

[2.26]. Dazu bedarf es einer Erklärung: Wie in Abschn. 2.5 dargelegt, weist die Borfaser über den Radius erhebliche *innere Spannungen* auf, und zwar sowohl Zug- als auch *Druckspannungen* (Abb. 2.2.6). Die wesentlichen Gründe dafür sind:

- die Ausdehung der *Borschicht* während der Ablagerung auf dem Wolframfaden, resultierend aus einer Volumenänderung;
- die unterschiedlichen *Wärmeausdehnungskoeffizienten* der drei Schichten aus Bor, WB und W_2B_5, sowie des Wolframkernfadens.

Wie Abb. 2.2.6 zeigt, ist die Borfaseroberfläche auf Druck belastet.

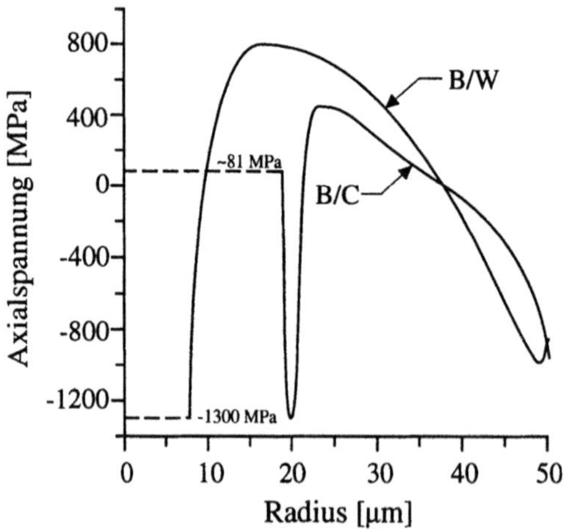

Abb. 2.2.6. Verteilung der inneren Spannung von Borfäden über den Radius. *W* Wolframkernfaden, *C* Kohlenstoffkernfaden, *B* Bor [2.23]

Bei der SiC-Faser sind die Verhältnisse nun so, daß auf der Faseroberfläche leichte Zugspannungen wirken. Dies ist die Hauptursache für die Empfindlichkeit der SiC-Faser im Oberflächenbereich.

Dieses Problem konnte durch das Aufbringen einer dünnen Karbonschicht wesentlich verbessert werden. Erzeugt wird diese Schicht, indem die heiße SiC-Faser vor dem Verlassen der Reaktionskammer durch eine Gaszone aus Propan und Argon geführt wird (Abb. 2.2.3) [2.23, 2.24, 2.25, 2.27, 2.28, 2.31].

Wie bereits angedeutet lag das Hauptinteresse bei der SiC-Faserentwicklung bei den hohen Einsatztemperaturen. Wie Abb. 2.2.5 zeigt, nimmt die Zugfestigkeit von SiC-Fasern mit einem Wolframkernfaden von RT bis 1000°C linear von 3,5 GPa auf ~2,0 GPa ab. Über 1000°C fällt sie überproportional ab.

Fasern, die bei 1100°C über 120 Std. in Luft ausgelagert waren, zeigten noch Restfestigkeiten von 60 %.

Untersuchungen bei gleicher Temperatur im Vakuum führten zu ähnlichen Ergebnissen. Versagensanalysen zeigen, daß der Bruch in fast allen Fällen von dem Kernfaden ausging.

Die Diffusion und Reaktion zwischen der abgelagerten SiC-Schicht und dem Wolfram ist sehr gering. In der Reaktions- und Diffusionsschicht bildet sich W_5Si_3 und W_2C. Bei den üblichen Prozeßtemperaturen und -zeiten ist diese Schicht nur 1 µm dick. Wird die SiC-Faser bei hohen Temperaturen ausgelagert, dann wird die Diffusionsschicht dicker, mit der Folge, daß die Zugfestigkeit der Faser stark abnimmt. Daraus läßt sich schließen, daß die Dicke dieser Interaktionsschicht die Faserfestigkeit maßgeblich mitbestimmt.

2.2.2 Silizium-Karbidfasern mit Kernfäden aus Kohlenstoff

Wegen der Probleme mit der *Diffusions-* und Reaktions- bzw. Interaktions*schicht*, die sich bei hohen Temperaturen im Wolframkernfaden der SiC-Faser bildet und bei hohen Temperaturen mit erheblichen Festigkeitseinbußen verbunden ist, hat die Fa. AVCO schon sehr früh Untersuchungen mit Kernfäden aus Kohlenstoff durchgeführt. Verwendet wurde ein 33 µm dickes, ursprünglich für die Borfaserherstellung entwickeltes Kohlenstoffmonofilament. Es ist billiger und leichter als Wolfram. Die Wahrscheinlichkeit einer Reaktion mit dem durch "Chemical vapor deposition" (CVD) in der Reaktionskammer (Abb. 2.2.3) abgelagerten SiC ist sehr viel geringer als bei der Herstellung von SiC-Fasern mit Kernfäden aus Wolfram. Es bildet sich praktisch keine Interaktionsschicht, die wie bei SiC/Wolfram Festigkeitseinbußen verursacht.

Der Kernfaden aus Kohlenstoff hat noch den Vorteil, daß der Temperaturgradient in der Reaktionskammer wesentlich kleiner ist gegenüber dem der SiC-Faser mit einem Wolframkernfaden (Abb. 2.2.2). Dadurch kann das Aufheizen des Fadens in der Kammer vereinfacht und die Produktionsgeschwindigkeit erhöht werden. Bei der Herstellung der Borfaser mit einem Kohlenstoffilament als Kernfaden muß dieser mit einer 1 µm dicken pyrolitischen Kohlenstoffschicht beschichtet werden (Abschn. 2.5.2). Durch die geringe Bindung dieser Schicht zur abgelagerten Borschicht werden die durch die Verlängerung der Borschicht bedingten Brüche des Kohlenstoffkernfadens reduziert und als Folge die mittleren Zugfestigkeiten erhöht.

Bei der SiC-Faser verwendet man sowohl unbeschichtete als auch mit *pyrolitischem Kohlenstoff* beschichtete *Kohlenstoffkernfilamente*. Diese Schicht mit einer Dicke von ~1 μm hat keine oder nur eine geringe Bindung zu dem Kohlenstoffkernfaden und es gibt keinen Beweis einer Reaktion mit der abgelagerten SiC-Schicht.

Als Auswirkung dieser Schicht erhält man uniformere SiC-Fasern, wodurch die Imperfektionen in Größe und Anzahl abgebaut werden, dadurch die Streuung der Festigkeit reduziert wird, was wiederum eine Erhöhung der mittleren Festigkeit bedingt.

Die heutigen Reaktionskammern (Abb. 2.2.3) sind komplizierter als die ersten Kammern zur Herstellung der Borfasern. Heute werden über mehrere Stufen relativ komplizierte *Gasmischungen* aus *Silanen*, Wasserstoff, *Propan* und *Argon* eingeführt. Diese optimierten *Gaskombinationen* haben eine dominante Auswirkung auf die Mikrostruktur des abgelagerten SiC-Mantels, aber auch auf die Textur der Querschnittsfläche (Abb. 2.2.7).

Man kann ganz deutlich die einzelnen Zonen erkennen. Der innere Kreis ist der Kernfaden aus Kohlenstoff. Der schwarze Ring um den Kernfaden ist eine dünne Schicht aus pyrolitischem Kohlenstoff (PG ≙ pyrolitic graphit). Der mittlere Ring ist die SiC-Ablagerung aus der 1. Stufe des *Reaktionsprozesses* und der äußere aus der 2. Stufe. Dabei ist die Mikrostruktur des inneren SiC-Rings deutlich feiner mit *Korngrößen* von ~40 ÷ 50 μm als der äußere mit Größen von 90 ÷ 100 μm).

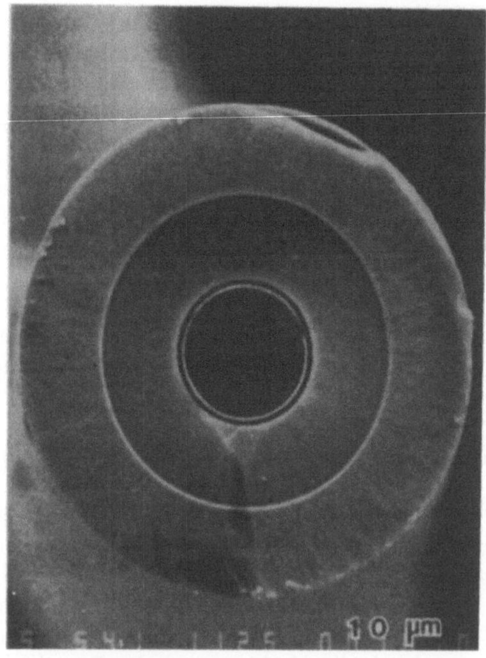

Abb. 2.2.7. Querschnittsfläche einer SiC/C-Faser, hergestellt in einer Mehrstufen-Reaktionskammer [2.23©]

Die *Reaktionskinetik* zur Herstellung der SiC-Faser durch Chemical vapor deposition ist sehr empfindlich. Dementsprechend kompliziert ist die Prozeßführung in der Reaktionskammer. Sie ist hochparametrisch. Über die Struktur, insbesondere die Mikrostruktur von SiC, gibt es unterschiedliche Auffassungen.

Die *Kristallstruktur* von Siliziumkarbid zeigt eine Anzahl von geordneten Strukturen, herkömmlich *Polytypen* genannt. Die fundamentalen Aufbauelemente dieser Polytypen sind die tetraedrisch angeordneten Elemente $Si\,C_4$ oder CSi_4, die an ihren Spitzen kovalent zu polaren Strukturen verbunden sind.

In Abschn. 2.2.1 wurde bereits dargestellt, daß die SiC-Fasern mit Wolframkernfäden sehr oberflächenempfindlich sind und bereits das bloße Reiben von Fasern gegeneinander die Zugfestigkeit um ~35 % reduziert. Durch das Aufbringen einer dünnen Kohlenstoffschicht konnte diese Empfindlichkeit beseitigt werden. Offensichtlich werden dadurch Faseroberflächen- und Korngrenzenfehler durch den Kohlenstoff verschlossen und dadurch *Spannungskonzentrationen* abgebaut.

Nachteilig wirkt sich jedoch diese Schicht bei der Herstellung von faserverstärkten Metallen, insbesondere bei Aluminiummatrices aus. Die Benetzung der Faser mit Metallen ist schlecht, auch bei *Epoxidharzen*, wodurch die Bindung Faser/Matrix mangelhaft ist. Im Falle von Aluminium entstehen beim Heißpressen schädliche *Aluminiumkarbide*. Zur Verbesserung der Affinität zwischen Faser und Matrix, insbesondere bei Metallmatrices wurde die SiC-Faser zusätzlich noch mit einer SiC-Schicht beschichtet [2.16, 2.23, 2.24, 2.29].

So behandelte Fasern bezeichnet man mit SCS (Silicium-Carbid-Silicium). Grundsätzlich gibt es 4 Typen von Oberflächenmodifikationen, nämlich SCS-2, SCS-4, SCS-8 [2.23, 2.24] und SCS-9 [2.28]. Sie unterscheiden sich hauptsächlich in der Dicke der SiC-Schicht und im Verhältnis Silizium- zu Kohlenstoffschicht. Die SCS-9-Type hat mit 75 µm einen wesentlich kleineren Durchmesser als die anderen.

Die SCS-2- und SCS-8-Typen verwendet man bei Aluminiummatrices und die SCS-6 mit einer dickeren SiC-Schicht für *Titanmatrices*. Abb. 2.2.8 zeigt die Zugfestigkeit von SCS-2-Fasern in Abhängigkeit von der Meßlänge und Abb. 2.2.9 ein Histogram der *Zugfestigkeitsverteilung*. Die Kurve ist schief und enthält eine bimodale Verteilung. Solche Verteilungen sind typisch, wenn, wie in diesem Falle zwei unterschiedliche Fehlertypen vorliegen, die zum Versagen führen.

2.2.3 Kernlose Siliziumkarbidfasern

Die beiden in Abschn. 2.2.1 und 2.2.2 beschriebenen SiC-Fasern mit Kernfäden aus Wolfram und Kohlenstoff zeigen einige erhebliche Nachteile, die einer breiteren Anwendung entgegen stehen:
- die hohen Faserdurchmesser zwischen 75 ÷ 150 µm erlauben keine Herstellung von Bauteilen mit komplexer Formgebung. Der Mindestbiegeradius ist in vielen Fällen zu groß. Die Kohlenstoffasern finden u.a. auch deshalb so breite Anwendung, weil ihre Durchmesser mit 6 ÷ 9 µm sehr klein sind.
- eine Einbettung in Metallmatrices ist sehr schwierig, was allein schon der komplexe Aufbau solcher Mehrstoff- und Mehrschichtfasern mit sich bringt

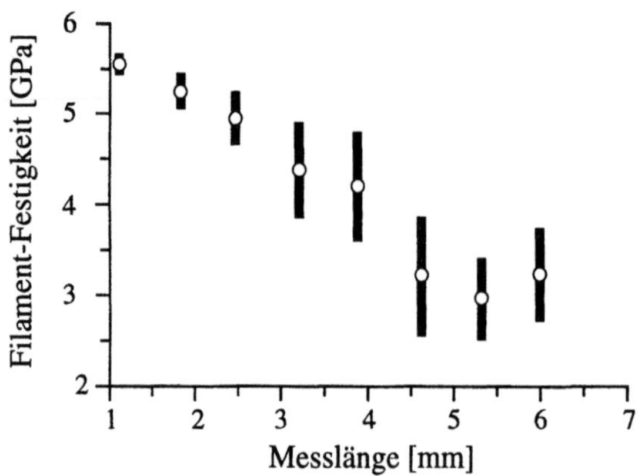

Abb. 2.2.8. Zugfestigkeit von SCS-2-Fasern in Abhängigkeit von der Messlänge [2.23]

- sie sind im Vergleich zu anderen Verstärkungsfasern wie Glas-, *Synthetik-* und Kohlenstof*fasern* sehr teuer.

Es lag also nahe SiC-Fasern ohne Kernfaden mit kleinen Durchmessern zu entwickeln. Die Methode zur Herstellung von solchen Fasern wurde in Japan [2.16] vorangetrieben. Dabei wird eine organische Silizium-Verbindung versponnen und kalziniert. Kommerzialisiert wurde diese ~15µm dicke Faser von "The Nippon Carbon Co.Ltd." unter dem Handelsnamen Nicalon. Wie Abb 2.2.1 zeigt, gibt es mittlerweile mit 8,5 µm bis 10,5 µm noch dünnere Fasern (Si-Ti-C-O). Sie werden unter dem Handelsnamen Tyranno vertrieben.

Die Herstellmethode zeigt schematisch Abb. 2.2.10 [2.16]. Durch eine *Dechlorination* von Dimethyldichlorsilan mit Sodium entsteht ein lineares *Poly-*

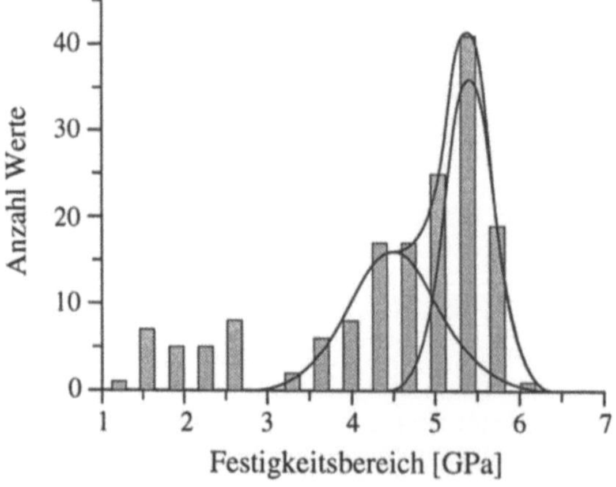

Abb. 2.2.9. Histogramm von SCS-2-Zugprüfungen [2.23]

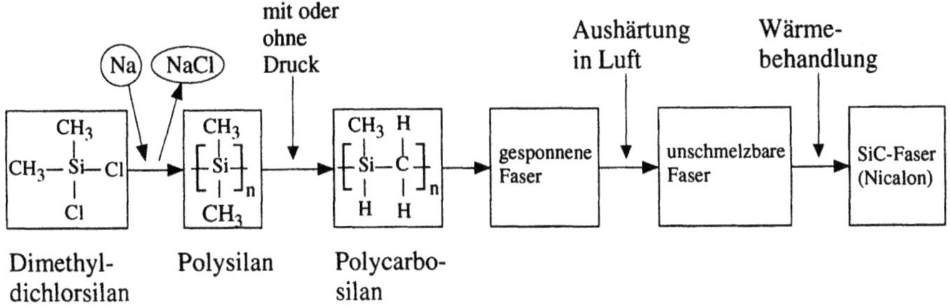

Abb. 2.2.10. Produktionsschema von SiC-Fasern (Nicalon) [2.16]

dimethylsilan. Durch eine thermische Behandlung des Polydimethylsilan bei 400°C ÷ 500 °C entsteht ein *Polycarbonsilan*. Mittels Schmelzspinnen wird dann eine endlose Faser hergestellt, die durch eine Behandlung (Härtung in Luft) unschmelzbar wird und durch eine Wärmebehandlung in inerter Atmosphäre bei 1200 ÷ 1400 °C in eine Siliziumkardid-Faser mit einer ß-SiC-Struktur übergeführt wird [2.32, 2.33].

Ein organisches Material wird durch das oben beschriebene Prozessing in ein anorganisches übergeführt. Die Herstellung dieser Siliziumkardid-Faser ist deshalb sehr schwierig, weil im Gegensatz zu den üblichen synthetischen Fasern Polycarbonsilan ein *Oligomer* mit einem sehr niederen *Molekulargewicht* ist, was eine sehr geringe Faserzugfestigkeit von nur 5 MPa zur Folge hat.

Die Firma Nippon Carbon Co., Ltd. hat dieses Problem offensichtlich gelöst, so daß kontinuierliche Fasern von 1000 m Länge produziert werden können.

Gefügeuntersuchungen dieser mineralischen Faser nach der Umwandlung des Prekursors zeigen ein Aggregat von ultrafeinen Partikeln mit Durchmessern von 20 ÷ 50 Å [2.16]. Entsprechend glatt ist die Faseroberfläche und damit sind Spannungskonzentrationen in Folge von Unregelmäßigkeiten auf der Faser-oberfläche sehr gering. Da die Faser aus sehr kleinen, kohäsiv verbundenen Partikeln besteht, ist sie faktisch isotrop. Dies und die glatte Oberfläche der Faser erklären ihre hohe Zugfestigkeit.

In Abb. 2.2.11 sind die wichtigsten Eigenschaften der kernlosen SiC-Fasern dargestellt [2.16, 2.30]. Den spezifischen elektrischen Widerstand über der Temperatur zeigt Abb. 2.2.12.

Physikalische Eigenschaft	Einheit	Physikalischer Wert
Faserdurchmesser	μm	10-15
Faserform	-	rund
Dichte	g/cm^3	2.55
Zugfestigkeit	MPa	2450-2940
Zugmodul	GPa	176-196
Wärmeausdehnungskoeffizient	°C^{-1}	3.1 x 10^{-6}

Abb. 2.2.11. Physikalische Eigenschaften der kernlosen SiC-Faser (Handelsname Nicalon) [2.16]

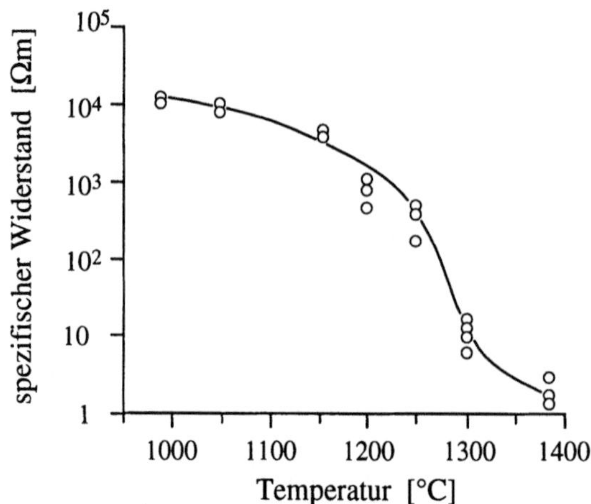

Abb. 2.2.12. *Spezifischer Widerstand* von SiC-Fasern in Abhängigkeit von der Behandlungstemperatur [2.30]

Im Temperaturbereich von < 1000°C bis 1400°C variiert der Widerstand zwischen 10^2 Ω cm und 10^4 Ω cm. Er liegt also im Bereich von Halbleitern. Abb. 2.2.13 zeigt noch den Einfluß der Faserzugfestigkeit über der Temperatur und Abb. 2.2.14 die Beständigkeit gegen bestimmte Chemikalien.
Die kernlose SiC-Faser läßt sich wie folgt charakterisieren [2.23]:
1. Hohe Zugfestigkeit bei hohem Zugmodul
2. Geringe Dichte
3. Hervorragende *Wärmeform-* und Oxidations*beständigkeit*
4. Hohe *Chemikalienbeständigkeit*
5. Geringe *Reaktivität mit Metallen*
6. Kleiner Wärmeausdehnungskoeffizient.

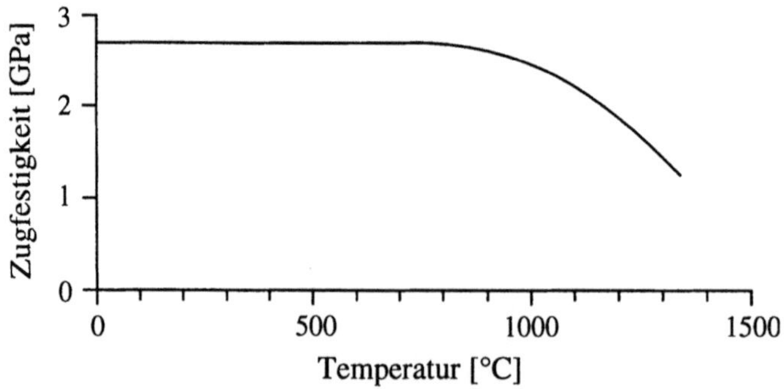

Abb. 2.2.13. Zugfestigkeit in Abhängigkeit der Temperatur nach jeweils 1 Stunde in der Luft [2.30]

Chemikalie	Gewichtsverminderung [%]
6N HCl	< 1
18N H_2SO_4	< 1
7N HNO_3	< 1
30% NaOH Lösung	< 1

Abb. 2.1.14. Chemische Beständigkeit von SiC-Fasern. Test bei 80°C während 24 Stunden [2.30]

2.2.4 Aluminiumoxidfaser

Um 1980 wurde von Du Pont eine anorganische Faser mit der Bezeichnung "FP" entwickelt [2.34]. Chemisch besteht diese Faser aus *Aluminiumoxid* (Al_2O_3) mit einem Reinheitsgrad von über 99 %. Mit der Entwicklung dieser Faser sollte eine Lücke hinsichtlich hoher Einsatztemperaturen und extremer Umgebungsbedingungen geschlossen werden.

Das Aluminiumoxid ist eines der härtesten und kostengünstigsten *Keramikmaterialien*. Wegen ihren herausragenden Festigkeiten und Moduli sowie ihrer exzellenten Temperaturbeständigkeit ist diese Faser insbesondere zur Verstärkung von metallischen Matrices wie Aluminium, Magnesium, Blei , Zink und Kupfer sehr geeignet. Dabei ist erwähnenswert, daß die Benetzung der Al_2O_3-Faser z.B. mit Aluminium schwierig ist. Die Faser ist ein polykristallines *Alphaaluminiumoxid*, liegt somit in der stabilsten Form der Aluminiumoxide vor.

Herstellung der Fasern. Wegen dem sehr hohen Schmelzpunkt und der sehr niedrigen Viskosität von geschmolzenem Al_2O_3 ist ein Schmelzspinnverfahren zur Herstellung von Aluminiumoxidfasern nicht möglich. Eines der ersten Verfahren bestand darin, *Aluminiumsalze* in einem Vormaterial (wie z.B. Rayon) zu dispergieren. Danach wird dieser Prekursor zum Ausbrennen der organischen Substanzen erhitzt und anschließend zur Faser gesintert.

Zwei weitere Herstellverfahren zeigten sich für kommerzielle Anwendungen geeignet, nämlich das *Aufschlämmverfahren* und das Lösungsverfahren [2.35]. Beim Aufschlämmverfahren wird zuerst eine wässerige *Suspension* von Aluminiumoxid- oder Aluminiumoxid-Hydratteilchen hergestellt. Solche Suspensionen können gelöste Polymere wie z.B. Polyvinylalkohol zur Erhöhung der Schlammviskosität und zur Stabilisierung der Suspension selbst enthalten. Andere Zugaben sind möglich, eine Beimengung von Aluminiumsalzen unterstützt z.B. die Verdichtung beim Sintern und andere Zusätze dienen der Kontrolle des Kornwachstums. Zur Herstellung der Faser wird die Schlämme in Luft extrudiert, dann getrocknet und danach bei niedrigen Temperaturen gebrannt. Abschließend wird die Faser zur Eliminierung der Porositäten und zur Umwandlung des Aluminiumoxid in den kristallinen Alpha-Zustand flammgebrannt. Dieser Zustand ist die stabilste Form der Aluminiumoxide. Alpha-Al_2O_3- Fasern sind bei hohem Modul außergewöhnlich temperaturfest. Der Durchmesser der Endlosfilamente liegt bei ungefähr 20 μm. Solche im *Sinterverfahren* hergestellte Fasern zeigen typisch eine kopfsteinpflasterähnliche

Oberfläche. Man nimmt an, daß diese mikroskopisch rauhe Oberfläche und die *Polykristallinität* der "FP"-Fasern sie vor Oberflächenbeschädigungen schützt und auch eine gute Verbindung zwischen Verstärkungsfaser und Matrix bewirkt. Fasern mit sehr glatten Oberflächen sind sehr oft empfindlich gegen *Oberflächenfehler*.

Beim zweiten, kommerziell anwendbaren Herstellverfahren handelt es sich um ein *Lösungsspinnverfahren*. Dabei wird eine viskose, konzentrierte Lösung aus Aluminiumverbindungen gesponnen. Das Lösungsmittel in der Spinnlösung kann Wasser oder ein organisches Lösungsmittel sein. Die Faser wird dann getrocknet und wärmebehandelt. Beim Spinnen aus wässerigen Lösungen können die Aluminiumverbindungen basische Aluminiumchloride sein, denen wasserlösliche Polymere zur Kontrolle der Viskosität der Spinnlösung zugegeben werden. Andere Beimengungen dienen der Kontrolle der Phasenstabilität und des Kernwachstums. Als ein solcher Zusatz kann *Siliziumdioxid* (SiO_2) bis zu 5 % beigemengt werden.

Die viskose Spinnlösung wird durch eine Öffnung in trockene Luft extrudiert. Zur Entfernung der Salzsäure (HCl) aus dem Aluminiumchlorid wird die Faser steigenden Temperaturen ausgesetzt. Danach wird die organische Materie ausgebrannt und amorphes Aluminiumoxid gebildet. Mit zunehmender Temperatur wird das Aluminiumoxid kristallin. Die kristalline Form geht schließlich über mehrere Zustände (η, υ, δ, Θ) in den gewünschten α -Zustand über. Über die Temperaturbehandlung während der Faserherstellung der Aluminiumoxidfasern können verschiedene gewünschte Eigenschaften erzielt werden. So bringt z.B. der η-*Kristallzustand* hohe Festigkeit und der α - Zustand hohen Modul mit exzellenter Temperaturfestigkeit.

Wird für die Spinnlösung als Lösungsmittel kein Wasser, sondern ein organisches Lösungsmittel verwendet, dann sind in den Lösungsmitteln lösbare metallorganische Verbindungen erforderlich,. Zur Herstellung von Al_2O_3-Fasern werden z.B. *Polyaluminiumoxane* verwendet.

Die "FP"-Faser ist mit einem Modul von 385 GPa sehr steif und wegen den relativ großen Kristallkörnern (~ 0,5 μm) von Alpha-Al_2O_3 extrem spröde und dehalb nicht verwebbar, was sehr nachteilig ist.

Der Durchmesser der Faser liegt bei 15 - 20 μm. Sie ist bis 1000°C temperaturbeständig. Eine jüngere Variante der "FP"-Faser ist die Faser PRD 166 von Du Pont. Diese Faser wird mit *Zirkonium* stabilisiert, wodurch die Faserbruchdehnung beträchtlich verbessert wird. Die PRD 166-Faser ist dadurch verwebbar und sie ist generell leichter handhabbar, als die spröde "FP"-Faser.

Weitere Al_2O_3-Fasern werden von Sumitomo in Japan und von ICI in Grossbritannien hergestellt.

Bei der Faser von Sumitomo wird zuerst eine Mischung aus organischen Stoffen und Aluminiumverbindungen polymerisiert. Danach wird dieser Organo-Aluminiumverbund in einer organischen Lösung aufgelöst, zusammen mit einer silikonhaltigen Verbindung. Aus dieser viskosen Mischung wird eine Prekursorfaser gesponnen, die dann bei über 1000°C in Luft gebrannt wird. Die daraus resultierende Faser besteht zu 85 % aus υ - oder η-Aluminiumoxid und zu 15 % aus Siliziumdioxid (SiO_2) [2.36]. Der Durchmesser dieser Fasern ist ungefähr 15 μm und der Modul ist gegenüber dem der "FP"-Faser erheblich kleiner.

Die Aluminiumoxidfaser von ICI mit dem Handelsnamen Saffil wurde nach [2.36] für Isolationszwecke entwickelt. Der Durchmesser der Faser ist mit 3 µm sehr klein. Später fand man, daß diese dünne Fasern zur Verstärkung von Metallen geeignet sind. ICI hat diese Faser dann weiterentwickelt. Sie ist unter dem Namen Safimax erhältlich und besteht im wesentlichen zu 96 % aus α-Al_2O_3 und 4 % SiO_2.

Eigenschaften der Aluminiumoxidfasern. Die Al_2O_3-Fasern sind wie alle keramischen Fasern sehr spröde, was sich in kleinen *Faserbruchdehnungen* niederschlägt. Durch die Beimengung von einigen Prozent Siliziumdioxid (SiO_2) läßt sich die Faserbruchdehnung etwas verbessern, allerdings auf Kosten der Temperaturbeständigkeit. Das beigemengte Siliziumdioxid wirkt weichmachend und begrenzt die Temperaturbeständigkeit auf ungefähr 1000°C. Bei Temperaturen über 1000°C kriechen die Fasern und bei 1100°C bis 1500°C ist ein spürbarer Festigkeits- und Modulverlust festzustellen.

Bei der "FP"-Faser von Du Pont verschärft sich das Problem der Sprödigkeit keramischer Fasern. Die Faserbruchdehnung ist mit 0.4 % sehr gering.

Abb. 2.2.15 zeigt die Zugfestigkeit der FP-Fasern in Abhängigkeit der *Fasereinspannlänge*. Die theroretische *Festigkeitsvorhersage* stimmt mit den Prüfwerten bestens überein.

In Abb. 2.2.16 sind die wichtigsten Eigenschaften der "FP"-Fasern in Filamentform dargestellt. Die dabei angegebenen Faserdruckfestigkeiten wurden aus den Druckfestigkeiten unidirektionaler Verbunde ermittelt.

Die Abb. 2.2.17 zeigt den Vergleich der Zugfestigkeit von "FP"-Fasern mit anderen Verstärkungsfasern nach Einwirkung von heißer Luft. Die Al_2O_3-Faser ist dabei mit Abstand die thermostabilste Faser. Dies wird durch Abb. 2.2.18 untermauert, sie zeigt die Auswirkung der Auslagerungsdauer in heißer Luft auf die Zugfestigkeit.

Erwähnenswert ist, daß die Benetzung von Al_2O_3-Fasern mit Aluminium schwierig ist.

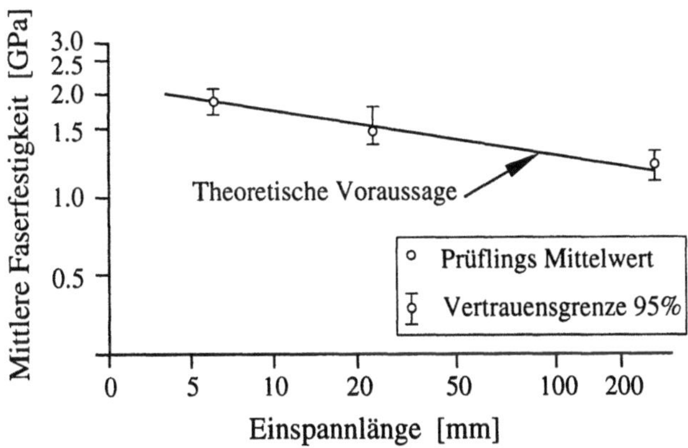

Abb. 2.2.15. Mittlere Zugfestigkeit der FP-Faser von DuPont in Abhängigkeit der Prüf- bzw. Einspannlänge [2.34]

Zugfestigkeit	1380 MPa [1]
	1553 MPa [2]
	2070 MPa [3]
Druckfestigkeit	6.9 GPa [4]
Elastizitätsmodul	380 GPa
Dichte (spez. Gewicht)	3.9 g/cm^3
Einzelfilamentdurchmesser	20 µm
Faserquerschnittsform	rund
Anzahl Filamente im Garn	210
Schmelzpunkt	2045°C
Oxydationsbeständigkeit	Bei Raumtemperatur gemessene Höchstzugkraft und Modul bleiben nach 300 stündigem Aussetzen in 1000°C heisser Luft unverändert.

Abb. 2.2.16. Eigenschaften der Filamente der FP-Faser von DuPont, *1)* minimale Zugfestigkeit, *2)* typische Zugfestigkeit, *3)* im Kleinversuch im Laboratorium ermittelt, *4)* errechneter Wert der Druckfestigkeit des Verbundstoffes [2.34]

Dieses Problem läßt sich durch Zugabe von z.B. *Lithium* (~ 3 %) im Aluminium einigermaßen beheben. In Abb. 2.2.19 sind von den wichtigsten technischen Fasern und Verstärkungsfasern die bedeutendsten Eigenschaften vergleichend gegenübergestellt.

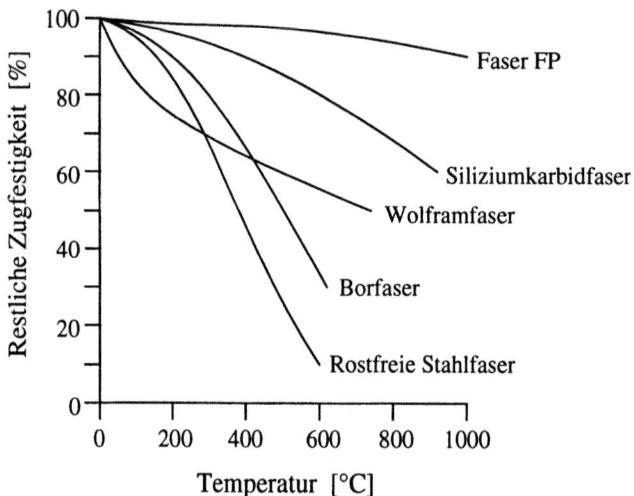

Abb. 2.2.17. Restzugfestigkeit von FP- und anderen Verstärkungsfasern nach Einwirkung von heisser Luft [2.34]

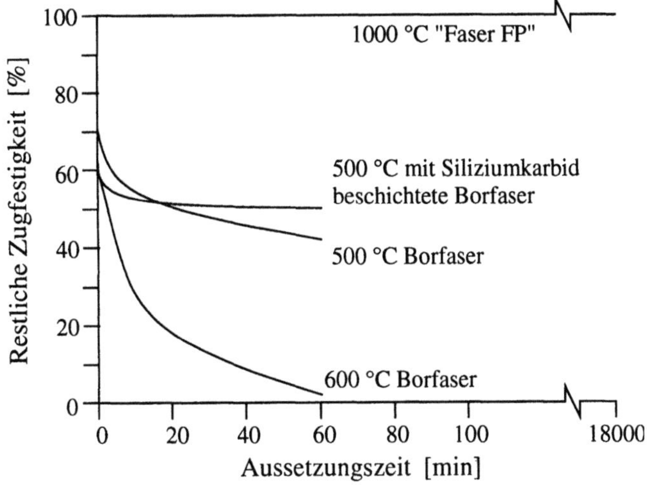

Abb. 2.2.18. Auswirkung der Auslagerung der FP- und anderen Verstärkungsfasern in heisser Luft auf die Zugfestigkeit [2.34]

2.2.5 Sonstige keramische Fasern

2.2.5.1 *Quarzglasfasern*

Die hochreine Siliziumoxidfaser ist eine weitere Metalloxidfaser für
Anwendungen im hohen Temperaturbereich [2.35]. In einem ersten Verfahren zur
Herstellung von Fasern wurden dickere, hochreine *Quarzglasstäbe* durch eine
Graphitführung gepreßt und über einen 1800°C heißen Wasserstoff-
Sauerstoffbrenner geführt. Die so hergestellten Fasern wurden durch einen
weiteren Graphitblock gepreßt und danach nochmals über den Wasserstoff-
Sauerstoffbrenner geführt. Diese Fasern hatten danach Durchmesser von 4 bis 10
µm und einen Siliziumdioxidgehalt von 99,95 % [2.37].

In einem neueren Verfahren zur Herstellung von Siliziumdioxidfasern wird ein
Glas mit der Zusammensetzung 75 Gew. % SiO_2 und 25 Gew. % Na_2O in einem
Glasofen bei 1100°C geschmolzen. Die Faser wird aus einer Düse im Boden des
Ofens gesponnen und zur Streckung an einer Gasflamme vorbeigeführt. Zur
Entfernung des Na_2O wird die Faser einem Säurelaugenverfahren ausgesetzt,
danach gespült und bei 315°C getrocknet. Sie hat mit ca. 1,5 µm einen relativ
kleinen Durchmesser. Der Siliziumdioxidgehalt liegt über 99 % [2.38]. Ein
weiteres Verfahren zur Herstellung hochreiner Siliziumoxidfasern wird in [2.36]
beschrieben. Dabei werden die Fasern mit einem SiO_2-Gehalt von über 99,6 %
aus einer konzentrierten *Natriumsilikatlösung* gesponnen. Danach erfolgt die
Umwandlung in einem Säurebad in eine faserförmige Kieselsäure und
anschließend daran die *Dehydratisierung* zur hochreinen SiO_2-Faser. Die auf
diese Weise hergestellte Faser hat einen Durchmesser von 10 µm. Eine
Temperaturbehandlung bei 300°C führt zu einer *Niedertemperaturfaser*. Durch
eine Behandlung bei 800°C erhält man eine *Hochtemperaturfaser*, die bis 1100°C

Fasertyp	spez. Dichte	E-Modul [GPa]	Festig-keit σ [GPa]	Bruch-dehnung [%]	spez. [1] Festig-keit σ/ρ	spez. [1] Modul E/ρ	Durch-messer [μm]	max. Einsatz-temp.[°C]
E-Glas	2.5-2.6	69-72	1.7-3.5	3	1.18	27.6	5-25	350
S-Glas	2.48	85	4.8	5.3	1.94	24.3	5-15	300
Bor	2.4-2.60	365-440	2.3-2.8	1.0	0.88-1.08	140-191	33-140	2000
Kohle HM	1.96	517	1.86	0.38	0.95	164	8-4	600
Kohle HS	1.8	295	5.6	1.8	3-11	164	5.5	500
AL_2O_3 DuPont	3.95	379	1.38-2.1	0.4	0-46	96	20	1000
Nicalon SiC	2.8	450-480	0.3-4.9	0.6	0.47	26	10-12	1300
Avco SiC	2.7-3.3	427	3.4-4.0	1	1.1	116	140	
AL_2O_3	3.25	210	1.8	1.17	0.55	64.6	17	1250
Tyranno UBE	2.4	120	2.5	2.2	1.04	50	1	1300
Nextel 3M	2.5	152	1.72	1.95	0.8	156	13	1200
AL_2O_3 (ICI)	3.3	300	2	1.5	0.8	120	3	1000
SiO_2	2.2-2.5	75	5.9	1.5-1.8	2.3-2.7	28.8-32	1-3	1100
Nylon 66	1.2	<5	1	20	0.8	4.1	25	150
Polyester	1.38	<18	0.8	15	0.6	13	25	150
Kevlar 49	1.45	135	3	8.1	2.1	93	12	250
Technora HM 50	1.39	75	3	4.3	2.1	54	12	250
Spectra 900	0.97	117	3	3.5	3.1	120	38	120

Abb. 2.2.19. Eigenschaften von handelsüblichen technischen Fasern. [1] Einheit von σ/ρ, E/ρ: GPa cm^3/g [2.36]

beständig ist. Der Modul der Faser liegt bei 56 GPa und die Bruchdehnung bei 1,5 %.

2.2.5.2 Weitere Oxidfasern

Neben der Aluminiumoxidfaser (Al_2O_3) werden nach [2.35, 2.39] noch andere *Oxidfasern* wie z.B. kalziumoxidstabilisierte Zirkonoxidfasern und Aluminium-oxid-Quarz-Boroxidfasern hergestellt.

Zur Herstellung der *kalziumoxidstabilisierten Zirkonoxidfaser* wird eine wässerige Mischung aus *Zirkonoxichlorid, Zirkonazetat* und Kalziumoxid mit einem geeigneten wasserlöslichen Poylmer wie z.B. Polyvinylalkohol extrudiert. Die so hergestellten Fasern werden erhitzt und danach gesintert.

Zur Herstellung der Aluminiumoxid-Quarz-Boroxidfasern wird eine wässserige Lösung aus *Aluminiumazetat* mit einer wässerigen *Dispersion* aus gallertartigem *Quarzglas* und Dimethylformamid extrudiert. Danach erfolgt eine Aufheizung auf 870°C, wodurch die Fasern in *Metalloxide* umgewandelt werden. In einer weiteren thermischen Behandlung bei 1000°C ensteht dann das glasartige *Aluminium-Borsilikat* mit der Zusammensetzung $3Al_2O_3 \cdot B_2O_3 \cdot 3SiO_2$.

Der Durchmesser der Faser liegt bei 10 μm. Die Einsatztemperatur ist 1427°C.

Eine von Du Pont entwickelte *Aluminiumoxid-Zirkonoxidfaser* hat Zugfestig-keiten von über 2100 MPa und Moduli von 380 GPa. Die Faser ist für Hochleistungsverbundwerkstoffe geeignet [2.40]. Nach einer Auslagerung über 100 Std. bei 1400°C betrug die Festigkeit noch 1400 MPa. Beim Modul wurden keine Einbußen verzeichnet. Aus Patentschriften ist zu entnehmen, daß noch weitere Oxidfasern ausgedacht und untersucht werden wie z.B.: Aluminiumoxid-*Chromoxid-*, *Titanoxid-*, *Titanoxid-Quarz-*, Zirkonoxid-, Zirkonoxid-Aluminium-oxid-, *Zirkonoxid-Zirkon-Quarz-* sowie *Kalziumoxid-Chromoxidfasern* [2.39].

2.2.5.3 Borkarbidfasern

Die Herstellung von Borkarbidfasern ist fast identisch mit der der *Borfaser*. Dabei werden im Gasabscheideverfahren Gasmischungen aus Bortrichlorid und Methan oder Carboranen eingesetzt. Durch die Abscheidung auf einen heißen Kernfaden - z.B. aus Wolfram - wird anstatt eines Bor- ein Borkarbidmantel erzeugt. Als Kernfaden können auch Kohlenstoffäden verwendet werden [2.39]. Der große Vorteil von Borkarbidfasern gegenüber der Borfaser ist, daß sie bei hohen Temperaturen ihre Festigkeit behalten.

2.2.5.4 Siliziumkarbid-Nitridfasern

Nach [2.35, 2.41] wurde bereits 1973 eine *Siliziumkarbid-Nitridfaser* patentiert. Dazu wird eine Prekursorfaser aus Polykarbosilazan bei hohen Temperaturen schmelzgesponnen. Das Polykarbosilazan wurde durch die Erhitzung des Monomers (tris (N-methylamino) methylsilan) auf 520°C hergestellt. Das Monomer selbst entsteht durch eine Reaktion von Methyltrichlorsilan mit *Methylamin.*

Die schmelzgesponnene Prekursorfaser aus Polykarbosilazan wird zuerst feuchter Luft bei 110°C ausgesetzt und danach in inerter Atomsophäre auf 1500°C erhitzt. Die so hergestellte $Si_xN_yC_z$-Faser hat einen Modul von 178 MPa. Die Faser ist bis 1200°C oxidationsbeständig.

Dieses Verfahren wurde nach [2.42, 2.43] etwas später so modifiziert, daß die Herstellung großer Mengen von Polykarbosilazan möglich ist. Die mit diesem Prekursor hergestellten Siliziumkarbid-Nitridfasern haben eine mittlere Zugfestig-keit von 0,7 MPa und einen Modul von 200 MPa. Der spezifische elektrische Widerstand dieser Faser beträgt $6,9 \times 10^8$ Ω. Offensichtlich ist das Potential dieser Faser bei weitem nicht ausgeschöpft, dazu sind weitere Forschungsarbeiten erforderlich.

Wegen des hohen spezifischen Widerstandes und der hohen Oxidations-beständigkeit bei hohen Temperaturen sind Siliziumkarbid-Nitridfasern ausge-zeichnete Anwärter zur Verstärkung von Keramik-, Polymer- und Metallmatrices.

2.2.5.5 Bornitridfasern

Bornitridfaser wurden nach [2.44] bereits 1976 mit hoher Festigkeit und mit hohem Modul hergestellt, indem Boroxid als Faservormaterial nitriert und anschließend gestreckt wurde. Die Boroxidfasern wurden bei 24°C und 60 % relativer Luftfeuchtigkeit schmelzgesponnen. Diese Fäden wurden nitriert durch

Behandlung mit *Ammoniakdämpfen* bei 800°C. Die Bornitridfasern wurden
danach bei 2000°C gestreckt. Dadurch erhalten sie Zugfestigkeiten von 2100 MPa
und einen Modul von 345 GPa.

Ein Vorteil der Bornitridfaser gegenüber der Kohlenstoffaser ist, daß sie
elektrisch nichtleitend ist. Die Faser dient als elektrischer Isolator und als
Wärmeleiter. Bornitridfasern werden zur Verstärkung von Aluminium eingesetzt,
da sie einer der wenigen Werkstoffe sind, die sich leicht mit geschmolzenem
Aluminium benetzen lassen.

2.3 Glasfasern

Geschichte des Glas . Der Ort der Erfindung des *Glas* ist unbekannt. In Ägypten
war es im 4. Jahrtausend v. Chr. bekannt, das älteste erhaltene Glasrezept stammt
aus der Bibliothek des assyrischen Königs Assurbanipal (669-626 v.Chr.). Die
Römer haben als erste Glas als Fensterfüllung verwendet. Eine eingehende
Beschreibung über das Blasen von Glas, den Bau von Glasöfen usw. gab der
Mönch Theophilus (um 1100). Der bedeutendste Sitz der Glasherstellung im
Mittelalter war Venedig [2.45]. Glasfasern und ihren chemischen Aufbau
entdeckten die Chinesen bereits in der Han-Dynastie (200-220 n.Chr.). Die
industrielle Fertigung dieser Faser begann 1912 [2.46]. Wird Glas zu dünnen
Fäden ausgezogen, so verliert es seine Sprödigkeit, die Fäden werden
schmiegsam, oder mehr technisch ausgedrückt werden die zulässigen
Mindestbiegeradien mit kleinerem Durchmesser immer kleiner. Darüber hinaus
tritt gegenüber normalem Glas (Monolith) ein erheblicher Festigkeitszuwachs ein.
So erreichen Glasfasern von $3 \div 25 \mu$ Durchmesser Festigkeiten zwischen 3,1 und
4,6 GPa.

Wegen der Knappheit von Aluminiumlegierungen im 2. Weltkrieg versuchte
man in den USA glasfaserverstärkte Kunststoffe alternativ zu Aluminiumlegierungen als *Strukturwerkstoff* im militärischen Flugzeugbau zu verwenden.
Dieser Versuch mißglückte wegen dem geringen Elastizitätsmodul von glasfaserverstärkten Kunststoffen. Trotzdem setzte noch in den 50er Jahren eine
stürmische Entwicklung auf diesem Markt ein. Die Glasfaser wird heute am
häufigsten zur Verstärkung von Kunststoffen verwendet. Der Markt ist dabei
beachtlich.

Als Ausgangsmaterial für Glas dient Quarzsand. *Quarz* ist eine kristalline
Substanz, die aus den Elementen Silizium und Sauerstoff (Siliziumdioxid, SiO_2)
besteht. Quarz ist das häufigste aller Mineralien und Hauptbestandteil der meisten
Sandarten [2.47].

Bei der *Herstellung* von normalem *Glas* (*Fensterglas*) wird z.B. eine Quarz-
schmelze (1220°C) mit *Soda* (Natriumkarbonat, Na_2CO_3) und/oder *Pottasche*
(*Kaliumkarbonat*, K_2CO_3) versetzt. Soda und Pottasche dienen als Flußmittel zur
Einleitung und Förderung der Schmelze.

Bei der Temperatur von 1200°C sind Soda und Pottasche nicht stabil. Sie
zerfallen in Kohlendioxid und ein Metalloxid. Natriumoxid (aus Soda) und
Kaliumoxid (aus Pottasche) lagern sich in das Quarz (reines Siliziumdioxid) ein
und bilden nach dem Erkalten der Schmelze Natron- bzw. Kaliglas, sogenanntes
Normalglas.

Durch Zugabe unterschiedlicher Metalloxide kann man Gläser mit verschiedenen Eigenschaften herstellen.

2.3.1 Struktur der Glasfasern

Über die Struktur der Gläser ist man immer noch unterschiedlicher Meinung. Nach wie vor verbreitet ist die Auffassung, daß der *Glaszustand* eine besondere Form des flüssigen *Aggregatzustandes* ist.

Demnach verhalten sich geeignete Stoffe, Glasbildner genannt, ähnlich wie weit unter den Schmelzpunkt unterkühlte Flüssigkeiten. Dem steht jedoch entgegen, daß die Glasbildner beim Abkühlen einen unterhalb ihres Schmelzpunktes liegenden ausgeprägten *Umwandlungspunkt* durchlaufen, bei dem sie so zähflüssig werden, daß sie praktisch als starre *amorphe Festkörper* zu betrachten sind, die Gläser genannt werden [2.48].

Diesen scharf ausgeprägten Umwandlungspunkt nennt man auch *Glasumwandlungstemperatur* oder nach DIN 5234 (Dez. 1960) *Transformationstemperatur* und nach DIN 7724 (Entwurf Febr. 1969) auch Glasübergangstemperatur [2.49].

Pragmatisch ist die von der Kommission für Terminologie der ehemaligen UdSSR aufgestellte Definition [2.49]:

"Als Gläser werden alle amorphen Körper bezeichnet, die man durch Unterkühlung einer Schmelze erhält, unabhängig von ihrer chemischen Zusammensetzung und dem Temperaturbereich ihrer Verfestigung und die infolge der allmählichen Zunahme der Viskosität die mechanischen Eigenschaften der festen Körper annehmen. Der Übergang aus dem flüssigen in den Glaszustand muß reversibel sein".

Noch einfacher ausgedrückt, geht Glas (Gemisch aus *Kieselsäure* und Metalloxiden) nach dem Schmelzen ohne *Kristallbildung* in den festen Zustand über.

Auch bei Hochpolymeren spricht man von Gläsern. Erstarrt eine hochpolymere Schmelze beim Abkühlen, ohne daß es vorher zu einer gittermäßigen kristallinen Ordnung kommt, dann erhalten wir ein Glas.

Die Aggregatsänderung eines amorphen Materials ist nicht durch einen Schmelzpunkt definiert, wie man es von kristallinen Werkstoffen her kennt. Der Übergang vom glasartigen zum flüssigen Zustand erfolgt allmählich, oberhalb der Einfriertemperatur [2.50].

Der Glaszustand ergibt nach dieser Definition eine sehr hohe Viskosität und die mechanischen Eigenschaften sind die eines isotropen festen Körpers. *Duroplaste*, also härtbare Kunststoffe sind Gläser, bei denen ein Erweichen nicht möglich ist [2.50].

Obwohl dem amorphen Glas (Quarzglas) die Regelmäßigkeit einer kristallinen Nahordnung fehlt, besteht doch eine gewisse physikalische Ordnung der Silikatstruktur.

Nach [2.48, 2.49] wird das Si-Zentralatom tetraedrisch von 4 O-Atomen umgeben.

Diese Tetraeder lagern sich so aneinander, daß sie über die gemeinsamen Sauerstoffatome räumlich vernetzt sind.

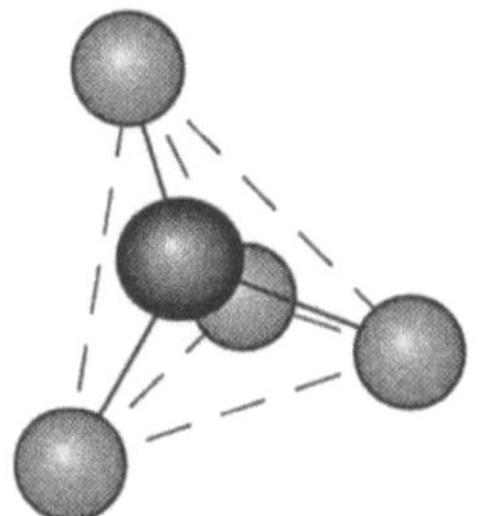 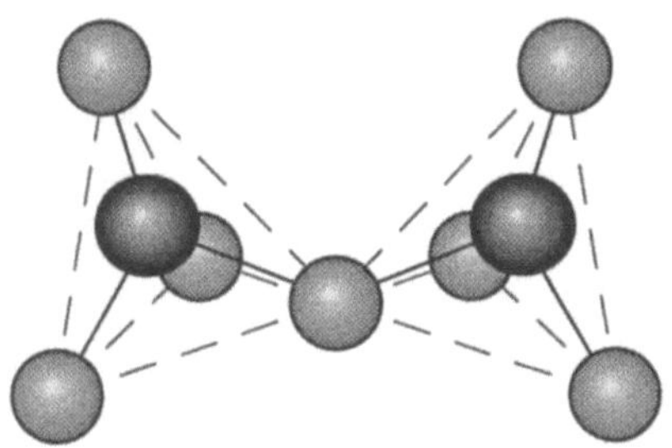

Während in den kristallinen Abarten des Siliziumdioxids die $SiO_2/Si\text{-}O_4$-Tetraeder regelmäßig angeordnet sind, herrscht beim Quarzglas ein regelloses Durcheinander.

Einen Vergleich von Glas und Kristall zeigt schematisch Abb. 2.3.1.

Im Gegensatz zu natürlichen und synthetischen Fasern, die aus langen Ketten von Molekülen zusammengesetzt sind, sind Glasfasern dreidimensional vernetzt. Sie sind also im Gegensatz zu Kohlenstoff- und Synthesefasern isotrop. Die hohe Festigkeit der Glasfaser ist nach [2.51] auf kovalente Bindungen zwischen dem Silizium und dem Sauerstoff zurückzuführen. Abb. 2.3.2 zeigt schematisch den Aufbau der Glasfaser [2.48, 2.51]. Chemisch gesehen besteht das technisch verwendete Glas aus *anorganischen Silikaten*, meist aus Vielkomponentensystemen (z.B. Metalloxiden).

Der eigentliche *Glasbildner*, also die Grundsubstanz der Gläser ist die glasige (amorphe) Kieselsäure SiO_2. Neben dem Siliziumdioxid kommen noch andere Stoffe wie z. B. *Boroxid*, *Phosphorpentoxid* und *Berylliumfluorid* in Frage [2.49].

Übliches Glas enthält 65 ÷ 75 % Kieselsäure, der Rest verteilt sich auf Alkalien, *gebrannten Kalk* und Metalloxide.

Die Rohstoffe werden - teils mehlfein, teils körnig gemahlen - innig zu einem Gemenge gemischt und bei 1400 bis 1600°C geschmolzen.

Abb. 2.3.1. Schematische zwei-dimensionale Figur von *a* SiO_2-Kristallnetzwerk (kristalline Kieselsäure) und *b* SiO_2-Netzwerk (glasige Kieselsäure; Quarzglas) [2.48]

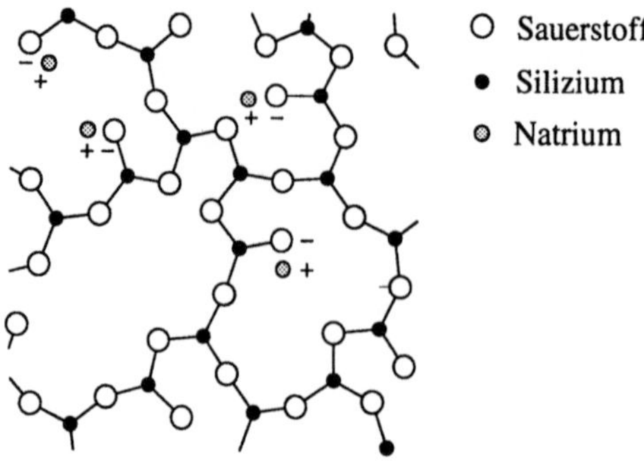

Abb. 2.3.2. Schematischer Aufbau der Glasfaser [2.51]

2.3.2 Herstellung der Glasfasern

Düsenziehverfahren. Textile *Glasfäden* und Glasfasern mit Durchmessern von 5-bis 13 µm werden hauptsächlich nach dem Düsenziehverfahren [2.48] hergestellt. Die aus der Glasschmelze (1400 ÷ 1600°C) gezogenen Einzelfäden werden in der Regel zu Faserbündeln (Rovings) zusammengefaßt. Solche Rovings können aus mehreren Tausend Einzelfäden bestehen.

Aus einer Spinndüse (Abb. 2.3.3) wird das bei ~ 1250°C aus den Bohrungen austretende flüssige Glas mit hoher Geschwindigkeit (etwa 3000 m/min.) mechanisch abgezogen. Die Düsenbohrungen haben je nach gewünschtem Fadendurchmesser einen Durchmesser von 1-2 mm. Das flüssige Glas kühlt ab und durchläuft, bis es fest wird, einen Bereich zunehmender Zähigkeit, in dem es zu sehr dünnen Querschnitten ausgezogen wird. Das Abziehen der Fäden erfolgt durch einen schnell drehenden Spulenkopf. Vor dem Aufwickeln der Fäden werden diese meist mit Mineralöl geschlichtet und zugleich zu einem Roving gebündelt.

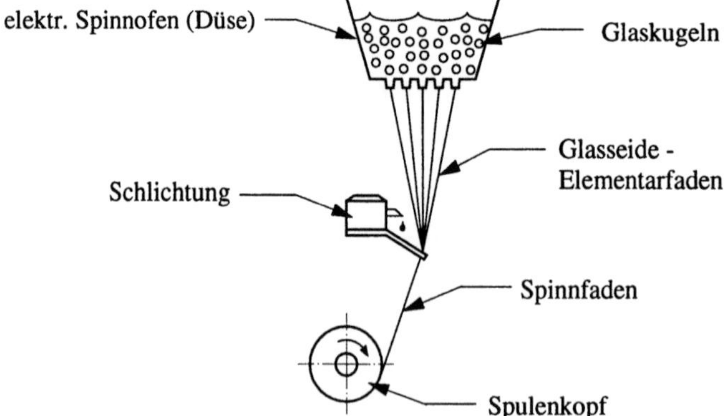

Abb 2.3.3. Düsenziehverfahren zur Herstellung von Glasfasern [2.48]

Sie werden dadurch glatter und der Roving wird besser zusammengehalten, wodurch seine textile Weiterverarbeitung z.B. zum *Gewebe* erleichtert wird.

Die auf den *Spinnfaden* aufgebrachte *Schlichte* beträgt für die Einbettung der Fasern in Kunststoffmatrices 0,6 bis 1 % des Fadengewichts [2.48, 2.46]. In vielen Fällen wird die textile Schlichte, die beim Faserbildungsprozeß aufgebracht wurde, entfernt und durch eine kunststofffreundlichere Schlichte ersetzt.

Eine Besonderheit des Glasfadens ist nach [2.46, 2.48, 2.52], daß der Festigkeitsvergleich zwischen dem Werkstoffblock aus Glas (Monolith) und der Faser aus dem gleichen Werkstoff folgende Merkmale zeigt:
-   die Faser besitzt einen höhere Festigkeit als der Monolith
-   mit abnehmendem Faserquerschnitt nimmt die *Faserzugfestigkeit* zu, (Abb 2.3.4).
Dafür gibt es nach [2.46] eine Reihe von Deutungen. Am Zutreffendsten sind jene Interpretationen, die auf der *statistischen Verteilung* SMEKAL'scher und anderer Fehlstellen basieren. Die Hypothese besagt, daß der Festigkeitsanstieg der Einzelfaser bei abnehmendem Durchmesser durch die Art der Brucheinteilung bestimmt wird. Durch *mechanische Schäden* (Risse, Fehlstellen, Kerben, Stufen oder Spalten) werden im Inneren oder an der Oberfläche der Faser erste Fehlstellen verursacht. Mit abnehmendem Volumen, d.h. mit kleiner werdendem *Faserquerschnitt*, wird die Häufigkeit von derartigen Kontinuitätsstörungen pro Längeneinheit geringer, was zu einer Erhöhung der Festigkeit führt.

Diese Erläuterung erklärt auch die abnehmende Faserzugfestigkeit mit zunehmender Prüflänge (Abb. 2.3.5), die bei allen Arten von Faserverbundwerkstoffen mit Endlosfaser anzutreffen ist [2.53]. In weiteren Arbeiten führt man die steigende Zugfestigkeit als Funktion des abnehmenden Faserquerschnitts zusätzlich auf die hohe Abschreckgeschwindigkeit bei gleich-

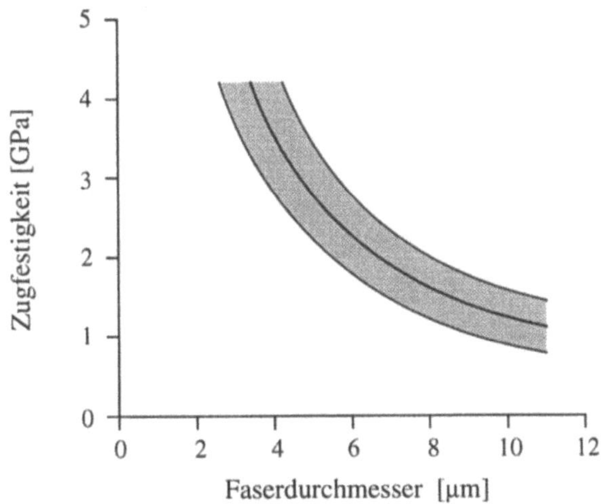

Abb 2.3.4. Zugfestigkeit von Elementarfasern aus alkalifreiem Borsilikatglas (E-Glas) in Abhängigkeit vom Faserdurchmesser (Prüfung bei 21°C und 65% Luftfeuchtigkeit [2.52]

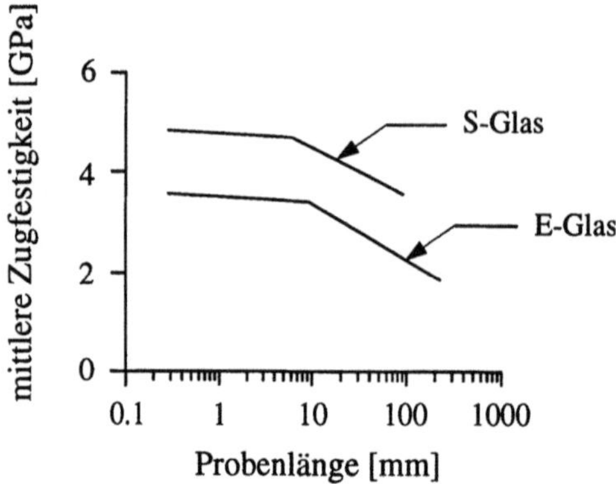

Abb. 2.3.5. Abhängigkeit der Zugfestigkeit von *Glas*fäden von der Prüflänge der Fäden, *E* elektrisch, *S* fest

zeitig starkem Verzug während des *Fadenziehvorganges* zurück.

Dem steht jedoch durch anderweitige Angaben entgegen, daß es unter weitgehender Konstanthaltung der Fertigungsparameter gelungen sei, die Unabhängigkeit der Faserfestigkeit vom Faserquerschnitt nachzuweisen.

So konnte nach [2.48] mit dem Stabziehverfahren (Abb. 2.3.6) ein 50 µm dicker Glasfaden durch rasche Abkühlung mit einer Festigkeit von 2,8 GPa hergestellt werden. Diese Festigkeit kommt normalerweise einem 7 µm dicken Faden zu.

In technisch angewandten Glasfasern konnte dieser Effekt noch nicht nachgewiesen werden. Es ist zu vermuten, daß der in [2.52] erbrachte Beweis auf sorgfältiger fehlerfreier Faserherstellung beruht. Das würde wiederum die These

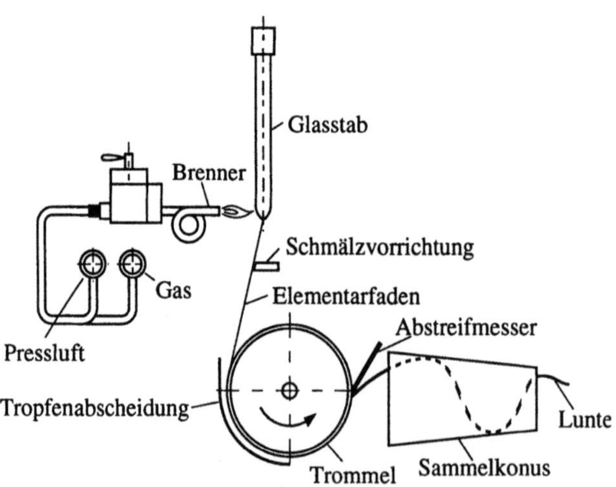

Abb. 2.3.6. Schematische Darstellung der Stapelfaserherstellung nach dem Stabziehverfahren [2.48]

stützen, daß die Festigkeit mit der Reduzierung der Fehler steigt, wie bereits oben beschrieben.

2.3.3 Glasarten

Bei Glas kommen nicht nur SiO_2 (Kieselsäure) als Netzwerkbildner in Frage, sondern auch andere Stoffe wie Bor-, Phosphorpent- und Aluminiumoxide. Im wesentlichen gibt es 6 Glasarten:
- E - Glas
- R/S - Glas
- *M - Glas*
- C - Glas
- *D - Glas*
- *Q - Glas*

Die Bezeichnungen sind nach [2.48, 2.51, 2.54] wie folgt zu verstehen: E steht für elektrisch, da diese Faser ursprünglich für den elektrischen Einsatz entwickelt wurde. R und S für Fasern mit hoher Festigkeit. R kommt vom französischen Résistance und S vom englischen Strength. Das M gilt für Fasern mit hohem Modul. Das C steht für eine Glassorte mit guten chemischen Eigenschaften. Mit dem Kürzel D bezeichnet man Glasfasern mit guten dielektrischen Eigenschaften. Zu dieser Kategorie gehört das Quarzglas aus 100 % SiO_2 (Kieselsäure). Synonym wird für das Kürzel C auch das Kürzel A verwendet. A steht für Acid (Säure), also für säurebeständiges Glas.

Die Quarzglasfaser ist die einzige Glasfaser, die nur aus 1 Komponente besteht. Alle anderen Glasfasern bestehen aus mehreren Komponenten; meist Oxiden wie Na_2O, K_2O, MgO, PbO, B_2O_3 und Al_2O_3.

B_2O_3 und Al_2O_3 gehören wie SiO_2 zu den glasbildenden Komponenten, auch *"Netzwerkbildner"* genannt. Die anderen Komponenten CaO, MgO, K_2O, Na_2O und PbO sind keine Netzwerkbildner, sondern sie wirken als Netzwerkwandler, d.h. sie spalten die Si-O-Si-Verbindung auf. In die Lücken oder Hohlräume werden die Metallionen eingelagert [2.48].

Je nach Art und Anteil der Metalloxide werden die Eigenschaften des Glas verändert. So verbessert z.B. die Komponente Al_2O_3 die Chemikalienbeständigkeit und die Komponente B_2O_3 die Witterungsbeständigkeit.

Die Abb. 2.3.7 zeigt die prozentuale chemische Zusammensetzung der für Verbundwerkstoffe wichtigsten Glasfasern. Aus dieser Tabelle wird ersichtlich, daß das E-Glas sich von den anderen mitaufgeführten Glassorten deutlich unterscheidet. Den wichtigsten Glassorten, mit hohen technologischen Eigenschaften (Zugfestigkeit, E-Modul) ist gemeinsam, daß sie alkalifrei hergestellt sind.

E-Glas ist ein *Aluminiumborsilikatglas*. Es wird ohne Zusätze von Alkalien hergestellt. Seine Zusammensetzung unterscheidet sich gegenüber der anderen Gläser erheblich. Alkalihaltige Gläser besitzen geringere Eigenschaftswerte und sind wesentlich feuchtigkeitsempfindlicher als alkalifreie Systeme [2.55]. Sie kommen deshalb für viele Anwendungen, vor allem in der Elektroindustrie nicht zum Tragen.

Bestandteile (Angaben in Gewichts-%)	Polyvalentes Glas	Säurebeständiges Glas		Laugenbeständiges Glas		Hochfestes Glas		Glas mit guten dielektrischen Eigenschaften	
	Typ E	Typ A	Typ C			Typ R	Typ S	Typ D	Quarz
SiO_2	53-54	70-72	60-65	65-70	62-75	60	62-65	73-74	100
Al_2O_3	14-15.5	0-2.5	2-6		0-6	25	20-25	~ 0	
CaO	} total 20-24	5-9	14	4-8		6	-	0.5-0.6	
MgO		1-4	1-3			9	10-15		
B_2O_3	6.5-9	0-0.5	2-7		0-6		0-1.2	22-23	
F	0-0.7	-							
Na_2O		12-15	8-10	14-20	13-21		0-1.1	1.3	
ZrO_2					7-17				
K_2O	} 1	1		0-3				1.5	
Fe_2O_3		~ 0	~ 0		0-5				
TiO_2		-		6-12	0-4				
ZnO					1-10				
CaF_2					0-2				

Abb. 2.3.7. Prozentuale chemische Zusammensetzung von verschiedenen Glasfasern. *E* elektrisch, *A* und *C* chemisch resistent, *R* und *S* hochfest, *D* dielektrisch [2.54]

Glasfasern sind die gängigsten Fasern zur Verstärkung von Kunststoffen , dabei dominiert die E-Glasfaser. Sie ist mit Abstand die billigste Verstärkungsfaser [2.56].

2.3.4 Eigenschaften der Glasfasern

Mechanische Eigenschaften. In den Abb. 2.3.8 und 2.3.9 sind die wichtigsten Eigenschaften der verschiedenen Glasfasertypen dargestellt:
- Die R- und S-Glasfasern weisen gegenüber der E-Glasfaser eine wesentlich höhere Festigkeit, aber auch einen um 15 % höheren E-Modul auf.
- Die *Hochmodulfaser* (M) hat nicht nur einen beträchtlich höheren Modul, sondern gegenüber der R/S-Type noch eine höhere Festigkeit. Gegenüber der E-Glasfaser sind diese Fasern sehr viel teurer. Ihre Anwendung liegt fast ausschließlich im militärischen Bereich.

Der große Nachteil der Glasfasern - ausgenommen die M-Type - ist deren geringer Elastizitätsmodul. Überall dort wo Steifigkeit gefragt ist, ist die Glasfaser, auch im Verbund mit einem Kunststoff, gegenüber den anderen Fasern und Faserverbundwerkstoffen unterlegen. Dies ist auch der Grund dafür, daß glasfaserverstärkte Kunststoffe so gut wie keine Anwendung in primären Flugzeugstrukturen fanden.

Im Gegensatz zum geringen Elastizitätsmodul der Fasern sind die Zugfestigkeiten außerordentlich hoch. Daraus ergeben sich hohe elastische Dehnungen. Im Kurzzeitversuch zeigen Glasfasern ein lineares Spannungs-Dehnungsverhalten bis zum Bruch (Abb. 2.3.10). Bei längerer Belastung ist Glas allerdings viskoelastisch.

Kennwert	Einheit	Glasfaser					
		E	R/S	M	C	D	Q
Zugfestigkeit	GPa	3.5	4.7	7.0	3.1		
E-Modul	GPa	73	88	125	71		
Bruchdehnung	%	~4.5	5.0	~5.5	3.5		
spez. Zugfestigkeit	GPa x cm^3/g	1.38	1.8	2.8	1.3		
spez. E-Modul	GPa x cm^3/g	28.8	34	50.3	29		
Faserdurchmesser	µm	3 - 13	10	10			
Dichte	g/cm^3	2.55	2.49		2.45		
therm. Ausdehnungs-koeffizient	10^{-6}/K	5 - 6	4		7.2		
Schmelzpunkt	°C	840	1000				

Abb. 2.3.8. Typische Eigenschaften von verschiedenen Glasfasern. *E* elektrisch, *R/S* hochfest, *M* steif, *C* chemisch resistent, *D* dielektrisch, *Q* Quarz [2.54]

Die in den Abbildungen 2.3.8 und 2.3.9 dargestellten Zugfestigkeiten werden bei normaler Temperatur und *Luftfeuchtigkeit erreicht.* Voraussetzung dafür ist jedoch, daß die Proben unmittelbar nach der Fertigung zwischen *Spinndüse* und Aufspulung entnommen werden. Entnimmt man jedoch die Probe der Spinnspule,

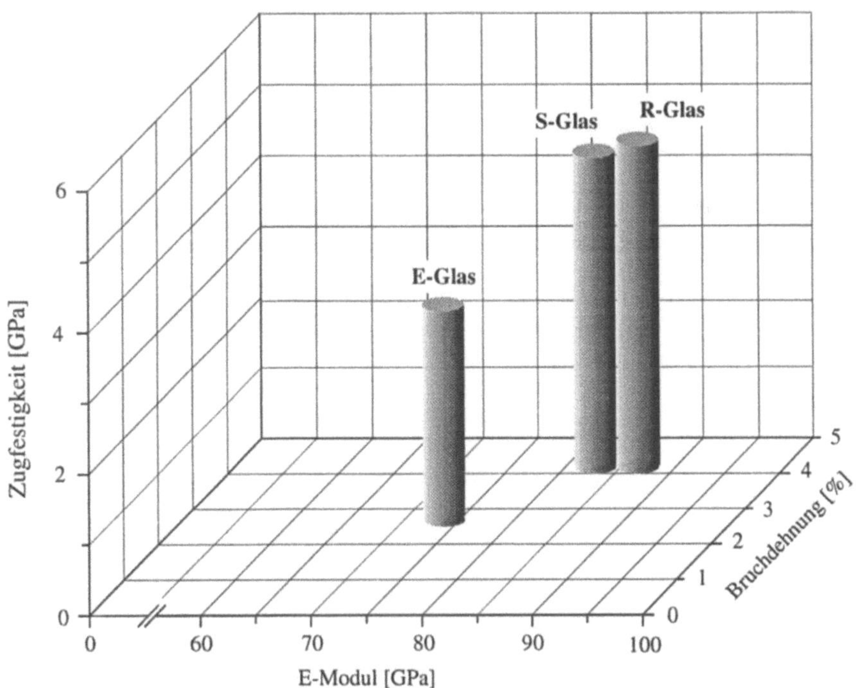

Abb. 2.3.9. Vergleich der wichtigsten mechanischen Eigenschaften von verschiedenen Glasfasern [2.46]

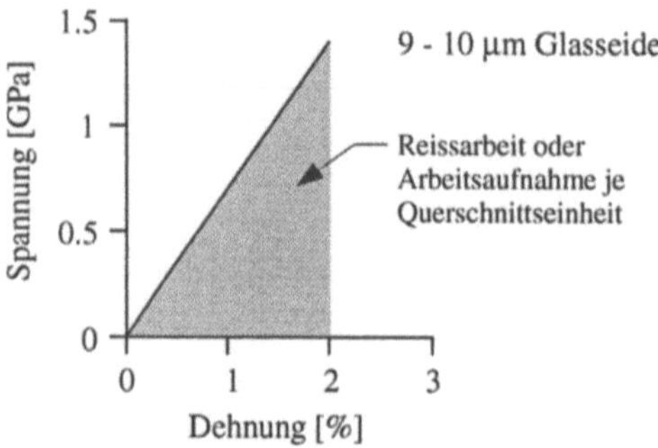

Abb. 2.3.10. Spannungs- Dehnungs-Diagramm einer Glasfaser von 9-10 µm Faserdurchmesser [2.52]

dann erreicht man um ~ 20 % niedrigere Werte.

Durch Lagerung in Normalklima (20°C, 65 % relat. Luftfeuchtigkeit) und in destilliertem Wasser bei 20°C wird die Festigkeit von Glasfasern beträchtlich beeinflußt. Die Einbußen liegen bei R- und S-Glas zwischen 10 und 25 % und bei E-Glas zwischen 20 und 35 % (Abb. 2.3.11).

Der Einfluß der Temperatur auf Festigkeit und E-Modul ist in den folgenden Abb. 2.3.12 - 2.3.14 dargestellt. Demnach können Glasfasern vom Typ E und R/S ohne Festigkeitsverlust auch über längere Zeiträume bis auf 200 und 250°C erwärmt werden (Abb. 2.3.12). Über 250°C fällt die Festigkeit allerdings steil ab, was durch die *Restfestigkeiten* von R-Glasfasern nach Auslagerung bei 750°C unterlegt wird (Abb. 2.3.13). Eine vergleichbare Abhängigkeit für den E-Modul zeigt die Kurve in Abb. 2.3.14.

Der Einfluß der Temperatur auf Festigkeit und Modul hat im wesentlichen zwei Gründe:

- die hohe *Temperaturbelastung* kommt einer *thermischen Entschlichtung*

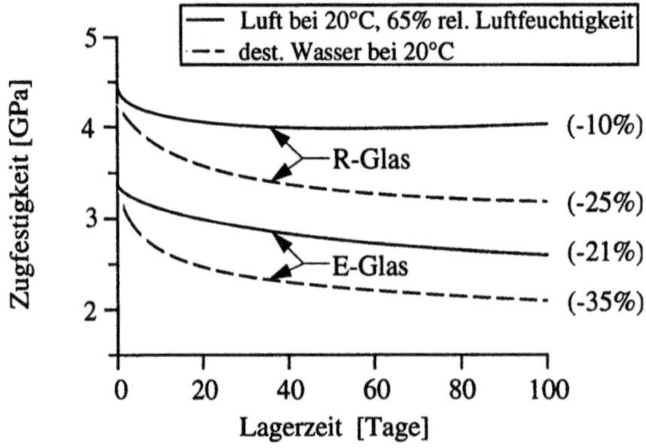

Abb. 2.3.11. Zugfestigkeit von R- und E-Glasfasern in Abhängigkeit der Lagerzeit in feuchter Luft und dest. Wasser [2.54]

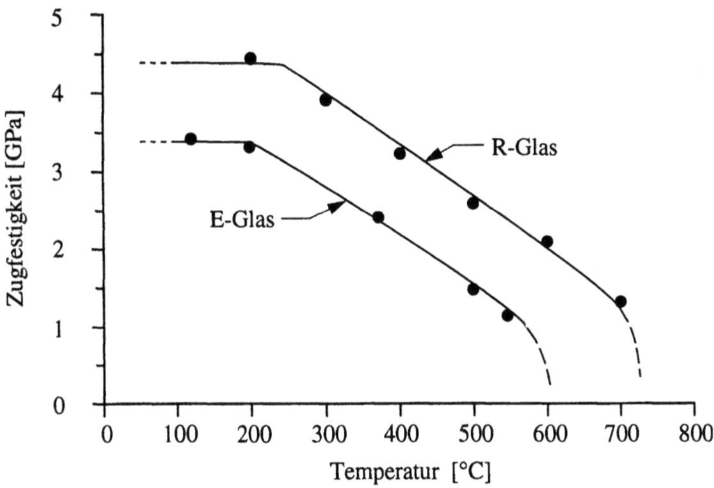

Abb. 2.3.12. Zugfestigkeit von *Filamenten* als Funktion der Temperatur [2.54]

gleich, was eine gierige Wasseraufnahme zur Folge hat, die wiederum hydrolytischen Abbau bewirkt.

- bei starker Erhitzung taut das eingefrorene Gleichgewicht auf. Struktur und Eigenschaften nähern sich denen des Kompaktglases an, d.h. die Festigkeit nimmt ab.

Die Festigkeit, die Korrosionsbeständigkeit und die thermische Beständigkeit von M- und R/S-Glas weisen gegenüber denen von E-Glas einige Unterschiede auf.

Die beste Faser (Abb. 2.3.8) ist die M-Type. Sie hat mit 7 GPa nicht nur die höchste Festigkeit, sondern mit 125 GPa auch den höchsten E-Modul. Die Behandlung dieser Faser verlangt allerdings sehr viel Sorgfalt. Sie muß vor schädlichen *Umwelteinflüssen* bewahrt werden, z.B. durch Vakuumverpackung und Lagerung bei tiefen Temperaturen.

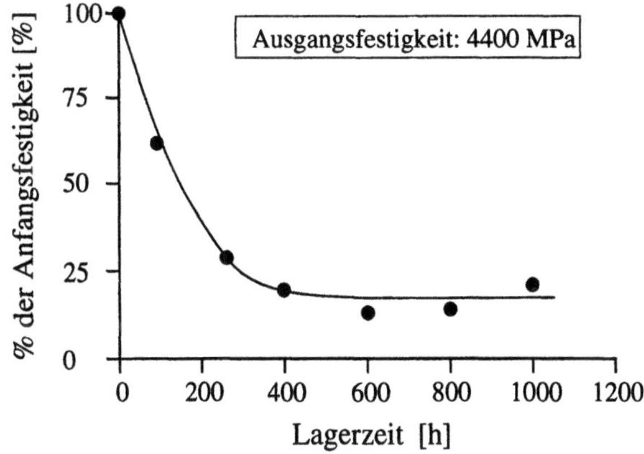

Abb. 2.3.13. Restfestigkeit von R-Glasfasern nach Auslagerung bei 700°C [2.54]

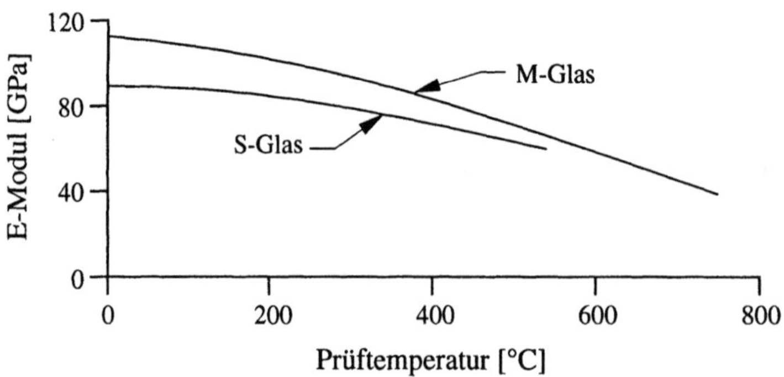

Abb. 2.3.14. Abhängigkeit des E-Moduls von Glasfasern von der Prüftemperatur

Elektrische Eigenschaften. Glasfasern zeichnen sich durch einen hohen spezifischen Widerstand, hohe *Durchschlagsfestigkeit* sowie niedrige Werte für die *Dielektrizitätszahl* und den dielektrischen Verlustfaktor aus. Sie eignen sich bestens für die Isolierung elektrischer Leiter und für Kunststofflaminate, die in der Elektroindustrie Verwendung finden.
In Abb. 2.3.15 finden sich Angaben über die Dielektrizitätszahl und den *dielektrischen Verlustfaktor* tan δ .

Thermische Eigenschaften. Die *Erweichungstemperatur* der Glasfasern liegt bei E-Glasfasern bei 830°C und bei C-Glasfasern bei 750°C. Die thermischen Ausdehnungskoeffizienten verschiedener Glasfasern zeigt Abb. 2.3.8.

Medien- und Chemikalienbeständigkeit. Nach [2.52] kann man sagen, daß "oberflächenreine", also schlichtemittelfreie Glasfasern sowohl von organischen Chemikalien, wie z.B. organischen Lösungsmitteln, als auch von sehr vielen anorganischen Chemikalien praktisch nicht angegriffen werden. So zeigt sich z.B. bei alkalihaltigen Fasern (Stapelfasern) eine große Resistenz gegen die kurzzeitige Einwirkung von 10 bis 20 %-iger *Kalilauge*, 20 %-iger *Natronlauge*, Essigsäure und *Schwefelsäure* aller Konzentrationen (10 ÷ 96 %).
  Alkalifreie Gläser werden angegriffen von verdünnten Schwefelsäuren (10 ÷ 20 %), von Kalilaugen niedriger Konzentration und von Essigsäure. Nicht angegriffen werden sie von verdünnten *Laugen.*
  Die Substanz der Stapelfaser wird bei langdauernder Einwirkung von alkalischen Medien abgetragen und zwar bis zur Auflösung der Faser. Darüber hinaus verringert sich die Festigkeit der Glasfasern durch die Einwirkung von schwachen organischen Säuren (Ameisensäure, *Milchsäure, Essigsäure*) und verdünnten wässerigen Lösungen von *Salzsäure*.
  Der größte Feind der Glasfaser ist allerdings das Wasser. Alkalifreie Glasfasern, bzw. Fasern mit geringem Alkaligehalt sind dabei widerstandsfähiger als alkalihaltige Gläser. Durch *Wassereinwirkung* wird die Faseroberfläche

Glastyp		poly-valentes Glas	säurebestän-diges Glas		hochfestes Glas	Glas mit guten dielektrischen Eigenschaften	
		Typ E	Typ A	Typ C	Typ R oder S	Typ D	Quarz
Dichte [g/cm^3]	Festglas	2.61	2.46	2.46	2.55	2.16	2.2
	Filamente	2.59		2.45	2.53	2.14	
E-Modul [GPa]	Filamente	73	71	71	86	55	62-72
Zugfestig-keit [GPa]	jungfräuliche Filamente	3.4	3.1	3.1	4.4	2.5	4-5
	UD-Laminat (auf 100 % Glas berechnet)	2.5		2.4	3.75	1.55	
elektr. Eigen-schaften	Dielektrizitäts-zahl ε bei 1 MHz	5.8-6.4		6.8	5.6 - 6.2	3.85	3.78
	tan δ bei 1 MHz [x 10^{-4}]	23-35			15	5	1

Abb. 2.3.15. Elektrische Eigenschaften von Glasfasern [2.54]

angegriffen. Nach [2.48] besitzen die organischen Textilfasern funktionelle Gruppen, die die Veredelung der Faser erleichtern. Derartige Gruppen fehlen den Glasfasern. Trotzdem sind in der Feinstruktur der beiden Faserarten gewisse Analogien erkennbar. Das Si-Atom der Glasfaser bildet ähnlich wie das C-Atom der organischen Faser mit seinem *Liganden* Tetraeder (s. Abschn. 2.3.1 Struktur der Glasfasern).

Die Si-O- und Si-O-Si- Bindung ist polar und dadurch zur *Neben*- und vielleicht auch zur *Hauptvalenzbildung* befähigt, was sich z.B. durch die Bindung von Wasser und *kationischen Verbindungen* an der Glasoberfläche zeigt. Das im Glas aufgenommene Wasser soll dabei nicht nur als H_2O-Molekül aufgenommen werden, sondern auch als freie oder gebundene OH-Gruppe in die Glasstruktur eingebaut werden.

Abb. 2.3.16 zeigt die verschiedenen Arten des Einbaus von OH-Gruppen im Alkaliglas.

Diese *Hydroxylgruppen* befinden sich angeblich nicht nur im Inneren des Glases, sondern auch an der Glasoberfläche [2.48, 2.52, 2.55]. Diese reaktionsfähigen OH-Gruppen können an der Oberfläche Wasser binden. Abb. 2.3.17 zeigt schematisch die adsorbierten Wassermoleküle an der Glasoberfläche.

Über die reaktiven OH-Gruppen lassen sich auch *Haftmittel* anbinden. Wie Abb. 2.3.18 zeigt, kann die aktivierte Gruppe eines Haftmittels einmal mit den *Silanogruppen* des Glases direkt reagieren, im ungünstigen Fall nur mit den an der Oberfläche adsorbierten Wassermolekülen.

Bereits bei der Erzeugung der Glasfasern muß mit Reaktionen der Glasober-fläche mit der Luftfeuchtigkeit gerechnet werden.

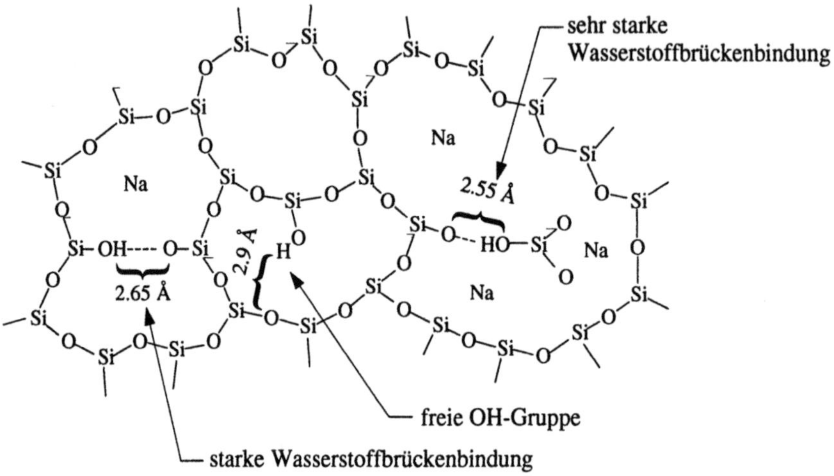

Abb. 2.3.16. Schematische Darstellung der verschiedenen Arten des Einbaus von OH-Gruppen in ein Na_2O-SiO_2-Glas (Alkaliglas) [2.48]

2.3.5 Oberflächenbehandlung der Glasfasern

Schlichte. Für die Verarbeitung von Glasfasern sind geeignete Schlichten erforderlich. Die Aufgaben der Schlichten sind:
- Schutz gegen Korrosion und Abrieb- *Feuchtigkeitsschutz*
- Verbesserung der Haftfähigkeit zur Harzmatrix
- Verbesserung der Handhabbarkeit der Faserrovings

Die *Fadenschlichtung*, auch Size genannt, wird während des Fadenziehvorgangs auf den Spinnfaden aufgebracht (siehe Abb. 2.3.3). Im Augenblick des Fadenziehens sind die Bindungskräfte noch aktiv, so daß eine besonders gute Bindung der Schlichte mit der Faserorberfläche zustande kommt.

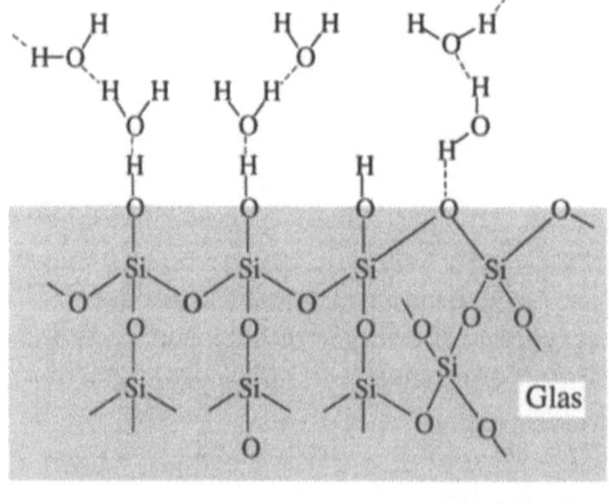

Abb. 2.3.17. Adsorbierte Wassermoleküle an der Glasoberfläche [2.48]

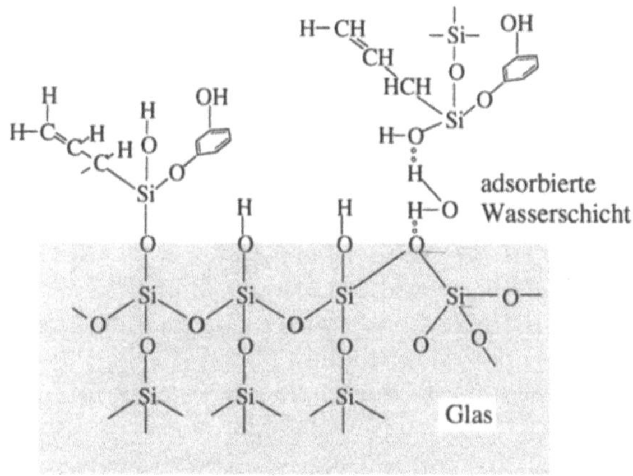

Abb. 2.3.18. Die Bindung von Haftmitteln an der Glasoberfläche gezeigt am Beispiel von *Allylresorcinoxysilan* [2.48]

Man unterscheidet zwei Sorten von Schlichten:
- die haftmittelhaltige Kunststoffschlichte
- die haftmittelfreie Schlichte, die nach der textilen Endverarbeitung (Roving, Gewebe) wieder entfernt wird.

1. Haftmittelhaltige *Textilschlichte*. Die haftmittelhaltige *Kunststoffschlichte* erleichtert die textile Weiterverarbeitung der Glasfilamente und verleiht dem Textilglasprodukt gute Eigenschaften zur Herstellung von Laminaten, durch Anpassung an das eingesetzte Harzsystem.
Die Kunststoffschlichte enthält folgende Komponenten:
- Filmbildner- Haftmittel
- *Netzmittel* und Weichmacher
- *Antistatik*a

Filmbildner. Die Glasfasern sind sehr hart, ritzen deshalb leicht. Durch das Überziehen der Faser mit einem geeigneten Film kann die Faser gegen mechanische Einwirkung geschützt werden. Darüber hinaus muß der Film verträglich mit der Kunststoffmatrix sein. Die elektrischen Eigenschaften des Laminats und die *Lichtdurchlässigkeit* darf sich dadurch nicht verschlechtern.
In der Praxis haben sich *Polyvinyldispersionen* bewährt [2.48].

Haftmittel. Dieser Zusatz zur Schlichte soll die Haftung des organischen Harzes an der anorganischen Glasfaser verbessern, bzw. ermöglichen.
Man kennt hauptsächlich chemische Haftmittel, sie enthalten reaktionsfähige Gruppen, die sowohl mit der Oberfläche des Glases (über OH-Gruppen) als auch mit den entsprechenden Gruppen der Harzmatrix reagieren können [2.48].
Haftmittel auf Chrom- und Silanbasis haben für die Fadenbehandlung große Bedeutung, weil sie die an sich geringe Affinität der Glasfasern zu den duromeren Harzsystemen derart verbessert, daß durch eine gute Bindungen zwischen Faser

und Harz die mechanischen Eigenschaften der Faser und des Harzes optimal genutzt werden.

Weichmacher. Sie halten den Film weich und damit geschmeidig. Als *Weichmacher* nennt [2.48, 2.54] *Polyfettsäureamide*, die gleichzeitig als Netzmittel für Harze wirken.

Netzmittel. Die Glasfäden werden mit sehr hoher Geschwindigkeit (~ 180 km/h) aus der Schmelze (siehe Abb. 2.3.3) abgezogen. Aus diesem Grund müssen die *Elementarfäden* in einigen hundertstel Sekunden vom *Schlichtemittel* völlig benetzt werden. Die anionische Glasfaser nimmt bevorzugt kationische Verbindungen auf. Deshalb sind die wirksamen Netzmittel meist stickstoffhaltig und kationaktiv [2.48].

Antistatika. Durch Reibung wird die Glasfaser leicht negativ wie positiv aufgeladen, was durch antistatische Mittel verringert werden kann. Günstig dafür ist *Kaliumisobutylpolysiloxanolat* [2.48].

2.4 Synthesefasern

Einleitung. Es war um 1938 als die erste wirklich synthetische organische Faser -
eine Polyamidfaser - aus kurzen Molekülen hergestellt wurde, und zwar ziemlich
zeitgleich bei Du Pont in den Vereinigten Staaten und in Deutschland bei den
I.G. Farben, Abb. 2.4.1.

Mit der Entwicklung und Vermarktung der Polyamid - bzw. Nylonfaser begann
eine Reihe von Entwicklungen besserer organischer Synthesefasern. Heraus-
ragend waren dabei zum einen die Aramidfasern. Sie versprachen einen um den
Faktor 2 höheren Modul sowie eine wesentlich bessere thermische Beständigkeit
und zum anderen die Polyethylenfaser als jüngstes Mitglied in der Riege der
organischen Hochleistungsfasern. Die Polyethylenfaser hat gegenüber allen
organischen Fasern sowohl den spezifisch höchsten Modul als auch die spezifisch
höchste Festigkeit. Dies gilt allerdings nicht für die gewöhnliche Polyethylenfaser
(PE), sondern für die sogenannte "Extended-chain-Polyethylene (ECPE) fiber"
[2.1, 2.57].

Der große Unterschied der Eigenschaften von normalen PE- und ECPE-Fasern
ergibt sich durch die hohe Ausrichtung der Kettenmoleküle, ein höheres Molekulargewicht und weniger Falten in den Ketten beim ECPE, siehe Abb. 2.4.2.

Erwähnenswert sind noch einige andere Polymerfasern, die jedoch keinen oder
nur geringen Verstärkungseffekt zeigen.
Sie werden zum Teil als *Matrixsysteme*, oder als textile technische Garne
verwendet, wobei sie als Matrixfaser bereits in das Halbzeug, z.B. ein Gewebe,
eingebracht werden. Ein weiteres großes Anwendungsgebiet solcher Fasern sind
Hybridwerkstoffe mit z.B. verbesserten *Impacteigenschaften*, besserer *Schadenstoleranz* und geringerem Gewicht.

Jahr	Polymer	Stadium	Firmen
1930-1940	Polyamide	Grundlagen	Du Pont (USA)
		(meist aliphatisch)	IG Farben (D)
1955-1965	aromat.	"Super"-Fasern	Du Pont (USA)
	Polyamide	(M- + P-Typen)	Monsanto (USA)
1965-1975	Para-Typ	Pilotforschung	Du Pont (USA)
	Aramid		Enka, Bayer, Rhône Poulenc (EU)
			Teijin, Toray, Asahi Chemical (JP)
1972	Kevlar	(Pilot)Produktion,	Du Pont (USA)
		Markteinfürung	(USA, Nord-Irland)
(1982/1988)		Produktion	
1975	Twaron	Pilot-Produktion,	Enka (Europa)
(1987)		Produktion	
1987	Technora	Markteinführung,	Teijin (Japan)
		Produktion	

Abb. 2.4.1. Entwicklung Aramide [2.1]

Faser mit gestreckten Ketten   Herkömmliche Faser

• Sehr hohes Molekulargewicht   • Relativ kleines Molekulargewicht
• Sehr hoher Orientierungsgrad   • Geringe Orientierung
• Kleine Kettenfaltung   • Kristallisierte Bereiche mit Kettenfaltung

Abb. 2.4.2. Struktur [2.75]

Solche Fasern sind z.B.:
- *Polyamidfaser*   PA
- *Polyesterfaser*   PET
- *Polyetherketonfaser*   PEK
- *Polyetheretherketonfaser*   PEEK
- *Polybenzothiazolfaser*   ABPBT
- *Polyetherimidfaser*   PEI
- *Liquid Crystal Polyesterfaser*   LC-PETP
- *Polyphenylensulfid*   PPS
  u.a.

Davon sind die PEI-, PEEK-, PEK- und PPS-Fasern vollaromatische Fasern. Sie weisen deshalb gegenüber den herkömmlichen Synthesefasern eine hohe Temperaturbeständigkeit auf. Technisch bedeutsame Synthesefasern sind die Aramid- und die Polyethylenfasern. Beide Fasern gehören strukturmäßig zu den eindimensionalen (1-D) Strukturen [2.1].

Die Klassifizierung 1-D, 2-D und 3-D bezieht sich auf die Richtungen in einem Material, in denen starke kovalente Bindungen wirken. Die verschiedenen Bindungsarten sind bereits in Abb. 1.4 schematisch dargestellt und erläutert. Bei der Aramid- und der Polyethylenfaser sind die kovalenten Bindungen nur in einer Richtung vorhanden, und zwar in Richtung der Hauptketten.

Zwischen den Hauptketten wirken bei der *Aramidfaser* die nicht sehr hohen van der Waal'schen Kräfte und Wasserstoffbrückenbindungen und bei der Polyethylenfaser nur die van der Waal'schen Kräfte.

Beide Fasern sind also wie die Kohlenstoffaser extrem anisotrop, was sich auch auf die Eigenschaften der Faserverbunde auswirkt.

Ausgerichtete Fasern aus teilkristallinen Polymeren bestehen in der Regel aus Makromolekülen (Polymerketten), die deren physikalisches Verhalten maßgeblich bestimmen. Ein Polymermolekül besteht wiederum aus kleinen molekularen Einheiten, den sogenannten Monomeren, die zu Hunderten bis Tausenden kettenartig aneinandergereiht sind. Man kann ihnen wie einem Metall oder Verbundwerkstoff eine bestimmte Mikrostruktur aufprägen, so daß z.B. alle seine Moleküle gleich ausgerichtet sind oder daß ein festgelegtes Muster aus Bezirken entsteht, die sich in der Zusammensetzung unterscheiden [1.5].

Im wesentlichen sind es fünf Merkmale der *Makromoleküle*, die die Eigenschaften der daraus aufgebauten Materialien bestimmen:

- die Länge der einzelnen Kettenmoleküle
- die Stärke der Kräfte zwischen den Polymeren
- die Regelmäßigkeit mit der sie sich stapeln lassen
- ihre Steifigkeit
- ihre Packungsdichte

Neben der Gestalt des Polymermoleküls beeinflußt auch seine chemische Zusammensetzung die Eigenschaften des Materials (eingehender in Kap. 3 diskutiert). Hier spielt sowohl die Anordnung der Moleküle in der Haupt- als auch in der Seitenkette eine große Rolle. Beispielsweise bestimmt die Anordnung der -CH_3-Seitengruppe in *Polypropylen* (*Taktizität* genannt), wie es in Abb. 2.4.3. dargestellt ist, den Charakter des Polymers.

Ist die Gruppe regelmäßig angeordnet, entweder nur auf einer Seite der Hauptkette (isotaktisch) oder abwechselnd links und rechts der Hauptkette (syndiotaktisch) so können die Moleküle sich regelmäßig anlagern und kristalline Bereiche bilden. Dementsprechend entstehen feste, steife Materialien, die auch zu hochfesten Fasern verarbeitet werden können.

Bei regelloser ataktischer Anordnung (untere Kette von Abb. 2.4.3) ist eine kristalline Nahordnung nicht möglich. Das Polypropylen erstarrt amorph und weist geringe mechanische Eigenschaften auf, die es als technisch nicht brauchbar erscheinen lassen. Chemisch identische Polymere können sich also in ihrer Taktizität, d.h. in der Anordnung der Seitenketten unterscheiden.

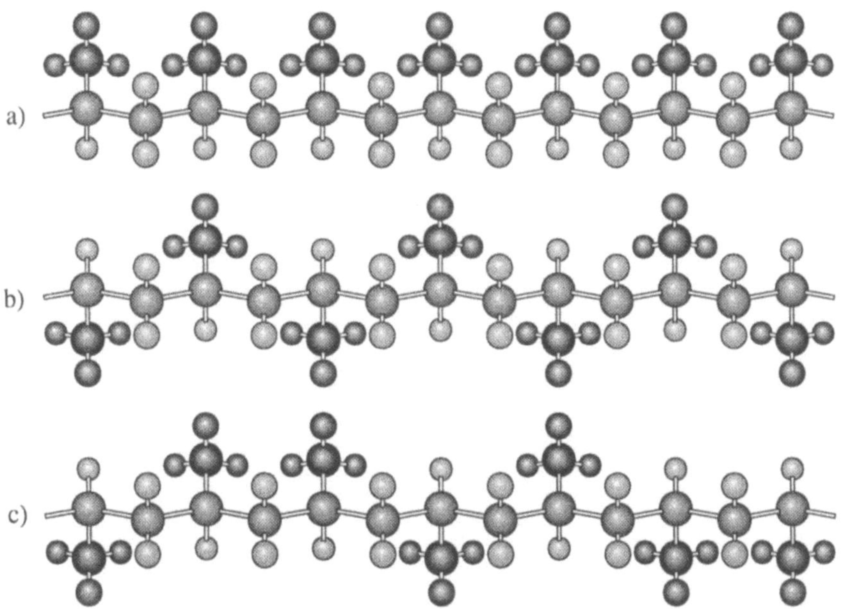

Abb. 2.4.3. Schematische Darstellung von 3 chemisch identischen Polypropylen-ketten, die sich nur in der seitlichen Anordnung der Methylgruppe unterscheiden. *a* isotaktisch, *b* syndiotaktisch, *c* ataktisch [1.5]

Diese höhere Packungsdichte von gerichteten Polymeren und deren Seitenketten läßt sich an zwei praktischen Beispielen verdeutlichen. Kippt man eine gefüllte Zündholzschachtel so aus, daß die Hölzer wahllos räumlich verteilt sind, dann ist das, den Hölzerhaufen umschließende Volumen ungleich größer, als das der gerichteten Hölzer, bzw. der Schachtel (Abb. 2.4.4).

Gleiches gilt auch bei kurzfaserverstärkten Verbunden. Sind die Kurzfasern im Verbund gerichtet, dann ist der maximal mögliche Fasergehalt wesentlich größer als bei Verbunden mit wahllos verteilten Kurzfasern.

Diese Analogie zwischen *mikroskopischen* und *makroskopischen Strukturen* wird uns im weiteren noch öfters begegnen.

Der *teilkristalline Charakter* von taktischen Polymeren erhöht also im allgemeinen die Dichte und die Steifigkeit, aber auch die Lösungsmittel- und Wärmeformbeständigkeit des betreffenden Kunststoffs.

In einer neueren Klasse von Polymermischungen werden z.B. Polymere mit einer flexiblen Kette, wie Polyamid (Nylon), mit sogenannten *Stabmolekülen* kombiniert, die bereits zu den *konstruierten Molekülen* zählen.

Bei dieser Kombination werden in die Kette versteifende Elemente mit Doppelbindungen eingebaut, die sich deshalb im Gegensatz zu den Einfachbindungen nicht biegen lassen.

Dieser Doppelbindungscharakter wird durch ein "Resonanz" genanntes Phänomen auf die benachbarten Einzelbindungen übertragen. Werden nun genügend viele versteifende Elemente (i.w. aromatische Gruppen) in die Polymerkette eingebaut, dann ähnelt das Molekül schließlich einem Stab [1.5]. Ist die Stabkomponente in einer Grundmasse aus flexiblen Polymerketten verteilt, dann fungiert sie gleichsam als verstärkende Faser in Molekülform. Auch hier

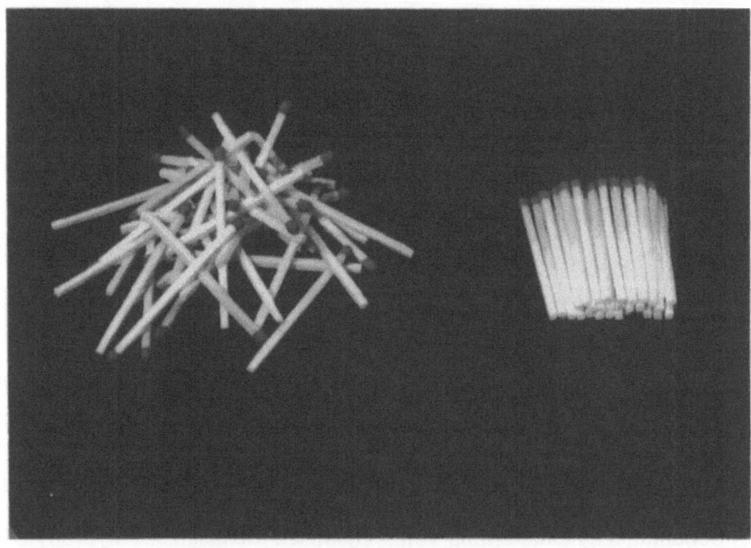

Abb. 2.4.4. Vergleich der Packungsdichte von geschichteten und räumlich wahllos verteilten Zündhölzern

zeigt sich wieder die Analogie zwischen mikro- und makroskopischen Strukturen.

Die Hauptkette, also das Rückgrat solcher Polymere ist dadurch wesentlich steifer. Hinzu kommt, daß sich unter bestimmten Bedingungen die Ketten durch ihren Stabcharakter ausrichten können. Daher bezeichnet man solche Stabpolymere auch als Flüssigkristalle. Das bedeutet, in Lösung oder Schmelze ordnen sich die Makromoleküle spontan in nur eine oder zwei Richtungen aus. So wie sich z.B. Baumstämme oder auch *Kurzfasern* nach dem Flößerprinzip in einer strömenden Flüssigkeit ausrichten, können auch Makromoleküle in einer Lösung oder Schmelze beim Durchgang einer Spinndüse durch die Strömungsbedingungen und die Scherkräfte in der Lösung oder Schmelze ausgerichtet werden.

Ein Flüssigkristall, auch *anisotrope Flüssigkeit* genannt, läßt sich in der Regel leicht zu Fasern spinnen, in denen viele der Makromoleküle (Polymerketten) in Faserrichtung ausgerichtet sind.

Die meisten teilkristallinen Polymeren sind von sogenannten *Sphärolithen* (Abb. 2.4.5-a) geprägt [1.5]. Es sind kugelrunde Kristallkörperchen, sie sehen nach Abb. 2.4.5 - b in der Vergrößerung aus wie Sonnenräder und bestehen aus kristallinen Plättchen, die aus einem gemeinsamen Zentrum (Keim, Nukleus) herauswachsen. Innerhalb der Plättchen falten sich die Polymerketten zwischen zwei Ebenen hin und her, während amorphe Bereiche den Raum zwischen den Plättchen bzw. Lamellen einnehmen.

Sehr vereinfacht ausgedrückt entstehen diese Sphärolithen durch einen bestimmten, auf die ausgerichteten Moleküle wirkenden Zustand. Überwiegt in

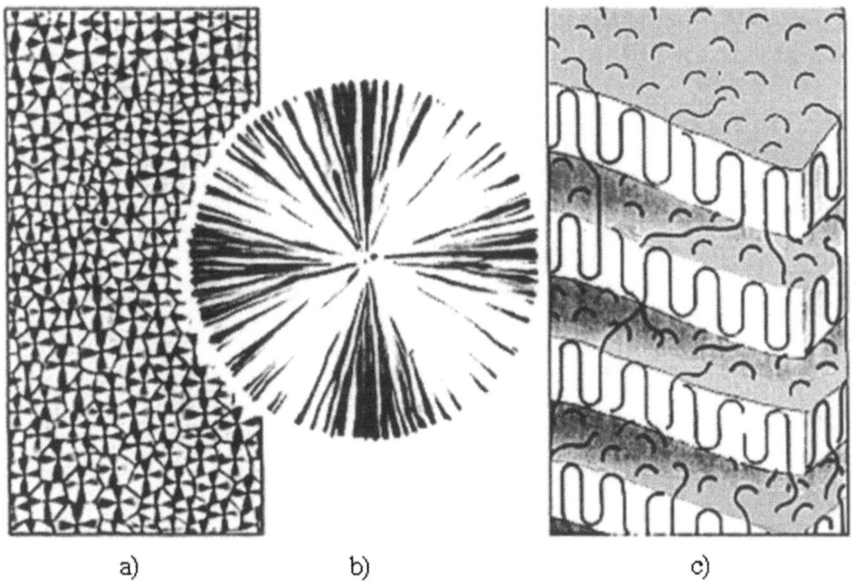

a)   b)   c)

Abb. 2.4.5. Mikrostruktur aus Sphäroliten eines teilkristallinen Polymers wie Polyethylen in 3 Vergrösserungsstufen [1.5]

dem flüssigen Zustand mit ausgerichteten Molekülen die Oberflächenspannung gegenüber der *Kristallinisationskraft* und ist dabei die innere Reibung gering, dann werden schließlich die gerichteten Teilchen äußerlich zu rundlichen, kugeligen Gebilden deformiert, mit radialer Anordnung der Teilchen.

Wird nun ein teilkristallines Polymer zu einem Faden gezogen, dann reißen die Sphärolithe auseinander. Die Lamellen zerbrechen dabei in kleine Blöcke gefalteter Ketten, die sich parallel zueinander anordnen und dabei zahlreiche Mikrofibrillen bilden (Abb. 2.4.5-c).

Diese Blöcke sind nach Abb. 2.4.6 über *Brückenmoleküle* verbunden, was den *Mikrofibrillen* eine hohe Festigkeit verleiht. Bei einer weiteren Streckung der Faser werden die Ketten in den Blöcken teilweise entfaltet und die Mikrofibrillen miteinander verschmolzen (Abb. 2.4.6-b). Durch die zusätzliche Ausrichtung der Ketten ist die Faser noch fester. Im Idealfall lägen alle Polymerketten parallel zur Faserachse (Abb. 2.4.6-c). Die Fasern hätten dann höchste Festigkeit und Steifigkeit [1.5].

Polymerfasern können also u.a. dadurch hergestellt werden, indem das Polymer mit einem Lösungsmittel versetzt wird, mit dem es ein Gel bildet und aus diesem die gerichteten Fasern gesponnen werden. Eine weitere Methode ist das Extrudieren einer Schmelze durch eine enge Düse.

Nach [2.1] gibt es drei Wege zur Herstellung von Hochleistungspolymerfasern (Abb. 2.4.7), wobei zwei davon flüssigkristalline Polymere benutzen. Diese, auch LCP (*liquid crystalline Polymers*) genannten Polymere können in einer Lösung flüssigkristallin sein, dies sind die lyotropen LCP's oder in der Schmelze. Im zweiten Fall handelt es sich um thermotrope LCP's, also um Polymere, deren *Schmelzpunkt* über dem *Zersetzungspunkt* liegt.

Der letzte Weg zur Herstellung von polymeren Hochleistungsfasern führt über

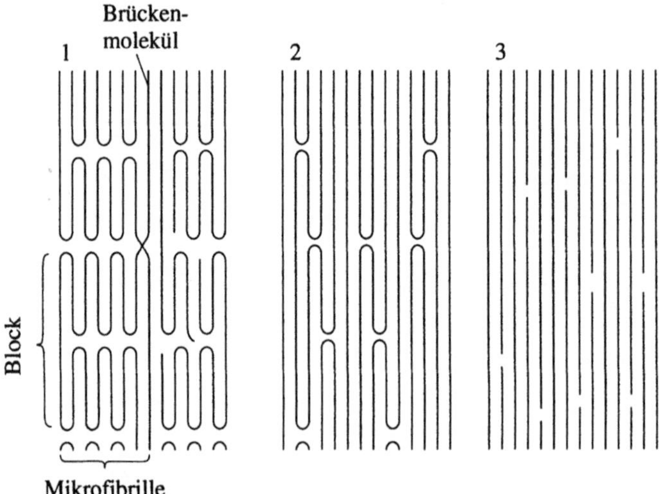

Abb. 2.4.6. Ausrichtung der Ketten einer aus einem teilkristallinen Polymer gezogenen Faser [1.5]

Polymerlösung	Spinnprozeß	Beispiele
LCP lyotrop niedrig molekular steife Ketten	naß	Aramid
LCP thermotrope Copolyester steife Ketten	Schmelze	aromatische Polyester
isotrop stark verdünnt sehr hochmolekular	Gel	hochmolekulares Polyethylen

Abb. 2.4.7. Drei Wege zur Herstellung von Hochleistungspolymerfasern [2.1]

hochmolekulare Polymere, die stark in einer Lösung verdünnt sind und nach dem Gelspinnverfahren versponnen werden. Beispiele für diese drei Wege sind *aromatische Polyamid-, aromatische Polyester-* und *hochmolekulare Polyethylenfasern* [2.58].

Die Herstellverfahren, die von vielen Parametern bestimmt und deshalb auch entsprechend kompliziert sind, werden in den entsprechenden Abschnitten detaillierter beschrieben.

2.4.1 Aramidfasern

Aramid ist der Oberbegriff für alle aromatischen Polyamide. Deren besonderes Kennzeichen ist ein hoher Anteil an aromatischen Strukturelementen in der Molekülhauptkette, wie es Abb. 2.4.8 zeigt. Nach [2.59] sind 85 % der *Amidverbindungen* mit aromatischen Ringen gekoppelt Abb. 2.4.8; sie zählen deshalb zu den organischen Hochleistungschemiefasern.

Der Weg der Entwicklung der Aramidfasern ist sehr stark markiert durch Forschungsarbeiten von P.W. Morgan bei der Firma Du Pont anfangs der 50er-Jahre. Dabei ging es insbesondere um Niedertemperaturprozesse zur Herstellung von *Kondensationspolymeren.* Diese Untersuchungen beinhalteten eine Lösungspolymerisation in nichtwässerigen Medien unter Verwendung einer Reihe neuer Amide und Amidsalze, die für die Herstellung von aromatischen Polyamiden geeignet waren.

Anfang der 60er Jahre brachte Du Pont unter dem Handelsnamen Nomex eine flammfeste aromatische Polyamidfaser mit der chemischen Zusammensetzung Poly (m-phenylene isophthalamide) (PmPI) auf den Markt. Etwas später kommerzialisierte die Fa. Teijin, Japan eine ähnliche Faser unter dem Handelsnamen Conex. In Zusammenarbeit mit P.W.Morgan entdeckte 1965 Kwolek, daß synthetisches aromatisches Polyamid mit para-orientierten aromatischen Gruppen wie Polybenzamide (PBA) in eine flüssigkristalline Lösung gebracht werden kann und sich daraus relativ feste und seife Fasern spinnen lassen. Diese Arbeitenum Kwolek führten 1969 zu ersten Produktionen von Hochleistungsaramidfasern.

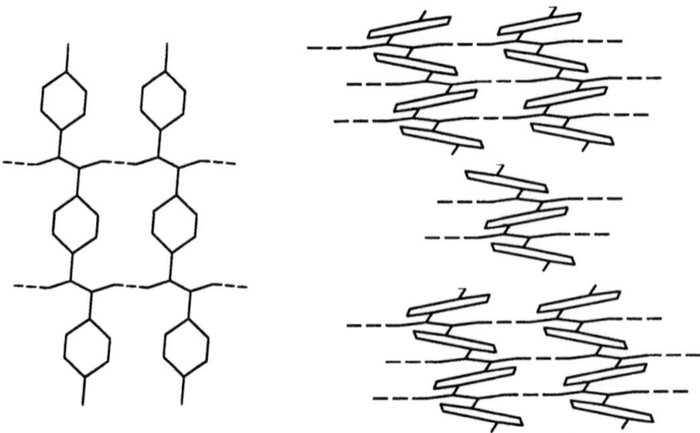

Abb. 2.4.8. Kristall-Struktur von Poly (p-phenylen terephthalamid), *links* steife
Ketten (kovalente Bindungen) gekoppelt mit *Wasserstoffbindungen*, *rechts*
räumliche Anordnung, Projektion entlang der Kettenachsen [2.1]

Mittlerweile werden Fasern auf der Basis von *Polybenzamide* (PBA) kommerziell
nicht mehr geliefert [2.59].

Etwas später in 1972 hat Du Pont unter dem Handelsnamen Kevlar eine Faser
aus *poly (p-phenylene terephthalamid)* (PPTA) eingeführt. Ungefähr zur gleichen
Zeit brachte die Firma AKZO (NL) eine ähnliche Faser unter dem Handelsnamen
Twaron auf den Markt.

Nach [2.59] wurden Ende der 60er und anfangs der 70er-Jahre von den Firmen
Monsanto und Celanese weitere Aramidfasern entwickelt. Die Monsantofaser war
ein aromatisches Polyamid-Hydrazid, also kein reines Aramid. Diese und auch die
Celanesefaser wurden nicht kommerzialisiert. Die Fa. Teijin in Japan ist mit einer
Aramidfaser aus *Copolyterephthalamid* (Handelsname Technora) auf dem Markt
und seit anfangs 1980 produziert die ehemalige Sowjetunion eine Aramidfaser aus
Polyamidbenzimidazol.

Die heute kommerziell produzierten Aramidfasern sind fast ausschließlich vom
Typ PPTA (Poly-p-phenylenterephthalamid). Ein wichtiger Grund dafür ist, daß
man mit PPTA nach [2.1] leichter die gewünschte gestreckte Polymerketten-
konfiguration mit steifen stabförmigen Molekülen erreichen kann als bei den
anderen Aramidpolymeren. Im Gegensatz zu vielen anderen Polymeren, wie z.B.
Polyester und Polyamid, sind die *PPTA-Moleküle* wegen der sogenannten
sterischen Hinderung in ihrer freien Drehbarkeit um die Bindungsachse
eingeschränkt [2.1]. Die Polymerketten können sich deshalb nicht falten, so daß
eine stabförmige Struktur entsteht. Diese hohe Ausrichtung, zusammen mit der
kovalenten Bindung in der Faserrichtung sowie den intramolekularen Wasserstoffbrückenbindungen und der sehr hohen Packungsdichte der Makromoleküle durch
die regelmäßige Anordnung der *Phenylen-Ringe* und der *Amidgruppen* bewirkt die
außerordentliche Zugfestigkeit
der Aramide, Abb. 2.4.9.

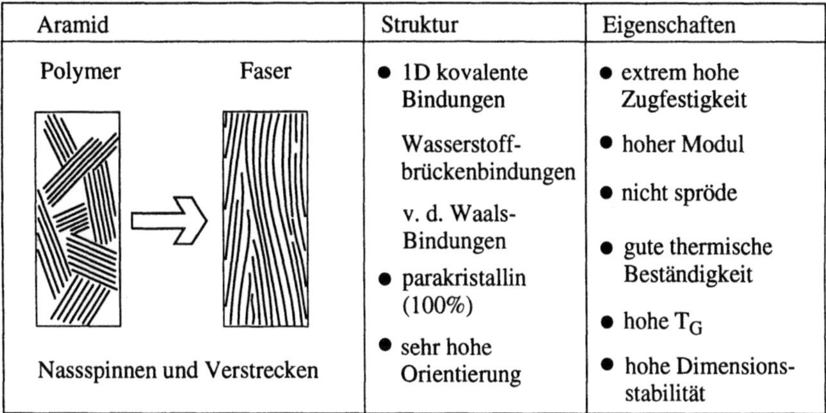

Abb. 2.4.9. Struktur und Eigenschaften von *Aramid* nach *Naßspinnen* und Verstrecken [2.1]

Die daraus folgende hohe Parakristallinität von praktisch 100 % ist wiederum verantwortlich für die hohe Glasübergangstemperatur sowie die hohe Wärmeformbeständigkeit der Aramidfaser.

Herstellung des Polymers und der Faser. Die Herstellung der Faser ist im Prinzip dieselbe wie die anderer Chemiefasern, nämlich:
- Polymerherstellung
- Verspinnen
- Verstrecken

In der wissenschaftlichen Literatur ist man sich einig, daß die wichtigsten handelsüblichen *Aramidfasern* aus PPTA bestehen. Dieser Hinweis ist wichtig, weil der chemisch-physikalische *Herstellprozeß* des Polymers die Fasereigenschaften und die Morphologie der Faser wesentlich mitbestimmen.

Abb. 2.4.10 zeigt sehr schematisch die Polymerisation und die daran anschließende Herstellung der Faser [2.60]. PPTA entsteht über die, in Abb. 2.4.11 dargestellte, Reaktionsgleichung durch eine *Kondensationspolymerisation* der beiden Monomere p-Phenylendiamin (PPD) und *Terephthal-Dichlorid* (TDC). Diese Monomere stehen im exakt stöchiometrischen Verhältnis und sind zur Polymerisation in dem organischen Lösungsmittel *N-methyl-pyrrolidon* (NMP) mit *Kalziumchlorid* ($CaCl_2$) gelöst. Die Lösungsmittel sind an der chemischen Reaktion nicht beteiligt. Sie werden nach der Koagulation (Ausflockung) und Extraktion des PPTA-Polymers zurückgewonnen. Während der Polymerisation wird das entstehende Polymer mit verdünnter Natronlauge (NaOH) gewaschen, wobei die sich bildende Salzsäure (HCL) neutralisiert wird [2.59].

Dieser spezielle Polymerisationsprozeß ist erforderlich, weil Aramide nicht mit den herkömmlichen Schmelzspinnverfahren hergestellt werden können, da sie aufgrund des hohen Molekulargewichts und der sterischen Hinderung durch die armoatischen Gruppen kein deutliches Schmelzverhalten aufweisen [2.59].

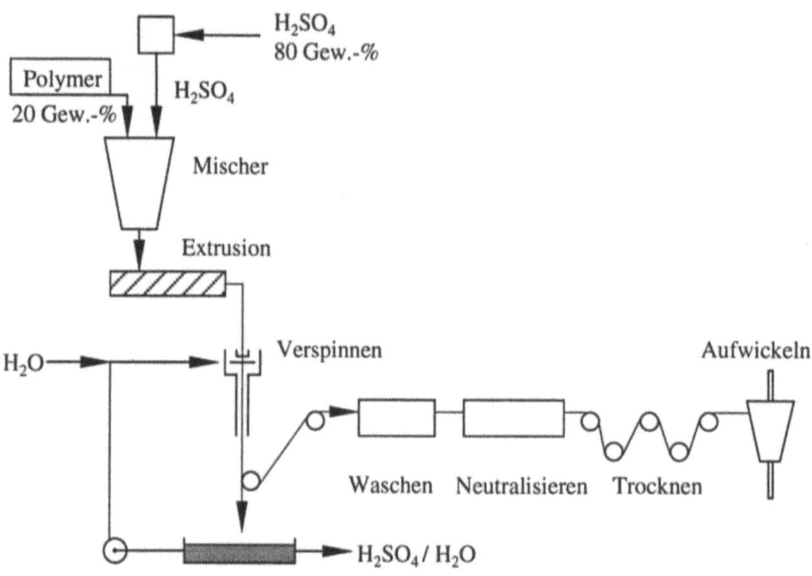

Abb. 2.4.10. Schema zur Produktion von *Aramidfasern* [2.61]

In einem nächsten Schritt zum spinnfähigen Polymer, wird das PPTA in einem weiteren aggressiven *anorganischen Lösungsmittel* in Lösung gebracht. Dafür geeignet ist eine 100 %-ige Schwefelsäure H_2SO_4.

In dieser Prozeßphase haben die PPTA-Moleküle eine steife stabförmige Struktur. Man verwendet eine 100 %-ige Schwefelsäure auch deshalb, da Wasser in Anwesenheit von Schwefelsäure die PPTA-Polymerketten durch *Hydrolyse* spaltet. Nach [2.59] sind PPTA-H_2SO_4-Lösungen mit einer Konzentration von kleiner als 9 Gewichtsprozent isotrop und bei einer Konzentration größer als

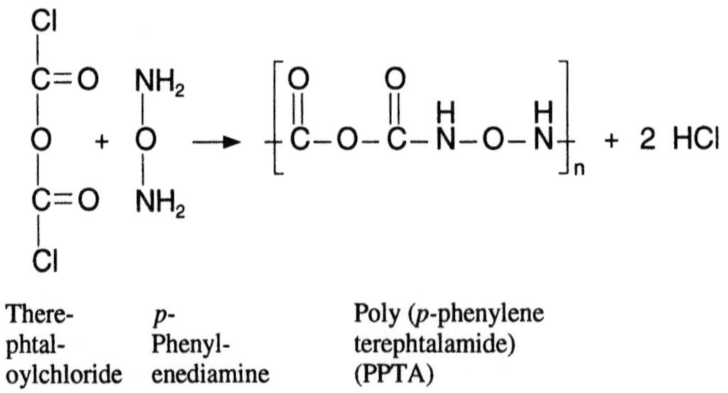

There-   *p*-   Poly (*p*-phenylene
phtal-   Phenyl-   terephtalamide)
oylchloride   enediamine   (PPTA)

Abb. 2.4.11. Reaktionsgleichung zur Herstellung von PPTA (Poly (p-phenylen terephtalamid)) [2.59]

9.5 % anisotrop, was im Prozeß anzustreben ist. Ein weiterer wichtiger Punkt bei der Faserherstellung ist die Viskosität der Lösung aus der die Faser gesponnen wird. Sie ist abhängig von der Temperatur und dem Anteil PPTA der Lösung. Bei 100°C und einer Konzentration von 20 Gewichtsprozent PPTA zeigt sich die geringste Viskosität (Abb. 2.4.12). Dieses Minimum resultiert aus zwei Phänomen, die die Viskosität von *flüssigkristallinen Lösungen* über der PPTA-Konzentration beeinflussen. Erstens nimmt die Viskosität von flüssigkristallinen Lösungen mit zunehmender Konzentration des Polymers in dem Maß ab, wie sich auf Kosten der isotropen eine anisotrope Phase bildet, und zweitens bilden sich bei höheren Konzentrationen feste Polymerformationen, die nachfolgend die Viskosität wieder erhöhen. Ein sehr wichtiger Grund für eine H_2SO_4-Lösung mit einer Konzentration von 20 Gewichtsprozenten PPTA ist also ihre inhärente niedere Viskosität bei 80÷100°C.

Vor der eigentlichen Faserherstellung wird die flüssigkristalline PPTA-H_2SO_4-Lösung über den kristallinen Schmelzpunkt von ~80°C aufgeheizt und mit einer Geschwindigkeit von 0,1 bis 6 m/s durch die Spinndüse in ein Wasserbad extrudiert. Die Länge des Luftspalts zwischen der Oberfläche der Spinndüse und dem Wasserbad beträgt dabei 5 mm. Durch diesen 5 mm langen Luftspalt wird ein oxidativer Angriff der Stahlspinndüse durch H_2SO_4 -H_2O vermieden.

In der Spinndüse werden, trotz der niedrigen Viskosität der Lösung, im Mantelbereich der Düse durch hydrodynamische Effekte Scherspannungen produziert, die eine sehr hohe Ausrichtung der Makromoleküle in diesem Bereich zur Folge haben (Abb. 2.4.13). In den o.g. Luftspalt von 5 mm wird die noch flüssige Faser zusätzlich durch verschiedene Geschwindigkeiten beim Austritt aus der Spinndüse und beim Austritt aus dem Bad Spannungen ausgesetzt, die eine weitere Orientierung der Makromoleküle in Faserrichtung bewirken. Diese Prozeßstufe ist kritisch und nicht einfach zu handhaben. Das Verhältnis der beiden Geschwindigkeiten bezeichnet man als "*Spin stretch factor*" [2.59].

Beim Verlassen der Spinndüse schwillt die noch flüssige Faser auf einen Durchmesser von ~25 μm an und bildet dabei Mikrofibrillen mit Durchmessern von ungefähr 60 nm (Abb. 2.4.14). Die Faserschwellung ergibt sich durch den noch hohen Anteil von H_2SO_4 und H_2O.

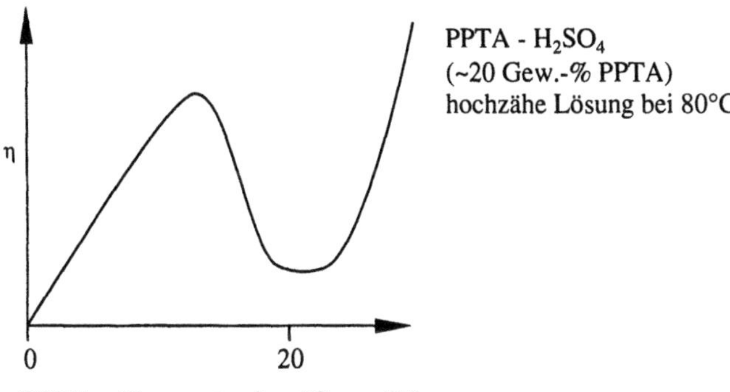

Abb. 2.4.12. Viskosität von PPTA-H_2SO_4-Lösungen in Abhängigkeit von der PPTA-Konzentration [2.59]

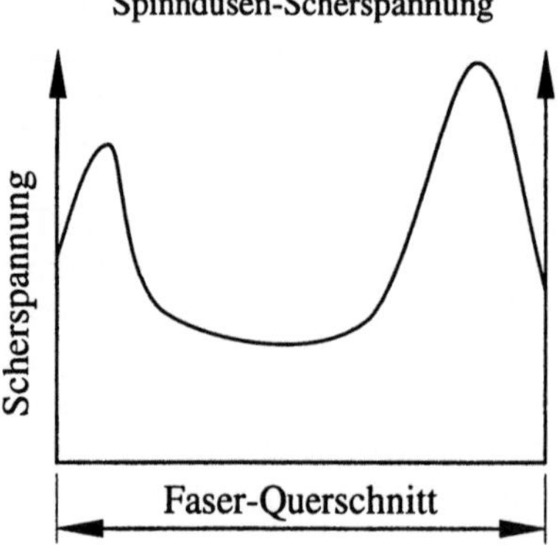

Abb. 2.4.13. Durch *Spinndüse* und Abzugsgeschwindigkeit induzierte *Scherspannungen* in der nicht verfestigten Faser [2.59]

Nach dem Wasch- und Neutralisationsvorgang werden die Fasern unter Spannung bei 65°C getrocknet. Dabei entsteht eine Faser vom Typ Twaron SM [2.61] oder Kevlar 29 mit einem Durchmesser von ~12,5 µm. In einem weiteren Reckvorgang bei 550°C über 1 bis 5 Sekunden erhält man dann Fasern vom Typ Twaron HM, Kevlar 49 und Kevlar 149.

Die Aramidfasern sind relativ teuer, was sich dadurch erklärt, daß das PPTA-Molekül nur durch Anwendung eines Naßspinnverfahrens in die Garn- oder Fadenform übergeführt werden kann. Die Geschwindigkeiten und die Prozeß-folgeschritte sind dabei viel niedriger als bei den herkömmlichen Schmelz-spinnverfahren, was die höheren Kosten erklärt [2.1].

Morphologie der Faser. Die physikalischen Strukturen der Aramidfasern sind trotz erheblicher Anstrengungen bis heute nicht restlos geklärt. Die Fasern bestehen aus gestreckten Kettenmolekülen mit stabförmiger Struktur und Ausrichtung in der Faserrichtung.

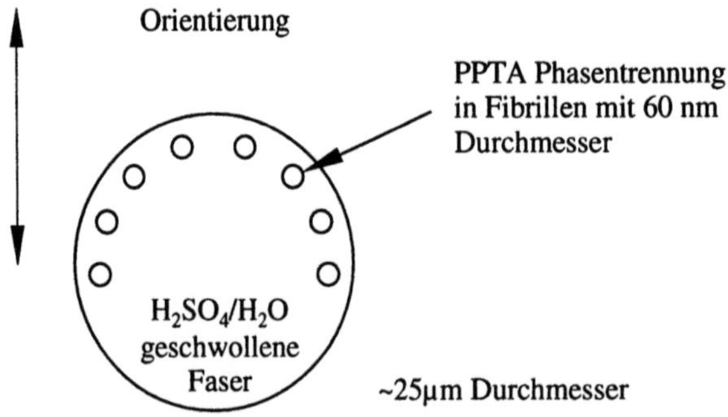

Abb. 2.4.14. Faserzustand nach dem Verlassen der Spinndüse [2.59]

Abb. 2.4.15 zeigt schematisch die Effekte, die sich aus der Streckung von *amorphen* und *semikristallinen Polymeren* ergeben. Die gleichmäßig verteilte Molekularstruktur wird teilweise in Zugrichtung orientiert. Dabei verändern sich natürlich, wie in Abb. 2.4.16 am Beispiel der Zugfestigkeit, des Moduls und der Bruchdehnung gezeigt, diese und alle weiteren physikalischen Eigenschaften der gezogenen Fasern beträchtlich [2.36]. Mit der molekularen Ausrichtung nehmen die Zugfestigkeit und der Modul zu, jedoch die Faserbruchdehnung ab.

Die gestreckten Kettenmoleküle mit ihrer stabförmigen Struktur verbinden sich durch seitliche Wasserstoffbrückenbindungen zu einer Schicht (Abb. 2.4.17). Die Ergebnisse von Untersuchungen von [2.62, 2.63, 2.64] deuten darauf hin, daß die Aramidfasern aus Kristalliten mit einem mittleren Ausmaß von 7 nm quer zur Faserrichtung bestehen. Bei den hochsteifen Aramidfasern ist das Schichtsystem regelmäßig in Faserrichtung gefaltet (Abb. 2.4.18). Es ergibt sich also ein radiales System von axial geschichteten Lamellen, wobei die Polymermoleküle parallel zur Faserachse angeordnet sind. Der Winkel zwischen den angrenzenden Schichten ist 170°. Die periodischen Falten der Schichten haben Abstände von ~250 nm [2.65]. Am stärksten geprägt wird die *Mikrostruktur der Aramidfaser* durch folgende Punkte:

1) In der Spinndüse werden die Makromoleküle im Mantelbereich durch Scherkräfte ausgerichtet, wogegen der Kernbereich mehr oder weniger isotrop bleibt (Abb. 2.4.13).
2) Beim Eintritt in das Wasserbad kühlt der Mantelbereich der Faser schneller ab, als der Kern der Faser.

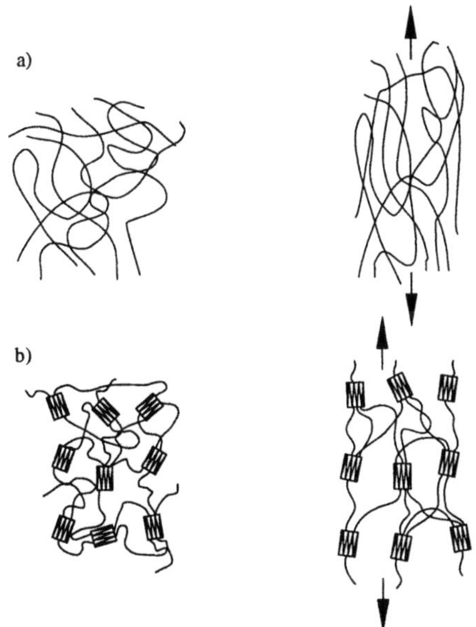

Abb. 2.4.15. Schematische Darstellung der Effekte von gezogenen amorphen (*a*) und semikristallinen (*b*) Polymeren [2.36]

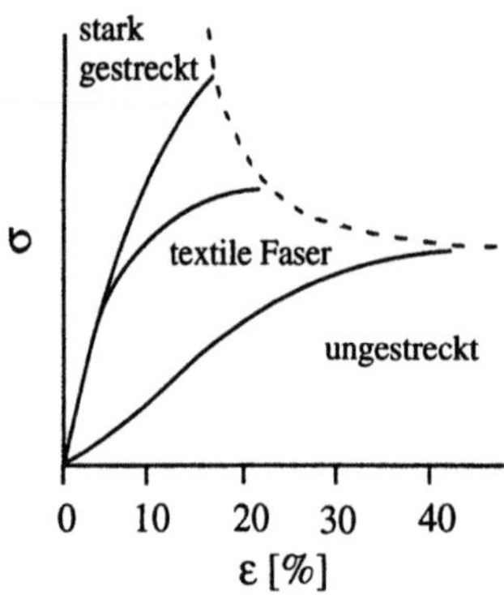

Abb. 2.4.16. Veränderung von Zugfestigkeit, Modul und Bruchdehnung von Polymerfasern durch molekulare Ausrichtung in Faserrichtung durch Faserstreckung [2.36]

3) Während der Abkühlung verändert sich der Faserzustand, indem sich Fibrillen mit Durchmessern von 60 nm bilden (Abb. 2.4.14).

Die beiden ersten Punkte wirken in dieselbe Richtung, nämlich in mikrostrukturelle Unterschiede zwischen Mantel und Kern der Faser.

Die Abbildung 2.4.19 zeigt nach [2.59] *Bruchbilder von Aramidfasern*, die sich morphologisch im Mantel und Kern unterscheiden. Im Mantel ist eine deutliche Ausrichtung (Bild a von Abb. 2.4.19) in Faserrichtung erkennbar, wogegen der Kernbereich (Bild b von Abb. 2.4.19) eine Struktur zeigt, die senkrecht zur Faserrichtung orientiert ist und damit sehr viel schwächer ist, als die ausgerichteten Polymerketten im Mantelbereich.

Diese Morphologie der Faser ist stark prozeßbedingt. Die Zustandsänderung der Faser während der Abkühlung im Wasserbad in *Fibrillen* mit Durchmessern von 60 nm bestimmt ganz wesentlich die Eigenschaften der Fasern und damit auch die der Verbundwerkstoffe.

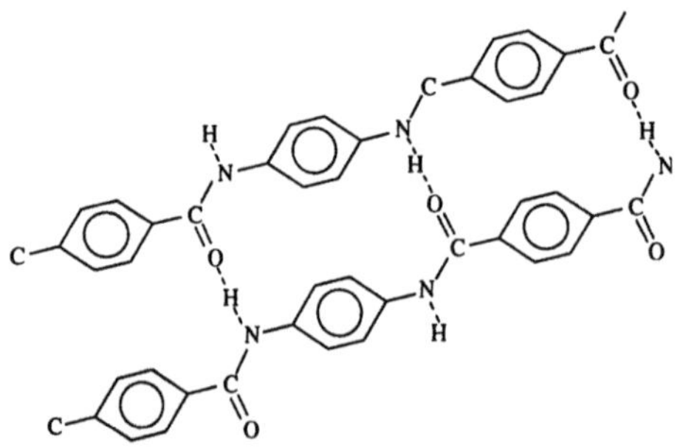

Abb. 2.4.17. Wasserstoffbrückenbindung in Aramidfasern vom Typ Kevlar 49 [2.59]

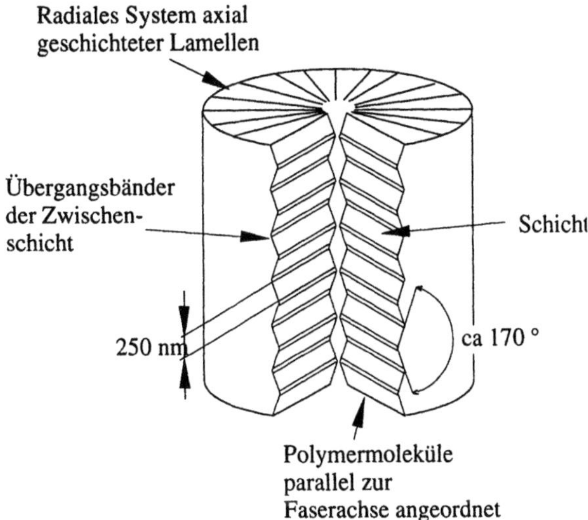

Abb. 2.4.18. Aufbau der Aramidfaser (radiales System axial geschichteter Lamellen) [2.59]

Eigenschaften der Aramidfasern
Mechanische Eigenschaften. Unter der Markenbezeichnung Kevlar vertreibt die Firma Du Pont die drei Fasertypen Kevlar 29, Kevlar 49 und Kevlar 149, und die Firma AKZO unter der Markenbezeichnung Twaron die drei Typen Twaron HM, IM und SM, die nahezu identisch sind mit Kevlar 49 und Kevlar 29. Diese Typen unterscheiden sich im Modul, in der Festigkeit und in der Bruchdehnung.

Das *Aramidfilament* ist in allen Fällen kreisrund und an der Oberfläche nur leicht strukturiert. Der Faserdurchmesser ist ~12 µm und die Dichte liegt bei 1,44 bis 1,45 g/cm^3. Abb. 2.4.20 zeigt die Spannungs-Dehnungskurven der beiden Twaronfasern HM und SM. Die steifen Fasertypen finden insbesondere bei *Flugzeugstrukturen* Verwendung, meist im Verbund mit Kohlenstoffasern zur Verbesserung der duktilen Eigenschaften von kohlenstoffaserverstärkten Kunststoffen. Die Aramidfaser mit geringerem Modul findet einerseits Verwendung in Bereichen wie Brems- und Kupplungsbelägen, Packungen, Dichtungen etc.. Andererseits weist sie hervorragende Eigenschaften für ballistische Zwecke auf (*Splitterschutzweste*, Helme, *Panzerungen* usw.).

In Abb. 2.4.21 sind die wichtigsten Eigenschaften der drei Fasertypen bei Raumtemperatur dargestellt. Die Aramidfasern sind, wie die Kohlenstoff- und Polyethylenfasern, anisotrop, das bedeutet, die physikalisch/mechanischen Eigenschaften quer und längs der Faserrichtung sind unterschiedlich. Diese Form von Anisotropie ist auch als *transverse Isotropie* bekannt, weil die Eigenschaften in der Ebene senkrecht zur Faserrichtung (Abb. 2.4.21) isotrop sind, während die Eigenschaften parallel zur Faserrichtung unterschiedlich sind. Wegen dieser Geometrie der Aramidfasern ist die experimentelle Ermittlung der Eigenschaften in der transversen Ebene praktisch nicht möglich. Sie werden deshalb meist über die unidirektionalen Eigenschaften von Verbundwerkstoffen abgeleitet, bzw. über die theroretischen Eigenschaften und deren Zusammenhänge ermittelt.

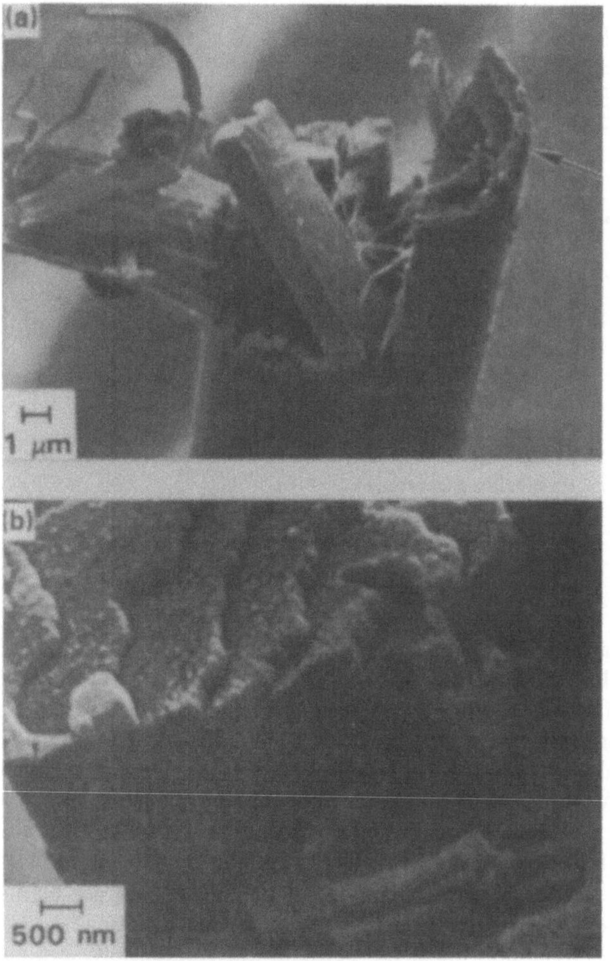

Abb. 2.4.19. *Bruchflächen von Aramidfasern*, aufgenommen mit dem Raster-elektronenmikroskop [2.59©]

Aufgrund ihrer polymeren *Molekularstruktur* sind *Aramidfasern* sehr duktil und damit auch zäh, was sich positiv auf die *Knoten-* und *Schlingenfestigkeit* auswirkt. Dieses Verhalten begründet auch die o.e. vorteilhafte Anwendung bei ballistischen Problemen und Anwendungen im *Schnittschutzbereich*. Allerdings wirkt sich diese Zähigkeit negativ bei der mechanischen Bearbeitung von *Aramid*fasern und deren *Laminate* aus. Die Schnittkanten sind leicht ausgefranst und bei *Laminaten* kann es zu *Delaminationen* kommen.

Im Vergleich zu anderen faserverstärkten Kunststoffen ist die Druckfestigkeit von aramidfaserverstärkten Verbunden sehr gering. Dieses Verhalten kann nicht durch das Matrixsystem erklärt werden. Die Ursache dafür liegt bei der Aramidfaser selbst. Nach [2.63] erhält man mit unidirektionalen Kevlar 49-

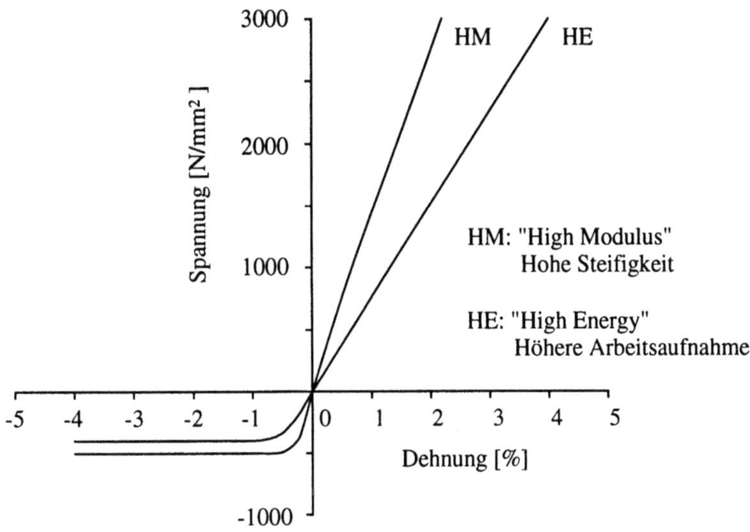

Abb. 2.4.20. Spannungs-Dehnungskurven der Twaronfasern HM und HE [2.61]

Verbunden Druckfestigkeiten, die gerade 15 bis 20 % der Zugfestigkeit ausmachen. Diese Druckfestigkeiten liegen weit unter denen, die eine Theorie von Rosen [2.66] vorhersagt.

Die theoretischen Druckfestigkeiten ergeben sich zu:

$$\sigma_d = \frac{G_m}{(1 - \varphi)} \tag{1}$$

$$\sigma_d = \left[\frac{\varphi \cdot E_m \cdot E_f}{3(1 - \varphi)} \right]^{1/2} \tag{2}$$

Dabei ist:

φ	=	Faservolumengehalt
G_m	=	Schubmodul Harzmatrix
E_m	=	Zugmodul Harzmatrix
E_f	=	Zugmodul Faser

Diese niedrige Druckfestigkeit läßt sich durch ein nichtlineares Verhalten der Faser bei Druckbeanspruchung erklären, was letztlich auf die schwachen Bindungen der Seitenketten der Makromoleküle zurückzuführen ist.

In [2.62, 2.63, 2.66, 2.67] wird dieses Phänomen gedeutet und durch Ergebnisse verschiedenster Untersuchungen belegt. Mit sogenannten Schlaufen- und Knotentests an Filamenten ergaben sich im Filament infolge der Biegung Zug- und Druckspannungen, die sich durch Zuziehen oder Aufmachen der Schlinge beliebig verändern lassen (Abb. 2.4.22). Die Definition des Schlingentests (single loop test) zeigt Abb. 2.4.23.

Eigenschaft		Einheit	Aramidfasern vom Typ Kevlar			Aramidfasern vom Typ Twaron		
			29	49	149	SM	IM	HM
Dichte	ρ	g/cm^3	1.44	1.44	1.47	1.44	1.44	1.45
Faserdurchmesser	d	µm	12	12	12	12	12	12
Zugfestigkeit	σ_z	GPa	3.62	3.62	3.44	2.80	3.15	3.15
Zugmodul	E_z	GPa	83	124	186	65	100	121
Zugbruchdehnung	ε	%	4.0	2.9	2.0	3.4	3.0	2.0
Theoretischer Zugmodul von PPTA	E_{zth}	GPa		186				
Druckfestigkeit	σ_d	GPa	im unidirektionalen Verbund ~30% der Zugfestigkeit					
Druckmodul (axial rechnerisch)	E_d	GPa		76				
Druckmodul quer zur Faser	$E_{d\perp}$	GPa		6.9				
Biegemodul	E_b	GPa		106				
Spezifische Zugfestigkeit	σ/ρ	GPaxcm/g	58	86	127			
Spezifischer Zugmodul	E/ρ	GPaxcm/g	1.74	2,51	2.34			
Axialer Schubmodul	G			2.8				
Axiale Querkontraktion	g			0.36				
Axialer Wäremeausdehnungskoeffizient	α	10^{-6}/°C	-2.26	-5.2	-1.49	-3.5	-3.5	-3.5
Transvers. Wärmeausdehnungskoeffizient	α_T	10^{-6}/°C		41.4				
Spez. Wärmekapazität		J/kgK				1420	1420	1420
Hitzebeständigkeit (48 h bei 200°C)		%				90	90	90
Zersetzungstemperatur		°C				>500	>500	>500
Feuchtigkeitsaufnahme (20°C/65% RF)		%				7	5.5	3.5
Heissluftschrumpf (15 min bei 190°C)		%				0.1	0.1	0.1
Brennbarkeit	LOI-Index					0.29	0.29	0.29

Abb. 2.4.21. Mechanische Eigenschaften von Aramidfasern

Die innere Faseroberfläche der geschlungenen Faser ist druckbelastet, wogegen die äußere zugbelastet ist. In Abb. 2.4.1.22 stellt man zweierlei fest. Die Zugzone der Faser ist in diesem Beispiel im Gegensatz zur Druckzone nicht geschädigt. In der Druckzone zeigen sich beträchtliche *Beul-* und *Knickformen*, die in Abb. 2.4.24 als Vergrößerung von Abb. 2.4.22 noch deutlicher erkennbar sind. Solange die Verformung der Faser elastisch ist, wird das Verhältnis der Haupt- und Nebenachse der Schlinge konstant bleiben.

Abb. 2.4.25 zeigt die Ergebnisse eines *Schlingentests* mit einem Kevlar 49-Filament. Das Verhältnis von Haupt- und Nebenachse bleibt ausgehend von einer Länge der Hauptachse von 10 mm bis zu einer Länge von 3 mm konstant. Ab einer Länge der Hauptachse von 3 mm ändert sich dieses Verhältnis nahezu

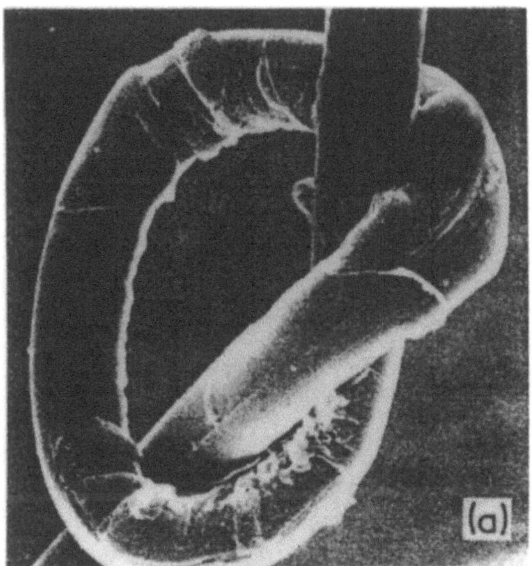

Abb. 2.4.22. Eng geschlungene Kevlar 49-Faser (Vergrösserung 810) [2.63[©]]

schlagartig. Dieses Verhalten ist nur durch eine plastische Verformung bzw. Schädigung zu erklären. Abb. 2.4.26 zeigt im Längsschnitt der Faser sehr schematisch dargestellt die Verformungssequenz einer auf Biegung belasteten Kevlar-49 Faser. Die allerersten Hinweise einer Deformation zeigen sich allerdings im Auftreten von unregelmäßig verteilten Bändern auf der Faserober-

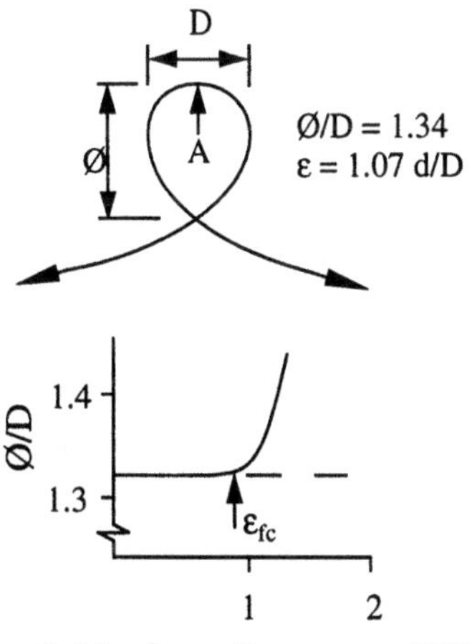

Abb. 2.4.23. Definition des single loop Tests (*Schlaufentest*) [2.63]

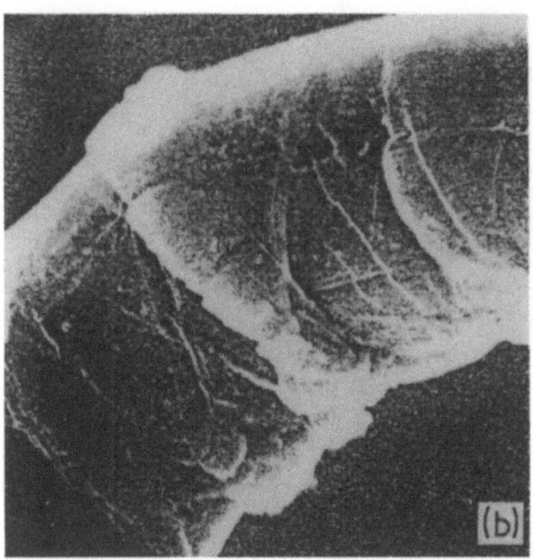

Abb. 2.4.24. Beul- und Knickerscheinungen an der Innenseite einer geschlungenen Kevlar 49-Faser (Vergrösserung 3250) [2.63©]

fläche unter einem Winkel zur Faserachse von 40 ÷ 50° (Abb. 2.4.27).
Bei weiterer Belastung bilden sich Stufen, die von einem schmalen, nach innen
gerichteten Keil herrühren (Bild A in Abb. 2.4.26) .

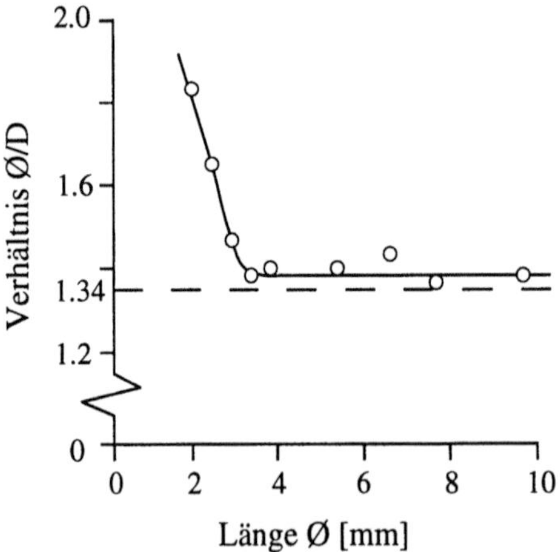

Abb. 2.4.25. Abhängigkeit des Verhältnisses aus den Längen der Haupt- und
Nebenachse der Filamentschlinge von der Länge der Hauptachse[2.63]

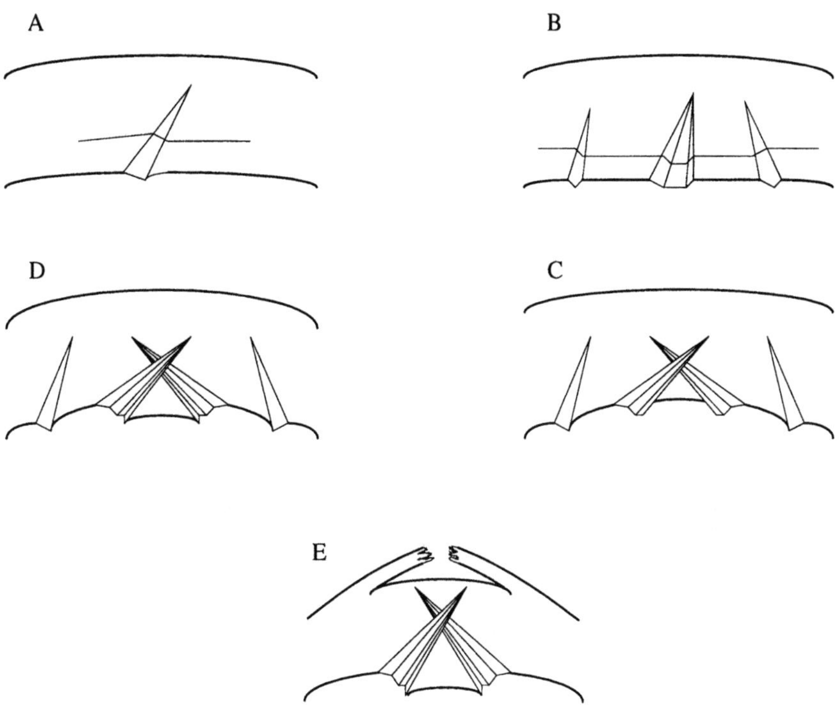

Abb. 2.4.26. Schematische Darstellung der *Verformungssequenz* von auf Biegung belasteten Kevlarfasern [2.62]

Als Ursache dieser Stufen sieht man eine abrupte Richtungsänderung der Polymerketten in diesem Bereich. In Abb. 2.4.28 ist im Mantelbereich der Faser deutlich eine Struktur aus Bändern erkennbar.

Mit fortschreitender Deformation formen sich weitere Stufen und Keile (Bild B von Abb. 2.4.26), gleichzeitig werden die Keile größer, was neue Ränder und Knicke zur Folge hat (Bild C und D von Abb. 2.4.26). Jede weitere Druckbelastung führt dann zunehmend zu einem Versagen, auch der Zugseite (Bild E von Abb. 2.4.26) und Abb. 2.4.29. Dieses Verhalten deckt sich weitgehend mit den in dem Unterabschnitt "Morphologie der Faser" dargestellten Zusammenhänge. Das Auflösen der Faser in Fibrillen bei Zugbelastung zeigt sich bereits beim Schlingentest nach Abb. 2.4.29 und erst recht bei einer auf Zug gebrochenen Faser nach Abb. 2.4.30.

In [2.62] wird über eine Untersuchung von druckbelasteten unidirektionalen *Kevlar/Epoxyd-Verbunden* berichtet. Die *Druckproben* wurden über die Linearitätsgrenze der Kevlarfaser hinaus belastet. Aus dem Verbund heraus-gelöste Filamente zeigen unter dem Rasterelektronenmikroskop nach Abb. 2.4.31 seitliche Verschiebungen von Segmenten unter einem bestimmten Winkel zur Faserachse, sog. "*kinking*". Dieses Verhalten ist insofern positiv, weil die Filamente unter Druckbelastung eine sinusförmige Deformation zeigen, sich also durch die laterale Verschiebung der Segmente anpassen, siehe Abb. 2.4.32.

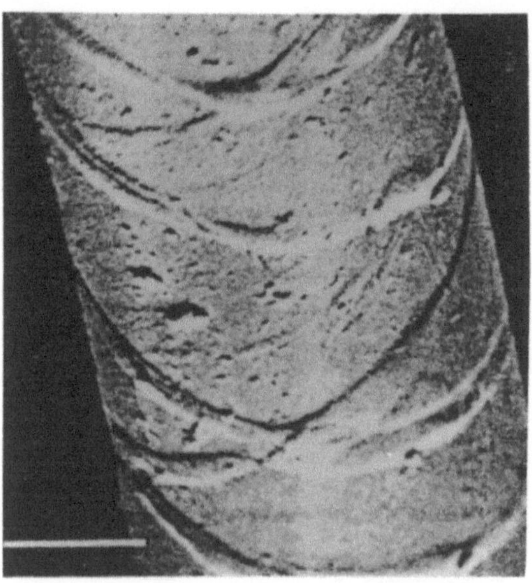

Abb. 2.4.27. Bandstruktur auf der Oberfläche einer Kevlar 49-Faser (Massstab 4 µm) [2.62©]

Abb. 2.4.28. Längsschliffbild einer auf Druck belasteten Kevlar 49-Faser mit einer *Bandstruktur* im Mantel der *Faser* und *Knickzonen*, die keilförmig nach innen gerichtet sind [2.62©]

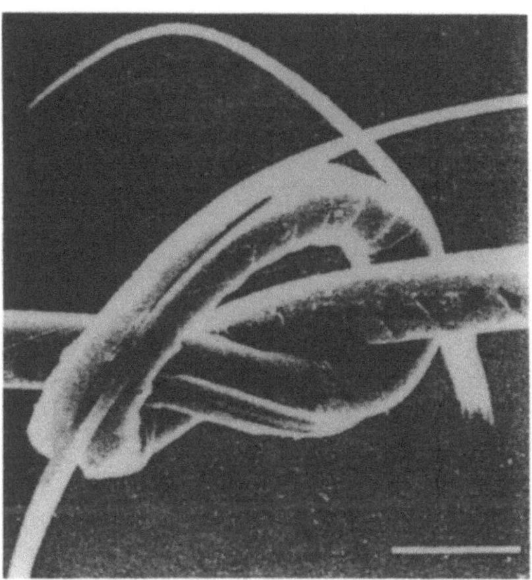

Abb. 2.4.29. Delaminationen bei einem geschlauften Kevlar 49-Filament (Massstab 20 µm) [2.62©]

Aramidfasern können also nur begrenzt auf Druck belastet werden, wodurch der Einsatz von Aramidfasern in hochbelasteten Strukturen limitiert ist.

Dieses Druckverhalten zeigt sich z.B. bei *Aramidfasergeweben.* Die bloße Umschlingung des Rovings beim Satingewebe kann bereits zu ersten Schädigungen führen. Das bekannt gewordene Phänomen "*Mikrocracking*" von aramidfaserverstärkten Kunststoffen entsteht offensichtlich durch die Biegespannungen aus der Umschlingung im Gewebe und natürlich zusätzlicher *Druckbelastung.* Ein Vergleich von Laminaten aus Aramidfasergewebeprepregs

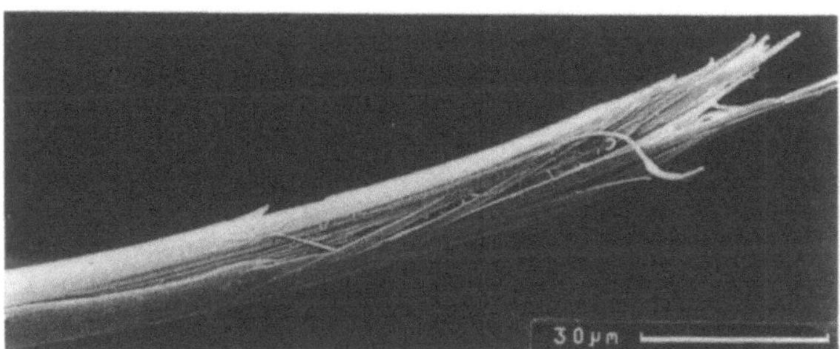

Abb. 2.4.30. Fibrille Struktur einer gebrochenen Aramidfaser [2.61©]

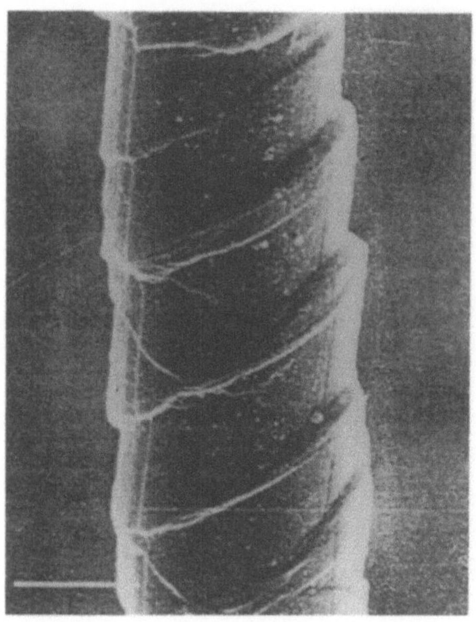

Abb. 2.4.31. Kevlarfaser, die im unidirektionalen Verbund über die *Streckgrenze* hinaus druckbelastet wurde (für Untersuchungen unter dem Rasterelektronenmikroskop wurden die Fasern aus dem Verbund herausgelöst) [2.62©]

und aus unidirektionalen *Aramidfaserprepregs* zeigt bei dem Lamiat aus unidirektionalen Einzelschichten kein Mikrocracking. Abb. 2.4.33 zeigt den Zugfestigkeitsverlust von mehrmals auf Biegung belasteten Kevlar 29- und Kevlar 49-Fasern [2.62].

Bei gleicher Lastspielzahl ist der Festigkeitsverlust der Kevlar 49-Faser erheblich größer als der der Kevlar 29-Faser. Beide Kurven sind dadurch charakterisiert, daß nach ganz wenigen Lastspielen bereits ein erheblicher Verlust zu verzeichnen ist. Nach ungefähr 100 Lastwechseln wird der Kurvenverlauf linear.

Verhalten der Faser gegen Wasser. Ein Nachteil der Aramidfaser ist ihr ausgeprägtes *hygroskopisches Verhalten.* Unter normalen Bedingungen (23°C/65 % relative Luftfeuchtigkeit) absorbieren Aramidfasern je nach Fasertype zwischen 3 und 4 Gewichtsprozent Feuchtigkeit aus der Umgebung [2.68] und nach [2.59] Kevlarfasern vom Typ 49 bei 23°C und 100 % relativer Luftfeuchte 3,5 bis 4,5 %. Der Gleichgewichtszustand stellt sich bereits nach 16 bis 37 Stunden ein. Nach [2.61] absorbieren Aramidfasern der Typen Twaron SM 7 % , Twaron IM 5,5 % und Twaron HM 3,5 % *Feuchtigkeit bei Sättigung.* Nach [2.36, 2.59] ist der Feuchtegehalt im Gleichgewichtszustand bei 23°C direkt proportional zur relativen Luftfeuchtigkeit. Das bedeutet: Hat man einen Gleichgewichtszustand experimentell ermittelt, dann können andere Zustände

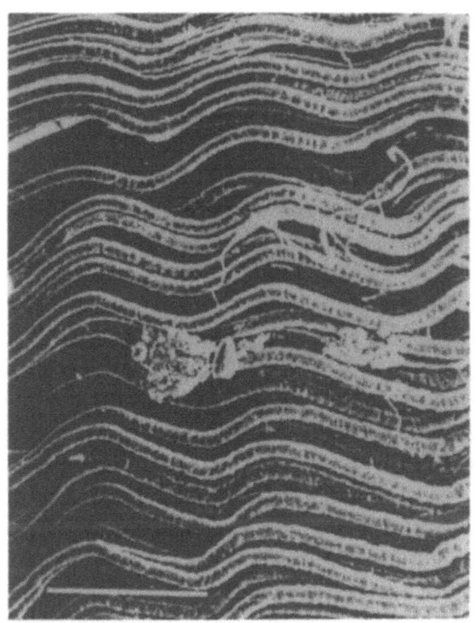

Abb. 2.4.32. Durch Druckbelastung sinusförmig deformierte Kevlarfasern im Verbund mit einem Epoxiharz [2.62©]

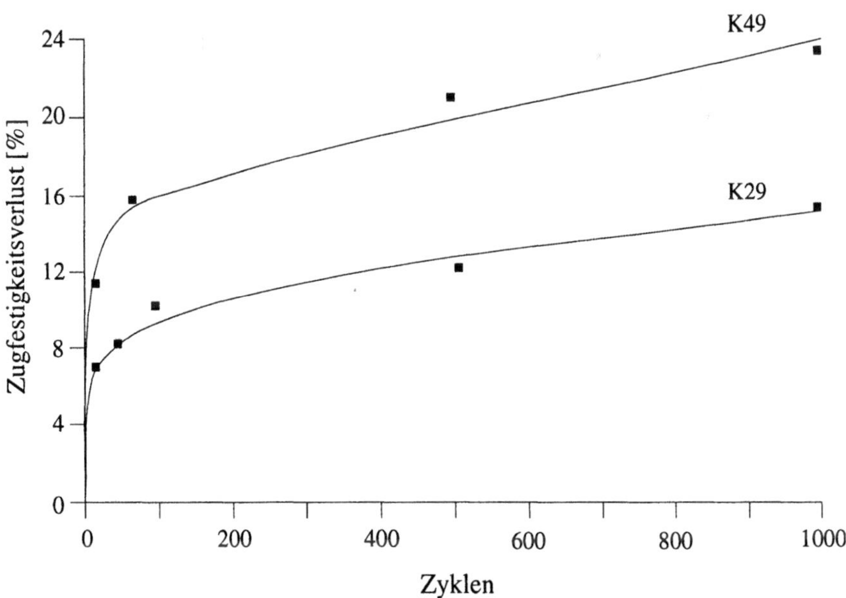

Abb. 2.4.33. Zugfestigkeitsverlust von mehrfach auf Biegung belasteten Kevlarfasern [2.62]

proportional zur relativen Luftfeuchtigkeit ermittelt werden. In umfangreichen Untersuchungen [2.59] an trockenen und feuchten Aramidfasern wurde festgestellt, daß sich die absorbierte Feuchte zum großen Teil in *Mikroporen* der Faser anlagert, Abb. 2.4.34. Diese Poren befinden sich in den interfibrillen Bereichen der Faser, sie entstehen vorwiegend in den beiden letzten Stufen der Faserherstellung beim Trocknen und Strecken der Faser [2.70, 2.71, 2.72].

Die Hypothese über die Anlagerung von Feuchte in den Mikroporen der Faser wird u.a. dadurch erhärtet, weil die absorbierte Feuchte offensichtlich keinen Einfluß auf die Zugfestigkeit hat. Über den Einfluß absorbierter Feuchte auf die *Schubfestigkeit*, die Druckfestigkeit sowie der *Querdruck-* und *Querzugfestigkeit* der Fasern gibt es kaum Informationen. Diese Eigenschaften sind schwierig zu ermitteln, man nimmt jedoch an, daß innere Defekte sensibel auf Feuchtigkeit reagieren. Sehr kritisch verhalten sich feuchte Aramidfasern auf Biegung in der Druckzone. Das *Mikrobeulen* ist nach [2.59] in den Druckzonen der Faser sehr stark vom Feuchtegehalt abhängig. Weitere Untersuchungen deuten darauf hin, daß sich bei Filamenten mit sehr hohem Feuchtegehalt der Faserzustand verändert, und zwar in Form einer verstärkten radialen Ausrichtung durch Quellung. Dieser veränderte Zustand tendiert unter Spannung zu inneren Rissen.

Daß sich aus der Umgebung absorbierte Feuchtigkeit negativ auf die Aramidfasern auswirkt, zeigt die Bruchfläche einer im heißen (100°C) Wasser-dampf ausgelagerten Aramidfaser vom Typ Kevlar 49 (Abb. 2.4.35). Die Aufnahme wurde unter dem Rasterelektronenmikroskop aufgenommen. Ein Vergleich dieser Bruchfläche mit der von "trockenen" Aramidfasern wie sie Abb. 2.4.19 zeigen, demonstriert nachhaltig die Zustandsänderung der feuchten Faser in Fibrillen von ungefähr 60 nm Durchmesser. Offensichtlich verändern die PPTA-Makromoleküle unter hygroskopischer Belastung ihren Phasenzustand. Die eigentliche Erklärung der Bildung der Fibrillen ist die sehr geringe Molekül-bindung quer zur Faserachse. Werden Fasern derart, also mit heißem Wasser-dampf belastet und anschließend getrocknet, dann absorbieren sie mehr als 10 Gewichtsprozent Feuchte. Die Schädigung der Fasern ist also irreversibel.

Abschließend zum Thema Verhalten von Wasser bzw. Feuchtigkeit ist festzustellen, daß jegliche Druckbelastung von Aramidfasern auf die Dauer kritisch ist. Dies verschärft sich durch absorbierte Feuchte und durch zusätzliche *thermische Belastungen*.

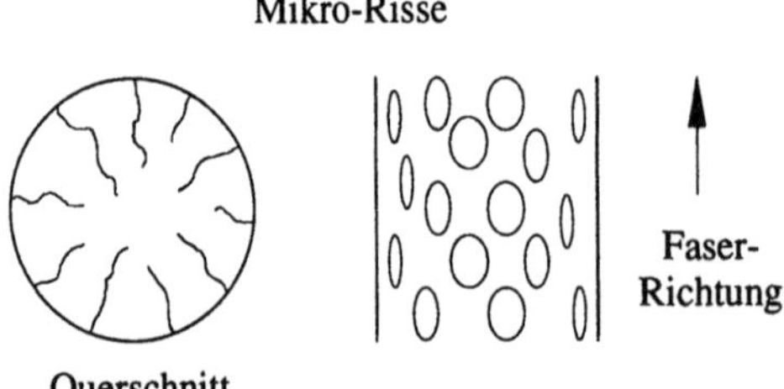

Abb. 2.4.34. Mikroporen im interfibrillen Bereich der Aramidfaser durch eine Trocknung der Faser am Ende des Faserherstellprozesses [2.59]

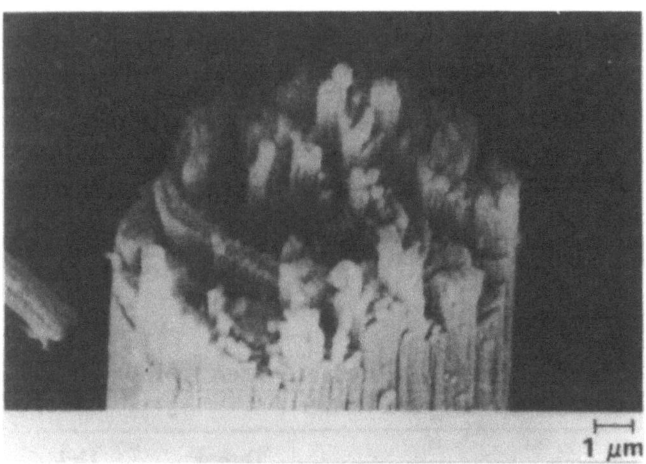

Abb. 2.4.35. Bruchfläche einer in heissem Wasserdampf gelagerten Aramidfaser vom Typ Kevlar 49 [2.59©]

***Thermisches Verhalten* der Faser.** Aramidfasern vom Typ Kevlar 49 zeigen unter Temperatureinfluß einen Festigkeits- und *Modulverlust*. Bei 200°C verliert die Faser ungefähr 20 % Zugmodul und 25 bis 40 % Zugfestigkeit, bezogen auf die Werte bei 23°C.

Bei 250°C fällt die Zugfestigkeit um ca. 45 % ab. Bei niederen Temperaturen halten sich die Verluste in Grenzen, selbst bei -196°C. In Abb. 2.4.36 sind die relativen Faserzugfestigkeiten einer Aramidfaser vom Typ Twaron HS bei unterschiedlichen Temperaturen aufgetragen. Bemerkenswert ist die höhere Zugfestigkeit bei Minustemperaturen gegenüber der Festigkeit bei Raumtemperatur.

Der Wärmeausdehnungskoeffizient von Aramidfasern ist nicht konstant. Nach [2.68] ist der Wärmeausdehnungskoeffizient α längs der Faserachse negativ, aber nicht konstant. Zwischen null und 60°C ist der Koeffizient ungefähr $- 2 \times 10^{-6}/°C$, bei höheren Temperaturen kann er je nach Fasertyp auf -3 bis -4 x $10^{-6}/°C$ ansteigen. Die Fasern ziehen sich also unter Temperatur zusammen. Diesen Schrumpfeffekt von Aramidfasern zeigt Abb. 2.4.37.

Bei einer Vorspannung von ungefähr 0,7 MPa steigt bei der Aramidfaser vom Typ Twaron HS die *Schrumpfspannung* bis 150°C unwesentlich an und fällt dann bis 300°C auf Null ab. Bei der Hochmodulfaser vom Typ Twaron HM ist das Schrumpfverhalten in etwa umgekehrt.

Die Aramidfasern sind oxidativ nicht beständig. Werden sie über einen längeren Zeitraum in Luft höheren Temperaturen ausgesetzt, dann sind die Festigkeitsverluste beträchtlich.

Abb. 2.4.38 ist unter anderem zu entnehmen, daß bei einer Temperaturbehandlung bei 250°C nach 16 Stunden die Restzugfestigkeit noch 70 % ist. Eine Temperaturbehandlung bei 300°C über 50 Stunden führt zu einer Restfestigkeit von 50 %.

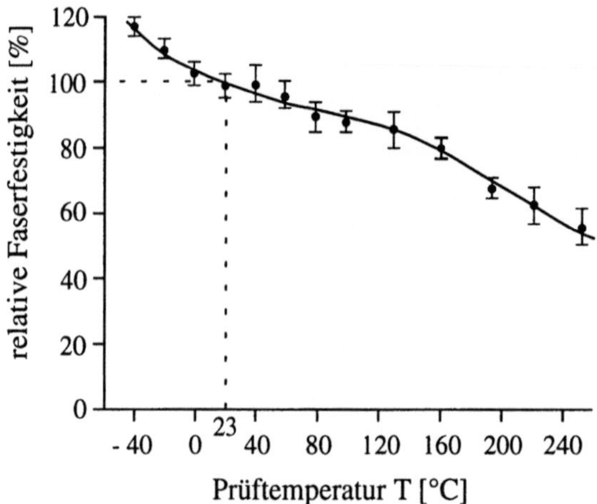

Abb. 2.4.36. Relative Faserzugfestigkeit von Aramidfasern vom Typ Twaron HS bei unterschiedlichen Prüftemperaturen [2.68]

In Abb. 2.4.39 sind die wichtigsten thermischen Eigenschaften der Aramidfaser vom Typ Kevlar 49 und in Abb. 2.4.40 die der Twaron-Typen [2.61] dargestellt.

Auswirkungen auf die Eigenschaften bei *Strahlenbelastung*. Aramidfasern sind gegen natürliche Strahlung nicht resistent. Nach [2.68] wurden *Aramidgarne* natürlicher Belichtung und freier Bewetterung ausgesetzt. Bereits nach 200 Tagen Auslagerung im Zeitraum Januar bis Juli betrug die Restfestigkeit nur noch 50 %.

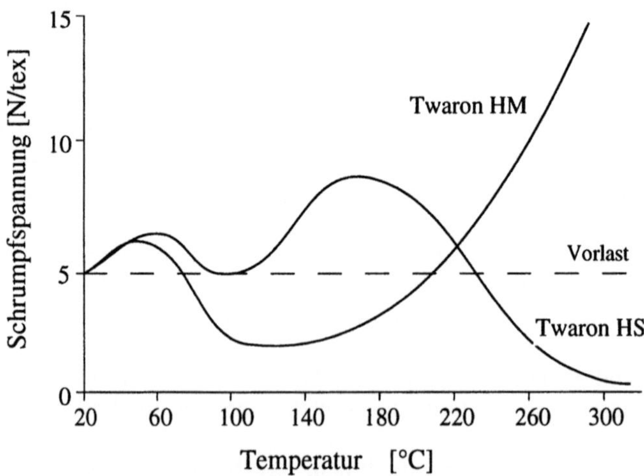

Abb. 2.4.37. Schrumpfspannungen an verschiedenen Aramidfasern (Twaron HM und Twaron HS) in Abhängigkeit der Temperatur bei einer Vorlast von 5 N/tex [2.68]

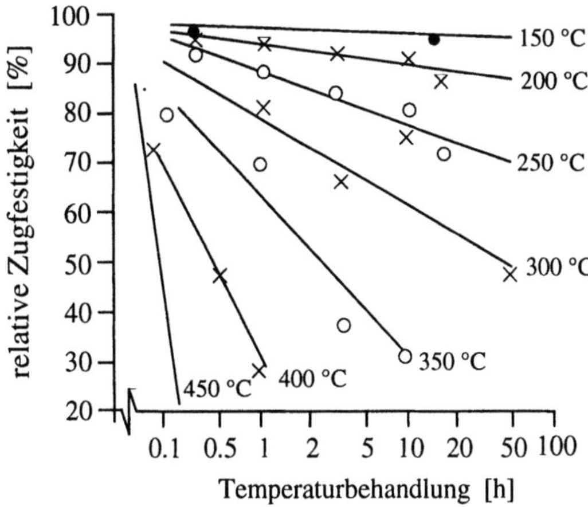

Abb. 2.4.38. Restzugfestigkeit (relativ) eines Aramidgarnes mit 1700 dtex nach Temperaturbehandlung [2.68]

Ein parallel angesetzter Versuch unter Normalglas über 200 Tage führte zum gleichen Ergebnis. So gesehen kann der Anteil der *UV-Strahlung* an der Globalstrahlung eigentlich nicht der Grund für diese starke Degradation der Aramidfasern sein. Dieser erhebliche Festigkeitsabfall fällt dabei in die Zeit der stärksten *Globalstrahlung*. Unabhängig von der Jahreszeit werden die Festigkeitsverluste, wenn die Restfestigkeit in Beziehung zur Globalstrahlung gesetzt wird, Abb. 2.4.41. Der Bewertung der o. a. Ergebnisse steht jedoch nach [2.68, 2.72] entgegen, daß Aramidfaser gegen UV-Strahlung empfindlich sind.
Aramidfasern vom Typ Kevlar 49 absorbieren *Sonnenlicht* in der Nähe der UV-Strahlung und einen Teil des sichtbaren Lichts im Bereich 300 nm bis 450 nm. In [2.72, 2.73] konnte festgestellt werden, daß sich in Kevlar 49-Fasern nach einer UV-Bestrahlung in Vakuum und Luft freie Radikale bilden. Dieser UV-induzierte Mechanismus zur Bildung von Radikalen führt entweder zu einer permanenten

Thermische Eigenschaft	Wert
Ausdehnungskoeffizient, 10^{-6} cm/cm·°C	
Longitudinal (0-100°C)	-2, -6
Radial (0-100°C)	+59
Spezifische Wärme, 23°C (J/g · °C)	1.42
Wärmeleitfähigkeit 23°C, J · cm/s · m² · °C	
Parallel zur Faserrichtung	4.110
Senkrecht zur Faserrichtung	4.816
Heizwert, kJ/g	34.8

Abb. 2.4.39. Thermische Eigenschaften von Aramidfasern vom Typ Kevlar 49 [2.59]

Thermische Eigenschaft	Einheit	Wert
Brennbarkeit	LOI Index	0.29
Heißluftschrumpf (15 Min. bei 190°C)	%	0.10
Hitzebeständigkeit (48 Std. bei 200°C)	%	90
Zersetzungstemperatur	°C	>500
Wärmeausdehnungskoeffizient α	10^{-6}/K	-3.5
Spezifische Wärmekapazität	J/kg K	1420

Abb. 2.4.40. Thermische Eigenschaften der Aramidfasertypen Twaron SM, Twaron HM und Twaron IM. *SM* Standardmodul, *HM* Hochmodul, *IM* mittlerer (intermediate) Modul [2.60]

Spaltung der PPTA-Kettenmolekülen, oder zu Verbindungen von Radikalen, die dann zu strukturellen Unregelmäßigkeiten in den PPTA-Kettenmolekülen führen.

Einfluß von verschiedenen Medien auf die Zugfestigkeit von Aramidfasern. In Abb. 2.4.42 aus [2.68] sind die Restzugfestigkeiten von Aramidfasern (Typ Twaron) nach Auslagerung in *aggressiven Medien* bei Raumtemperatur aufgeführt. Gegenüber 10 %-iger Salpetersäure und 10 %-iger Salzsäure ist die Beständigkeit geringer als gegen 10 %-ige Schwefelsäure. Bei 100 %-iger Schwefelsäure ist die Beständigkeit jedoch praktisch null. Das PPTA-Molekül löst sich, wie zu Beginn dieses Abschnitts dargestellt, in konzentrierter Schwefelsäure. Essigsäure zeigt nach 120 Tagen keinen Einfluß auf die Faserzugfestigkeit. Gegen *Ammoniak* sind die Fasern gut beständig, gegen Natronlauge jedoch weniger. Bei *Anilin* konnte nach 120 Tagen keine deutliche Wirkung festgestellt werden. Dies gilt auch für die 10 %-igen Lösungen von *Natriumsulfat*, *Ammoniumcarbonat* und *Ammoniumphosphat*.

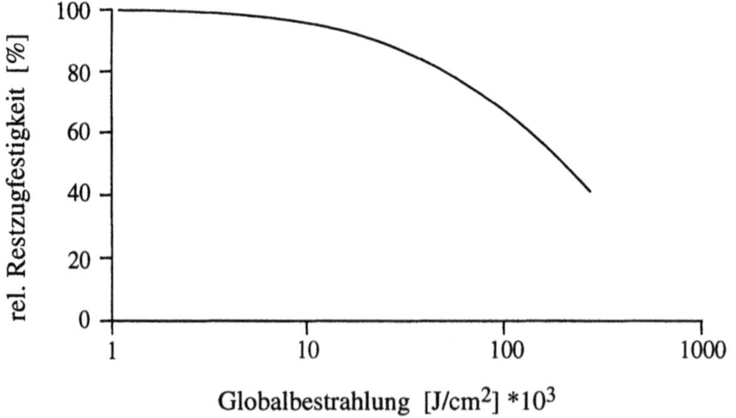

Abb. 2.4.41. Relative Restzugfestig von Aramidfasern einer natürlichen Globalbestrahlung und Freibewetterung [2.68]

Medien	Auslagerung [Tage]		
	12	40	120
Salpetersäure 10%ig	28.8	23.1	16.9
Salzsäure 10%ig	33.6	25.3	16.8
Schwefelsäure 10%ig	87.7	85.0	49.7
Essigsäure 10%ig	100.3	102.3	100.7
Natronlauge 10%ig	59.6	38.4	27.8
Ammoniak 10%ig	101.0	95.7	79.3
Anilin ges. Lösung in H_2O	102.7	101.3	101.0
Natriumsulfat 10%ig	101.3	104.0	102.0
Ammoniumcarbonat 10%ig	100.3	104.7	95.7
Ammoniumphosphat 10%ig	100.7	101.7	98.7
Eisenchlorid 10%ig	98.0	89.7	69.0

Abb. 2.4.42. Restzugfestigkeiten von Aramidfasern vom Typ Twaron nach Auslagerung in aggressiven Medien beim Raumtemteratur [2.68]

Die Beständigkeit gegen Eisenchlorid ist gut und gegen *Benzyl-*, *Äthyl-* und *Methylalkohol* sehr gut.

Gegen o*rganische Medien* wie *Aceton,* B*enzol, Tetrachlorkohlenstoff, Methylenchlorid,* Trichloräthylen und *Toluol* ist die Beständigkeit ebenso sehr gut.

Einfluß von Spannungen und Deformationen auf die Fasereigenschaften. Aus Vergleichen der theoretischen und praktischen Dichten von Aramidfasern ist zu vermuten, daß Kevlar 29-Fasern einen Porengehalt von 0,8 % aufweisen. Mit Röntgenuntersuchungen konnten kugelförmige Mikroporen mit einem Durchmesser von 10 nm festgestellt werden. Äquivalent zu dem Porengehalt von 0,8 % entspricht dies ungefähr 10 Poren auf eine Länge von 250 nm, und zwar in jedem PPTA-Kristallfibrill mit einem Durchmesser von 60 nm. Die Gegenwart von kugeligen Mikroporen in einer extrem anisotropen Struktur deutet darauf hin, daß die *Porenbildung* nicht auf strukturelle Effekte zurückzuführen ist, sondern eher auf einen durch den osmotischen Druck bedingten. Nach der Ausrichtung der Kevlar 29- zur Kevlar 49-Faser werden die kugeligen Mikroporen zu Ellipsoiden mit dem Maß 10x5x5 nm verformt und in Faserrichtung ausgerichtet [2.59, 2.71]. Werden die Kevlar 49-Fasern heißem Dampf ausgesetzt, dann nehmen die ellipsoiden Mikroporen wieder ihre alte kugelige Form an. Man vermutet, daß sich die Mikroporen bevorzugt im Mantelbereich der Faser bilden. Die Dichte von Kevlar 49-Fasern deuten auf einen Porengehalt von 3,4 % hin. In Kevlar 49-Fasern findet man neben den o.g. Mikroporen noch nadelgeformte Poren mit Längen bis 10 µm. Diese großen Poren sind angeblich auf die Faserherstellung zurückzuführen, man bringt sie nicht in Verbindung mit den sehr viel kleineren Mikroporen. Weitere Untersuchungen nach [2.71, 2.74] lassen vermuten, daß sich unter Spannung zusätzlich neue Mikroporen mit einem Durchmesser von 10 nm bilden und damit der Porengehalt zunimmt (Abb. 2.4.43). Bis zu einem Spannungsniveau von 70 % der Festigkeit nimmt der Porengehalt linear zu. Bei Spannungen höher als 70 % der Festigkeit ist die Zunahme des

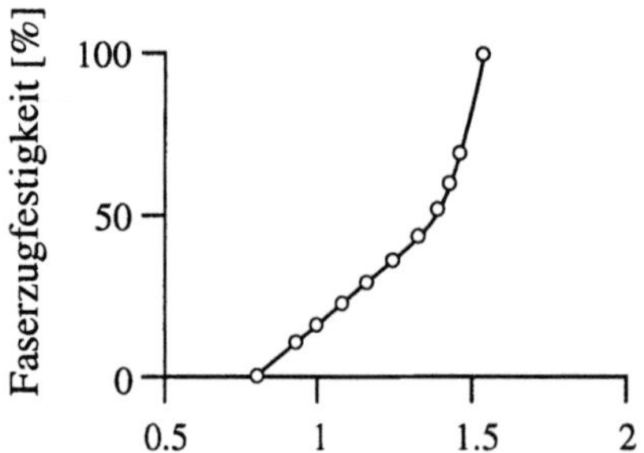

Abb. 2.4.43. Zunahme des Mikroporenvolumengehaltes in Abhängigkeit des Spannungsniveaus [2.59]

Porengehalts geringer. Dieses Verhalten wird so gedeutet, daß die vorhandenen Mikroporen bei diesem Spannungsniveau in den interfibrillen Zonen der Faser schneller größer werden als neue hinzukommen.

Bei den Versagensarten von zugbelasteten Fasern muß man zwischen gezwirnten Garnen und Einzelfilamenten unterscheiden und zwar deshalb, weil Garne bei Zugbelastung im Gegensatz zum Filament noch Schubbelastung erfahren. Bruchbilder von zugbelasteten Garnen zeigen eine deutliche axiale Aufsplittung der Fasern (Abb. 2.4.44) deren durchschnittliche Länge das 20-50 fache des Durchmessers der Filamente (200-500 µm) beträgt [2.59]. Beim Zugversagen von Aramidgarnen und -Filamenten spielen die bereits weiter oben angeführten Mikroporen eine maßgebliche Rolle. Die aufgebrachten Zugspan-nungen führen zu einer schubinduzierten Zunahme der Mikroporen

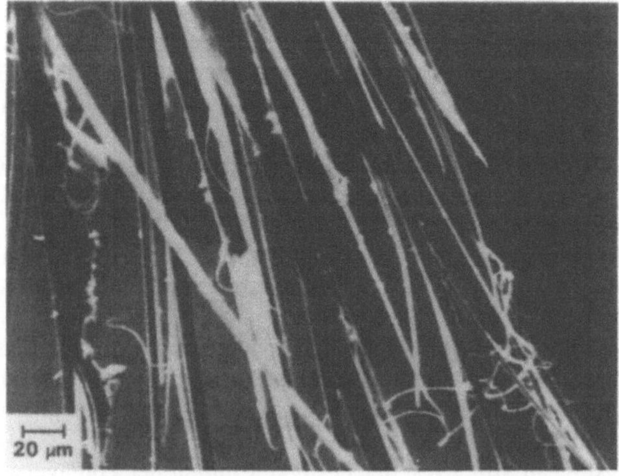

Abb. 2.4.44. Bruchbild eines auf Zug belasteten Kevlar 49-Garns [2.59[C]]

entlang der Faserrichtung, die dann einen raschen, katastrophalen Rißfortschritt durch die Mikroporen nach sich zieht und dabei die Fasern in axialer Richtung aufsplittet. Wie bereits angedeutet sind die Versagensarten von Garnen und Filamenten etwas unterschiedlich. Die *Versagensart* von zugbelasteten Filamenten ist weniger schubinduziert. Das Versagen wird hauptsächlich durch transverse und longitudinale Rißfortpflanzung in dem Fasermantel und -kern bestimmt.

Die Versagenssequenz kann aber auch aus komplexen Kombinationen aller Mikroporen und der davon ausgehenden Rißfortpflanzungen bestehen, dazu kommen noch die sogenannten chemischen Defekte wie z.B. die Spaltung der Ketten durch Hydrolyse, die die Zugfestigkeit zusätzlich verringert.

In Abb. 2.4.45 aus [2.59] sind drei, mit Hilfe spannungsoptischer Mikroskopie experimentell beobachtete *Versagenspfade*, schematisch dargestellt.

Zusammenfassung. Die Aramidfasern vom Typ Twaron HM und Kevlar 49 sind technische Fasern mit einem mittlerweile beachtlichen Markt, insbesondere im Bereich sekundärer Strukturen und als Komponente in Hybridwerkstoffen. Die herausragenden Eigenschaften sind dabei die sehr geringe Dichte, die hohe Bruchdehnung und Zugfestigkeit und ihre hohe *Zähigkeit*, die allerdings im Ver-

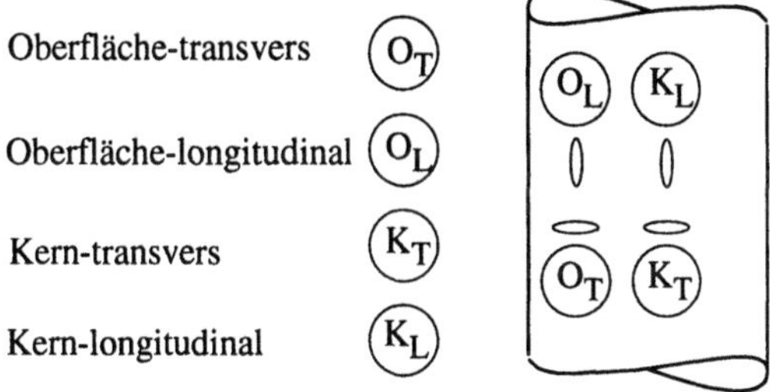

Experimentell bestimmte Versagenspfade:

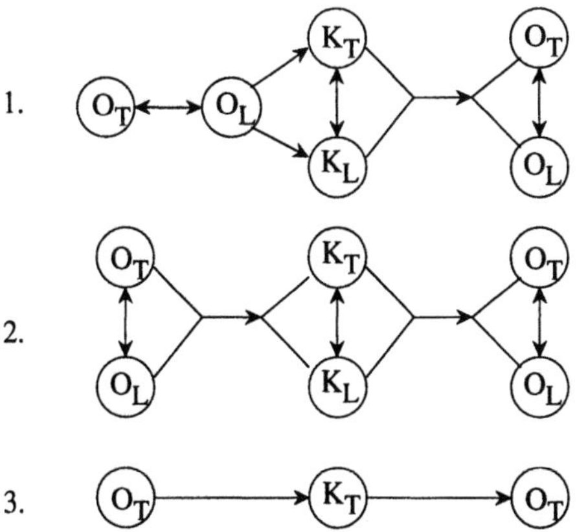

Abb. 2.4.45. Schematisch dargestellte Versagenspfade von zugbelasteten Kevlar 49-Filamenten [2.59]

bund bei mechanischer Bearbeitung gewisse Schwierigkeiten bereitet. Aramidfasern sind aber auch schwierige Fasern, weil sie ihre Morphologie in Abhängigkeit von mechanischen und *hygroskopischen Belastungen* verändern und dadurch die Versagensarten bei Zug- und Druckbelastungen stark beeinflußt sind. Das größte Problem der Aramidfasern ist das nahezu katastrophale Versagen, das sich dann ergibt, wenn z.B. (1) durch wiederholte Druckbe-lastungen bleibende Schäden entstehen, die wiederum negativen Einfluß nehmen auf das Zugverhalten der Fasern und (2) bei Zugbelastungen generell eine *Rißfortpflanzung* durch die Mikroporen induziert wird. Das daraus bedingte Versagen ist praktisch nicht vorhersehbar. Die amerikanische Literatur spricht hierzu von einem "sudden death".

Ein anschauliches Beispiel für die Problematik der Aramidfaser ist das bereits vor Jahren bekannt gewordene Mikrocracking in aramidfasergewebeverstärkten Kunststoffen. Die bloße Umschlingung der Faserrovings im Gewebe und die extremen Belastungen produzieren lokale Druck- und Schubspannungen, die zusammen mit den Schwierigkeiten der Mikroporen ein ernstes Problem darstellen.

2.4.2 Polyethylenfasern

Polyethylenfasern sind wie die Aramidfasern organische Chemiefasern. Man unterscheidet zwischen zwei Typen, den herkömmlichen und die sogenannten hochverstreckten Polyethylenfasern.

Sind die *Kettenmoleküle* völlig gestreckt und parallel zur Faserachse angeordnet, dann erhält man Fasern mit hoher Festigkeit. Bei herkömmlichen Polymeren wie Polyethylen, Polyamid, Polyester usw. ist dies wegen der freien Drehbarkeit der Atome um die Bindungsachse sehr schwer zu erreichen. Wegen der gefalteten Polymerketten ist die *Kristallinität* sehr niedrig und führt zu niedrigen Festigkeits- und Modulwerten [2.1]. Fast alle herkömmlichen synthetischen Fasern, wie oben aufgeführt, haben eine geringe Wärmeformbeständikeit (typisch < 100°C), geringe mechanische Eigenschaften (Festigkeit, Modul), eine extrem hohe *Viskoelastizität*. Sie sind deshalb als Verstärkungsfasern wenig geeignet.

Wie bereits in Abschn 2.4.1 dargestellt, war die Aramidfaser die erste polymere Faser mit hoher thermischer Stabilität, guten mechanischen Eigenschaften, gute Beständigkeit gegen Chemikalien sowie gegen Umwelteinflüsse.

Mit einer verbesserten Prozeßtechnologie ist die Herstellung von hochverstreckten Polyethylenfasern möglich geworden. Gegenüber den klassischen Synthesefasern erlaubt die Anordnung der Atome bei Polyethylen die Herstellung von ultrahochmolekularen Polymeren, die mittels eines Lösungsspinnprozesses. zu Filamenten versponnen werden.

Die ersten "extended chain Polyethylen-Fasern" (ECPE) bzw. "ultra high molecular Polyethylen-Fasern" (UHMPE) waren 1985 unter dem Handelsnamen Spektra von Allied-Signal, Inc. erhältlich [2.75].

ECPE-Fasern sind spezifisch die steifsten und festesten Fasern, die je hergestellt wurden. Heute werden ECPE-Fasern in Gebieten verwendet, die vor

8 Jahren noch keiner organischen Faser zugänglich waren. Die wichtigsten
Anwendungsgebiete sind:
- *ballistischer Schutz*
- *Impactschutz*
- *Radome*
- Hybridwerkstoffe
- *Energieabsorption*
- *Extremer Leichtbau*

Herstellung der Fasern. Zur Herstellung ultrahochmolekularer Polyethylenfasern wurde ein neues *Spinnverfahren*, das *Gelspinnen* entwickelt. Im Gegensatz
zu den klassischen Synthesefasern, die im Schmelzspinnverfahren hergestellt
werden, können ECPE- bzw. UHMPE-Fasern durch einen Lösungsspinnprozeß
gewonnen werden. Man bezeichnet diesen Prozeß als Gelspinnen, weil die
Filamente gelartig aussehen. Die Prozeßführung ist wesentlich aufwendiger
(Lösungsmittelspinnen, Lösungsmittelextraktion und Ultrahochverstreckung) als
beim Schmelzspinnen und deshalb auch teurer. Nach [2.76] besteht die
Herstellung der Faser aus 3 Teilprozessen:

In einem ersten Schritt wird das Polyethylen in einem geeigneten Lösungsmittel
wie z.B. *Decalin* bei Temperaturen über 100°C in Lösung gebracht, bei einer
Konzentration von einigen Gewichtsprozenten [2.77, 2.78].

Zum einen ist die Viskosität solcher Lösungen trotz ihren geringen Konzentrationen für die Fadenbildung ausreichend hoch, da die sehr langen Polyethylenmoleküle durch Verhakungen und Verschlaufungen stabilisiert sind. Diese
physikalische Vernetzung läßt im Gegensatz zur chemischen Vernetzung noch
Verschiebungen der Molekülsegmente zu. Zum anderen hilft noch [2.75] die sehr
dünne, für die Fadenbildung jedoch ausreichend viskose Lösung die verhakten
und verhedderten Polymerketten zu entwirren, was angeblich eine Schlüsselrolle
bei der Herstellung von Polymerstrukturen mit hoch ausgerichteten Molekülketten
darstellt.

In einem zweiten Schritt wird der Faden hergestellt, indem die über 100°C
heiße Lösung durch eine kreisrunde Düse in ein *Wasserbad* gedrückt wird und
dabei rasch auf Raumtemperatur abkühlt. Der Düsendurchmesser beträgt ungefähr
ein Millimeter. Die rasche Abkühlung bewirkt nun zweierlei: Teilstücke der
Moleküle kristallisieren in Form von *Mikroskristalliten* aus und andere Molekülsegmente gehen in eine Art unterkühlte Lösung über [2.77, 2.78]. Dabei entsteht
ein Gelfaden, der noch 90 % Lösungsmittelmoleküle enthält. Der Faden hat in
dieser Phase bereits erstaunlich hohe Elastizität und Festigkeit.

In der letzten Prozeßstufe wird der Gelfaden aus dem Wasserbad abgezogen
und einer Verstreck- und Trocknungseinheit zugeführt. Die Verstreckung erfolgt
dadurch, daß der Faden über zwei Rollen mit unterschiedlichen Drehzahlen
geführt wird. Durch diese Verstreckung werden die Polyethylenmoleküle
weitgehend in Faserrichtung ausgerichtet. Die optimale Verstreckungstemperatur
liegt zu Beginn bei etwa 120°C, einer Temperatur, bei welcher sich die im
Wasserbad gebildeten Mikrokristallite wieder auflösen können. In der
Trocknungseinheit wird das Lösungsmittel im Faden abgedampft. Der
lösungsmittelfreie Faden wird dann bei einer Temperatur in der Nähe des
Schmelzpunktes von Polyethylen von ungefähr 140°C nachverstreckt. Zur

Erreichung maximaler Festigkeit und Steifigkeit werden die Fäden bis auf das Hundertfache ihrer Ausgangslänge ausgezogen.

Chemischer und struktureller Aufbau der Fasern. Polyethylen gehört, wie die Aramide, zu den *makromolekularen Verbindungen*. Die Kettenmoleküle des Polyethylens sind extrem lang. Sie bestehen aus einer vielfachen Aneinanderreihung der Monomere. Im Falle des Polyethylens ist dieser Grundbaustein das Ethylen (C_2H_4) dessen schematischer Aufbau zeigt Abb. 2.4.46. Dieser thermoplastische Kunststoff ist ein chemisch sehr einfach gebautes Polymer [2.76]. Das Kettenmolekül ist dadurch sehr flexibel und führt beim klassischen Polyethylen in kurzen Abständen zu Falten, die wie Scharniere wirken und deshalb keinen Beitrag zu Festigkeit und Modul leisten. Die strukturellen Schlüsselparameter, die das hoch verstreckte Polyethylen vom herkömmlichen, aus der Schmelze gesponnenen, unterscheiden, illustriert Abb. 2.4.47.

Sehr bedeutsam für die physikalischen Eigenschaften ist die Länge des Moleküls. Sie wird durch die *Molmasse* angegeben, die während des Herstellprozesses (Polymerisation) in einem weiten Bereich durch verfahrenstechnische Maßnahmen eingestellt werden kann. Für superfeste Polyethylenfasern sind sehr lange Kettenmoleküle erforderlich.

Das Molekulargewicht von ECPE bzw. UHMPE, also den hochverstreckten und hochmolekularen Fasern liegt bei 1 bis 5 Millionen, wogegen bei herkömmlichen Fasern das Molekulargewicht zwischen 50'000 bis einige Hunderttausend liegt. Die parallele Ausrichtung der Moleküle in Faserrichtung ist größer als 95 % bei einem hohen Grad von Kristallinität von über 85 % [2.77], was den hochverstreckten Polyethylenfasern ihre einzigartigen Eigenschaften verleiht.

Der entscheidende Nachteil auch der hochverstreckten Polyethylenfaser ist jedoch die sehr *niedrige Temperaturbeständigkeit*, die darauf zurückzuführen ist, daß Polyethylenfasern nur eindimensionale kovalente Bindungen und van der Waal'sche Bindungen besitzen, die bei steigenden Temperaturen schnell abfallen. Durch die niedrigen Bindungsenergien ist die Polyethylenfaser nicht spröde.

Eigenschaften der Polyethylenfasern
Mechanische Eigenschaften. Die hochverstreckte *Polyethylenfaser* ist spezifisch die festeste und steifste am Markt erhältliche Verstärkungsfaser.
In Abb. 2.4.48 sind im Vergleich zu den Aramidfasern die wichtigsten Eigenschaften von zwei hochfesten Polyethylenfasern vom Typ Spektra 1000 von der Fa. Allied-Signal, Inc. und vom Typ Dyneema SK60 von der Fa. DSM gegen-

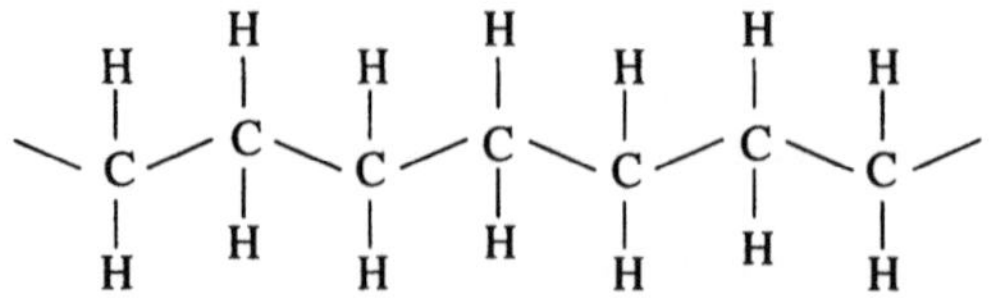

Abb. 2.4.46. Schematischer Aufbau des Polyethylens

Faser mit gestreckten Ketten   Herkömmliche Faser

- Sehr hohes Molekulargewicht
- Sehr hoher Orientierungsgrad
- Kleine Kettenfaltung

- Relativ kleines Molekulargewicht
- Geringe Orientierung
- Kristallisierte Bereiche mit Kettenfaltung

Abb. 2.4.47. Schematische Darstellung der Morphologie hochverstreckter und herkömmlicher Polyethylenfasern [2.75]

übergestellt. In Abb. 2.4.49 sind zum Vergleich zusätzlich noch die Eigenschaften der gängigsten Kohlenstoff- und Glasfasern aufgenommen. In Abb. 2.4.50 sind vergleichend die spezifischen Zugfestigkeiten und die *spezifischen Moduli* aufgetragen. Die Werte stammen aus den Abb. 2.4.48 und 2.4.49. Die meisten Fasern besitzen eine gute *spezifische Festigkeit*. Sie liegen mit Ausnahme der E-Glasfaser in einem Band zwischen 1,8 und 2,1 GPa x cm^3/g. Bei den spezifischen Moduli sind die Unterschiede allerdings beträchtlich.

Die Druckfestigkeiten der hochfesten Polyethylenfasern sind wie die der Aramidfasern nicht besonders gut im unidirektionalen Verbund. Mit Polyethylenfasern vom Typ Dyneema-SK60 wurden axiale Zugfestigkeiten von ungefähr 1100 MPa und axiale Druckfestigkeiten von ungefähr 65 MPa ermittelt. Das Verhältnis Zugfestigkeit/Druckfestigkeit von 17 deutet auf ein von der Aramidfaser bekanntes Problem, das Druckverhalten, hin. In sehr vielen Fällen, insbesondere bei Strukturkomponenten von Flugzeugen, lassen sich die hohen Festigkeiten der Verstärkungsfasern nicht voll ausschöpfen. Strukturteile von

Eigen-schaft	Bez.	Einheit	UHM-Polyethylenfasern		Aramidfasern		
			Spektra 1000	Dyneema SK60	HS Kevlar 29 TwaronSM	HM Kevlar 49 TwaronIM	UHM Kevlar 149 TwaronHM
Dichte	ρ	g/cm^3	0.97	0.97	1.44	1.45	1.47
Faserdurch-messer	d	µm	13-25	13-25	12	12	12
Zugfestig-keit	σ	GPa	3.0	2.7	2.7	2.7	3.4
Spez. Zugfestig-keit	σ/ρ	GPa x cm^3/g	3.10	2.80	1.87	1.86	2.31
Zugmodul	E	GPa	170	87	58/65	120/100	170/121
Spez. Zug-modul	E/ρ	GPa x cm^3/g	175	89	40/45	83/68	115/82
Faserbruch-dehnung	ε	%	2.7	3.5	/3.4	2.4/3.0	1.5/20

Abb. 2.4.48. Eigenschaften von Polyethylen- und Aramidfasern [2.75]

Eigenschaft	Bez.	Einheit	Kohlenstoffasern				Glasfasern	
			HT	HS	HM	UHM	E	S
Dichte	ρ	g/cm^3	1.76	1.80	1.84	1.94	2.55	2.49
Faserdurch-messer	d	µm	7	7	5	5		
Zugfestigkeit	σ	GPa	3.5	4.9	4.2	3.9	2.00	4.60
Spez. Zugfestigkeit	σ/ρ	GPa x cm^3/g	1.99	2.72	2.28	2.02	0..78	1.85
Zugmodul	E	GPa	230	240	436	588	73	51
Spez. Zugmodul	E/ρ	GPa x cm^3/g	130	133	236	303	28	20
Faserbruch-dehnung	ε	%	1.50	2.10	0.60	0.70		

Abb. 2.4.49. Eigenschaften von Kohlenstoff- und Glasfasern [2.75]

Flugzeugen sind oft nicht festigkeits- sondern beulkritisch. In solchen Fällen können *Hybrid*- bzw. Minisandwich*laminate* aus Kohlenstoff- und Synthesefasern hinsichtlich Kosten und Gewicht die bessere Lösung sein. Dabei liegt der Anteil der Synthesefaser als Kern in der Mitte, also quasi in der neutralen Ebene des Laminats In Abb. 2.4.51 sind die wichtigsten Eigenschaften von kohlen-stoffaserverstärkten Kunststoffen und von *Mischverbunden* aus Kohlenstoff- und Polyethylenfasern gegenübergestellt. Diese Mischungen von "spröden" Kohlenstoffasern und duktilen Synthesefasern sind im engeren Sinne bereits *multifunktionale Werkstoffe*, sie verbessern wegen der sehr geringen Dichte von <1,0 von Polyethylenfasern nicht nur die *Beulstabilität* bei gleichem Gewicht, sondern auch die Schlagzähigkeit und die "Damage-tolerance".

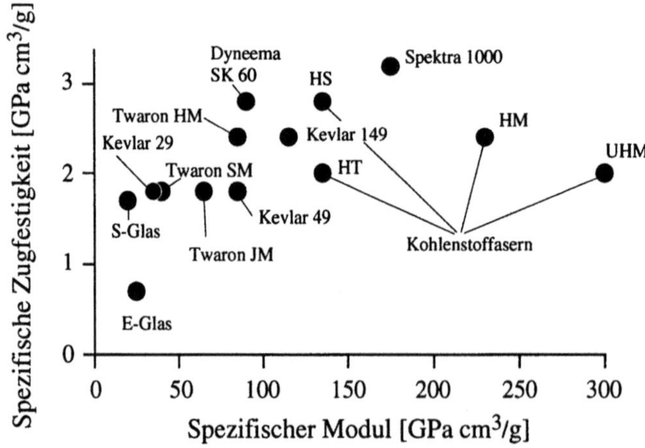

Abb. 2.4.50. Vergleichende spezifische Eigenschaften von verschiedenen Ver-stärkungsfasern

Komponente	Dichte ρ (G/cm^3)	E-Modul (MPa)	Anteil in V/0	
PE-Faser	0.97	46000	30	
C-Faser	1.60	220000	30	$E_{\shortparallel} \sim 82000$
Harz	1.20	4000	40	$\rho \sim 1.25$

Verbund	Dichte ρ (G/cm^3)	E-Modul (N/mm^2)	σ_z (MPa)	E/ρ	$\sqrt[3]{E/\rho}$
CFK	1.55	132000	2000	85	33
CF/PE-K	1.25	82000	1800	67	34
PE-K	1.05	28000	1600	27	27

Abb. 2.4.51. *Beulverhalten* eines Mischverbundes aus Kohlenstoffasern vom Typ HT und aus hochverstreckten Polyethylenfasern vom Typ Dyneema SK 60

Die meisten Anwendungen von Polyethylenfasern in Strukturen werden deshalb hybride Konstruktionen sein.

Da die Aramid- und Polyethylenfasern relativ teuer sind, verwendet man als Hybridkomponenten zunehmend auch die viel billigeren Textilfasern, wie z.B. Polyamid- und Polyesterfasern, obwohl deren Elastizitätsmoduli und Zugfestigkeiten viel kleiner sind. Da diese textile Fasern auch bei tragenden Strukturen an Bedeutung gewinnen werden, wird in Abschn. 2.4.3 kurz auf sie eingegangen.

Die beiden Polyethylenfasern, also die normale und die hochfeste, unterscheiden sich wesentlich in ihrer Affinität zu den Matrixsystemen. Mit der normalen Faser erreicht man mit fast allen Harzsystemen ausreichende Haftung. Dies gilt nicht für hochfeste Fasern. Für die Anwendung in Epoxidharzen und anderen gängigen Matrixsystemen muß die Oberfläche der Faser einer *Corona-* oder *Plasmabehandlung* unterzogen werden [2.77]. Durch diese Oberflächenbehandlungen werden die anderen Eigenschaften der Faser nicht beeinträchtigt, jedoch die Kosten. Trotz der Oberflächenbehandlungen ist die Haftung zwischen Faser und Harz bescheiden. Dies wird dadurch illustriert, daß die *Querbruchdehnung* von unidirektionalen Verbunden bei Polyethylenfasern ~0,3 % und bei Kohlenstoffasern ~0,9 % sind, obwohl der Quermodul der Polyethylenfaser kleiner ist als der der C-Faser. Abb. 2.4.52 zeigt nochmals den Einfluß der Oberflächenbehandlung auf die Haftung zwischen Faser und Harz. Die typischen haftungs- und harzbestimmten Eigenschaften, wie die *interlaminare Festigkeit*, verbessern sich bei corona- und plasmabehandelten Fasern extrem. Dabei ist die Plasmabehandlung durchgehend wirksamer als die Coronabehandlung. Dies gilt für beide Laminate, das UD- und das Gewebelaminat. Ähnliche Steigerungen wie bei den Kurzbiegefestigkeiten (interlaminare Scherfestigkeit) sind auch bei den Biegefestigkeiten und den Biegemoduli zu verzeichnen.

Daß die veränderte Haftung zwischen Faser und Harz die Biegefestigkeiten und die Biegemoduli von unidirektionalen Laminaten, die im Normalfall faser-

Datum	Behand-lung	Unidirektional			Gewebe (Typ 903)		
		ILS-Festigkeit MPa	Biege-festigkeit MPa	Biege-modul GPa	ILS-Festigkeit MPa	Biege-festigkeit MPa	Biege-modul MPa
10/85	TN	8.0	146	8.3	6.0	39	3.0
10/86	CT	18	190	18	9.7	71	6.9
10/87	TP	31	243	31	15	150	20

Abb. 2.4.52. Auswirkungen von oberflächenbehandelten hochfesten Polyethylen-fasern vom Typ Spektra 900 auf die mechanischen Verbundeigenschaften [2.75]

bestimmt sind, so stark mitprägt, ist ein Beweis für eine wirklich sehr schlechte Haftung im Falle der unbehandelten Faser.

Die Druckfestigkeit von Polyethylenfasern ist, wie bereits angesprochen, sehr niedrig. Dies gilt allerdings für alle Polymerfasern, was insbesondere im Vergleich zur Kohlenstoffaser deutlich wird. Abb. 2.4.53, in der die wichtigsten mechanischen und thermischen Eigenschaften von Synthesefasern im Vergleich zu anorganischen Verstärkungsfasern gegenübergestellt sind, verdeutlicht nachdrücklich die schlechte Druckfestigkeit der Synthesefasern.

Verhalten der Faser gegen Wasser und aggressive Medien. Polyethylenfasern nehmen praktisch kein Wasser auf. Die Gefahr einer Degradation der Fasern und der Verbundwerkstoffe besteht somit nicht. Den Einfluß aggressiver Medien auf

Eigen-schaft	herkömmliche Synthetics				Carbonfasern				
	PA, PETP	PE	LCP	Ara-mid[1]	HT[2]	IM[3]	HM[4]	E-Glas	Al_2O_3
Zugfestigkeit (GPa)	1.0	3.0	3.2	3.4	3.6	5.6	2.3	2.1	1.8
Zugmodul (GPa)	10	130	110	124	240	290	400	75	210
Druckfestig-keit (GPa)	0.1			0.25	2.5	4.2	1.5	0.5	3.1
Dichte (g/cm^3)	1.38	0.95	1.41	1.44	1.74	1.80	1.83	2.6	3.3
Temperatur-grenze (°C) (Langzeit)	100	60	160	200	500	500	600	350	1000
Schmelz-punkt (°C)	260	140	325	480[6]	3600	3600	3600	700[5]	2000
Sprödigkeit	+	+	+	+	-	-	-	-	-

Abb. 2.4.53. Vergleich von organischen und anorganischen Fasern. [1] Twaron HM, [2] Tenax HTA, [3] Tenax IM 600, [4] Tenax HM 40, [5] Erweichungstemperatur, [6] Zersetzungstemperatur, *Vorteil* [2.1]

die Zugfestigkeit von *hochfesten Polyethylenfasern* vom Typ Spektra 900 und von Aramidfasern zeigt Abb. 2.4.54.

Die Restzugfestigkeiten sind bei der Polyethylenfaser mit einer Ausnahme 100 %, wogegen die Aramidfaser in einigen Fällen ziemliche Verluste aufweisen und im Falle von Clorox die Restfestigkeit sogar null ist. Die chemische Struktur von Polyethylenfasern beinhaltet keine Aromatringe und keine Amid-, Hydroxyl- oder andere Gruppen, die gegen einen Angriff durch *aggressive Agendien* empfindlich sind. Deshalb sind sie gegenüber *Alkalien* und *Säuren* bei allen Konzentrationen bis 80°C beständig. Diese *chemische Beständigkeit* von hochfesten Polyethylenfasern führt natürlich auch zu einer exzellenten Korrosionsbeständigkeit [2.75].

Ballistisches Verhalten. Wie die Aramidfasern sind die Polyethylenfasern sehr wirksam gegen *ballistischen Belastungen*. Die kugelsicheren Aramidwesten sind ausreichend bekannt. Wirksame Schutzmaßnahmen gegen ballistische Einwirkungen haben sich zu einem dominanten Marktsegment für beide Fasertypen entwickelt. Zu diesem Markt gehören auch die Schutzmaßnahmen von PKW's und anderen Fahrzeugen gegen Beschuß sowie Schutzhelme, Sitze von Helikoptern und industrielle Strukturen.

Bei ballistischen Materialien unterscheidet man zwischen den Begriffen flexibel und steif. Flexibel bedeutet textile Aufmachung, also ohne Harzmatrix und steif bedeutet mit Harzmatrix, also Verbundwerkstoff. In diesem Marktsegment "Ballistischer Schutz" findet man neben den klassischen Geweben auch *Halbzeuge* wie *3-D-Gelege* sowie gestrickte und gewirkte Textilwaren. Das sehr gute ballistische Verhalten der Polyethylenfaser gilt allerdings nur bei niedrigen Temperaturen [2.1].

Medium	% Festigkeitserhaltung nach 6-monatiger Auslagerung	
	Spektra 900	Aramid
Meerwasser	100	100
Reinigungslösung, 10%	100	100
hydraulische Flüssigkeit	100	100
Kerosin	100	100
Benzin	100	93
Toluen	100	72
Perchlorethylen	100	75
Eisessig	100	82
Salzsäure, 1M	100	40
Natriumhydroxid, 5M	100	42
Ammoniumhydroxid (29%)	100	70
Hypophosphat-Lösung (10%)	100	79
Clorox®	91	0

Abb. 2.4.54. Einfluss von aggressiven Medien auf die Zugfestigkeit von hochfesten Polyethylen- und Aramidfasern nach einer Auslagerung über 6 Monate [2.75]

Elektrische Eigenschaften. Polyethylenfasern sind elektrisch nichtleitend und gegen *Röntgenstrahlung* und *Radarwellen* transparent. Deshalb sind Polyethylenfasern als Verstärkungsfasern für Radarabdeckungen sehr geeignet, umso mehr, da Polyethylenfasern kein Wasser und keine Feuchtigkeit aufnehmen. Absorbierte Feuchte kann die *Radartransparenz* merklich stören, da Wasser eine polare Flüssigkeit ist. Aramidfasern sind dafür also weniger geeignet, es sei denn, die Temperaturanforderungen sind entsprechend hoch. Polyethylenfaserverstärkte Kunststoffe sind praktisch dielektrisch, was weitere Anwendungen eröffnet, z.B. auch auf dem Gebiet radarabsorbierender Werkstoffe und Strukturen. Wegen der *Röntgenstrahltransparenz* von polyethylenfaserverstärkten Kunststoffen sind sie geeignete Werkstoffe für Röntgentische.

Thermisches Verhalten der Faser. Hochverstreckte Polyethylenfasern haben, wie die Kohlenstoff- und Aramidfasern, wegen ihrer ausgeprägten Anisotropie einen negativen linearen Wärmeausdehnungskoeffizienten. Diese Eigenschaft ermöglicht die Gestaltung von sogenannten *thermostabilen Werkstoffen* und Strukturen, die z.B. in der Raumfahrt und Meßtechnik Standard sind. Der entscheidende Nachteil der hochverstreckten Polyethylenfasern ist die niedrige Temperaturbeständigkeit. Sie ist darauf zurückzuführen, daß die Fasern nur eindimensionale kovalente Bindungen und van der Waal'sche Kräfte besitzen. Bei höheren Temperaturen führt sie zu einem raschen Verlust der physikalischen Eigenschaften.

In Abb. 2.4.55 aus [2.1]ist die Temperaturbeständigkeit von Aramidfasern (Twaron-HM), Polyesterfasern (Diolen 164 S) und hochverstreckten Polyethylenfasern (Spektra 1000) dargestellt. Sie zeigt Kurzzeitzugfestigkeiten bei

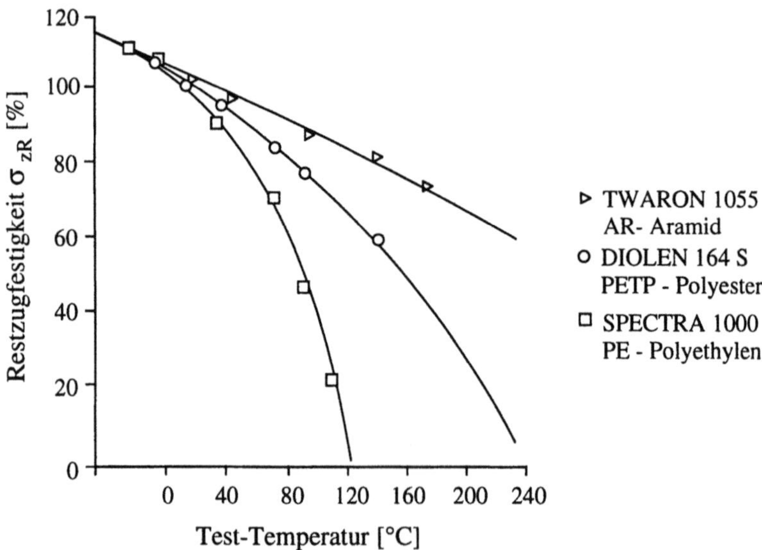

Abb. 2.4.55. Temperaturbeständigkeit von Polymerfasern-Restzugfestigkeit in Abhängigkeit der Prüftemperatur [2.1]

Prüftemperaturen bis zu 180°C. Die Werte sind dabei bei 20°C auf 100 %
normiert. In der Temperaturbeständigkeit führt die Aramidfaser, die Polyethylenfaser liegt noch niedriger als die Polyesterfaser. In Abb. 2.4.56 ist die Restzugfestigkeit bei einer *Temperaturbehandlung* von 100°C dargestellt. Schon nach
1000 Stunden weist die Polyethylenfaser nur noch eine Restfestigkeit von 20 %
gegenüber 95 % bei der Aramidfaser auf. In Abb. 2.4.57 sind die Ergebnisse von
TGA-Messungen (*Thermogravimetrische Analyse*) aufgeführt. Sie beinhaltet auch
die Kohlenstoffaser Tenax-HTA von der Firma AKZO. Für die Polyethylenfaser
vom Typ Spektra 900 und für die Polyesterfaser Diolen 174 S sind zusätzlich die
Erweichungstemperaturen eingetragen [2.1].

2.4.3 Technische thermoplastische Fasern

Wie in der Einleitung des Abschn. 2.4 "Synthesefasern" bereits angesprochen,
gibt es eine Reihe von organisch synthetischen Fasern aus dem Textilbereich, die
im klassischen Sinn zur Verstärkung von Kunststoffen nicht geeignet sind. Mit
klassischer Verstärkung ist eine Verbesserung der Festigkeit und eine Erhöhung
des E-Moduls, also der Steifigkeit gemeint. Eine Verbesserung dieser
Eigenschaften sind mit den herkömmlichen textilen und technischen Fasern wie
z.B. den Polyamid-, Polyester- und Polyethylenfasern nicht möglich. Der
Hauptgrund ist deren geringer Elastizitätsmodul, der sich gegenüber denen der
Harzsysteme kaum unterscheidet. Bei den Polyamiden fehlen im Gegensatz zu
den aromatischen Polyamiden in den Kettenmolekülen die Aromatringe, was eine
geringe Steifigkeit mit sich bringt.

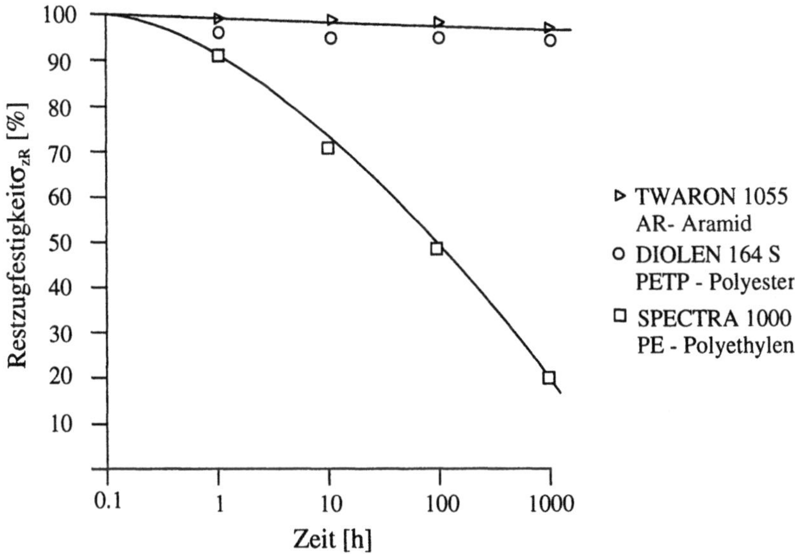

Abb. 2.4.56. *Thermooxidative* Alterung von Polymerfasern, Restzugfestigkeit bei
einer Testtemperatur von 100°C [2.1]

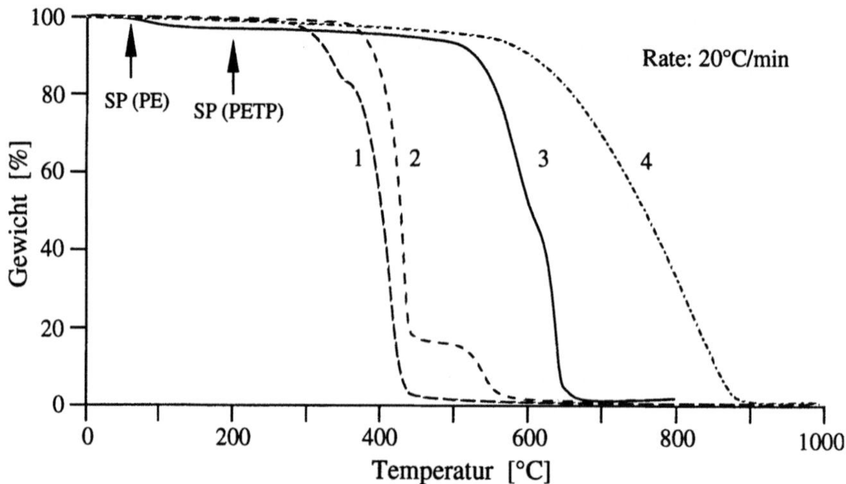

Abb. 2.4.57. Thermogravimetrische Analyse von Polyethylen-, Polyester-, Aramid- und Kohlenstoffasern. *1* Spectra 900 (Polyethylen), *2* Diolen 174 S (Polyester), *3* Twaron 1000 (Aramid), *4* Tenax HTA (Kohlenstoff), *SP* Erweichungstemperatur [2.1]

Sind die Kettenmoleküle völlig gestreckt und parallel zur Faserachse ausgerichtet, dann erhält man sehr feste Fasern (Abb. 2.4.58). Bei herkömmlichen Fasern aus Polyethylen, Polyamid und Polyester ist dies wegen der freien Drehbarkeit der Atome um die Bindungsachse schwer zu erreichen. Die Ketten falten sich. Dadurch und durch die geringe Kristallinität sind die Festigkeiten und die Moduli solcher Fasern sehr niedrig. Dies gilt auch für die Wärmeformbeständigkeit sowie die Beständigkeit gegen Umwelteinflüsse. Die herausragende Eigenschaft dieser Fasern ist ihre hohe Duktilität bzw. Bruchdehnung.

Faserverbundwerkstoffe wie *CFK* und *GFK* gelten als spröde. Bringt man in die Harzmatrix zusätzlich zur Verstärkungsfaser eine duktile technische Faser ein, dann ergibt sich ein veränderter Werkstoff mit einigen Vorteilen, wie z.B.:
- bessere Impact- und Damage-tolerance-Eigenschaften
- Verbesserung der *Ermüdungsfestigkeit*, auch nach einem Impactschaden
- verbessertes *Splitterverhalten*
- geringes Gewicht
- geringe Kosten

Bei den meisten Faserverbunden können die Festigkeiten und z.T. auch die hohen E-Moduli nicht voll ausgenutzt werden. Durch ein geschicktes Mischen von Verstärkungsfasern und duktilen technischen Fasern können die erforderlichen Eigenschaften besser maßgeschneidert werden. Solche Werkstoffe sind zugleich sehr kosteneffizient, da die technischen und textilen Fasern als Massenprodukt sehr billig sind.

Ein nicht unerhebliches Problem zeigt sich jedoch darin, daß die Thermoplasten im allgemeinen wie Trennmittel wirken und deshalb die Benetzbarkeit von thermoplastischen Fasern mit duromeren Harzsystemen nicht besonders gut ist.

Faser mit gestreckten Ketten   Herkömmliche Faser

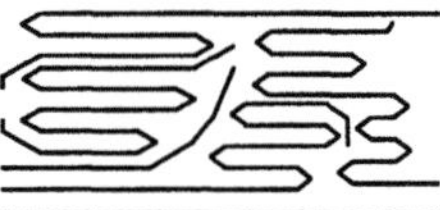

• Sehr hohes Molekulargewicht   • Relativ kleines Molekulargewicht
• Sehr hoher Orientierungsgrad   • Geringe Orientierung
• Kleine Kettenfaltung   • Kristallisierte Bereiche mit Kettenfaltung

Abb. 2.4.58. Vereinfacht dargestellte Morphologie von herkömmlichen Fasern und Verstärkungsfasern [2.75]

Um den an sich textilen Fasern die Anwendung in Verbundwerkstoffen zu erschließen, wurden sie einer speziellen Oberflächenbehandlung unterzogen.

Die Fa. AKZO, NL bietet unter dem Handelsnamen Diolen zwei Polyesterfasern mit der Bezeichnung 164S und 173 an [2.79]. Die Oberflächen dieser Typen sind so behandelt, daß eine ausreichende Harzbenetzung der Faser sowie eine gute Haftung zwischen Faser und Harz gegeben ist. Die Diolenfaser 164S ist mit einer *Epoxidschlichte* versehen, die auch gegenüber ungesättigten Polyesterharzen verträglich ist und zu einer guten Anbindung des Harzes an die Faser führt. Die Diolen 164S-Faser hat sich vor allem im Bootsbau bewährt. Die Diolen 173-Faser ist mit einer leichten Avivage behandelt, die einige Elemente zur Verbesserung der Harz-Faseranbindung enthält.

Die Firma Höchst vertreibt unter dem Handelsnamen Trevira und die Firma Allied-Signal unter dem Namen COMPET-P ebenfalls eine Polyesterfaser für vergleichbare Anwendungen.

Polyamidfasern werden von AKZO unter dem Namen Nylon 6 und von Allied-Signal unter dem Namen COMPET-N vertreiben. Beide Fasern von Allied-Signal wurden für den Einsatz im technischen Bereich speziell oberflächenbehandelt. Die Polyester-, aber auch die Polyamidfasern für die technische Anwendungen unterscheiden sich gegenüber den textilen Typen auch in der Festigkeit und im Modul, jedoch nicht so, daß sie in die Rubrik "Verstärkungsfasern" fallen.

2.4.3.1 Polyamidfasern (Nylon 6)

Großtechnisch werden Polyamide (PA) seit 1937 hergestellt. Sie kamen zuerst als Synthesefasern unter dem Handelsnamen Nylon (PA 66) und Perlon (PA 6) auf den Markt.

Die Polyamidtypen unterscheiden sich durch die zum Aufbau herangezogenen Reaktionspartner. Ihre Kennzeichnung erfolgt durch Zahlenangabe, die sich auf die Anzahl der Kohlenstoffatome zwischen den Fremdatomen (Stickstoff) im Kettenverband bezieht [2.80]. Die verschiedenen PA-Formmassen sind in DIN 16773 hinsichtlich ihrer Einteilung und Bezeichnung beschrieben (siehe Kap.3).

Polyamide sind überwiegend teilkristalline Thermoplaste.

PA 6-Fasern werden über eine Polymerisation durch die Öffnung der Ringe des Monomers *Caprolactam* hergestellt (Abb. 2.4.59). Durch geringe Mengen

$$\begin{array}{ccc}
 & \diagup \; CH_2 \; \diagdown & \\
CH_2 & & CH_2 \\
| & & | \\
CH_2 & & CH_2 \\
 & \diagdown \quad \diagup & \\
 & NH \!-\! CO &
\end{array}$$

Abb. 2.4.59. Chemische Struktur des *Caprolactamrings* [2.80]

Wasserzusatz wird eine Kondensationsreaktion ausgelöst. Während dieser Polykondensation bilden sich im Kettenverband die Amidgruppen aus, die das Eigenschaftsspektrum der Polyamide bestimmen. Die chemische Formel für Polyamid lautet:

$[NH\text{-}(CH_2)_5\text{-}CO]_n$

Das *Caproamid* schmilzt bei 220°C. Es kann direkt mit dem Extruder schmelzgesponnen werden. Danach wird die Polymerfaser zur Erhöhung der Festigkeit und des Moduls unter kontrollierten Bedingungen gestreckt. Polyamide sind nach [2.75, 2.80] nicht besonders witterungsbeständig und nicht lichtstabil, deshalb werden z.T. Stabilisatoren eingearbeitet. Die *Wasseraufnahme*, die auch die elektrischen Eigenschaften beeinflußt, ist von der Anzahl (Dichte) der Amidgruppe im Kettenverband abhängig. Die Wasseraufnahme nimmt mit der Anzahl der Amidgruppen zu.

Je nach Polyamidtyp und Umgebungsbedinungen liegt die Wasseraufnahme zwischen 1 und 10 %. Die chemische Beständigkeit ist gut . PA's sind beständig gegen Benzin, *Öle* und *Fette* sowie gegen *Ester, Alkohole, Ether, Chlorkohlenwasserstoffe*, Laugen und verdünnten Säuren. Sie sind dagegen unbeständig gegen *Mineralsäuren* und Ameisensäure; siehe auch Abb. 2.4.60 aus [2.80].

Ein weiterer Vorteil der Polyamidfaser PA 6 ist ihre geringe Dichte von nur 1,06 g/cm^3. In Abb. 2.4.61 sind die wichtigsten Eigenschaften von PA6 dargestellt.

Polyamid 6	
Ameisensäure	Kohlenwasserstoffe (Hexane)
m-Kresol	Halogenhaltige Lösungsmittel (CCl_4)
Phenol	Alkohole
Ethylen Carbonat	Aldehyde (ausser Formaldehyde)
Hexamethylphosphoramid	Ketone
Trichlor-Essigsäure	Ester
Chlorphenol (o, m, p)	Ether
Kresole	starke Alkalien
Schwefelsäure	Salzlösungen
Trifluorethanol	
Trifluor Essigsäure Anhydrid	

Abb. 2.4.60. Medienbeständigkeit von Polyamid 6 [2.75]

Eigenschaften	Einheit	DIN - Norm	PA 6
Dichte	g/cm^3	1306/ 53479	1.13
Spannung an der Streckgrenze	N/mm^2	53371/ 53455	40
Dehnung an der Streckgrenze	%	53455	200
Schlagzähigkeit	mJ/mm^2	53453	o. Br.
Kerbschlagzähigkeit	mJ/mm^2	53453	25 bis o. Br.
Kugeldruckhärte	N/mm^2	53456	20
E-Modul (aus Zugversuch)	N/mm^2	53457	1400
Lineare Wärmedehnzahl	1/K	-	$80*10^{-6}$
Gebrauchstemperatur ohne mechanische Beanspruchung in Luft			
kurzzeitig	°C	-	140 bis 180
langzeitig	°C	-	80 bis 100
Vicat-Erweichungs- temperatur (VerfahrenB)	°C	534600	180
Sppez. Durchgangs- widerstand	Ω*cm	53482	10^9
Dielektrischer Verlustfaktor *	–	53483	0.3
Dielektrizitätszahl	–	53483	7
Wasseraufnahme **	%	53459	2.5 bis 3.5

Abb. 2.4.61. Eigenschaften von Polyamid 6, * elektrische Werte bei luftfeuchtem PA, ** Wasseraufnahme bei Normalklima [2.80]

2.4.3.2 Polyesterfasern

Die chemische Bezeichnung der Polyesterfaser lautet *Polyethylen terephthalat* (PET). Die Herstellung erfolgt durch eine Kondensation von Terephthalsäure oder ihrem Dimethylester - Derivat mit *Ethylenglykol*. Die PET Fasern sind das Ergebnis einer Veresterungsreaktion (Polykondensation) zwischen Ethylenglykol und *Terephthalsäure* unter Abspaltung von Wasser.

Ist bei der Reaktion das gewünschte Molekulargewicht erreicht, dann wird der klare Polyester extrudiert und direkt weitergesponnen, dabei ist ein Kontakt des geschmolzenen Polymers mit Luft zu vermeiden, weil es sonst instabil wird.

Anschließend wird der Faden über heiße Rollen gestreckt. Dabei orientieren sich die kristallinen und amorphen Zonen der Fasern und geben ihr dabei höhere Festigkeit und Modul. Für die Verwendung der Fasern in Verbundwerkstoffen werden sie einem speziellen Sizing unterzogen. Die chemische Formel für PET lautet:

$$\left[\begin{matrix} O & O \\ \| & \| \\ C-\langle\bigcirc\rangle- & C-O-CH_2-CH_2-O \end{matrix}\right]_n$$

In Abb. 2.4.62 sind die wichtigsten Eigenschaften von Polyester-, Polyamid- und *E-Glasfasern* gegenüberstellt. Die beiden untersuchten Synthesefasern waren handelsüblichen Fasern von Allied-Signal mit dem Handelsnamen Compet-P für die Polyester- und Compet-N für die Polyamidfaser.

Wie der Vergleich zeigt, ist das Spektrum der mechanischen Eigenschaften der PET-Fasern gegenüber den Polyamidfasern besser, obwohl bei beiden der Modul gegenüber der E-Glasfaser ziemlich abfällt.

Bemerkenswert ist der geringe Schrumpf der Polyesterfaser, was sich beim Hybridisieren mit Verstärkungsfasern positiv auswirkt. Der Einsatz von technischen Fasern verbessert nicht nur das *Schlagverhalten*, die Schadenstoleranz und das Ermüdungsverhalten, sondern nach [2.75] auch die Beständigkeit gegen Witterungseinflüsse. Äußerst positiv wirken sich die duktilen Fasern im Verbund auf das Bruchverhalten aus. Die duktilen Fasern haben im Versagensfall einer Strukturkomponente die Fähigkeit, die Bruchstücke so zusammenzuhalten, daß noch lasttragende Pfade gegeben sind. Die bei reinen kohlenstoffaserverstärkten Verbunden üblichen Versagensarten und bei Komponenten üblichen *Versagenssequenzen* können sich dadurch zum Besseren verändern. Das Versagen tritt nicht, wie üblich schlagartig ein, sondern nachgebend. Duktile Werkstoffe sind meistens auch zäh. Solche Werkstoffe sind gegenüber Imperfektionen wie *Risse* und *Poren* verzeihlicher als spröde. Bei genieteten Verbindungen sind die Spannungserhöhungen im Kerbgrund der Löcher geringer. Das bedeutet, daß u.U. auf die aufwendigen Aufdickungen in Niet- und Bolzenzonen verzichtet werden kann.

Chemisch resistent ist die Polyesterfaser gegenüber den in Abb. 2.4.63 aufgeführten Medien, was ihr ein weites Anwendungsspektrum in vielen technischen Bereichen verschafft.

Eigenschaft	Polyester[1]	Polyamid[2]	E-Glas
Zugfestigkeit, GPa	1.1	0.9	1.4-2.8
E-Modul, GPa	10	5	70
Bruchdehnung, %	22	20	2-3
Schrumpfung bei 177°C, %	2.5	12	0
spez. Gewicht	1.38	1.16	2.54
Schmelzpunkt, °C	256	220	537
Brechungsindex	1.56-1.52	1.59-1.53	1.55
Dielektrische Konst. bei 60 Hz	5.13	3.40	5.39

Abb. 2.4.62. Vergleich der wichtigsten Eigenschaften von Polyester-, Polamid- und E-Glasfasern, [1] Polyesterfaser Compet P von Allied Signal, [2] Polyamidfaser Compet N von Allied Signal [2.75]

Polyethylenterephthalat	
löslich	**nicht löslich**
Chlorwasserstoffe	*Kohlenwasserstoffe*
Phenol	*chlorierte Kohlenwasserstoffe*
Aliphatische Alkohole	*Ketone*
Phenol-tetrachlorethan	*Carboxyl Ester Ether*
Chlorphenol	*Organische und mineralische Säuren*
Nitrobenzol	Aliphatische Alkohole
DMSO	
Halogenierte aliphatische Karboxylsäuren	
Salpetersäure	
Konzentrierte Schwefelsäure	

Abb. 2.4.63. *Medienbeständigkei*t von Poyesterfasern [2.75]

2.4.3.3 Polyethylenfasern

Die normalen Polyethylenfasern sind niedermolekular. Sie zeigen ein hohes Kriechverhalten und eine sehr geringe Wärmeformbeständigkeit. Der Glaspunkt TG liegt bei -52°C und der Schmelzpunkt bei 112°C. Die geringe Haftung der Fasern zu Matrixsystemen ist ein eklatantes Problem. Zur Verbesserung der Affinität der Faser zur Matrix müssen die Fasern eine spezielle Oberflächenbehandlung erfahren, z.B. durch Coronaentladung, oder Plasma-behandlung. Die Ionen aktivieren dabei die Oberfläche so, daß eine chemische Reaktion zur Matrix möglich wird. Die Zugfestigkeiten und der Modul sind sehr niedrig. Die Bruchdehnung ist dafür sehr hoch, deshalb werden die Polyethylenfasern für antiballistische Zwecke eingesetzt. Polyethylenfasern nehmen kein Wasser auf. Die *dielektrischen Eigenschaften* sind hervorragend. Die Dichte der Faser liegt bei ~ 1 g/cm^3. Damit könnte die Faser als Kernmaterial in sogenannten monolithischen Minisandwiches Verwendung finden. Unter einem monolithischen Minisandwich versteht man ein Laminat mit z.B. der Lagenfolge CFK - SFK-SFK - CFK, wobei die SFK- (synthesefaserverstärkter Kunststoff) Lagen als Abstandhalter der beiden CFK-Lagen dienen.

Für strukturelle Anwendungen ist die Faser im Gegensatz zu UHMPE nicht geeignet.

2.4.3.4 Polyetheretherketonfasern (PEEK)

Die Herstellung von aromatischen Polyetheretherketon-Fasern im Schmelzspinnverfahren wurden von Teijin, ICI und Höchst entwickelt und kommerzialisiert. Die braunen Fasern sind z.T. kristallin. Die Temperaturbeständigkeit liegt mit ungefähr 200°C sehr hoch. Die Fasern behalten zum großen Teil ihre Festigkeit bis 300°C. Die chemische Beständigkeit gegen Säuren und Alkalien und Hydrolyse ist hervorragend, dagegen ist die Beständigkeit gegen UV-Strahlung gering.

Die PEEK-Faser wird neben anderen Fasern häufig mit einer Verstärkungsfaser zusammen zu Semiprodukten wie Geweben, *Gestricken*, *Gewirken* und *3-D-Geweben* verarbeitet. Dabei dient die PEEK-Faser als Matrixsystem. Solche Halbzeuge nennt man *Comingled*. Das Endprodukt entsteht durch Heißpressen solcher Halbzeuge. Ein sehr guter Markt für PEEK-Fasern sind Saiten für Tennisschläger.

2.4.3.5 Flüssigkristalline Polyesterfasern

In einem Polymer können sich Flüssigkristalle bilden, in dem man die charakteristische Selbstausrichtung von Molekülen in *anisotropen Schmelzen* und Lösungen von *Polymeren* ausnutzt. So gesehen übernimmt das Flüssigkristall wegen seinem hohen Ausrichtungsgrad die Rolle der Verstärkungsfaser in einem Verbundwerkstoff. Das Harz bzw. die Matrix verstärkt sich quasi selbst. Flüssigkristalline Kunststoffe bestehen aus langen Molekülketten, die zumindest in Teilstücken sehr steif sind und sich z.T. selbst ausrichten. Nach [2.75, 2.80] ist für das Entstehen von *Flüssigkristallinität* nicht die atomare Zusammensetzung der Moleküle, sondern nur die sich daraus ergebende räumliche stäbchenförmige Moleküle verantwortlich. Einer der ersten wichtigen Vertreter flüssig kristalliner Polymere war das Aramid (aromatisches Polyamid), auch unter dem Handelsnamen Kevlar und Twaron bekannt. Die l*yotropen Aramidfasern* bestehen aus starren, in Faserrichtung orientierten Molekülketten, sie sind unschmelzbar, das bedeutet, daß die Schmelztemperatur höher als die Zersetzungstemperatur ist. Deshalb können die Aramidfasern nur aus der Lösung gesponnen werden .

Eine *Senkung* der *Schmelztemperatur* unter die Zersetzungstemperatur ist dadurch möglich, in dem man in die Kettenmoleküle Unregelmäßigkeiten einbaut, Abb. 2.4.64 aus [2.81]. Seit längerem gibt es auch schmelzbare Flüssigkristallpolymere.

Wichtige Fasern sind z.B. eine aromatische Polyesterfaser von Sumitomo mit dem Handelsnamen Ekonal, eine ähnliche Faser von Allied Signal, die unter dem

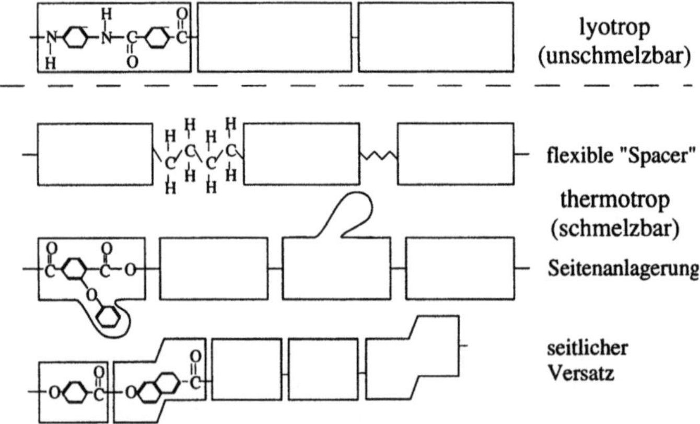

Abb. 2.4.64. Möglichkeiten zur Schmelzpunktsenkung von liquid crystal polymers (LCP) durch Störstellen [2.81]

Copolyester Vectran: Monomereinheit

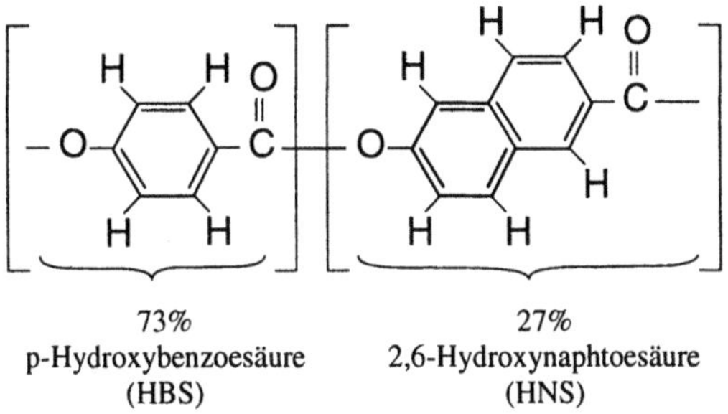

Abb. 2.4.65. Chemische Struktur des Flüssigkristallpolymers Vectran [2.81]

Namen Xylav vertrieben wird und eine Faser aus einem *Copolyester* von Höchst mit dem Handelsnamen Vectran. Das *Monomer* des Copolyesters Vectra (oder, als Faser versponnen Vectran) besteht aus den beiden Teilgruppen nach Abb. 2.4.65. Sie kommen im Verhältnis 73:27 vor, es werden aber auch andere Verhältnisse angewendet [2.81].

Eine LCP-Faser wie Vectran zeigt folgende Vorteile:
- sehr geringe Wasseraufnahme und damit praktisch kein Quellen
- sehr gutes *Brandverhalten*, in Luft ist der Werkstoff selbstlöschend
- die Zerfallsprodukte enthalten keinerlei giftige Verbindungen
- sehr geringe Rauchentwicklung
- hohe Wärmeformbeständigkeit

In Abb. 2.4.66 sind einige Faserkennwerte angegeben und Abb. 2.4.67 zeigt die Festigkeitsreduzierungen von Vectran-Fasern und -Fäden nach Temperaturbehandlung.

Obwohl die meisten Arbeiten auf diesem Gebiet aromatisches Polyester und Copolyester betreffen, versprechen neuere Veröffentlichungen die Anwendung von *flüssigkristallinen Blends* (legierte Thermoplaste) aus herkömmlichen Polymeren, in denen die verstärkende Komponente mikrospkopisch und molekular sehr fein verteilt ist [2.81].

Eigenschaft	Bez.	Einheit	Verstärkungsfasern		
			LCP-Vectran	Aramid Kevlar 49	Kohlenstoff Standard
Dichte	ρ	g/cm^3	1.41	1.44	1.74
Durchmesser	d	µm	23	12	8
Zugfestigkeit	σ_z	GPa	2.7	3.62	3.60
Modul	E	GPa	100	124	240
Bruchdehnung	ε	%	~3	2.9	2.5

Abb. 2.4.66. Kennwerte der LCP-Faser Vectran HS der Fa. Höchst im Vergleich zu Aramid- und Standardkohlenstoff [2.81]

LCP Fäden (Faserstränge) aus Vectran
Eigenschaften nach Temperaturbehandlung

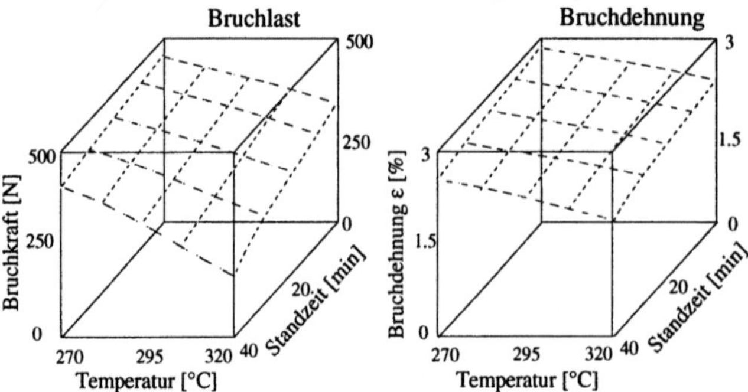

Abb. 2.4.67. Festigkeitsreduzierungen von Vectran-Fasern und -Fäden nach
Temperaturbehandlung [2.81]

Das verfolgte Konzept zur Entwicklung von Polymeren, die während der
Bauteilherstellung (z.B. beim *Spritzgießen*) Flüssigkristalle bilden, erhält eine
sehr große Bedeutung, da auf diese Art möglicherweise Verbundwerkstoffe und
Komponenten mit hoher ökonomischer Effizienz hergestellt werden können.

2. 5 Borfasern

Einleitung. Im Jahr 1959 hat Claude Talley bei der Herstellung einer Borprobe mit einem Gasabscheideprozeß für Oxidationsversuche festgestellt, daß der Borfaden sehr fest und steif ist. Dieser Versuch ist insofern bedeutend, weil er durch die Beharrlichkeit von Talley u.a. zu der Entwicklung einer kontinuierlichen, d.h. endlosen Faser führte [2.23, 2.82, 2.83]. Diese Entwicklung erfuhr auch entsprechende Würdigungen, so hat z.B. der amerikanische General Bernhard Schriver 1964 die endlose Borfaser als den größten Durchbruch auf dem Materialsektor seit 3000 Jahren dargestellt [2.23, 2.84, 2.85]

Begonnen hat allerdings diese materialtechnische Revolution schon Anfang der 50er Jahre durch eine Zufallsentdeckung. Kleine Metallhärchen wuchsen spontan auf verzinnten Fernmeldekontakten in den Vermittlungsstellen der amerikanischen Telefonfirma Bell Telefon und schlossen die Leitungen kurz. Bell-Ingenieure untersuchten die Härchen und stellten eine gegenüber gewöhnlichem Zinn eine um den Faktor 100 höhere Festigkeit fest.

Diese Zufallsentdeckung führte verstärkt zu Forschungen über *Kristalle* und theoretischen Berechnungen für Kristallstoffe, wie *Karborund* und *Bor,* sie ergaben phantastische Festigkeiten. Mit diesen Zinnhärchen oder Whiskern (englisches Wort für Barthaare, etwa bei Katzen) fand der Bell-Ingenieur namens Galt Anfang der 50er-Jahre ideale Kristalle (es waren *Einkristalle*), mit einer fehlerlosen Atomstruktur. Ihre Festigkeit entsprach der theoretisch vorhergesagten [2.85].

Zur Zeit der oben erwähnten Untersuchungen von Talley mit Borproben gab es nur eine kommerziell verfügbare Endlosfaser, nämlich die Glasfaser, die allerdings durch ihren geringen Elastizitätsmodul nur begrenzt einsetzbar war und ist.

Anfang der 60er Jahre wurde, ausgelöst durch die Entdeckung von Galt, verstärkt an der Entwicklung von *kristallinen Whiskern* gearbeitet. Solche Whisker hatten individuell extreme Festigkeiten und Elastizitätsmoduli, sie waren jedoch kaum handhabbar und deshalb schwer in ein Produkt umsetzbar. Außerdem waren sie sehr teuer und damit ihre kommerzielle Anwendung fraglich. Inzwischen wurde der offene Umgang mit Whiskern aus gesundheitlichen Gründen verboten.

Die Entwicklung der endlosen Borfaser war für die Composite-Technologie von überragender Bedeutung [2.23, 2.85]. Im Vergleich zu den Glas-, Kohlenstoff- und Synthesefasern handelt es sich bei Borfasern um ein grundsätzlich anderes Produkt. Borfasern bestehen aus 2 Komponenten, einem Kernfaden und einem Mantel aus Bor (Abb. 2.5.1).

Bor ist vorwiegend ein nichtmetallisches, säurebildendes Element. Es tritt in amorpher und *kristalliner* Form auf [2.23, 2.25, 2.86, 2.83].

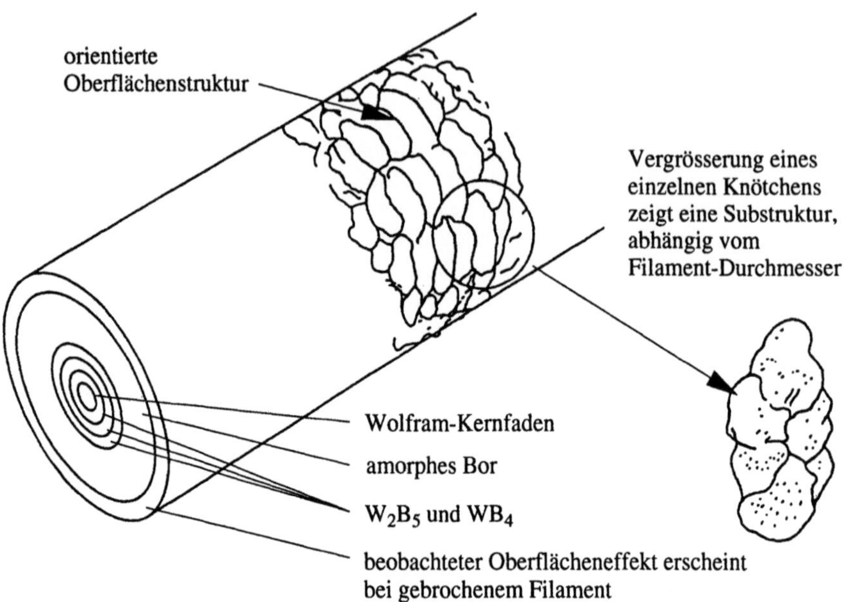

Abb. 2.5.1. Schematische Darstellung des Aufbaus und der Struktur der Borfaser [2.86]

Nach dem *Diamant* ist das *Borkristall* das härteste Element, wobei der sehr hohe Elastizitätsmodul E, die geringe Dichte und die hohe Sublimationstemperatur von 2000 ÷ 2300°C besonders herausragen. Von Nachteil ist, daß Bor leicht oxydiert, bei 700°C in Luft brennt und eine mechanische Bearbeitung wegen seiner Härte sehr schwierig ist.

Herstellung der Borfasern. *Borfasern* werden durch $\underline{C}$hemical $\underline{v}$apor $\underline{d}$eposition (CVD), also durch *Gasabscheidung* hergestellt. Dabei wird Bor aus gasförmigen Verbindungen auf einen heißen Kernfaden abgelagert.

Der *Borhalogenidprozeß* wird heute bevorzugt angewendet [2.23, 2.83, 2.86, 2.87, 2.88].

Die Borgleichung lautet:

$$2BX_3 + 3H_2 \xrightarrow{\text{Energie}} 2B + 6HX \tag{3}$$

wobei X = Halogen (Cl, Br, J)

Als *Gasprekursor* verwendet man meistens Bortrichlorid. Es ist im Vergleich zu anderen *Halogenen* konsistenter, handhabbarer und billiger.

Die oben aufgeführte Reaktionsgleichung ist sehr vereinfacht. In Wirklichkeit ist es ein komplizierter Vorgang, da sich in der Nähe des heißen Kernfadens Zwischenverbindungen wie HB Cl_2, B_2H_5Cl etc. bilden, von denen Bor

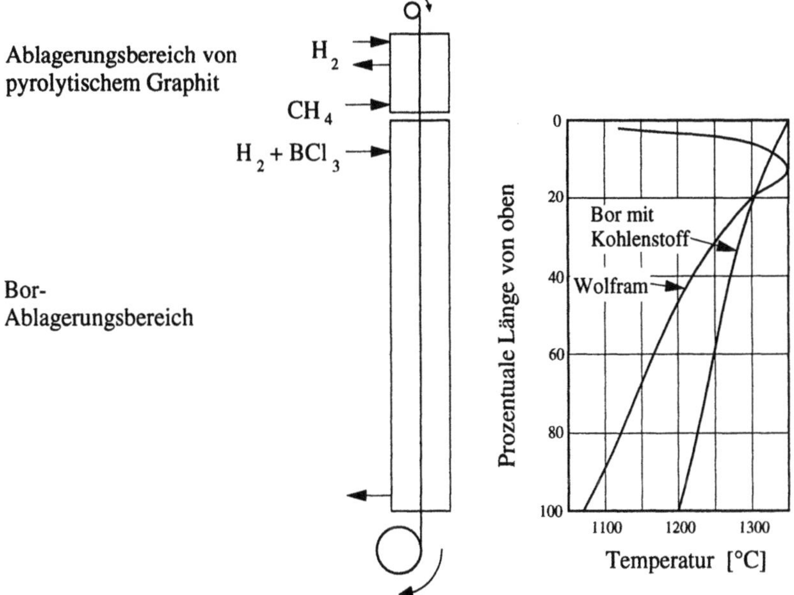

Abb. 2.5.2. Produktionsschema der Borfaser, *Borabscheidungskammer* und Temperaturprofil [2.23]

abgeschieden werden kann. Es kann also dazu führen, daß die Ablagerungen unterschiedlicher Art sind.

Abbildung 2.5.2 zeigt schematisch die Reaktionskammer zur Herstellung der Borfaser.

Ein hitzebeständiger, elektrisch leitender Faden wird durch einen geschlossenen Glasbehälter gezogen, in den kontinuierlich eine kontrollierte Atmosphäre von Borhalogenid zugeführt wird [2.89].

Der Kernfaden wird über Quecksilberkontakte am Ein- und Ausgang der Reaktionskammer elektrisch aufgeheizt und kontinuierlich abgezogen.

Die Anforderungen an den Kernfaden sind sehr hoch. Er muß elektrisch leitend und bei der Prozeßtemperatur von 1350°C noch ausreichend fest sein.

Darüber hinaus darf der Kernfaden mit den in dem Herstellprozeß auftretenden Stoffen nicht oder nur wenig reagieren und er sollte möglichst leicht und billig sein.

Wegen der Komplexität und Kompliziertheit der Herstellung der Borfäden durch den CVD-Prozeß sind Wolfram- und Kohlenstoffäden die geeignetsten Kernfäden, wobei der Kohlenstoffaden die o.g. Forderungen insgesamt besser erfüllt als der Wolframfaden, der z.B. sehr teuer und schwer ist [2.23, 2.83].

In den 60er Jahren wurden neben der Borfaser noch andere Fasertypen wie Siliziumkarbid (SiC), *Tintanborid* (Ti B_2) und Borkarbid (B_4 C) labormäßig mit dem CVD-Prozeß untersucht. Den Sprung in die Produktion schafften nur die SiC-Fasern [2.83], siehe Abschn. 2.2.1.

Struktur und Morphologie der Borfasern Über die tatsächliche Struktur des abgelagerten Bors gibt es immer noch unterschiedliche Auffassungen. Zuerst glaubte man an eine amorphe bzw. glasige Struktur [2.23].

Aus diversen Untersuchungen [2.23, 2.25, 2.82, 2.86, 2.90] zeigt sich, daß *elementares Bor* aus α-rhomboedrischen, ß-rhomboedrischen und simplen tetragonalen Polymorphen besteht. Die Bildung der Polymorphs hängt ab von der Ablagerungstemperatur. Oberhalb 1400°C entsteht das unerwünschte ß-rhomboedrische Polymorph mit Abmessungen von einigen Tausend Ångström [2.23, 2.25, 2.82]. Deshalb übersteigt bei der Herstellung der Borfaser die Prozeßtemperatur nicht die 1350°C [2.23].

Röntgenuntersuchungen zur Beschreibung der Mikrostruktur und der Morphologie führen zu Korngrößen von 2nm [2.23, 2.82, 2.86].

Mehrere ungewöhnliche Peaks von Röntgenbeugungsmustern von diesen kleinen Partikeln bedeuten eine ausgeprägte atomare Anordnung und somit Kristallinität. Diese Phänomene lösten intensive Untersuchungen über die Mikrostruktur abgelagerten Bors aus, die bestätigten, daß das Material tatsächlich aus einer Kombination von mikrokristallinen (3 nm) α-rhomboedrischen und tetragonalen Polymorphen besteht [2.23, 2.82., 2.83, 2.86, 2.90, 2.91]. Von *Kristallisationskernen* des Kernfadens ausgehend lagert sich das Bor konus- oder keilförmig als *Kolumarkristall* nach außen ohne gerichteten Kristallaufbau ab [2.86, 2.90].

Kritisch sind Fehlstellen und Prozeßtemperaturen > 1400°C. In beiden Fällen können lokal polykristalline Zonen mit Kristallaussmaßen von mehreren tausend Å entstehen [2.82].

Die Form von polykristallinem Bor (z.B. ß-rhomboedrisches Polymorph) ist wegen der großen Kristallabmessungen mechanisch schwach und führt deshalb zu katastrophalen Festigkeitseinbußen.

In Abb. 2.5.3 ist ein Mikroschliff einer in Längsrichtung gesplitteten Borfaser mit einem Wolframkernfaden dargestellt. Das vom Kernfaden ausgehende konische Wachstum ist deutlich erkennbar.

Dieser Typ von Wachstum ist dem *pyrolitischen Graphit* (PG) ähnlich [2.23, 2.83, 2.86].

Wie weiter unten dargestellt, spielt PG bei der Lösung von Problemen mit CVD - hergestellten Fasern eine bedeutende Rolle. Das konusförmige radial gerichtete Wachstum der Ablagerung führt zu scharfen Grenzen der Knötchen, die vermutlich durch Unregelmäßigkeiten der Oberfläche des Kernfadens vorgegeben sind. Abb. 2.5.4 zeigt die 6000-fache Vergrößerung der Oberfläche eines Borfadens. Die Grenzen der keilförmig nach außen gewachsenen Knötchen sind deutlich erkennbar. An den Korngrenzen treten z.T. kleine Spalte auf, was der Borfaser die in Abb. 2.5.4 gezeigte Maiskolbenstruktur verleiht. Diese Struktur ist typisch für viele mit dem CVD-Prozeß hergestellten Materialien [2.86].

2.5.1 Borfasern mit Kernfäden aus Wolfram

Aus umfangreichen Untersuchungen [2.23, 2.25] hat sich ein Wolframfaden mit einem Durchmesser von 12 µm als bester Kompromiß im Hinblick auf die bisher aufgeführten Anforderungen erwiesen.

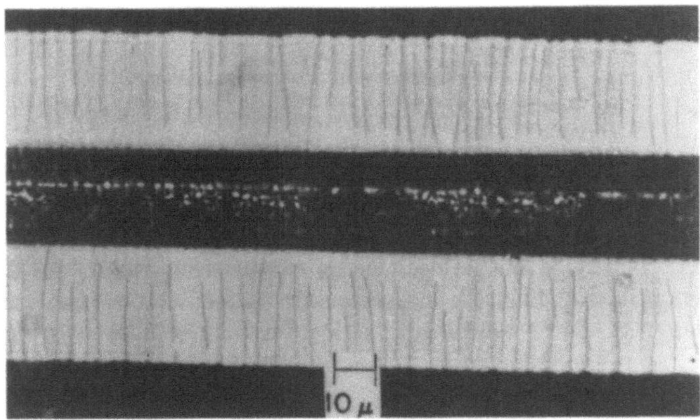

Abb. 2.5.3. Mikroschliff einer in Längsrichtung in der Mitte gesplitteten Borfaser mit nach aussen gerichteten konischen Knoten [2.86©]

Zur Nutzung der sehr günstigen gewichtsbezogenen Eigenschaften des Bors sollte der Anteil des Bors möglichst hoch und der des Wolframs mit seiner sehr hohen Dichte von 19,2 g/cm^3 möglichst gering sein. Die Untersuchungen über geeignete Kernfäden beschränkten sich nicht auf Wolfram und Kohlenstoff [2.23].

Wegen ihren sehr viel geringeren Dichten wurden auch Untersuchungen mit *Molybdän* und *Tantal* durchgeführt, allerdings mit negativen Ergebnissen. Die Fäden waren zu spröde und die Festigkeiten nicht ausreichend. Dazu kam, daß eine zu geringe Diffusionsrate des Bors in die Mo- und Ta-Kerne die erforderliche *Borisation* verhinderte.

Beim Gasabscheideprozeß diffundiert hauptsächlich das kleine und bewegliche Bor in den heißen (weißglühend) Wolframfaden ein und reagiert zu WB und

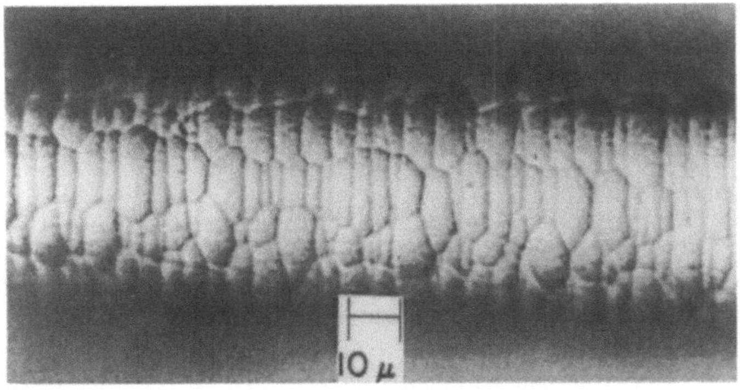

Abb 2.5.4. Maiskolbenstruktur einer Borfaser [2.86©]

W_2B_5 [2.23, 2.25]. Daraus resultiert eine sehr hohe Bindung zwischen dem Bor und dem Wolfram, was, wie weiter unten dargestellt im Hinblick auf das Eigenschaftsspektrum der Borfaser bedeutend ist. Diese chemischen Reaktionen vergrößern den Durchmesser des Kernfadens von 12 µm auf 16 µm [2.23]. Das abgelagerte *polykristalline Bor* besteht im wesentlichen aus α-rhomboedrischen und simplen tetragonalen Polymorphen. Die Abmessungen sind mit ~ 20 ÷ 30 Å so klein, daß man auch von einem quasi amorphen Stoff spricht [2.23, 2.25, 2.83, 2.86]. Wie weiter oben dargestellt führen Fehlstellen und Temperaturen über 1400°C zu kristallinen Zonen mit Kristallausmaßen von mehreren tausend Å (bis zu hunderttausend). Da solche Zonen mechanisch schwach sind, führen sie zu katastrophalen Festigkeitseinbußen. Sie müssen bei der Herstellung der Borfaser vermieden werden, z.B. durch eine sehr präzise Temperaturführung in der Reaktionskammer, einer von Fremdkörpern (z.B. Staubpartikeln) freien Kammer und einer sauberen Oberfläche des Kernfadens. Jede Verunreinigung zieht praktisch eine Schwach- oder Fehlstelle im Endprodukt nach sich [2.23, 2,83].

Die o.e. *Volumenveränderung* des Wolframkernfadens bei der Herstellung der Borfäden führt zu einer Verlängerung des Kernfadens [2.23, 2.83, 2.92, 2.93], was wiederum zu inneren Spannungen im abgelagerten *Bormantel* und Kernfaden führt.

In die gleiche Richtung wirken die unterschiedlichen Wärmeausdehnungskoeffizienten der drei Schichten Bormantel, Reaktionsschicht aus WB und W_2B_5 und dem Wolframkernfaden (siehe Abb. 2.5.1).

Dadurch und durch den oben beschriebenen Aufbauprozeß, der sehr kompliziert ist, hat die Borfaser eine relativ hohe Fehlerhäufigkeit.

Eigenschaften der Borfasern mit Kernfäden aus Wolfram. Wegen der hohen *Fehlerhäufigkeit* ist der Variationskoeffizient der Fadenzugfestigkeit von Borfasern relativ hoch. Bei mittleren Festigkeiten von ~ 4 GPa von Laborfasern lag die Standardabweichung bei 0,95 GPa [2.23]. In einem Produktionslauf lag die mittlere Festigkeit bei 2,5 GPa und die Standardabweichung bei ~ 0,85 GPa [2.83, 2.86]. Ein Maß für die hohe *Fehlstellenhäufigkeit* der Borfaser ist die Abnahme der mittleren Zugfestigkeit mit steigender Fadenlänge (Abb. 2.5.5). Analog der Beschreibung in Abschn. 2.1 (Kohlenstoffasern) steigt mit zunehmender Faserlänge die Fehlerhäufigkeit, so daß der Festigkeitserwartungswert bei hoher Streuung [2.94] abnimmt. Das o.e. Ausmaß der inneren Spannungen über den Radius von Borfäden mit Kernfäden aus Wolfram und Kohlenstoff (siehe Abschn. 2.5.2) zeigt Abb. 2.5.6, [2.23, 2.25, 2.84].

Die Oberfläche bzw. der äußere Bormantel der beiden Fasern ist druckbelastet, der mittlere Bereich , also die Reaktionsschicht ist zug- und der innere Bereich, der Kernfaden, wieder druckbelastet.

Die primären Ursachen dieser inneren Spannungen sind nach [2.84]:

- die unterschiedlichen Wärmeausdehnungskoeffizienten von dem abgelagerten Bor, der Reaktionsschicht aus WB und W_2B_5 und dem Kernfaden.
- die Volumenvergrößerung des Kernfadens infolge Diffusion und Reaktion zur Bildung von Boriden.
- Verlängerung des Bors während der Ablagerung.

Der letztgenannte Faktor hat offensichtlich den größten Einfluß auf die inneren Spannungen, wobei die Verlängerung des abgelagerten Bors sehr stark von der

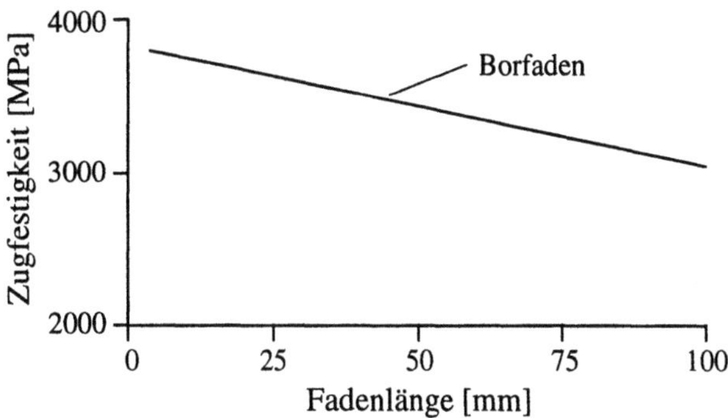

Abb. 2.5.5. Abhängigkeit der mittleren Zugfestigkeit der Borfäden von der *Prüflänge der Fäden*

Prozeßtemperatur abhängt [2.84]. Andere Faktoren, wie die Gasmischung, die Verunreinigungen in der Kammer und auf der Oberfläche des Kernfadens etc., haben nur geringen Einfluß.

Man kennt wohl die Abhängigkeit der Verlängerung von der Temperatur und dem Durchmesser, also der Menge des abgelagerten Bors (Abb. 2.5.7), das Phänomen der Verlängerung selbst ist jedoch nicht restlos geklärt.

Als wesentlicher Nachteil der Borfaser erweisen sich die großen Durchmesser zwischen 100 µm und 140 µm (in Spezialfällen bis 207 µm). Dadurch bedingt ist ein großer Biegemindestradius:

$$R_{min} = E_F \frac{R_F}{\sigma_b} \tag{4}$$

dabei ist:

E_F = Elastizitätsmodul der Faser

R_F = Faserradius

σ_b = Faserbiegefestigkeit

Durch den großen *Biegemindestradius* sind die Einsatzmöglichkeiten von Borfasern zu Herstellung von Bauteilen mit kleinen Biegeradien oder scharfen Kanten stark begrenzt.

Borfasern sind endlose *Monofilamente*. Sie werden als Standardprodukte mit Durchmessern zwischen 100 µm und 140 µm geliefert. Die Fasern sind durch sehr hohe Festigkeiten und Moduli, aber auch hohe *Variationskoeffizienten* ausgezeichnet [2.23, 2.83, 2.94].

In Abb. 2.5.8 sind die wichtigsten Eigenschaften von kommerziell erhältlichen Borfasern im Vergleich zu anderen Verstärkungsfasern dargestellt. Besonders erwähnenswert ist die hohe Druckfestigkeit (Abb. 2.5.9) [2.26] von uni-direktionalen Verbunden in Faserrichtung, im Vergleich zu glas-, synthese- und kohlenstoffaserverstärkten Kunststoffen.

Der Hauptgrund für die hohe Druckfestigkeit ist der gegenüber den anderen Fasern um das Vielfache höhere Durchmesser. Hauptsächlich wird das

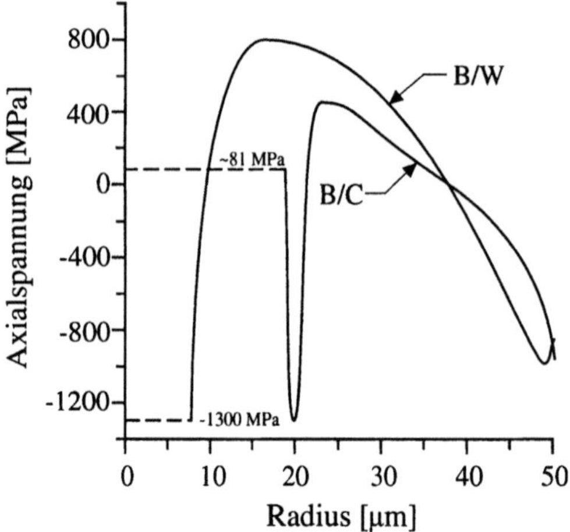

Abb. 2.5.6. Innere Spannungen eines Borfadens über dem Fadenradius, *B/W* Borfaser mit Wolfram-Kernfaden, *B/C* Borfaser mit Kohlenstoff-Kernfaden [2.23]

Druckversagen von *Faserverbundwerkstoffen* in Faserrichtung durch ein Mikroknicken der Fasern ausgelöst. Dieses wird im wesentlichen durch den Faserdurchmesser bestimmt. Die Durchmesser der Borfaser sind um den Faktor 10 ÷ 20 höher als die der Glas-, Kohlenstoff- und Synthesefasern.

Borfasern beginnen unterhalb 300°C in Luft zu oxydieren. Die Oxydation nimmt mit der Zeit und Temperatur rasch zu. Ab 450°C sinkt die Festigkeit sehr stark ab. Abb. 2.5.10 zeigt Zugfestigkeits- und Biegefestigkeitswerte bei Raumtemperatur nach jeweils 20-minütiger Auslagerung bei erhöhten Temperaturen in Luft. Die nachfolgenden Ergebnisse von Untersuchungen mit Borfasern sollen zeigen, welches Festigkeitspotential vorhanden ist.

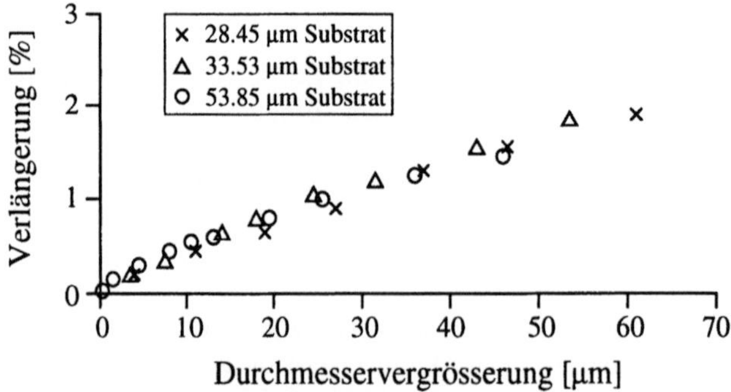

Abb. 2.5.7. Verlängerung des Bormantels als Funktion der Dicke des abgelagerten Bors auf dem Kohlenstoff-Kernfaden [2.83]

Faser	Durchmesser [μm]	Dichte [g/cm^3]	Zugfestigkeit [GPa]	E-Modul [GPa]
Bor	100	2.57	3.6	400
Bor	140	2.49	3.6	400
Kohlenstoffaser		1.75	3.1	221
HT-Typ	7			
E-Glas	3-13	2.54	3.4	69
Aramid	12	1.44	3.6	124
SiC	3-20	3.00	3.9	400

Abb. 2.5.8. Vergleich der Eigenschaften bei Raumtemperatur von Borfasern mit Wolframseele und anderen Verstärkungsfasern

An längs gesplitteten Borfasern wurde der Kernfaden herausgelöst. Die mittlere Festigkeit solcher Borproben liegt bei > 6,89 GPa. Diese Werte wurden wiederholt ermittelt [2.82].

Unter Berücksichtigung von verbessertem Processing (Temperaturführung), einer Glättung der Oberfläche durch chemisches Ätzen und einer Oberflächenbeschichtung mit pyrolitischem Graphit (PG), können heute Borfasern mit Zugfestigkeiten von 4,6 ÷ 5,3 GPa produziert werden [2.23]. Begrenzt wird die mittlere Festigkeit durch das Interface Bor/Kernfaden (Reaktionsschicht), den Kernfaden selbst und inneren Spannungen der Faser.

Biegeuntersuchungen von Borfasern, deren Oberflächen chemisch geätzt wurden, zeigten Biegefestigkeiten von 13,1 GPa [2.23]. Wie die Abb. 2.5.6 und 2.5.8 zeigen, liegen die Festigkeiten von Standardfasern bei 3,5 bis 4 GPa. Das Potential der Borfaser ist also bei weitem nicht ausgeschöpft. Man glaubt, daß in dieser Größenordnung von 13 GPa die maximal mögliche Festigkeit liegt. Der Unterschied in Abb. 2.5.10 zwischen Zug- und Biegefestigkeit erklärt sich (1) dadurch, daß sich die hohe Fehlerstellenhäufigkeit der Borfaser, wie bereits oben angesprochen, bei Zug stärker auswirkt und (2) dadurch, daß bei Biegung der

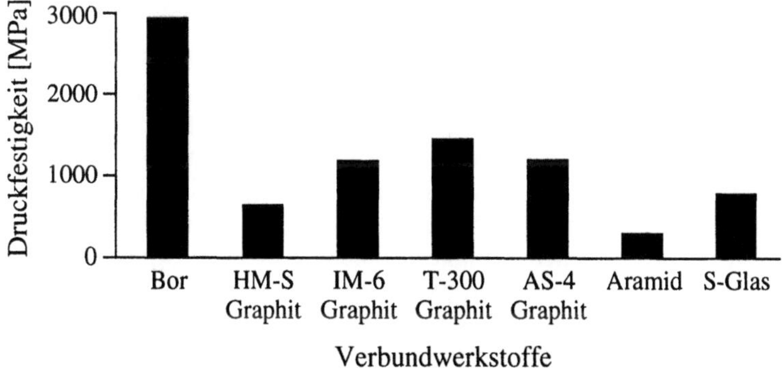

Abb. 2.5.9. Vergleich der Druckfestigkeiten von UD-Laminaten mit verschiedenen Verstärkungsfasern. [1.3]

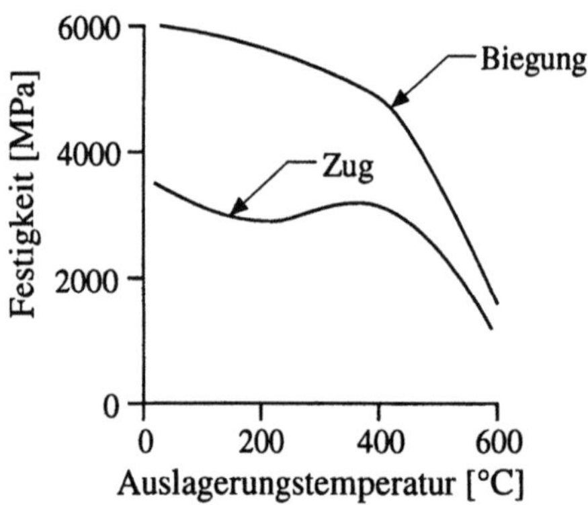

Abb. 2.5.10. Zug- und Biegefestigkeit von Borflächen bei Raumtemperatur nach 20-minütiger Wärmebehandlung

Kernfaden und die Reaktionsschicht im Interface Bor/Wolfram in der neutralen Achse oder Ebene liegt [2.82].

2.5.2 Borfasern mit Kernfäden aus Kohlenstoff

Es gibt 2 herausragende Gründe für die Entwicklung eines Kernfadens aus Kohlenstoff für die Borfaser. Die Kernfäden aus Wolfram sind teuer und schwer. Der zweite und wahrscheinlich der wichtigere Grund war, daß man glaubte, mit einem Kohlenstoffilament als Kernfaden die inneren Spannungen der Borfaser beseitigen, bzw. reduzieren zu können [2.23, 2.25, 2.83, 2.84].

Entwickelt wurde dafür ein Monofilament mit einem Durchmesser von 33 µm, einer Zugfestigkeit von 690 MPa, einem Elastizitätsmodul E von 35 GPa und einer Bruchdehnung von ~2 %. Dieses Kohlenstoffasermonofilament versprach eine drastische Reduzierung der Kosten. Der Prekursor wurde im Schmelzspinnprozeß aus Steinkohlenteer hergestellt. Bei der Primärdestillation von Steinkohlenteer fällt billiges Pech aus. Dieses Kohlenstoff-Filament wird auch zur Herstellung von SiC-Fasern verwendet.

Der Prozeß zur *Borabscheidung* auf den Kohlenstoffaden wird dadurch kompliziert, weil sich das "amorphe Bor" während der Ablagerung verlängert (Abb. 2.5.7). Dazu kommt, daß sich beim Ablagern des Bors der Durchmesser des Kohlenstoffadens von 33 auf 76 µm vergrößert. Dadurch und durch die Verlängerung des Bormantels waren die inneren Spannungen so groß, daß das Kohlenstoffaserfilament in periodischen Abständen gebrochen ist [2.23, 2.83, 2.97]. Dies führt zu einer enormen Festigkeitseinbuße, weil an diesen Bruchstellen des Kernfadens das *mikrokristalline Bor* sehr schwach ist [2.23]. Gelöst werden konnte dieses Problem dadurch, daß der Kohlenstoffkernfaden vor der Borablagerung sehr dünn (~ 1 µm dick) mit pyrolitischem Graphit (PG) beschichtet wurde. Man kennt den genauen Mechanismus zur Verbesserung der Faserfestigkeit durch diese Beschichtung nicht. Sicher ist nur, daß die Festigkeit von dieser Beschichtung abhängt [2.23, 2.25, 2.83].

Bei der Abscheidung von Bor auf den Kohlenstoffaden findet praktisch keine Diffusion und Reaktion statt, und somit keine Verbindung zwischen dem abgelagerten Bor und dem Kernfaden. Dies zeigt sich auch in dem unterschiedlichen Verlauf der inneren Spannungen über den Radius der beiden Borfasern mit Wolfram- und Kohlenstoffkernfaden nach Abb. 2.5.5. Beide Fasern zeigen ein scharfes, gut definiertes Interface zwischen Kern und Mantel (Abb. 2.5.11).

Da der Kernfaden wenig zu den Eigenschaften der Borfaser beiträgt, sind die o.e. periodischen Brüche des Kohlenstoffkernfadens an sich nicht kritisch. Das Problem ist, daß diese Brüche die innere Oberfläche des Bormantels schwächen und damit zu den bereits erwähnten katastrophalen Festigkeitseinbußen führen. Ohne die PG-Schicht waren Borfaserdurchmesser > 75 µm nicht möglich. Wie Abb. 2.5.2 zeigt, ist die Stufe zur Aufbringung der PG-Schicht der Reaktionskammer vorgeschaltet. Die PG-Schicht wird online aufgebracht. Sie verhindert also nicht nur die oben beschriebenen periodischen Brüche des Kohlenstoffkernfadens, sie erlaubt auch die Herstellung von Borfasern mit Durchmessern > 75 µm.

Ein wesentlicher Unterschied zwischen den beiden Borfasertypen ergibt sich durch die extrem verschiedenen Wärmeausdehnungskoeffizienten von Wolfram und Kohlenstoff. Wolfram und die Boride haben einen sehr hohen, positiven Ausdehnungskoeffizienten, wogegen der des Kohlenstoffkernfadens negativ ist [2.23], was unter anderem die inneren, unterschiedlichen Spannungen der beiden Borfasertypen erklärt (Abb. 2.5.5).

2.5.3 Modifizierte Borfasern

Die Borfaser, auch als Faser zur Verstärkung von Metallen gedacht und entwickelt, reagiert sehr stark mit Titan und Aluminium, also mit den klassischen Leichtbaumetallen für den Flugzeugbau.

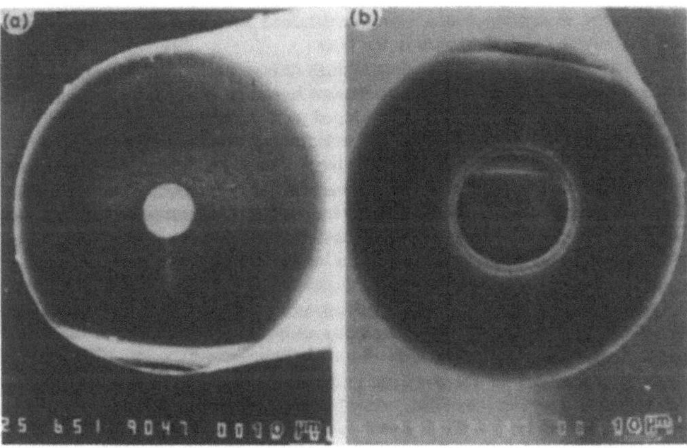

Abb. 2.5.11. Mikroschliffbilder der Querschnittsflächen von Borfasern mit Kernfäden aus *a* Wolfram und *b* Kohlenstoff

Die Reaktion der Borfaser mit Titan bei der *Diffusion-Bonding*-Temperatur von 899 ÷ 954 °C führt zu einer beträchtlichen Zugfestigkeitseinbuße der Borfaser. Bei der Einbettung der Borfaser in Aluminiumlegierungen bei ungefähr 496°C ist die Festigkeitseinbuße unerheblich, solange keine der Legierungskomponenten ihren Schmelzpunkt erreicht. Ist dem so, dann wirkt sich dies katastrophal aus [2.83, 2.84]. In beiden Fällen ist eine Diffusionsbarriere der Borfaser erforderlich. Entwickelt wurde Ende der 60er Jahre eine Beschichtung aus Siliziumcarbid (SiC) und Anfang der 70er Jahre eine aus *Borkarbid* (B_4C). Die SiC-beschichtete Borfaser wird unter dem Handelsnamen Borsic vertrieben. Die Beschichtung mit Borkarbid wurde im wesentlichen von der französischen Firma SNPE entwickelt. Diese Faser wird in Lizenz von AVCO-Corporation vertrieben [2.83]. Angeblich soll die 7 μm dicke *Borkarbidbeschichtung* für die Einbettung in Titan besser sein, als die 1,25 μm dicke SiC-Beschichtung. Eine Borkarbidbeschichtung führt in jedem Fall zu einer Erhöhung der Faserzugfestigkeit.

Weitere Untersuchungen wurden mit *Bornitrid* (BN) durchgeführt. Dabei wird die Borfaser zuerst außerhalb der Reaktionskammer in einem 2-Stufenprozeß behandelt. In einer ersten Stufe wird eine Boroxydschicht (B_2O_3) aufgebracht , indem die Borfaser bei ~ 100°C für 30 sec. der Luft ausgesetzt wird. Danach wird die Faser bei ~1100°C über 30 sec. in NH_3 gehalten. Dabei entsteht bei optimalen Bedingungen eine 0,5 μm dicke BN-Schicht. Wie bei der SiC-Beschichtung führt die Bornitridschicht zu einer Erhöhung der Faserzugfestigkeit. Mit der BN-Beschichtung konnte wohl die Reaktion mit z.B. Aluminiumlegierungen vermieden werden, die Verbindung zwischen Metallmatrix und Faser war jedoch nicht gut, was eine schlechte Querzugfestigkeit im Verbund zur Folge hatte.

Diese Bemühungen zeigen, wie ernst und intensiv daran gearbeitet wird, Werkstoffe mit erweiterten Einsatzspektren, insbesondere hinsichtlich der Temperatur zu entwickeln und diese der Produktion zuzuführen. Dieser Prozeß ist bei weitem nicht abgeschlossen.

2.5.4 Zusammenfassung

Borfasern mit Kernfäden aus Wolfram werden von der Fa. AVCO in Produktionsmengen hergestellt. Sie spielen dabei eine wichtige Vorreiterrolle für andere, mit dem CVD-Prozeß hergestellte endlose Verstärkungsfasern, wie z.B. die Siliziumkarbidfaser. Die Borfasern werden überwiegend als Prepregs mit Epoxiden angeboten und finden insbesondere in der Luft- und Raumfahrt, aber auch im Sportartikelbereich Anwendung [2.25, 2.96].

Zunehmend werden Borfasern mit speziellen Beschichtungen, wie z.B. Siliziumkarbid, Borkarbid oder Bornitrid als Verstärkungsfasern in Metallmatrices, wie Titan und Aluminiumlegierungen verwendet. Borfaserverstärkte Al-Legierungen und b*orfaserverstärktes Tita*n haben (1) höhere Einsatztemperaturen als unverstärkte und (2) ein erheblich besseres *Ermüdungsverhalten* [2.95]. *Faserverstärkte Metalle* nennt man auch metal matrix composites (MMC's). Das Einsatzspektrum von MMC's liegt im Triebwerkbereich, in Produkten der Verteidigungstechnik, bei Hyperschallflugzeugen und in der Raumfahrt.

Fasertyp	Faserdurchmesser [μm]	Dichte [g/cm^3]
Bor/Wolfram	100	2.59
	140	2.46
	200	2.40
Bor/Kohlenstoff	100	2.22
	107	2.23
	140	2.27
Siliziumcarbid/Kohlenstoff	100	2.98
	140	3.07
	200	3.13

Abb. 2.5.12. Spezifische Gewichte von handelsüblichen Bor- und SiC-Fasern

Wie bereits o.e. begrenzen die großen Durchmesser der Monofilamente von 100 μm bis 140 μm die breite Anwendung der Borfaser beträchtlich (Abb. 2.5.12). Die zulässigen Biegemindestradien lassen die Herstellung von Bauteilen mit kleinen Radien und scharfen Kanten nicht zu. Wie ebenfalls bereits oben angesprochen ist das Borkristall nach dem Diamant das härteste Element. Das *mechanische Bearbeiten von Bor* ist sehr aufwendig und nur mit Spezialwerkzeugen oder neuen Techniken, wie z.B. *Ultraschall* und *Laser* möglich. Der große Vorteil der Borfaser ist ihre überlegene Druckfestigkeit. In Abb. 2.5.9 sind von mehreren uni-direktionalen Verbundwerkstoffen die Druckfestigkeiten dargestellt.

Borfasern sind teuer, insbesondere mit Kernfäden aus Wolfram. Zur Redu-zierung der Kosten und zur Beseitigung der Probleme mit Wolframkern-fäden, wurden Kernfäden aus Kohlenstoff entwickelt. Sie sind wesentlich billiger und ihre Produktionsreife ist absehbar.

Der Einsatz von Borfasern ist nicht nur begrenzt durch die relativ großen Faserdurchmesser, sondern auch durch die hohen Faserpreise, die den Zugang in den großen Markt versperren. Eine Möglichkeit der Kostenreduzierung ist eine Erhöhung der Produktionsgeschwindigkeit. Physikalisch ist eine 2 ÷ 3-fache Steigerung gegenüber der jetzigen möglich. Dies setzt jedoch voraus, daß die inneren Spannungen der Borfasern (Abb. 2.5.5) zumindest reduziert werden [2.84].

Offensichtlich wurde das Thema "Innere Spannungen" und deren Auswir-kungen auf die Eigenschaften der Borfasern in der Vergangenheit zu wenig beachtet. Dies wurde erkannt, deshalb konzentriert sich die Forschung und Entwicklung auf dieses Problemfeld.

2.6 Hohlfasern

Im *Flugzeugbau* und erst recht bei *Raumfahrtstrukturen* steht das Bestreben leicht und steif zu bauen im Vordergrund. Deshalb werden auf diesen Gebieten zunehmend Faserverbundwerkstoffe eingesetzt. Sie versprechen in vielen Fällen wegen ihren überlegenen gewichts*spezifischen Eigenschaften* hohe Gewichtseinsparungen sowie die Ausdehnung von Einsatzgrenzen herkömmlicher Werkstoffe. Ein weiteres Einsparungspotential ergibt sich dadurch, daß zur Verstärkung von Kunststoffen nicht nur Voll-, sondern auch Hohlfasern verwendet werden. Die Idee *Hohlfasern* als Verstärkungsfasern in Verbundwerkstoffen zu verwenden ist nicht neu. Bereits in den 60er Jahren wurden in den USA Hohlglasfasern von der Fa. Pittsburgh Plate Glass Co. für "submarine" Anwendungen entwickelt. Dieses Vorhaben wurde jedoch aufgegeben, weil die Beständigkeit der Faser gegen Wasser nicht ausreichend war [2.98].

In Deutschland wurden die ersten Untersuchungen mit Hohlglasfasern anfangs der 60er Jahre durchgeführt, mit der Zielsetzung die Querzugbruchdehnung von unidirektionalen glasfaserverstärkten Kunststoffen (GFK) zu verbessern. Die Querzugfestigkeiten von GFK sind, wie hinreichend bekannt, sehr niedrig, wodurch das Einsatzspektrum von GFK erheblich begrenzt ist. Bei unidirektionalem GFK mit Vollglasfaserverstärkung sind die Längs- und Querfestigkeiten sowie die Längs- und Querbruchdehnungen extrem unterschiedlich. Die Querzugfestigkeiten liegen im günstigsten Fall bei 70 MPa und die Querzugbruchdehnungen bei ungefähr 0,4 %.

Die Längsfestigkeit von unidirektionalem GFK liegt im Bereich 2000 bis 2500 MPa und die Bruchdehnung zwischen 3 und 4 %, also fast um den Faktor 10 höher als die Querbruchdehnung. Dieses Extrem ergibt sich dadurch, daß die eingebettete Vollglasfaser mit einem E-Modul von ungefähr 73 GPa eine sehr steife Einlagerung in der relativ weichen *Kunststoffmatrix* darstellt. Der Spannungserhöhungsfaktor von querbelastetem unidirektionalem GFK ist deshalb entsprechend hoch. Die Spannungserhöhung ergibt sich dadurch, daß die Gesamtverformung bei Querbelastung fast ausschließlich durch die Matrix mit einem sehr viel kleineren E-Modul aufgebracht wird. Die steife Glasfaser beteiligt sich so gut wie nicht an der Verformung (Abb. 2.6.1).

Bei Kohlenstoff- und Aramidfasern sind die Verhältnisse günstiger. Beide Fasern sind anisotrop. Die Moduli in und senkrecht zur Faserrichtung sind extrem unterschiedlich. Deshalb erzielt man z.B. bei unidirektionalen kohlenstofffaserverstärkten Kunststoffen Querbruchdehnungen von ~ 1 %. Hohlfasern mit einem kleinen Wandstärken/Durchmesserverhältnis $s/d = 1/10$ oder 1/20 sind bei Querbelastungen verformbarer als Vollfasern, deshalb sind bei intakter Haftung zwischen Faser und Harz mit Hohlfasern verstärkte Verbunde wesentlich höhere Querbruchdehnungen zu erwarten. Dieser Effekt konnte durch mechanische und *spannungsoptische Untersuchungen* an *Makromodellen* bestätigt werden [2.22].

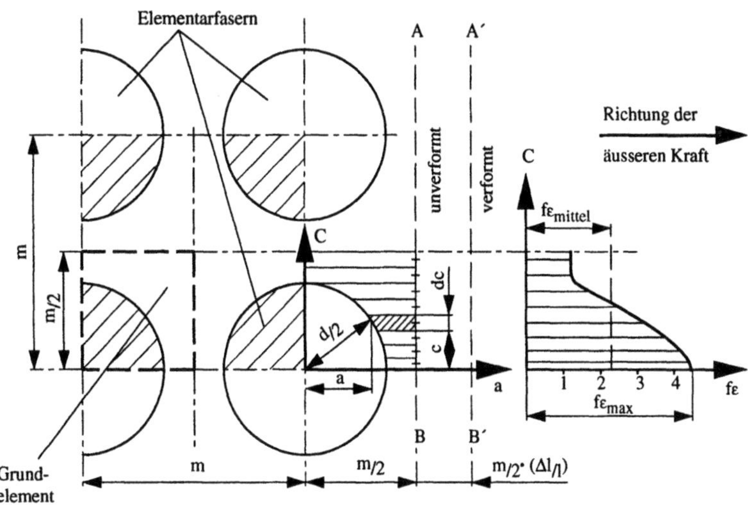

Abb. 2.6.1. *Dehnungsvergrösserung* fε des Harzes bei Querbelastung von unidirektionalen Laminaten in Folge der steifen Fasereinlagerung []

Bei diesen Makromodellen wurden anstelle von "Glasfasern" Duraluminiumscheiben verwendet, da Dural bei erheblich einfacherer Handhabung wegen seinem, dem E-Glas ähnlichen E-Modul eine gute Analogie erwarten ließ. Das Epoxidharz entsprach ohnehin den wirklichen Verhältnissen. Abb. 2.6.2 zeigt in zugbelasteten Makromodellen die Linien gleicher Hauptspannungsdifferenzen von quadratisch angeordneten Faserpackungen. Diese Linien nennt man *Isochromaten*. Man kann davon ausgehen, daß bei hoher *Isochromatendichte* auch hohe Spannungen vorherrschen. Das Bild d in Abb. 2.6.2 repräsentiert eine Hohlglasfasern mit einem Wandstärken/ Durchmesserverhältnis s/d = 1/10. Die Isochromatendichte ist sehr gering, daraus ist zu schließen, daß das Spannungsniveau durch die Verformbarkeit des Rings nicht hoch ist und deshalb bei intakter Haftung zwischen Faser und Harz im realen Verbund eine wesentlich höhere Querbruchdehnung zu erwarten ist. Es läßt sich leicht zeigen, daß bei gleichem Gewicht die Dicke eines Laminats aus Hohlfasern größer ist als die eines Laminats aus Vollfasern. Dazu eine Anmerkung:

Glasfaserverstärkte Kunststoffe waren die ersten modernen Verbundwerkstoffe. Sie sind gekennzeichnet durch hohe Zug- und Druckfestigkeiten, aber auch durch einen sehr geringen Modul, gemessen an den Moduli anderer Hochleistungsverstärkungsfasern. GFK ist deshalb als Werkstoff für stabilitätskritische Strukturkomponenten nicht geeignet. Dies ist ein Grund, weshalb sich GFK im Flugzeugbau bei Primärstrukturen nicht durchgesetzt hat. Der geringe E-Modul der Glasfaser führt darüber hinaus bei ausdimensionierten Strukturen zu starken Verformungen, was für die meisten Konstruktionen nicht erlaubt ist. Das *Leichtbauprinzip* sieht vor, daß man nicht nur den E-Modul und die Festigkeit optimiert, sondern auch das *Trägheitsmoment* [2.98]. Diese Möglichkeit eröffnen die Hohlfasern.

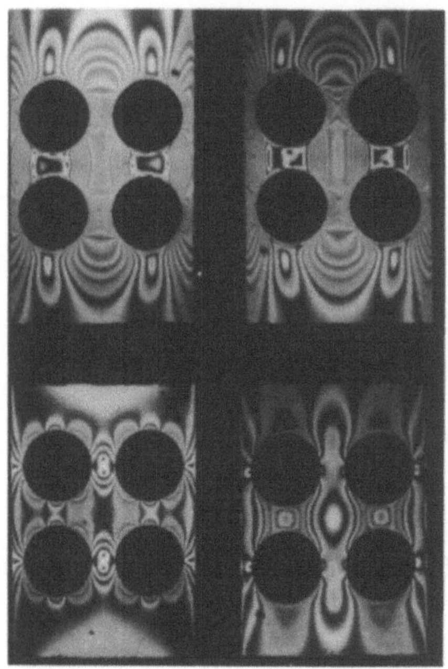

Abb. 2.6.2. Isochromatenbild am *Packungselement* mit quadratischer Anordnung. *a* Bohrungen ohne Einlagerungen, *b* eingepasste Einlagerungen ohne Haftung, *c* Einlagerungen mit Haftung zur Matrix, *d* Ringeinlagerungen mit Haftung zur Matrix [2.22[©]]

Von hohlfaserverstärkten Kunststoffen sind im Vergleich zu vollfaserverstärkten bei gleichem Gewicht folgende gewichtsbezogenen Eigenschaften zu bewerten:
- spezifische Festigkeit
- spezifischer Modul
- *spezifische Beulfestigkeit*
- *spezifische Knickfestigkeit*

   Diese Bewertung ist insofern einfach, weil bei Werkstoffen mit gleichen spezifischen Moduli derjenige beul- und stabilitätssicherer ist, der die kleinere Dichte aufweist. In [2.99, 2.100, 2.101] wird darauf detailliert eingegangen. Weitere Vorteile durch den Einsatz von Hohlfasern sieht man in einer besseren *Wärmedämmung*, in einer Verbesserung der *Beschußfestigkeit* und in einem möglichen Stofftransport durch die Kapillaren der Hohlfasern. So wurde z.B. angedacht adiabatisch aufgeheizte Luft- und Raumfahrtstrukturen aus hohlfaserverstärkten Materialien mit Kühlmittel über die Kapillaren zu kühlen. Ein Problem der Hohlfasern ist, daß in die Kapillaren Feuchtigkeit bzw. Harz eindringen kann, insbesondere über Schadstellen von hohlfaserverstärkten Kunststoffen. Zur Lösung dieses Problems sind 2 Ideen bekannt:
- Hohlglasfasern mit Schotwänden und

- geschlossene Hohlglas-Kurzfasern, die mit den bekannten Methoden ausgerichtet werden können [2.101].

Neben Hohlglasfasern gibt es auch Hohlkohlenstoffasern, allerdings nur im Labormaßstab und synthetische Hohlfasern sowie Hohlfasern aus Zellulose.

2.6.1 Hohlglasfasern

Die in [2.22] Ende der 60er Jahre durchgeführten Untersuchungen mit Hohlglasfasern der Fa. Pittsburgh Plate Glass Co, USA sowie die mechanischen und spannungsoptischen Untersuchungen an Makromodellen ergaben, daß die aus Alu simulierten Hohlglasfasern aufgrund ihres Kreisringquerschnitts der Dehnsteifigkeit des Harzes besser angepaßt werden können. Hohlglasfasern haben bei einem kleinen *Wanddicken/Durchmesserverhältnis* (s/d) ein geringes Gewicht. Damit können Laminate mit Dichten kleiner als 1 g/cm^3 realisiert werden. Solche Verbunde sind für den extremen Leichtbau geeignet. Bei kleinen s/d-Verhältnissen ist natürlich der effektive Glasquerschnitt im Faserverbund nicht sehr groß. Entsprechend gering sind deshalb die Festigkeiten und der Modul.

Typische geometrische Größen der Hohlfasern sind der *Kapillaritätsfaktor* K und das Wandstärken/Durchmesserverhältnis s/d. Abb. 2.6.3 und Abb. 2.6.4 zeigt die Zusammenhänge dieser Größen. Bei den Festigkeiten der Filamente (Einzelfaser) unterscheidet man nach Abb. 2.6.5 zwischen der Glasfestigkeit σ_{Gl} und der *Faserfestigkeit* σ_F.

Die Durchmesser von gängigen Hohlglasfasern liegen bei 50 μm und 100 μm. Fasern mit Durchmesser bis 200 μm sind erhältlich. Übliche Wandstärken/ Durchmesserverhältnisse reichen bis 1/20. In [2.102, 2.103] wurden mehrere Hohlglasfasern untersucht. Die Aufmachung dieser Fasern zeigt Abb. 2.6.6 und die Abmessungen aller untersuchten Fasern sind in Abb. 2.6.7 dargestellt. Die Festigkeiten wurden an Filamenten nach DIN 53816 ermittelt. Die Prüflänge betrug 35 mm. In Abb. 2.6.8 sind die mittleren Glaszugfestigkeiten und die Reißlängen gegenübergestellt. Die Glaszugfestigkeiten sind, bezogen auf die Zugfestigkeiten von Vollglasfasern, nicht besonders hoch. Bezieht man die gemessenen Glaszugfestigkeiten der Hohlfasern auf die Zugfestigkeiten von

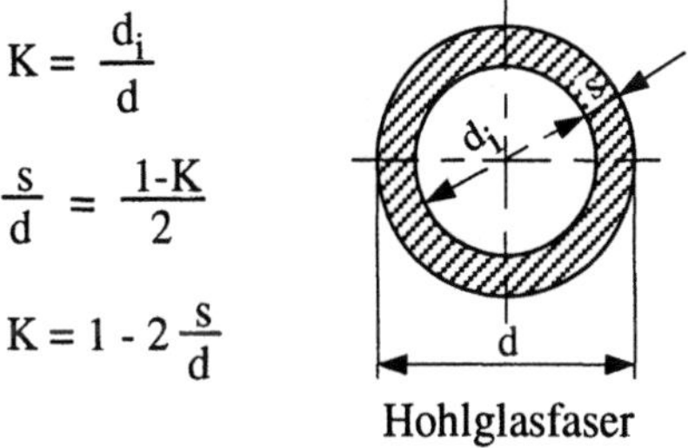

$$K = \frac{d_i}{d}$$

$$\frac{s}{d} = \frac{1-K}{2}$$

$$K = 1 - 2\frac{s}{d}$$

Abb. 2.6.3. Kapillaritätsfaktor K von Hohlfasern [2.99]

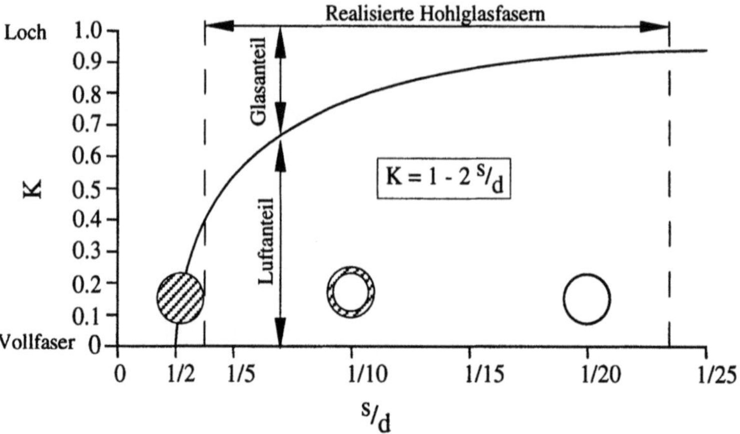

Abb. 2.6.4. Abhängigkeit des K-Faktors von Hohlfasern vom Wandstärken/ Durchmesserverhältnis s/d [2.98]

vollen E-Glasfasern, dann erreicht man mit der Hohlfaser nur 10 bis 20 %. Da dieser Ausnutzungsgrad sehr nieder erschien, wurden in [2.102] noch volle E-Glasfasern geprüft; dabei stellte sich heraus, daß die angegebenen Festigkeiten auch nicht erreicht wurden. Die geprüften Fasern waren mit 10 μm und 14 μm unterschiedlich dick. Die Festigkeiten lagen bei 800 bis 900 MPa.

Es ist bekannt, daß die Zugfestigkeit von Fasern mit abnehmendem Durchmesser zunimmt. Dafür gibt es einige Erklärungen, wie z.B. die größere Verstreckung der dünneren Faser und ihre geringere Fehlerhäufigkeit (siehe Abschn. 2.2).

Betrachtet man in Abb. 2.6.9 die *Glas-* und Faser*festigkeiten* der Hohlglasfasern nach Abb. 2.6.1.4, dann findet man, daß die dünnwandigen Fasern mit den größeren Verstreckungsgraden etwas höhere Festigkeiten aufweisen.

Die Abb. 2.6.10 und 2.6.11 zeigen Hohlfaser vom Typ A und C nach Abb. 2.6.6.

Glasfestigkeit $\quad \sigma_{GL} = \dfrac{F_B}{\pi * \dfrac{d^2 - d_i^2}{4}}$

Faserfestigkeit $\quad \sigma_F = \dfrac{F_B}{\pi * \dfrac{d^2}{4}}$

$F_B \triangleq$ Bruchlast

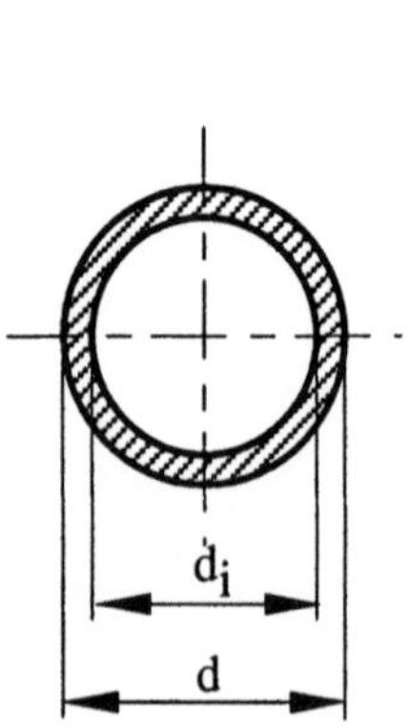

Abb. 2.6.5. Definition der Glas- und Faserfestigkeit von Glasfaserfilamenten [2.102]

d [μm]	s/d=1/5	s/d=1/7.5	s/d=1/10	s/d=1/12.5	s/d=1/15
50	I		L,M		K
100	F	G			
150	A	E	H		
200		B		C	
250					D

Abnahme des spez. Gewichts →

Abb. 2.6.6. /Definition von *Hohlglasfasertypen* [2.99]

Von der Fa. Owens Corning Fibreglas Corp. in Toledo, Ohio-USA wurde jüngst eine Hohlglasfaser auf der Basis der erfolgreichen S-2-Vollglasfaser entwickelt. Ziel dieser Entwicklung war die Herstellung von Fasern mit den Eigenschaften einer E-Glasfaser und der Möglichkeit weiterer Gewichtseinsparungen.

Die Hohlfaser S-2H ist gegenüber vollen E- und S-2-Fasern um 20 bis 30 % leichter. Der Außendurchmesser ist 11,5 bis 12 μm und der Innendurchmesser 6 bis 7 μm. Gegenüber vollen E-Glasfasern sind die mechanischen Eigenschaften gleich, was sicherlich auch auf den sehr kleinen Außendurchmesser und eine kleine Wanddicke von ungefähr 3,5 μm zurückzuführen ist. Abb. 2.6.12 zeigt die wichtigsten Eigenschaften der Hohlglasfaser S-2H im Vergleich zu der vollen E- und S-2-Glasfaser.

Fasertyp	Außen-Ø [*] d [μm] $x_m \pm q$	Wanddicke [**] s [μm] $x_m \pm q$	Glasfläche [***] A_{Gl} [mm^2]
A	158.5 ±2.7	24.6 ±0.6	0.0103
B	177.0 ±6.1	21.7 ±0.5	0.0106
C	201.8 ±7.2	17.1 ±0.8	0.0099
D	251.8 ±6.1	15.1 ±0.5	0.0111
E	152.7 ±10.0	21.7 ±0.6	0.0089
F	86.1 ±2.7	19.5 ±0.4	0.0041
G	125.4 ±6.4	16.5 ±0.6	0.0056
H	146.0 ±4.8	14.9 ±0.5	0.0061
J	69.1 ±1.8	14.3 ±0.4	0.0025
K	55.1 ±9.1	5.0 ±0.3	0.0008
L	51.0 ±5.9	6.7 ±0.2	0.0009
M	51.9 ±7.7	7.1 ±0.4	0.0010

Abb. 2.6.7. *Abmessungen* der untersuchten *Hohlglasfasern.* $\bar{x}$ Mittelwert, ± q Weite des Vertrauensbereiches des Mittelwertes bei 95% statischer Sicherheit, * statistische Auswertung nach DIN 55302: x_m aus 10 Messungen, ** = statistische Auswertung nach DIN 55302: x_m aus 50 Messungen, *** = errechnet aus $(x_m)^{0.5}$ von d, d_i [2.99]

Fasertyp	Glaszugfestigkeit $\sigma_{Gl} = \dfrac{F_B}{A_{Gl}}$ [MPa]	spez. Glasfestigkeit R_{Gl} [km]	Bemerkung
A	315.1	12.45	$R_{Gl} = \sigma_{Gl}/\rho_{Gl}$ [km]
B	294.2	11.62	$(\rho_{Gl} = 2.53$ g/cm^3)
C	324.6	12.51	
D	279.3	11.03	
E	326.1	12.89	
F	332.2	13.12	
G	363.1	14.35	
H	307.2	12.13	
J	364.0	14.39	
K	312.0	12.57	
L	438.3	17.66	
M	339.4	13.67	

Abb. 2.6.8. Mittlere Glaszugfestigkeiten und *Reißlängen* von Hohlglasfasern nach Abb. 2.6.6. [2.99]

Der Wärmeausdehungskoeffizient α ist mit $1{,}8 \cdot 10^{-6}$/K erstaunlich gering. Das gleiche gilt auch für die dielektrische Konstante E.

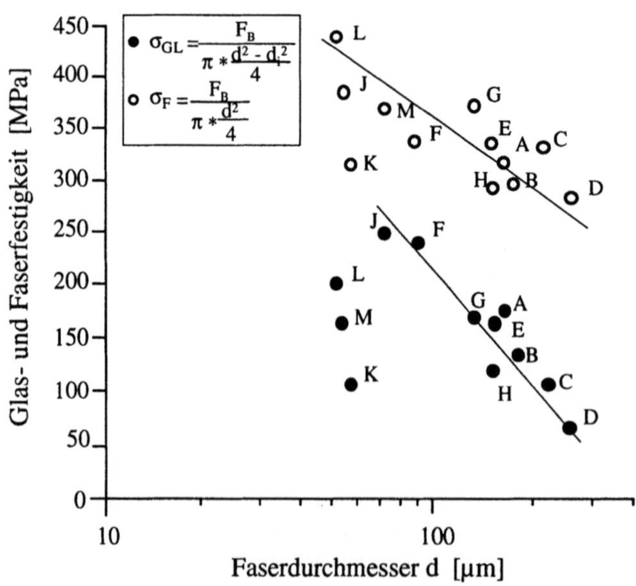

Abb. 2.6.9. Glas- und Faserfestigkeiten von Hohlglasfasern nach Abb. 2.6.6. [2.99]

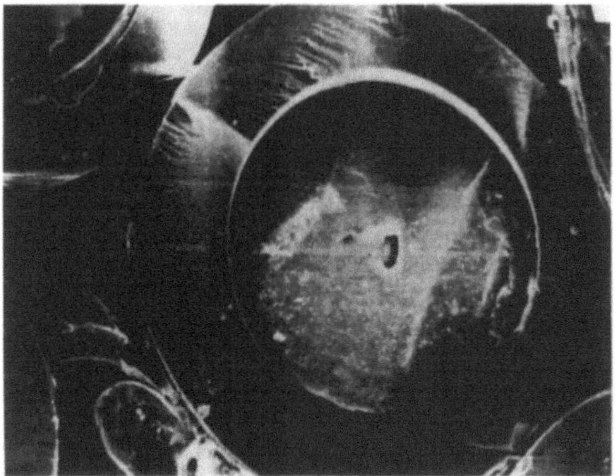

Abb. 2.6.10. Hohlglasfasern vom Typ A nach Abb. 2.6.6, Vergrösserung 500x, Betrachtung in Faserlängsachse [2.99©]

2.6.2 Hohlkohlenstoffasern

Von allen Kohlenstoffasern ist unter Berücksichtigung der Preise die Standardfaser auf der Basis von Polyacrylnitiril (PAN) die aussichtsreichste für Anwendungen im sogenannten "High Volume market".
Die Ergebnisse mehrerer Marktstudien zeigen, daß mit Faserpreisen von 25.-- bis 35.-- DM/kg Kohlenstoffasern in sehr großen Mengen abgesetzt werden

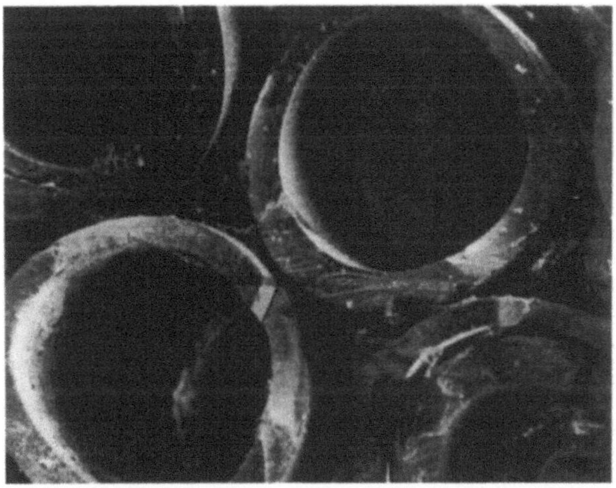

Abb. 2.6.11. Hohlglasfasern vom Typ C nach Abb. 2.6.6, Vergrösserung 400x, Betrachtung in Faserlängsachse [2.99©]

	Bez.	Einheit	Hohlfaser S-2H	Voll- faser S2	E-Glasfaser
Modul	E	GPa	47.7	58.6	44.8
Zugfestigkeit	σ	MPa	1447	1998	1102
Wärmeausdehnungskoeff.	α	10^{-6}/K	1.8	1	3.8
Dielektr. Konstante [1]	ε	-	3.2	3.9	4.7

Abb 2.6.12. Mechanische und *physikalische Eigenschaften* von Hohlglasfasern vom Typ S-2H, vom Typ S-2 von Owens Corning und E-Glasfasern, [1] bei 24°C / 10 GHz

können. Trotz der sehr schlechten Zug- und Druckfestigkeiten von Kohlenstoffasern auf Pechbasis verspricht man sich auf die Dauer ein ausgewogeneres Eigenschaftsspektrum und sehr viel günstigere Preise. Dies ist dadurch begründet, daß das Vormaterial für Pechkohlenstoffasern im Schmelzspinnverfahren aus flüssigkristallinem Mesophasenpech hergestellt wird (siehe Abschn. 2.1). Dagegen wird die PAN-Kohlenstoffaser aus der Lösung gesponnen, wobei große Mengen von Lösungsmitteln erforderlich sind. Dazu kommt, daß Pech in sehr großen Mengen vorhanden ist, gegenüber PAN nur halb so teuer ist und der *Kohlenstoffgehalt* mit ~90 % gegenüber ~50 % von PAN sehr hoch ist. Ein weiterer Vorteil der Pechfaser ist eine sehr viel höhere molekulare Ausrichtung als die der PAN-Kohlenstoffasern. Bei Faser mit gleichem Modul kann deshalb bei Pechfasern die Wärmebehandlungstemperatur gegenüber der PAN-Faser geringer sein. Nach [2.6] scheint es deshalb möglich, Kohlenstoffasern auf Pechbasis zu Preisen von $ 18 - 25/kg herzustellen. Die Abb. 2.6.13 zeigt die Abhängigkeit von kommerziell erhältlichen Kohlenstofffasern in Abhängigkeit der Fasereigenschaften und der Vormaterialien.

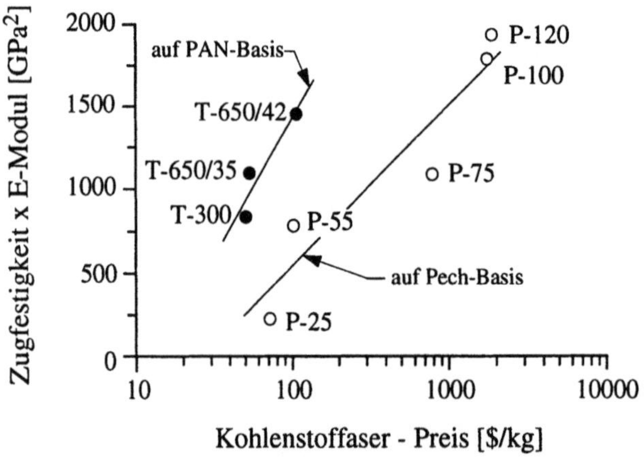

Abb. 2.6.13. Abhängigkeit der Kohlenstoffaserpreise von den mechanischen Eigenschaften (Produkt aus Festigkeit und Modul) [2.10]

Die billigste Pechfaser kostet demnach $ 70/kg und die billigste PAN-Faser $ 50/kg. Diese Angaben aus Abb. 2.6.13 stammen aus dem Jahr 1991. Mittlerweile liegen die kostendeckenden Preise von PAN-Standardfasern bei DM 45.- bis DM 50.-/kg. Durch leichte Veränderungen des Eigenschaftsspektrums (Festigkeit, Modul) sind Faserpreise um DM 35.--/kg möglich. Bezogen auf den High Volume Market bleibt aus heutiger Sicht im günstigsten Fall eine Differenz von ungefähr DM 10.--/kg.

Man kann davon ausgehen, daß diese Lücke in den nächsten Jahren geschlossen wird. Dafür gibt es nach [2.6, 2.10] mehrere Ansätze, u.a. auch durch die Entwicklung von hohlen Kohlenstoffasern.

Wie in Abschn. 2.6.1 "Hohlglasfasern" ausgeführt, bieten hohle Fasern die Möglichkeit bei gleichem Gewicht dicker und bei gleicher Dicke leichter zu bauen. Dies gilt für Kohlenstoffaser noch ausgeprägter als für Glasfasern, da die Dichte von Kohlenstoffasern mit ungefähr 1,7 g/cm^3 gegenüber der von Glasfasern mit 2,6 g/cm^3 wesentlich kleiner ist.

Nach [2.10] sind hohle Kohlenstoffasern auch deshalb interessant, weil damit das Impact- und Druckverhalten von faserverstärkten Kunststoffen wesentlich verbessert werden kann. Weitere Anwendungen von hohlen C-Fasern sieht man im medizinischen Bereich, z.B., zur Filterung und Trennung von *Bio-Molekülen*. Die ersten Versuche zur Herstellung von hohlen Kohlenstoffasern gehen auf Arbeiten von Fitzer [2.104] und Geigl [2.105] in den Jahren 1979/1980 zurück.

In [2.105] wurde eine Prekursorhohlfaser durch Strangpressen einer PAN-Lösung durch eine Kapillare nach Abb. 2.6.14 hergestellt. Nach dem Austritt aus der Kapillare wurde die Hohlfaser in ein Fällbad geführt, in dem das Polymer ausgefällt wurde und das Hohlfaser-Vormaterial bildete. Bei diesen Untersuchungen wurde festgestellt, daß es schwierig war das Lösungsmittel aus dem Inneren der Hohlfaser zu entfernen. Die karbonisierten Kohlenstoffasern hatten mit einer durchschnittlichen Zugfestigkeit von 0,7 GPa und einem Modul von 130 GPa mäßige Eigenschaften. Höhere Karbonisationstemperaturen verbesserten zwar die Eigenschaften auf 0.9 GPa bzw. 210 GPa etwas, die eigentlichen Erwartungen konnten jedoch nicht erreicht werden.

Durch diese frühe Arbeit konnte gezeigt werden, daß Hohlkohlenstoffasern im Lösungsspinnverfahren hergestellt werden können. Etwas später wurde in [2.106] ein ähnliches Verfahren zur Herstellung von schmelzgesponnenen isotropen Kohlenstoffhohlfasern auf Pechbasis angewendet. Die Spinndüse bzw. das Extrusionswerkzeug war dem von Geigl [2.105] ähnlich, siehe Abb. 2.6.14. Die Festigkeiten von Kohlenstoffasern aus diesem Vormaterial betrug nur 1 GPa. Darauf hin wurden Untersuchungen zum Schmelzspinnen von *flüssigkristallinem Mesophasenpech* durchgeführt, was sich als sehr schwierig erwies. Das Problem liegt vermutlich an der Beschaffenheit der Mesophase, die ein gleichmäßiges Fließen während der Extrusion durch die Kapillare behindert. Offensichtlich ist die genaue Positionierung des Inserts der Düse (Abb. 2.6.14) ein ernstes Problem, weil bei Ungenauigkeiten das Fließverhalten der flüssigkristallinen Mesophase sehr stark beeinträchtigt wird. Dies ist auch der Grund dafür, daß bei kommerziell hergestellten *Polymerhohlfasern* keine Inserts verwendet werden. Polymer-hohlfaser, die z.B. für Membranen verwendet werden bestehen aus C-förmigen oder segmentierten, ringförmigen Kapillaren.

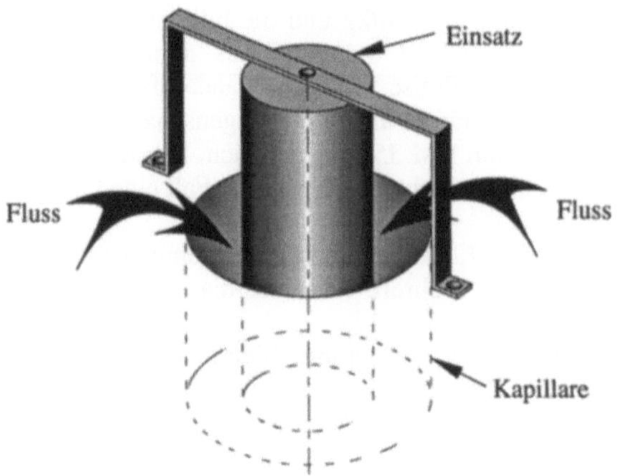

Abb. 2.6.14. Spinndüse zur *Herstellung* von lösungsgesponnenen *Hohlfasern* [2.6]

In [2.6] wurden *Hohlkohlenstoffasern* auf Pechbasis mit C-förmigen Spinndüsen hergestellt, Abb. 2.6.15. In weiterführenden Untersuchungen in [2.106] wurde erkannt, daß die Faserbildung wesentlich einfacher ist, wenn eine Seite der C-förmigen Düse aufgedickt ist, Abb. 2.6.16.

Wie Abb. 2.6.17 zeigt, sind die Eigenschaften so hergestellter Fasern mit denen von kommerziellen Vollfasern vergleichbar. Die aufgeführte Vollfaser P-755 auf Pechbasis wird von der Fa. Amoco vertrieben.

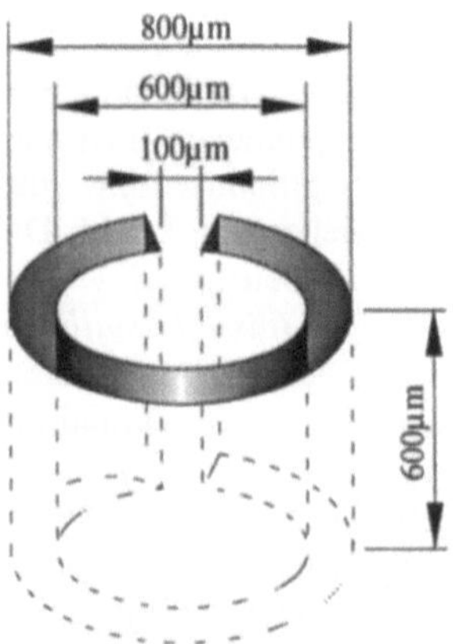

Abb. 2.6.15. C-förmige Spinndüse zur Herstellung von schmelzgesponnenen Hohlkohlenstoffasern auf Pechbasis [2.6]

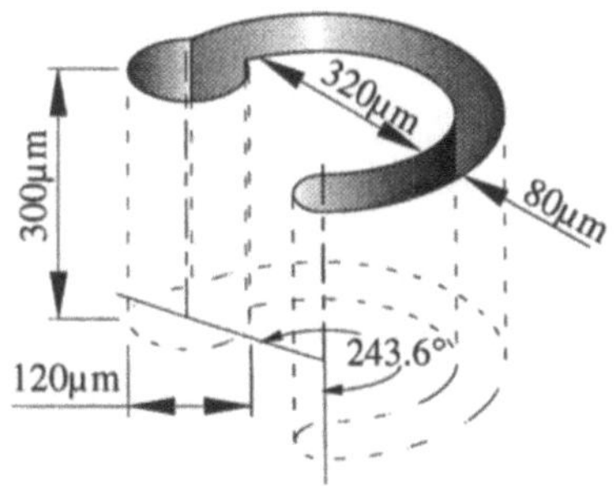

Abb. 2.6.16. Auf einer Seite aufgedickte C-förmige Spinndüse zur Herstellung von schmelzgesponnenen Hohlkohlenstoffasern auf Pechbasis [2.6]

Alternativ zur C-förmigen Düse wurde in [2.6] eine aus drei Bogensegmenten bestehende Düse entwickelt, Abb. 2.6.17. Die drei aus der Spinndüse gepreßten Mesophasenströme verbinden sich wieder vor der Erstarrung.

Trotz der großen Querschnittsfläche von 1100 μm^2 von hohlen Kohlenstoffasern waren gegenüber der Querschnittsfläche einer Vollfaser von 110 μm^2 die mechanischen Eigenschaften praktisch identisch. Die durchgeführten Untersuchungen zeigen, daß Hohlkohlefasern über Eigenschaften verfügen, die denen von Vollfasern gleichwertig sind.

Die Kommerzialisierung von Hohlkohlenstoffasern steht noch an.

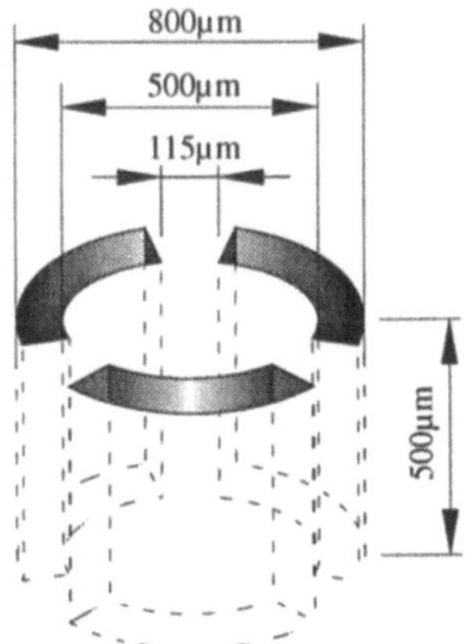

Abb. 2.6.17. Spinndüse aus drei Bogensegmenten zur Herstellung schmelzgesponnener Hohlkohlenstoffasern auf Pechbasis [2.6]

2.6.3 Hohle Zellulose- und Polymerfasern

Der Vollständigkeit wegen wird darauf hingewiesen, daß sich das Thüringische
Institut für Textil- und Kunststofforschung e.V. in Rudolstadt mit Hohlfasern
beschäftigt, insbesondere mit der Herstellung von hohlen *Zellulosefasern*. Diese
Fasern sind wegen ihrer geringen Dichte als Komponente in Hybridwerkstoffen
sehr interessant. Erste experimentelle Untersuchungen hierzu laufen bereits.

Eine polymere Hohlfaser aus Polyester wird unter dem Handelsnamen Diolen-
190ST von AKZO vertrieben [2.107]. Auch diese Faser ist wegen ihrer
geringeren Dichte und hohen Bruchdehnung ($\sim$ 12 %) als Komponente von
Hybridwerkstoffen sehr geeignet. Zusammen mit Kohlenstoffasern spart man
nicht nur Gewicht, sondern erhöht auch die Versagenstoleranz solcher Verbunde
extrem.

Zusammenfassend ist festzuhalten, daß der Einsatz von Hohlfasern als
Verstärkung von Kunststoffen noch bescheiden ist und sich die Möglichkeiten mit
Hohlfasern noch weiter entwickeln müssen. Fraglos bieten Hohlfasern ein
beträchtliches Potential hinsichtlich extremem Leichtbau und sind wegen ihren
besonderen Eigenschaften prädestiniert als Komponente in multifunktionalen
Verbundwerkstoffen.

## 2.7	Hochgeordnete Polymerfasern

Die ersten *synthetischen Polymerfasern*, wie z.B. die Polyamidfaser (Nylon), die Polyesterfaser (Diolen) und die normale Polyethylenfaser sind bei technischen Anwendungen nur bei niedrigen Temperaturen (< 100°C) geeignet. Die mechanischen Eigenschaften dieser Fasern sind nicht besonders gut . Die Moduli sind sehr klein, so daß sie zur Verstärkung von Kunststoffen nicht in Frage kommen. Unter Verstärkung ist dabei vor allem eine Erhöhung der Festigkeit und der Steifigkeit zu verstehen. Andere mechanische Eigenschaften wie *Schlagzähigkeit* und Versagenstoleranz lassen sich durch Einbettung solcher Fasern in Kunststoffe sehr wohl verbessern. Im Vergleich zu den Kohlenstoffasern, den Aramid- und den hochverstreckten Polyethylenfasern sind diese Fasern durch relativ schlechte mechanische Eigenschaften, hoher Viskoelastizität, geringe Umweltbeständigkeit und durch schlechte Beständigkeit gegen Chemikalien gekennzeichnet.

Die ersten synthetischen Polymerfasern mit Verstärkungseffekt bei Verbundwerkstoffen waren die nahezu gleichzeitig von Du Pont und AKZO entwickelten Aramidfasern. Die Aramidfasern zeigen neben sehr guten mechanischen Eigenschaften auch eine höhere thermische Beständigkeit sowie Beständigkeit gegen Einwirkungen von Chemikalien und Umwelt. Zeitlich etwas später konnten dann durch verbesserte Verfahrenstechniken Polyethylenfasern mit hochverstreckten und gerichteten Molekülketten hergestellt werden. Die hochverstreckten Polyethylenfasern zeichnen sich durch einen hohen Modul und eine hohe Zugfestigkeit aus, ihre thermische Beständigkeit und die Druckfestigkeit sind allerdings immer noch relativ gering (siehe Abschn. 2.4).

Die hier beschriebenen Fasern weisen vor allem eine extrem hohe Wärmeformbeständigkeit auf, bei hohen Zugfestigkeiten und hoher Beständigkeit gegen Umwelteinflüsse und Einwirkungen von Chemikalien [2.108, 2.109]. Diese *Fasern* lassen sich in *starre* und *halbstarre* unterscheiden , wobei die ersteren als Verstärkungsfasern geeignet sind, die letzteren jedoch nicht .

Die wichtigsten Vertreter der starren Typen sind nach [2.108]:
- Poly (p-phenylen-2,6-benzol [1,2-d: 4,5-d'] bisthiazol (PBZT) und
- Poly (p-phenlyen-2,6-benzol [1,2-d: 4,5-d'] bisoxazol (PBO)

Die Moleküle dieser Polymere bzw. Fasern zeichnen sich durch eine sehr hohe Steifigkeit und geringe Viskoelastizität aus. Wegen ihrer hohen Steifigkeit bilden die Moleküle hoch geordnete Strukturen. Es sind *aromatische, heterozyklische Stabmoleküle*. Der thermische Abbau dieser Fasern liegt bei 600°C bis 700°C. Halbstarre Varianten sind:
- *Poly - 2,5 - benzoxazol* (ABPBO)
- *Poly - 2,6 - benzothiazol* (ABPBT)
- *Poly - 2,5 (6) - benzimidazol* (ABPBI)

Die hochgeordneten Polymerfasern werden in Verbundwerkstoffen verwendet und die Polymere finden Anwendungen in Molekularverbundwerkstoffen. Nach [2.108] geht der Ursprung des Molekular-Verbundwerkstoffkonzepts auf die

Entwicklung flüssig-kristalliner, hochgeordneter Polymere zurück, in denen die Moleküle mit flexibler Kette als Matrix benutzt werden. *Imidazolverbindungen* sind seit langem als thermisch stabil bekannt. In den 60er Jahren wurden Typen von Polybenzimidazolen, Polybenzothazolen und Polybenzoxazolen mit ausgezeichneter Wärmeformbeständigkeit synthetisiert. Anfangs der 70er Jahre konzentrierte sich insbesondere das Wright Patterson Research and Development Center (AFWAL) der Wright Patterson Air Force Base auf die Synthese hochschmelzender, aromatischer, heterozyklischer Polymere für Anwendungen im Hochtemperaturbereich. Erste Ergebnisse dieses Programms waren die bekannten Leiterpolymere BBB und BBL, sie wurden jedoch wegen Problemen in der Verarbeitung nicht weiterverfolgt, obwohl diese Polymere ausgezeichnete Wärmeformbeständigkeit und potentiell sehr gute mechanische Eigenschaften und elektrische Leitfähigkeit aufwiesen.

Mittlerweile ist man an diesen beiden Systemen wieder interessiert [2.109]. Das Hauptinteresse des AFWAL richtete sich auf die hochsteifen Stabpolymere PBZT, PBO und PDIAB (*Benzobisimidazol*), wobei das letztere nur mit begrenztem Molekulargewicht hergestellt werden konnte, da es die Tendenz hat, während der Polykondensationsreaktion in *Polyphosphorsäure* aus der Lösung auszukristallisieren.

Die ersten Fasern, die aus PBZT gesponnen wurden, zeigten ein großes Potential an überlegenen thermischen und guten mechanischen Eigenschaften.

Die aus PBO gesponnenen Fasern waren gegenüber den PBZT-Fasern vom Eigenschaftsspektrum her gleichwertig. Durch eine Verfahrensverbesserung bei der Synthetisierung von PBO durch die Fa. Dow Chemical lassen sich mittlerweile PBO-Fasern sehr kostengünstig herstellen. Die Faser von DOW Chemical befindet sich derzeit in einer Marktentwicklungsphase [2.110, 2.111, 2.112].

Die hochgeordneten Polymere werden mittlerweile auch auf andere als nur mechanische Eigenschaften hin untersucht, wie z.B. elektrische Eigenschaften und nichtlineare optische Eigenschaften.

In Abb. 2.7.1 sind die, sich im Polymer wiederholenden, chemischen Einheiten der "Hochgeordneten" Poylmeren dargestellt [2.109].

Die obere Gruppe in der Abb. 2.7.1 sind die Einheiten der bekannten Leiterpolymere BBB und BBL, die sich in der Mitte der Abbildung befindlichen sind die Einheiten der starren Polymere und die in der unteren Gruppe die der halbstarren Polymere. Die letzteren sind, wie bereits erwähnt, zur Verstärkung von Matrices nicht geeignet.

2.7.1 Herstellung der Polymere und der Fasern

Die Synthese von Trans-PBZT erfolgt über eine stufenweise Kondensationspolymerisation von 2,5 diamono-1,4 Benzol-Dithiol Hydrochlorid (DABDT) und Terephtalsäure (TA), Abb. 2.7.2. Die Polymerisation von Cis-PBO erfolgt mit 4,6-diamino-1,3 Benzoldiol Dihydrochlorid (DABDO) und Terephtalsäure, Abb. 2.7.3. Beide Polymerisationen werden in Polyphosphorsäure (PPA) durchgeführt. Die dafür erforderliche Terephthalsäure (TA) ist in großen Mengen in Teilchengrößen von 50 μm und 100 μm erhältlich. Zur Polymerisation

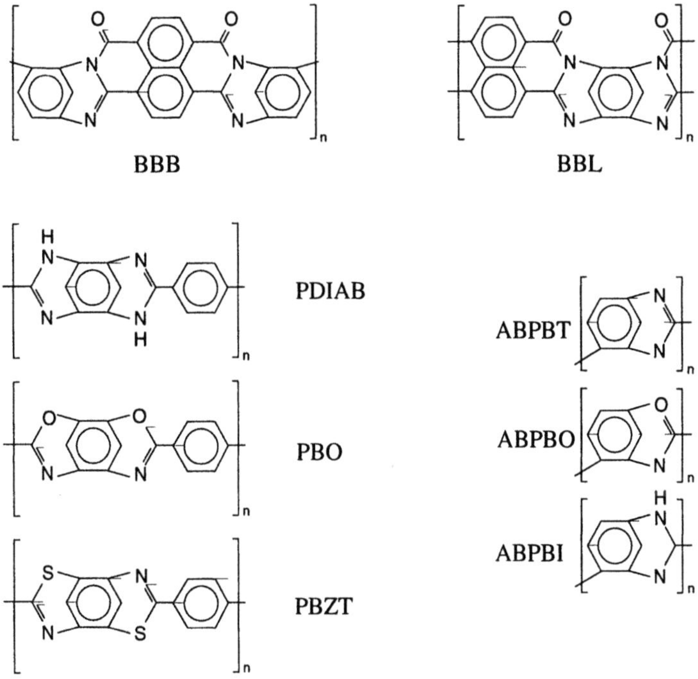

BBB

BBL

PDIAB

ABPBT

PBO

ABPBO

PBZT

ABPBI

Abb. 2.7.1. Chemische, sich wiederholende Grundeinheiten von verschiedenen "Hochgeordneten Polymeren" [2.108]

in Phosphorsäure müssen die TA-Teilchen vollständig aufgelöst sein, dazu sind Teilchen kleiner als 10 μm erforderlich.

Zur Herstellung der Fasern müssen die hochgeordneten Polymeren in Lösung gebracht werden , was sehr schwierig ist. Die Polymere PBZT und PBO sind nur in sehr starken *protischen Säuren*, wie z.B. Polyphosphorsäure (PPA), *Methan-*

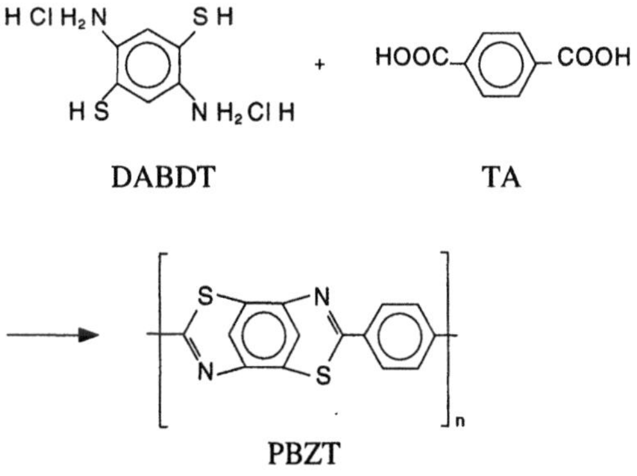

DABDT   TA

PBZT

Abb. 2.7.2. Synthese von PBZT [2.108]

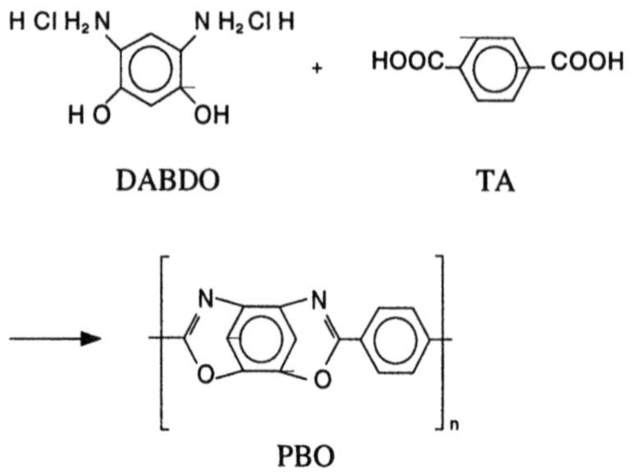

DABDO

TA

PBO

Abb. 2.7.3. Synthese von PBO [2.108]

sulfonsäure (CSA), *Trifluoressigsäure* (TFA) und 100 % Schwefelsäure löslich. Die Faser wird also aus flüssig-kristallinen Lösungen hergestellt, in denen die Ordnung der Moleküle gegenüber den herkömmlichen Polymeren stark erhöht werden kann [2.113 - 2.116].

Das Spinnen der Fasern aus Lösungen mit hochgeordneten *Stabpolymeren* erfolgt im *Trockenstrahl-Naßspinnverfahren*, dabei wird die Lösung unter Anwendung von Druck und Temperatur in ein *Fällbad (Koagulationsbad)* extrudiert. Danach wird die Faser gewaschen und getrocknet [2.108, 2.117].

"As-spun" Fasern werden hergestellt, indem die n*ematische Lösung* durch Spinndüsen in Wasser gesponnen wird. Es wurden allerdings auch andere Koagulate als Wasser verwendet, wie z.B. verdünnte Phosphorsäure, Methanol und NH_4OH. Die Faser wird danach getrocknet und unter Zugbelastung wärmebehandelt. Die Temperaturen liegen in der Regel zwischen 500°C und 700°C bei Verweilzeiten von wenigen Sekunden bis mehreren Minuten. Dieses Verfahren ist praktisch identisch mit dem Spinnen von Aramidfasern aus aromatischen Polyamidlösungen.

Andere hochgeordnete Polymerfasern, wie BBB, BBL, PBO, ABPBT, ABPBO und ABPBI werden ebenfalls im Trockenstrahl-Naßspinnverfahren hergestellt.

Abb. 2.7.4 zeigt eine sehr vereinfachte Darstellung der Faserspinnanlage.

2.7.2 Struktur und Morphologie der Fasern

Beim Spinnen von PBZT- und PBO-Fasern entsteht während der Koagulation ein Netz von ausgerichteten Mikrofibrillen, deren Durchmesser zwischen 7 bis 10 nm ist [2.118, 2.119]. Dieses Netz ist die Grundlage für die Struktur der Fasern und deren Eigenschaften. Die Koagulation bestimmt die Struktur und Morphologie der Faser maßgeblich mit. Abb. 2.7.5 zeigt die Rasterelektronenmikroskop-Aufnahme einer unter Druck belasteten PBO-Faser. Die fibrilläre Struktur der Faser ist deutlich zu erkennen.

In [2.108, 2.120] wird von Sawyer und Jaffe für ausgerichtete *flüssigkristalline Polymere* eine hierarchische Struktur vorgegeben. Nach diesem Modell besteht

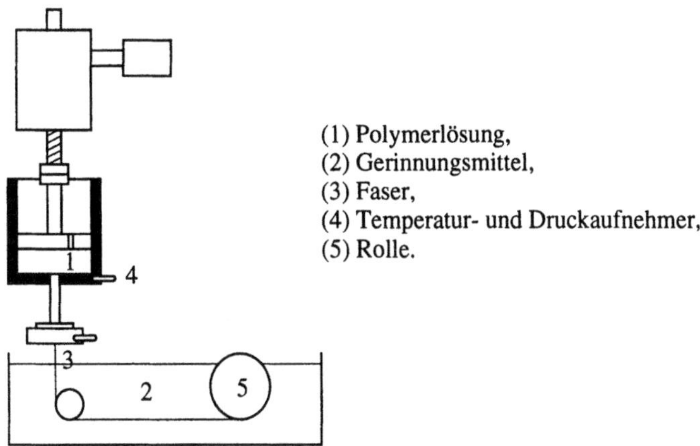

Abb. 2.7.4. Schematische Darstellung der *Faserspinnanlage* [2.108]

eine Faser aus *Makrofibrillen* und Mikrofibrillen mit typischen Durchmessern von jeweils 5 µm, 0,5 µm und 0.05 µm. Diese diskreten Fibrillen/Mikrofibrillengrößen sind allerdings nicht immer zu beobachten. Bei "as-spun" PBZT-Fasern stellt man bei Mikrofibrillen durchschnittliche Durchmesser von 7nm fest [2.119].

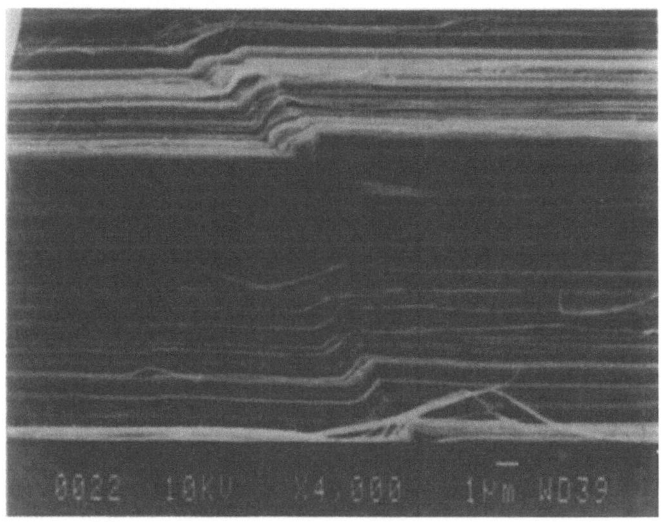

Abb. 2.7.5. Raserelektronenmikroskop-Aufnahme einer druckbelasteten PBO-Faser [2.108©]

Eigenschaft	PBZT			PBO		
	AS	525°	650°	AS	600°	665°
Zugfestigkeit, GPa	2.1	3.2	3.9	4.6	4.9	3.0
Bruchdehnung, %	2.1	1.2	1.4	2.8	1.7	1.2
Schubmodul, GPa	186	283	290	166	318	290

Abb. 2.7.6. Zugeigenschaften von PBZT- und PBO-Fasern [2.108]

2.7.3 Eigenschaften der hochgeordneten Polymerfasern

Mechanische Eigenschaften Die Zugeigenschaften von "as-spun" Fasern (as) und von jeweils bei zwei Temperaturen wärmebehandelten *PBZT-* und *PBO-Fasern* zeigen Abb. 2.7.6 aus [2.108]

Bei beiden Fasern nimmt der Fasermodul bei Wärmebehandlung zu. Die Bruchdehnung bei den as-spun-Fasern liegt bei 2 %, während sie bei wärmebehandelten Fasern zwischen 1 % und 2 % liegt. Die Zugfestigkeiten der PBO-Fasern scheinen gegenüber denen der PBZT-Fasern etwas höher zu sein.

Bei halbstarren Polymerfasern aus ABPBO und ABPBT wurde ein Modul von 140 GPa und eine Zugfestigkeit von 3 GPa erzielt. Diese Fasern sind also sehr viel weniger steif als die PBZT- und PBO-Fasern.

Die Druckfestigkeiten der hochgeordneten Polymerfasern sind, wie bei fast allen Polymerfasern, sehr gering. Die in Abb. 2.7.7 angegebenen Druckfestigkeiten wurden aus den Daten von unidirektionalen Epoxydverbunden berechnet [2.108]. Diese "Faserdruckfestigkeiten" zeigen im Vergleich zu anderen Verstärkungsfasern eine Schwäche der PBO-, PBZT- und *ABPBO-Fasern*, wobei die letztere auch noch einen geringen Modul aufweist.

Material	E-Modul (GPa)	Zugfestigkeit (GPa)	Dichte (g/cm^3)	Vergleichs-anstrengung (GPa)
PBO	360	5.7	1.58	0.2, 0.4
PBZT	325	4.1	1.58	0.26, 0.41
ABPBO	140	3.1	1.40	0.21
Kevlar 149	185	3.4	1.47	0.32, 0.46
S-Glas	90	4.5	2.46	1.1
Boron	415	3.5	2.5 - 2.6	5.9
Nicalon	200	2.8	2.8	3.1
Al$_2$O$_3$	350 - 380	1.7	3.7	6.9
Kohlenstoffasern:				
P-100	725	2.2	2.15	0.48
T-40	290	5.7	1.81	2.8
DuPont E-130	900	3.9	2.19	
Toray M60J	585	3.8	1.94	1.67

Abb. 2.7.7. Mechanische Eigenschaften von PBO-, PBZT- und ABPBO-Fasern im Vergleich mit anderen Verstärkungsfasern [2.108]

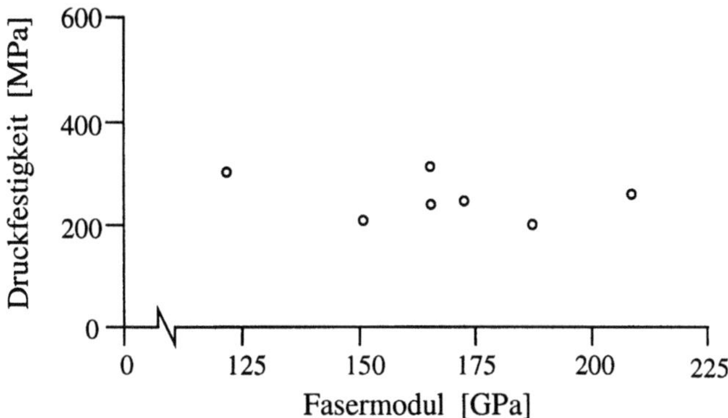

Abb. 2.7.8. Druckfestigkeit von PBO-Fasern in Abhängigkeit des Fasermoduls [2.108]

Die sehr geringe Druckfestigkeit der hochgeordneten Polymerfasern einschließlich der Aramidfasern wird auf das *mikrofibrilläre/fibrilläre Beulen* zurückgeführt. Abb. 2.7.8 macht deutlich, daß die Druckfestigkeit von PBO-Fasern nicht vom Modul abhängt. Zur Verbesserung der Druckfestigkeit der hochgeordneten Polymerfasern werden momentan große Anstrengungen unternommen. Dazu muß man im Ansatz wissen, welche Faktoren die Druckfestigkeit beeinflussen und Kenntnisse über die Versagensmechanismen bei Druckbelastung besitzen. Als Faktoren gelten Faserbeulen bzw. *Faserknicken*, das bereits erwähnte Beulen der Fibrillen und Mikrofibrillen, die Glasübergangstemperatur, die Mikrostruktur/Morphologie und die intermolekulare Wechselwirkung [2.108]. Auf diesen Gebieten sind noch Forschungsarbeiten erforderlich. Hilfreich sind dabei die mit Aramidfasern durchgeführten Untersuchungen. Man weiß, daß die Druckfestigkeit von Aramidfasern nicht durch Faserbeulen eingeschränkt wird, sondern auf das mikrofbrilläre/fibrilläre Beulen und auf das Abgleiten der Kettenmoleküle zurückzuführen ist.

In Abb. 2.7.9 sind von verschiedenen Verstärkungsfasern die spezifischen Moduli gegen die spezifischen Zugfestigkeiten aufgetragen. Dabei nimmt die hochgeordnete PBO-Faser einen sehr hohen Rang ein.

Abb. 2.7.10 zeigt die theoretisch möglichen Zugmoduli von verschiedenen Verstärkungsfasern. Zur Berechnung wurden das *Austin-Modell* (AM1) und das *MNDO-Modell* (Modified Neglect of Differential Overlap) verwendet. Diese Moduli sind Bruchmoduli und gelten für den perfekten Werkstoff mit idealer Ausrichtung. Interessant dabei ist, daß mit dem AMI-Modell für Kohlenstoff ein theoretischer Modul von 1500 GPa ermittelt wurde. Bisher wurde von einem theoretischen Modul von 1050 GP ausgegangen.

Thermische Eigenschaften. Die Ergebnisse von thermogravimetrischen Analysen (TGA) von verschiedenen hochgeordneten Polymeren zeigt Abb. 2.7.11. Die Abb. 2.7.3.6 zeigt die TGA von PBZT-, PBO- und PBI-Polymeren.

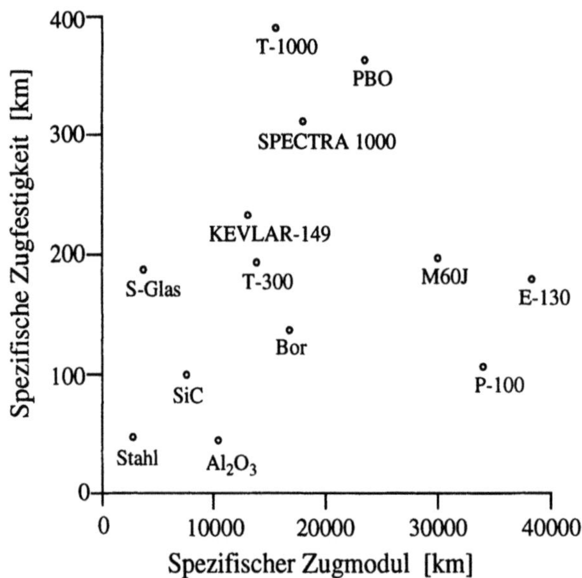

Abb. 2.7.9. Spezifische Moduli und spezifische Zugfestigkeiten von verschiedenen Verstärkungsfasern [2.108]

Der bei diesen Polymeren festgestellte frühe Gewichtsverlust (unter 150°C) ist auf den Verlust von Wasser zurückzuführen. Der relativ hohe Wasserverlust in PBI ist typisch für Imide und die Folge der Wasserstoffbindung, die zu einer erheblichen Feuchtigkeitsabsorption führt. Abb. 2.7.12 zeigt die TGA von Cis-PBO in Luft und in Helium.

	Methode	
	AM1 (GPa)	MNDO (GPa)
Cis-PBO	730	670
Trans-PBO	707	620
Cis-PBZT	610	600
Trans-PBZT	605	525
PPTA	250	-
Polyethylene	-	320 - 360
Graphite	1500 *	-

Abb. 2.7.10. Theoretische Zugmoduli von verschiedenen Verstärkungsfasern,
* Die bisher höchsten berechneten Zugmoduli des Graphites sind um 1500 GPa [2.108]

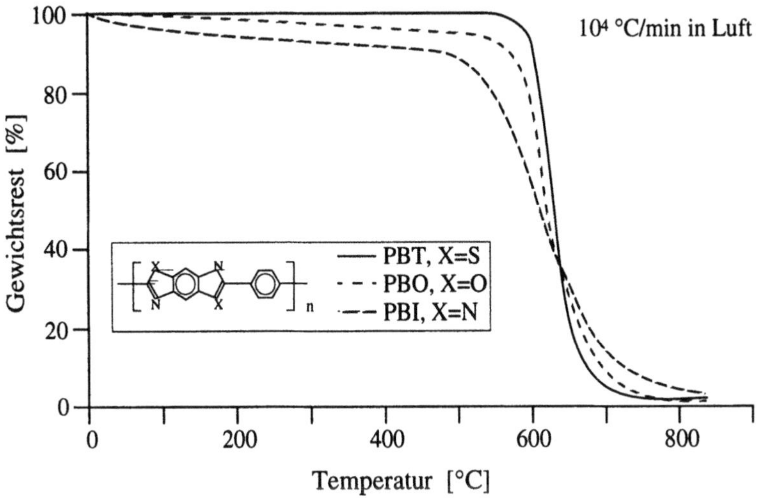

Abb. 2.7.11. Thermogravimetrische Analyse (TGA) von *PBZT-, PBO-* und P*BI-Polymeren* in Luft [2.108]

Sonstige Eigenschaften. PBZT- und andere hochgeordnete Polymere gehören zu den strahlungsbeständigsten Polymeren. In Abb. 2.7.13 ist der Strahlungswiderstand in Abhängigkeit der Polymerschmelz- oder Polymerabbautemperatur dargestellt, wobei die Abbautemperatur für die Polymere eingesetzt ist, die abbauen bevor ein Schmelzen eintritt. Der Strahlungswiderstand D wird definiert als die Elektronendosis, bei der die

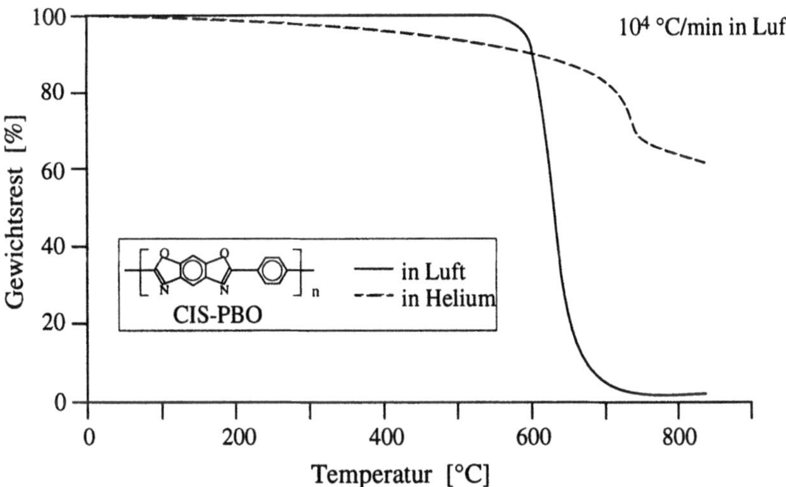

Abb. 2.7.12. Thermogravimetrische Analyse (TGA) von *Cis PBO* in Luft und in Helium [2.108]

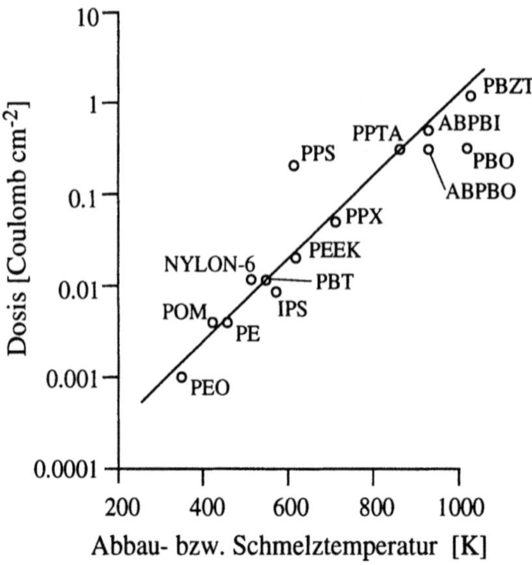

Abb. 2.7.13. *Strahlungswiderstand* D von verschiedenen Polymeren in Abhängigkeit der *Abbau-* oder *Schmelztemperaturen* der Polymere [2.108]

Elektronenbeugungsintensität einer bestimmten kristallographischen Reflektion auf 1/e der Originalintensität fällt.

PBZT-Fasern sind gegen UV-Strahlung völlig resistent. Es ist kein Zugfestigkeitsabfall zu verzeichnen. Dies gilt sowohl für "as-spun" als auch wärmebehandelten Fasern. Ähnliches gilt auch für Beständigkeit gegen Wasser. Verglichen mit anderen organischen Verstärkungsfasern ist sie extrem beständig.

Die Polymere PBZT, PBO und PBI sind nach [2.108] von sich aus nicht entflammbar. Diese Polymere verkohlen zwar, aber sie fördern keinen Verbrennungsvorgang.

Zusammenfassend ist festzustellen, daß die PBO- und PBZT-Fasern die höchste thermische Beständigkeit und den höchsten Modul aller Polymerfasern aufweisen. Ihre Beständigkeit gegen Umwelteinflüsse und gegen Einwirkungen von Chemikalien und Strahlung sind ausgezeichnet. Zu erwähnen sind noch die optischen Eigenschaften und die elektrische Eigenschaften der Fasern, die z.B. zu Materialien führen, die die Reduzierung einer Radarrückstrahlung mit sich bringt. Wie bereits mehrmals angesprochen, ist die Druckfestigkeit dieser Fasern sehr gering. Die Verbesserung der Druckfestigkeit von PBO- und PBZT-Fasern würde einen wichtigen technologischen Durchbruch bei hochgeordneten Polymerfasern darstellen.

2.8 Naturfasern

Einleitung. Seit einigen Jahren ist ein verstärktes Interesse an *nachwachsenden Rohstoffen* zu verzeichnen. Der Hauptgrund dafür ist der bekannte *Kohlendioxidkreislauf.* Dabei wird bei der Nutzung nachwachsender Rohstoffe nur Kohlendioxid freigesetzt, das die Pflanzen der Atmosphäre vorher entzogen haben. Man erhofft sich dadurch einen geschlossenen Kreislauf mit einer ausgeglichenen *Kohlendioxid-Bilanz.* Untersuchungen [2.121] deuten jedoch darauf hin, daß für Anbau, Ernte, Lagerung und Verarbeitung nachwachsender Rohstoffe erhebliche Mengen an fossilen Brennstoffen verbraucht werden und damit der positive Effekt wieder geschmälert wäre.

Trotzdem haben mittlerweile alle großen Energieversorgungsunternehmen in ihren Entwicklungskonzepten für den künftigen Energiebedarf u.a. auch die Verbrennung von *Biomasse* als eine von mehreren Energiequellen eingeplant [2.122]. Bei dem Bestreben die *Kohlendioxidbelastung* zu verringern, ist zu erinnern, daß vor der Erfindung synthetischer Stoffe vor ungefähr 70 Jahren die Naturstoffe fast die einzige Ressource zur Erzeugung von technischen Produkten waren.

So wurden große Mengen Textilien, Seile, Segeltücher, Säcke, Korbwaren, Möbel und Strukturen (Häuser, Brücken) aus Naturfasern und Holz hergestellt. Die Naturfasern wurden hauptsächlich aus den heimischen Pflanzen *Flachs* und *Hanf* gewonnen. Synthetische Verstärkungsfasern und faserverstärkte Kunststoffe sind im engeren Sinn Nachahmungen der Natur. Es ist deshalb sinnvoll, sich mehr mit den Möglichkeiten natürlicher Werkstoffe zu beschäftigen.

Das von der Natur verfolgte Prinzip leicht, steif und fest zu bauen zeigt Merkmale wie Anisotropie, Multifunktionalität, *Stofftransport, Regeneration*, geringe *Stoffdichte* usw..

In der Natur hat sich die Einbettung von Fasern in eine Matrix seit Jahrmillionen bewährt. Strukturen in Form von Pflanzen und z.B. auch von Knochen zeigen bei geringstmöglicher Masse höchste Festigkeit und Stabilität [2.123].

Abb. 2.8.1 zeigt im Längsschnitt die Faserstruktur im coxalen *Femurende (Hüftgelenkknochen)*. In Abb. 2.8.2 ist im Bild a der *Knochenbälkchenverlauf* im Längsschnitt des Femurende schematisch nachgezeichnet. Das Bild b zeigt die Kraftflußlinien eines Knochens aus den gegebenen Belastungen. Wie zu erkennen ist, sind Knochenbälkchenverlauf und *Kraftlinien* nahezu deckungsgleich. Das bedeutet struktureller Aufbau und Morphologie des Knochens sind maßgeblich durch seine Belastungen bestimmt.

So wird in [2.124] gezeigt, daß bei einseitiger Belastung, z.B. bei einer Verkäuferin, die praktisch den ganzen Tag steht, die Anisotropie beim Hüftgelenkknochen ausgeprägter ist, als z.B. bei Mehrkampfsportlern, wo die Knochenstruktur dichter ist und mehr isotropen Charakter annehmen kann. Dieses Beispiel zeigt eindrucksvoll das Maßschneidern von lasttragenden Werkstoffen und Strukturen durch die Natur. Dieses Prinzip gilt ausgeprägt auch für die *Natur-*

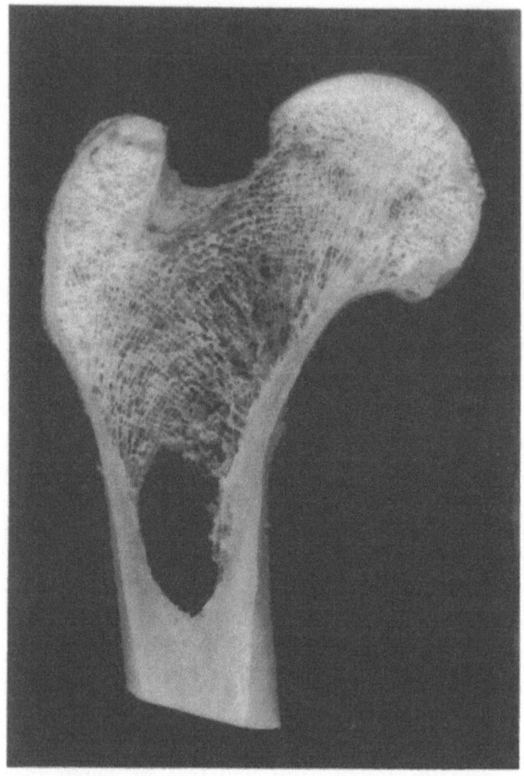

Abb. 2.8.1. Faserstruktur im Längsschnitt am coxalen Femurende (Hüftgelenk-knochen) [2.124©]

fasern, die momentan eine durch das Zeitproblem "Umweltbelastung" begründete Renaissance erleben.

Die Naturfasern werden in
- *pflanzliche*
- *tierische*
- *mineralische Fasern* (Asbest)

eingeteilt (Abb. 2.8.3).

Unter dem Begriff "Pflanzenfaser" versteht man nach [2.125]:
1. die *Pflanzenhaare*, z.B. von Baumwolle
2. die *Bastfasern* (*Weichfasern*) in den Stengeln von zweikeimblättrigen, krautigen Pflanzen (Dicotyledon) wie z.B. Flachs und *Chinaschilf*
3. die *Hartfasern* in den Blättern der einkeimblättrigen Pflanzen (Monocotyledon) wie z.B. von *Sisal* und *Banane*.

Bastfasern findet man in den Stengeln von krautigen Pflanzen wie z.B. Flachs. Hartfasern werden aus Blättern gewonnen, wie z.B. die *Sisalfaser*. Die Pflanzen und die Pflanzenfasern haben oft mehrere Bezeichnungen. Um Mißverständnissen

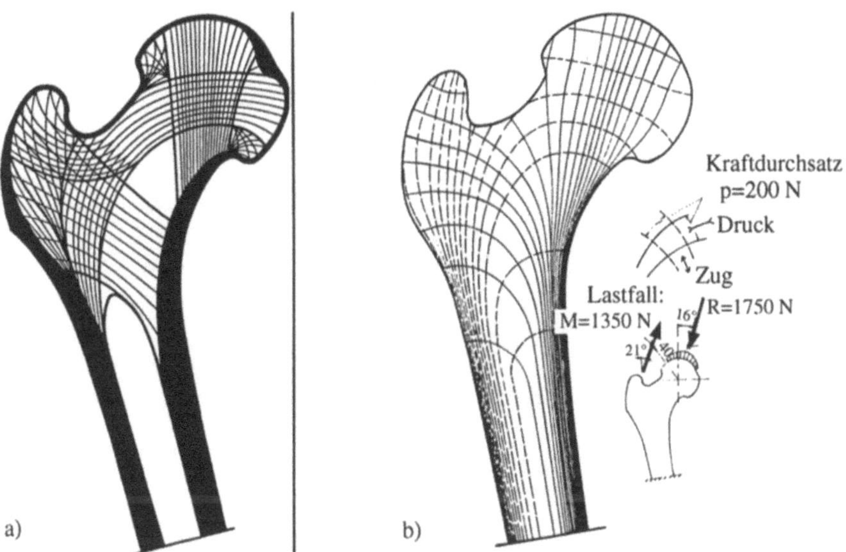

Abb. 2.8.2. Knochenbälkchenverlauf *a* und *Kraftflusslinien b* im coxalen Femurende (Hüftgelenkknochen) [2.124]

vorzubeugen sind in Abb. 2.8.4 und Abb. 2.8.5 die synonymen Bezeichnungen der Bast- und Hartfasern aufgeführt.

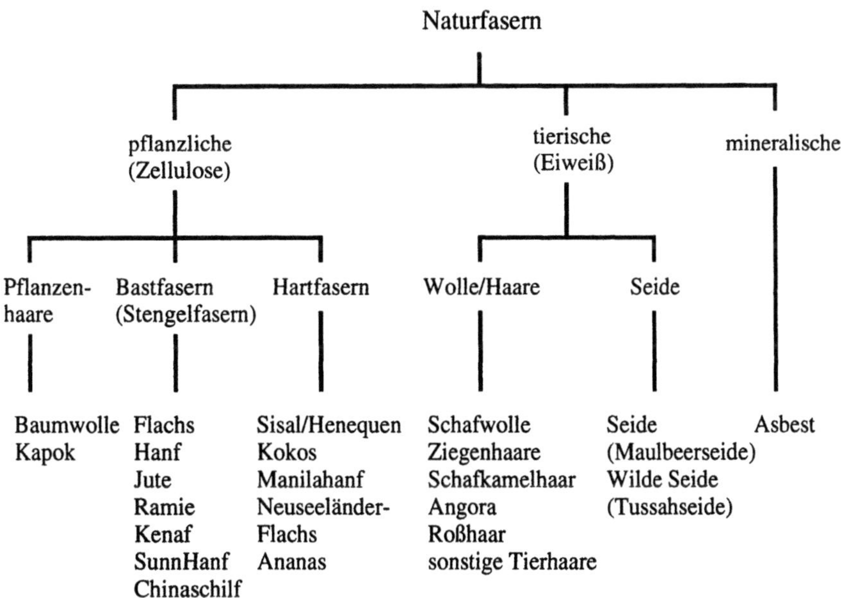

Abb. 2.8.3. *Übersicht* über die Naturfasern [2.125]

Flachsfasern	Linnum usitatissimum, Lein
Hanffasern	Canabis sativa
Jutefasern	Corchorus capsularis, Corchorus oliorius, Kalkuttahanf
Ramiefasern	Boehmeria nivea, Chinesische Nessel, Chinagras, Chinesisches Leinen
Kenaffasern	Hibiscus cannabinus, Gambo-Dekkan-Madras-Hanf, Jave-Jute, Mesta
Rosellefasern	Hibiskus sabdariffa var. altissima, Rama Rosellahanf, Siamjute
Sunhanf	Crotalavia juncea, Ostindischer Hanf, Bombayhanf,Bengalischer Hanf, Sanhanf
Chinaschilf	Miscanthus sinensis, Seidengras

Abb. 2.8.4. Synonyme Bezeichnungen für Bastfasern (Weidfasern, Stengelfasern)

2.8.1 Aufbau der Pflanzenfasern

Unter Weich- und Hartfasern versteht man Bündel von langgestreckten dick-wandigen, bei Reife abgestorbene Zellen. Diese Fasern bezeichnet man auch als *Sklerenchymfasern*.

Das Wort Sklerenchym (griech. scleros = hart und enchymadas = das Eingeschlossene) gibt die Eigenschaften dieser *Zellkomplexe* wieder. Der Begriff "Faser" kennzeichnet bei den Sklerenchymfasern immer einen Zellkomplex. Der *Aufbau der Pflanzenfasern* ergibt sich im wesentlichen durch schichtweise Ablagerungen von *Zelluloseketten* an die Zellwand im Inneren, wobei 50 bis 100 Zellulosemoleküle (Ab b. 2.8.6) eine faserige Struktur die Elementarfibrille bilden und 20 Elementarfibrillen wieder eine Mikrofibrille. Dieser Aufbau ist bei allen Fasern gleich .

Erhebliche Unterschiede zwischen den Fasern ergeben sich allerdings in der Richtung der Anordnung der Fibrillen. Dieser Winkel der Fibrillen zur Faserachse bestimmt maßgeblich die Eigenschaften der Fasern.

Sind die Fibrillen schraubenförmig, also unter einem Winkel zur Achse angeordnet, dann sind die Fasern duktil, d.h. dehnfähig. Parallel zur Faserachse orientierte Fibrillen führen zu steifen und festen Fasern

Sisalfasern	Agave sisalana
Henequenfasern	Agave fourcroydes, Silberagave
Kokos	Cocos nucifera,coir
Manilahanf	Musa textilis, Faserbanane, Musa, Abaca
Neuseeländer Flachs	Phormium tenax
Ananas	

Abb. 2.8.5. Synonyme Bezeichnungen für Hartfasern

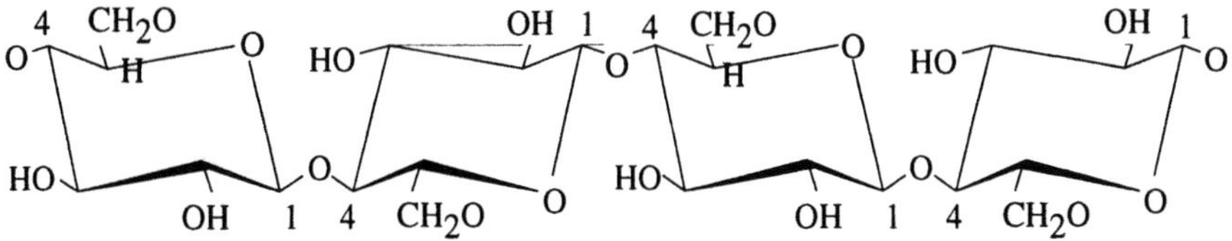

Abb. 2.8.6. Zellulosemolekül [2.125]

In Abb. 2.8.7 sind die Faserzugfestigkeiten von verschiedenen Pflanzenfasern über den Winkeln der Fibrillen zur Faserachse dargestellt. Man stellt dabei fest, daß mit der Sisalfaser die höchste Festigkeit erzielt wurde.

Die Pflanzen bestehen im wesentlichen aus Zellulose, Hemizellulose und Lignin. Hauptbestandteil der Pflanzenfaser ist die Zellulose, ein Makromolekül, welches aus vielen *Traubenzucker-Einheiten* besteht. Traubenzucker entsteht durch *Photosynthese*, wobei das Kohlendioxid der Luft zu *Kohlenhydraten* wie Traubenzucker umgewandelt wird. [2.125, 2.126]. Zwischen den Zellulosemolekülen, die das faserige Strukturgerüst bildet befindet sich das Lignin als Klebstoff (Abb. 2.8.6) [2.125].

Die Zellulosegerüste sind deshalb mit den Verstärkungsfasern und das strukturlose *Lignin* mit dem Matrixsystem eines Verbundwerkstoffes vergleichbar. Die Anteile von Zellulose und Lignin sind bei den Pflanzenfasern unterschiedlich. So bestehen *Baumwoll-*, Flachs-, Hanf- oder Jute*fasern* nahezu aus reiner Zellulose, andere dagegen haben einen hohen Ligningehalt [2.123, 2.125, 2.126]. Eine Analyse über die Hauptbestandteile von Chinaschilf ergab nach [2.123] 40,4 % Zellulose, 27,8 % *Hemizellulose* und 15 % Lignin. Bei

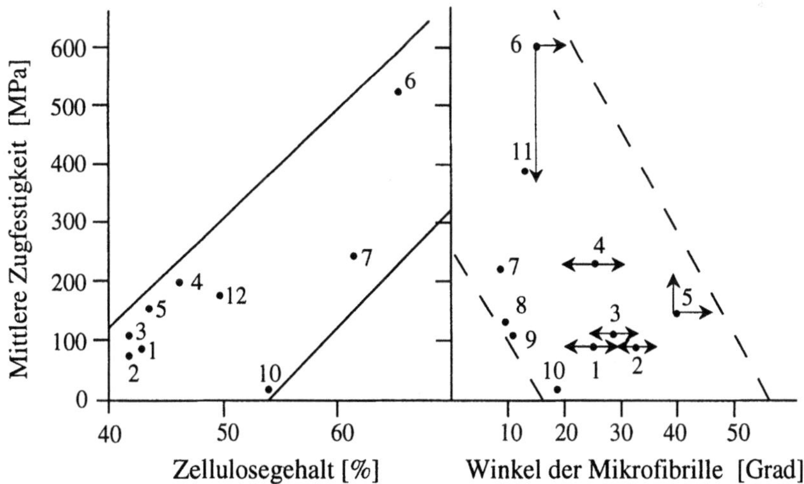

Abb. 2.8.7. Einfluss des Cellulosegehalts und des Winkels der Mikrofibrille zur Faserachse auf die mittlere Zugfestigkeit von Naturfasern [2.128]

hohem *Zellulosegehalt* sind die Strukturen anisotroper und bei hohem Ligningehalt isotroper.

In Abb. 2.8.7 ist der Einfluß der Zellulose auf die Faserfestigkeit dargestellt. Die Zugfestigkeiten der Pflanzenfasern nehmen mit steigendem Zellulosegehalt zu.

2.8.2 Beschreibung der wichtigsten Faserpflanzen und der Verfahren zur Fasergewinnung

Wie aus [2.125] zu entnehmen ist, gibt es eine ganze Reihe von Pflanzen, die für eine *Faseraufbereitung* geeignet sind. Es gibt allerdings nur wenige Naturfasern, die zur Verstärkung von z.B. Kunststoffen wirksam eingesetzt werden können. Aufgrund der mechanischen Eigenschaften der Pflanzenfasern, die im weiteren noch diskutiert werden, gibt es eigentlich nur zwei bis vier Fasern, die zur Verstärkung von Kunststoffen geeignet sind, die heimische Flachsfaser, die *Ananasfaser* und mit weiteren Einschränkungen die Ramie- und die Sisalfaser.

Für weitere technische Anwendungen sind noch die Hanf-, Jute- und Bananenfasern hervorzuheben. Wegen dieser Einschränkungen werden im weiteren nur die Flachsfasern als Vertreter der Bastfasern und die Sisalfaser als Vertreter der Hartfasern etwas ausführlicher beschrieben.

2.8.2.1 Flachsfasern

Die Lein- oder Flachsfaser wird aus den Stengeln des einjährigen *Faserleins* gewonnen. Flachs ist eine der ältesten Kulturpflanzen der Erde. Lein war bereits um 5000 v. Chr. als Faserpflanze bekannt. Leinfasern gehören zu den reißfestesten Naturfasern überhaupt. Übertroffen werden sie nur noch von Ramiefasern oder manchen Hanfsorten. Wegen den Anordnungen der Zellulosefibrillen zur Faserachse ist die Dehnbarkeit mit 2-3 % gering [2.125]. Den prinzipiellen Aufbau eines Flachsstengels zeigt Abb. 2.8.8. Die Bastfaserbündel befinden sich in peripherer Anordnung in der Rindenschicht des Stengels. Diese Bündel bestehen jeweils aus 10-30 Elementarfasern bis zu 20 cm Länge. In der Nachzeichnung einer mikroskopischen Aufnahme (Abb. 2.8.8 unten links) ist zu erkennen, daß die *Elementarfasern* (Sklerenchymfasern) in Form und Aufbau gewisse Unterschiede aufweisen. Wie später unter dem Abschnitt "Mechanische Eigenschaften" gezeigt wird, finden sich diese "natürlichen" Unterschiede in den großen Streuungen der Eigenschaften wieder.

Verfahren zur Fasergewinnung. Ein altes Verfahren zur *Fasergewinnung* ist die sogenannte *Röste*, die z.B. bei Flachs und Hanf und in modifizierten Formen bei fast allen Bastfasern angewendet wird (Abb. 2.8.9).

Die Ernte erfolgt Mitte Juli und Mitte August, etwa 100-200 Tage nach der Aussaat. *Raufen* nannte man das Herausreißen der Pflanzen mit den Wurzeln. Heute besorgen diesen Vorgang Raufmaschinen. Der maschinell gebündelte Flachs wird zum Nachtrocknen auf das Feld gestellt. Der Vorgang *Riffeln* bedeutet das Abtrennen der Fruchtkapseln vom Stengel, dabei werden die Pflanzen durch einen Kamm mit Eisenzinken gezogen.

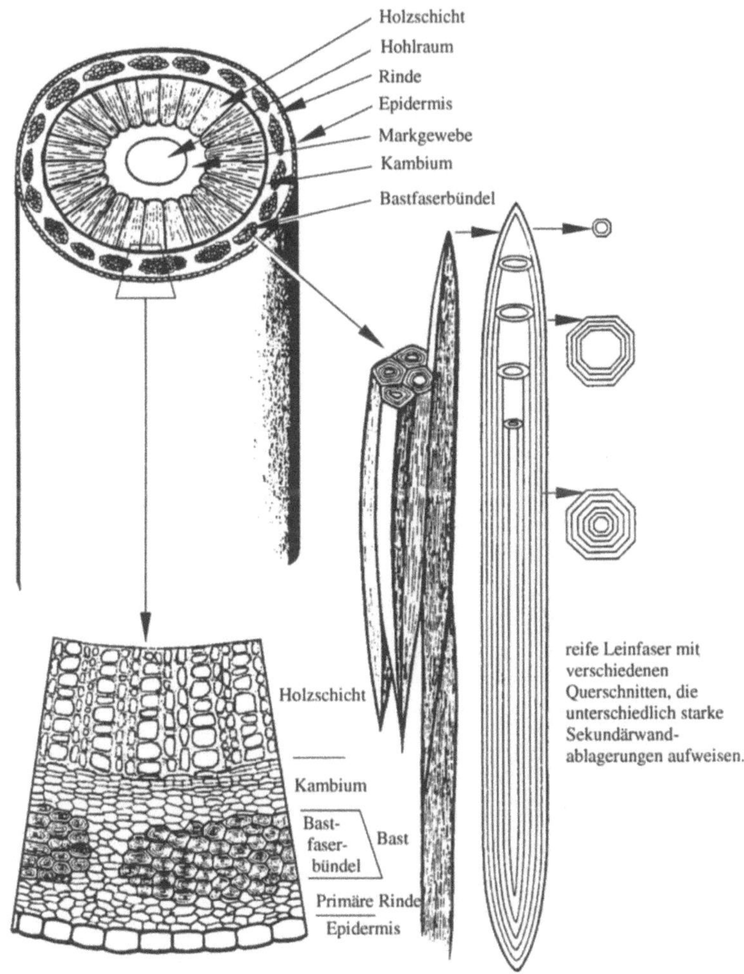

Abb. 2.8.8. Aufbau und *Struktur* eines *Flachsstengels* [2.125]

Danach folgt der wichtigste Vorgang: die *Rotte* oder Röste. Das Wort Röste leitet sich von verrotten ab und bedeutet den Abbau des *Pflanzenleims* (Substanz aus *Pektin*) zwischen den Zellen mit Hilfe von Bakterien oder *Schimmel-* und Fadenpilzen. Nach der Röste lassen sich die Bastfasern gut von den Rindenschichten sowie von dem Holz- und Markgewebe abtrennen. Die derzeit häufigste Methode ist die Tau- oder *Feldröste*. Dabei bleiben die Flachsstengel 3-5 Wochen auf dem Feld liegen. Schneller, aber aufwendiger ist die Wasserröste, die heute in beheizten Wasserbassins stattfindet.

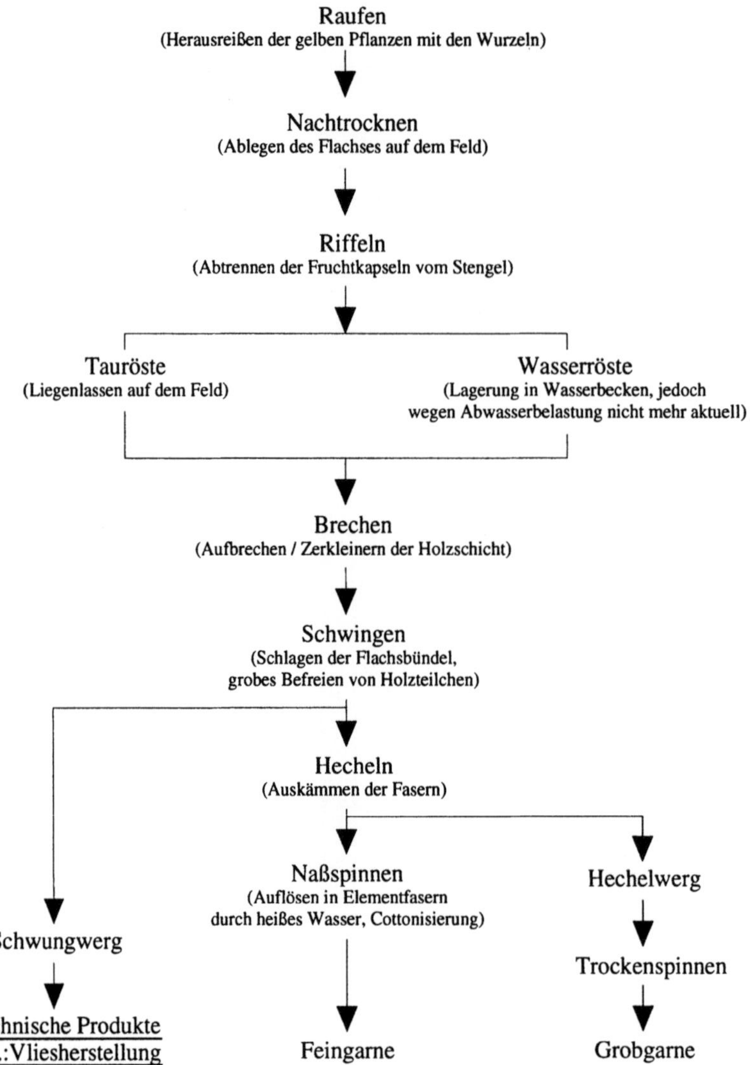

Abb. 2.8.9. Klassische Flachsfasergewinnung (Rösteverfahren) [2.126]

Nach dem Trocknen des Flachsstrohs erfolgt das Brechen und *Schwingen*. Beim *Brechen* wird die bei der Röste gelöste Holzschicht zerkleinert. Die Beseitigung der Holzteilchen geschieht durch das Schwingen des Flachses.

Aufarbeitungsprozesse sind zeitaufwendig und kostspielig, und als Folge davon sind das Rohprodukt (Schwungflachs) und Endprodukt (Reinleinengarn) relativ teuer [2.129]. Mittlerweile werden neue Verfahren angewendet, wie z.B. das *Tensidverfahren*, die mechanische *Cottonisierung* oder das *Dampfaufschluß-verfahren*.

Das neue Tensidverfahren reduziert das Risiko der Röste und des Erntetotalausfalls weitgehend. Dabei können durch Zugabe von biologisch abbaubaren Tensiden, integriert als Teilprozeß in die Vorgarnbleiche, die Faserbündel besser gelockert werden. Unter Variation der Aufschlußbedingungen (Tensidkonzentration, Reaktionszeit, Temperatur usw.) wird dieses Verfahren an die jeweils verwendeten Rohstoffe und deren Zustand angepaßt [2.129].

Beim *Cottonisierverfahren* wird der Pflanzenleim zwischen den Elementarfasern aufgelöst. Dadurch können mit dem Naßspinnverfahren feinste Garne erzeugt werden. Bei diesem Verfahren ist ein Mischen mit anderen Faserarten wie z.B. Baumwolle möglich. Ziel dieser neuen Verfahren ist u.a. die Raufe, die Röste und die Entholzung zur Langfasergewinnung durch eine kostengünstigere mobile Erntetechnik zur Kurzfasergewinnung zu ersetzen.

Es wird angestrebt, das Stroh beim Erntevorgang bereits so zu entholzen, daß die Holzschäbchen auf dem Feld verbleiben können. Dadurch können die Transportvolumina wesentlich verringert werden. Die Firma Class hat bereits einen einsatzreifen Flachsvollernter in Betrieb. Die aus diesen Ernte- und Entholzungsverfahren resultierenden Rohfasern lassen sich durch mechanische Cottonisierung und durch das Dampfaufschlußverfahren (Reutlinger Steam Explosion-Verfahren) so aufbereiten, daß sie direkt in den hochsensiblen Rotorspinnprozessen zu feinen Garnen verarbeitet werden können. Das besondere an diesen Verfahren ist, daß auch ungeröstete Flachsfasern verwendet werden können. In Abb. 2.8.10 und Abb. 2.8.11 sind die beiden Verfahren zur Herstellung von Kurzfasern schematisch dargestellt.

Nachfolgend werden die einzelnen Verfahrensschritte des *Steam-Explosions-Verfahrens* kurz erläutert: Der fein entholzte Kurzfaserflachs läßt sich in allen Reife- und Röstgraden verwenden. Nach einer Imprägnierung wird das Fasermaterial im Autoklaven mit Sattdampf beaufschlagt. Nach einer Reaktionszeit von 5-15 Minuten bei 8-12 bar lösen sich die Faserbegleitsubstanzen. Durch eine schlagartige Entspannung (steam Explosion)

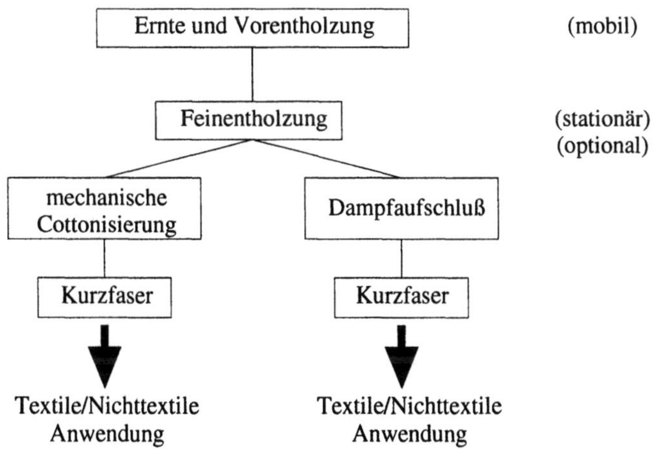

Abb. 2.8.10. Verfahrensschema zur Herstellung von Kurzfasern [2.129]

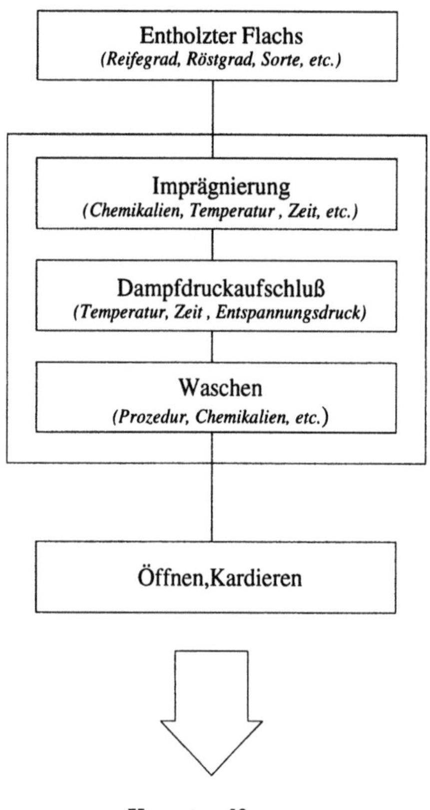

Abb. 2.8.11. Verfahrensschema des Steam-Explosion-Verfahrens zur Kurzfaser-
herstellung [2.129]

bei gleichzeitigem Austrag des Materials in einem Zyklus, findet eine
Auflockerung des festen Fasergefüges statt [1.129]. Ein sehr wichtiger Punkt
dieses Verfahrens ist die durch Chemikalien und durch Mechanik des Austrags
unterstützte Trennung der Faserbündel in Einzel- oder Elementarfasern in der
Naßphase. Nach dem konventionellen Naßvorgang wird das Fasermaterial
getrocknet und nachgeöffnet.

Eigenschaften der Flachsfasern. In Abb. 2.8.12 aus [2.128] sind die
physikalischen Eigenschaften von Naturfasern im Vergleich zu den gängigsten
Verstärkungsfasern dargestellt. In einigen Fällen sind bei den Zugfestigkeiten
beträchtliche Streuungen zu verzeichnen, wie z.B. bei Baumwoll-, Bananen-,
Sunhanf- und Ananasfasern. In diesen Fällen sind die Bandbreiten, also die
Differenzen aus größtem und kleinstem Wert relativ hoch, was sich natürlich in
den *Standardabweichungen* und Variationskoeffizienten widerspiegelt. Ganz grob
ist die Standardabweichung 40 % der Bandbreite. Im Falle der *Bananenfaser* wäre
die Standardabweichung 90 MPa und der Variationskoeffizient ungefähr 14 %.

Naturfaser	UTS [MPa]	Zug-modul [GPa]	Spez. UTS [MPa*cm³/g]	Spez. Zug-modul [GPa*cm³/g]	Dichte [g/cm³]	Feuchte-gehalt [%]	Durch-messer [µm]	Bruch-dehnung [%]
Baum-wolle	500-880	0.05	330-585	0.033	1.5	-	-	5-7
Jute	460-533	2.5-13	320-365	1.72-8.96	1.45	12	200	-
Kokos	131-175	4-6	115-150	3.47-5.20	1.15	10-12	100-450	-
Banane	529-754	7.7-20.8	390-558	5.70-15.40	1.35	10-12	80-250	-
Sisal	568-640	9.4-15.8	390-441	6.48-10.90	1.45	11	50-200	-
Flachs	1100	100	733	67	1.50	-	-	2-3
Weichholz Hautfaser	1000	40	649	26	1.54	-	-	-
Sunhanf	200-300	2.68	297-445	4.00	0.673	-	48	-
Ananas	413-1627	34.5	286-1130	23.95	1.44	-	20-80	-
Palm-blätter	98.14	2.22	-	-	-	-	240	-
Roselle/ Kenaf	157.38	12.62	107	8.58	1.47	-	200	-
Kusha Gras	150.59	5.69	-	-	-	-	390	-

Gängige Ver-stärkungs-faser	UTS [MPa]	Zug-modul [GPa]	Spez. UTS [MPa*cm³/g]	Spez. Zug-modul [GPa*cm³/g]	Dichte [g/cm³]	Feuchte-gehalt [%]	Durch-messer [µm]	Bruch-deh-nung [%]
E-Glas	3100	73	1240	29	2.50	-	10	4.3
HT-Kohlen-stoff	3530	230	200	130	1.76	-	7	1.5
Aramid-Kevlar 49	3620	124	2513	86	1.44	5-7	12	2.9
Aramid-Kevlar 149	3440	186	2340	127	1.47	3-5	12	2.0
Poly-ethylen-SK60	2700	87	2783	89	0.97	-	-	3.5

Abb. 2.8.12. Mechanische Eigenschaften von Naturfasern und gängigen Verstärkungsfasern für Verbundwerkstoffe [2.128]

Bei den mechanischen Eigenschaften gängiger Verstärkungsfasern liegen die Variationskoeffizienten zwischen 3 und 5 %. Werkstoffe mit solchen *Streuungsausmaßen* sind für technische Anwendungen kaum akzeptabel. Diese großen Streuungen lassen sich sicherlich erklären und deshalb in vielen Fällen auch reduzieren.

Die Elementarfasern im Faserbündel in der Rindenschicht des Flachsstengels sind in ihren Durchmessern unterschiedlich. Fasern die weiter außen in der Rindenschicht liegen, sind in ihren Eigenschaften in der Regel besser als die, die weiter innen liegen.

Flachsfasern zeigen ein sehr hohes Wasseraufnahmevermögen und es ist bekannt, daß die Eigenschaften von trockenen und feuchten Fasern z.T. erheblich verschieden sind. Es ist also durchaus möglich, daß ein Teil des Streuungsausmaßes auch darauf zurückzuführen ist.

Sehr oft wird als wichtiges Argument für naturfaserverstärkte Kunststoffe deren biologische Abbaubarkeit angeführt. Dies muß dann allerdings für beide Komponenten Faser und Matrix gelten.

Dazu ist anzumerken, daß diese Eigenschaft oft gar nicht günstig ist, da in den meisten Fällen hohe Haltbarkeit gefordert wird [2.121]. Ohne sogenannte Nachbehandlungen, meist chemischer Art, ist die Beständigkeit von Naturfasern gegen Umwelteinflüsse, aggressive Medien, Strahlung etc. begrenzt. Dies gilt natürlich auch für die thermische Beständigkeit. Beispiele dafür sind *Flammschutzmittel*, Schlichten zur Verbesserung der Faser/Harzhaftung und chemische Behandlungen gegen *Pilze*, Bakterien, *Termiten* usw.. Die thermische Stabilität der Naturfasern ist im Vergleich zur Glasfaser gering und schränkt damit ihre Anwendung ein. Nach [2.130] nimmt der thermische Abbau für alle Pflanzenfasern einen zweistufigen Verlauf. Oberhalb von ca. 230°C beginnt der Abbau des Lignins. Lignin ist der Klebstoff also das Matrixsystem der Faser. Die thermisch stabileren Zelluloseketten, also die verstärkende Komponente, degradieren erst oberhalb 350°C.

Auf die Möglichkeiten zur Verbesserung der *Haltbarkeit* und Beständigkeit sowie der Eigenschaften durch chemische Behandlungen wird in Abschn. 2.8.3 detaillierter eingegangen

2.8.2.2 Sisalfasern

Die Sisalfaser stammt aus der Familie der Agavengewächse. Sie hat 1-2 m lange Blätter, die zur Festigung mit Fasersträngen durchzogen sind. Die Einzelfasern sind ungefähr 3 mm lang. Ein Faserbündel kann jedoch einen Strang von 1-2 m Länge bilden. Die Heimat der Sisalfasern ist Mexiko und zwar die Trockengebiete des Hochlandes..

Verfahren zur Fasergewinnung. Der Faseraufschluß ist einfacher als bei den Bast- bzw. Weichfasern. Er erfolgt durch Ausquetschen und Abschaben des Blattgewebes, und zwar maschinell mit einfachen Maschinen oder fließbandartig mit Hilfe sogenannter Dekortikatoren. Damit lassen sich in einer Stunde 25'000 Blätter entfasern. Gleichzeitig werden die noch anhaftenden Gewebeteilchen abgespült. Der Faserverlust und der Wasserverbrauch sind dabei sehr hoch. Nach dem Waschen und Trocknen werden die Fasern durch maschinelles Abklopfen geschmeidig gemacht.

Eigenschaften der Sisalfasern. In Abb. 2.8.13 sind aus verschiedenen Quellen mechanische und physikalische Eigenschaften dargestellt.

2.8.2.3 Zusammenfassung

Es sind mehrere Punkte, die eine Bewertung der Naturfasern als Verstärkungsfasern in Kunststoffmatrices aus heutiger Sicht bestimmen.

Es ist davon auszugehen, daß Naturfasern zunehmend als Verstärkungsfasern in Verbundwerkstoffen eingesetzt werden. Sie sind preiswerter als Synthesefasern und benötigen zur Aufbereitung weniger Energie, sie sind erneuerbar und sehr fest. Wegen ihrer biologischen Abbaubarkeit zeigen sie jedoch auch unerwünschte Eigenschaften wie z.B. *Entflammbarkeit*, die Abbaubarkeit durch UV-Strahlung, Säuren, Laugen, Pilze sowie die *Formunbeständigkeit,* hervorgerufen durch die Feuchtigkeitsabsorption. Letztlich sind diese unerwünschten Eigenschaften das Ergebnis chemischer Abbaureaktionen in Verbindung mit Reaktionsmitteln in der Umgebung. Diese Abbauvorgänge sind grundsätzlich chemischer Art, deshalb wird in [2.131] gefolgert, diesen Abbau durch eine Veränderung der chemischen Eigenschaften von lignin- und zellulosehaltigen Zellwandpolymeren zu vermindern, zumindest zu verlangsamen.

Bewertet man diese *Streuungen* wie üblich durch die Standardabweichung bzw. den Variationskoeffizienten, dann kommen die Naturfasern nicht mehr so gut weg.

1. Wie Abb. 2.8.12 deutlich zeigt, sind die Streuungen der dargestellten Eigenschaften sehr groß. Der Hauptgrund dafür ist die ungleichmäßige Beschaffenheit der Fasern selbst. So sind z.B. die Durchmesser der Fasern extrem unterschiedlich. Bei den Bast- oder Stempelfasern sind die in der Rindenschicht weiter außen liegenden Fasern besser als die, die weiter innen liegen
   Unterschiede in den Fasereigenschaften ergeben sich auch von Pflanze zu Pflanze durch unterschiedliche *Anbaubedingungen*, Anbauregionen und *Faseraufbereitungsverfahren*. Die aneinander gereihten Zellen, die schließlich die Faser ausmachen, unterscheiden sich zwischen dem embryonalen Zustand und der Dauerzelle erheblich. So sind z.B. die Hohlräume der Dauerzelle sehr viel größer als die der embryonalen Zellen, was sich sicherlich auf die Festigkeit, Steifigkeit und Dichte auswirkt.

Quelle	Zug-festigkeit (MPa)	Zugmodul (GPa)	Bruch-dehnung (%)	Dichte (g/cm^2)	Faser-durchmesser (μm)	Feuchte-aufnahme (%-Gewicht)
[2.126]	850	16-38		1.45		
[2.128]	568-640	9.4-15.8		1.45	50-200	11
[2.130]	610	28	2.2	1.30		

Abb. 2.8.13. Mechanische und physikalische Eigenschaften der Sisalfasern aus verschiedenen Quellen

Desweiteren muss man unterstellen, dass die Durchmesser der Naturfasern nicht immer kreisrund und über die Faserlänge nicht konstant sind. Dadurch sind spezifische und querschnittsbezogene Eigenschaften entsprechend ungenau.

Unter dem Gesichtspunkt Naturfasern als Verstärkungsfasern zu verwenden, sind die Auslegungsdaten wie Zugfestigkeit, Druckfestigkeit, Schubfestigkeit und die Moduli statistisch abzusichern. Das bedeutet, daß die Standardabweichung, die wegen der großen Streuung sehr hoch ist x-mal vom Mittelwert abzuziehen ist. Vergleicht man dann diese Werte, also die Auslegungsdaten mit den entsprechenden Werten gängiger Verstärkungsfasern, dann kommen die Naturfasern nicht mehr so gut weg. Daraus ist zu folgern, daß die Streuung der Eigenschaften von Naturfasern reduziert werden muß. Dazu gibt es Ansätze wie z.B.:

- Sortieren der Fasern
- chemische Behandlung der Fasern
- schonendere Faseraufschlußverfahren
- *neue Pflanzenzüchtungen*

Man ist sich ziemlich sicher, daß mit neuen und gezielten Züchtungen das Streuungsausmaß der Eigenschaften reduziert und das Eigenschaftsniveau erheblich gesteigert werden kann.

2. Über die Druckfestigkeiten von Naturfasern liegen kaum Ergebnisse vor. Hierzu könnten sich die relativ dicken Fasern von 20-390 µm günstig auswirken. Es ist bekannt, daß die Druckfestigkeit von unidirektionalen faserverstärkten Kunststoffen u.a. vom Faserdurchmesser abhängt.

3. Bei vielen Naturfasern sind die Zugfestigkeiten relativ hoch. Sie zeigen im Verbund mit Kunststoffen nur dann einen Verstärkungseffekt, wenn der Modul der Faser deutlich über dem der Matrix liegt. Da ist allerdings selten der Fall. Die Moduli von gängigen Harzsystemen liegen im Bereich von 2,5 bis 3,5 GPa. Alle Naturfasern deren Moduli in diesen Bereich fallen müßte man aus der Kategorie "Fasern zur Verstärkung von Kunststoffen" ausscheiden. Wie Abb. 2.8.12 zeigt gibt es auch Naturfasern mit sehr bescheidenen Festigkeiten, gemessen an den gängigen Verstärkungsfasern wie die E-Glas-, Kohlenstoff-, Polyethylen- und Aramidfasern. Legt man diese Maßstäbe einmal an, dann sind es eigentlich nur drei Fasern, die im Kunststoff Verstärkungseffekte zeigen, die Flachs-, Weichholz- Hart- und die Ananasfaser. Von der angeblich festesten Naturfaser, der Ramiefaser, liegen momentan keine Moduli vor. Damit ist eine Bewertung der Faser nicht möglich. Allein wegen dem hohen Modul ragt die Flachsfaser deutlich aus der Riege der Naturfasern heraus.

4. Das gesamte Eigenschaftsspektrum ist darzustellen. Dies gilt für das Kurz- und *Langzeitverhalten*, das Ermüdungsverhalten, das *Crash-* und Damageverhalten und vieles mehr.

    Liegen hierzu ausreichende Daten vor, dann können Naturfasern als Verstärkungsfasern von Kunststoffen relativ schnell Produkten zugeführt werden, insbesondere als Komponenten in hybriden Werkstoffen und Strukturen.

Das Interessante an den Naturfasern ist ihr stetes Nachwachsen, ihre multifunktionale Eigenschaften (z.B. Wärme- und Feuchtetransport, Schall- und

Wärmedämmung), und hinsichtlich ihrer Entsorgung eine nahezu rückstandsfreie Verbrennung, also eine Energierückgewinnung. Entscheidend über den Einsatz der weiter oben herausgehobenen Fasern ist natürlich der Preis. Angaben dazu liegen je nach Faserart und Aufmachung zwischen 0,40-4.00 DM/kg. Am billigsten sind Sekundärfasern und Faserabfälle. Teurer sind die Langfasern mit hoher Festigkeit und hohen Modul.

2.8.3. Faser- und Faseroberflächenbehandlungen zur Verbesserung der Fasereigenschaften und der Haftung zwischen Faser und Harz

2.8.3.1 Behandlung der Fasern und der Faseroberfläche durch Acetylierungssysteme

Die sehr unangenehme *Feuchtigkeitsadsorption* von Naturfasern ist vor allem auf die Wasserstoffbindung von Wassermolekülen an die Hydroxylgruppen in den Zellwandpolymeren (Elementarfasern) zurückzuführen. Wie in [2.131] dargestellt, lassen sich reaktive *organische Chemikalien* an die Zellwand-Hydroxylgruppen von Zellulose, Hemizellulose und Lignin anbinden.

Nach Experimenten mit einfachen Epoxiden und *Isocyanaten* haben sich die Verfasser [2.131] auf die Acetylierung konzentriert. Darunter versteht man die Einführung der Acetylgruppe in organische Verbindungen, die OH-, SN- oder NH_2-Gruppen enthalten. Normalerweise werden die zu acetylierenden Verbindungen mit *Essigsäureanhydrid* oder *Acetylchlorid* in Gegenwart eines Lösungsmittels wie z.B. Benzol und Essigsäure erhitzt. In manchen Fällen wird die Acetylierung mit Katalysatoren beschleunigt. Die zu acetylierenden Hydroxylgruppen der Zellwände sind unterschiedlich zugänglich. Ohne starken Katalysator oder Ko-Lösungsmittel werden normalerweise nur die leicht zugänglichen Hydroxylgruppen erreicht.

Das von den Verfassern von [2.131] eingesetzte System benötigt keinen starken Katalysator und kein Ko-Lösungsmittel. Die Acetylierung erfolgt allein mit Essigsäureanhydrid und erreicht deshalb wahrscheinlich nur die leicht zugänglichen Hydroxylgruppen. Mit diesem Verfahren wurden Fasern der südlichen *Kiefer*, der Espe (Zitterpapel), des *Bambus*, der *Bagasse*, der *Jute,* der *Wassernabel* und der *Wasserhyazinthen* behandelt.

In Abbildung 2.8.14 ist der *Acetylgehalt* nach der Acetylierung der Fasern über der Reaktionszeit aufgetragen. Erstaunlicherweise liegen alle Datenpunkte auf einer gemeinsamen Kurve. Ab einer Reaktionszeit von 2 Stunden flacht die Kurve stark ab und erreicht nach 4 Stunden eine Gewichtszunahme von ungefähr 20 %. Wie bereits angedeutet ist die Feuchtigkeitsadsorption im wesentlichen auf die Wasserstoffbindung von Wasserstoffmolekülen an die Hydroxylgruppe in den Zellwandpolymeren zurückzuführen. Diese Hydroskopizität der Zellwände wird dadurch verringert, indem einige Hydroxyl- an den Zellwandpolymeren durch Acetylgruppen ersetzt werden.

In Abb. 2.8.15 sind die von verschiedenen acetylierten Naturfasern absorbierten Gleichgewichtsfeuchten bei 65 % relativer Feuchtigkeit und 27°C dargestellt. Man erkennt, daß bei allen Fasern die Gleichgewichtsfeuchte mit zunehmendem Acetylgehalt abnimmt, was die Wirksamkeit des *Acetylierungssystems* unter

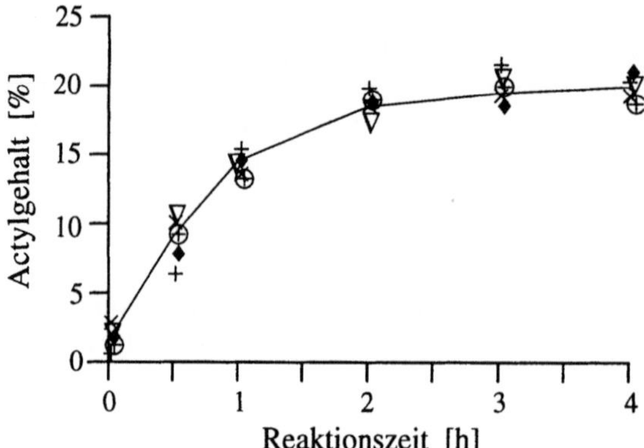

Abb. 2.8.14. Acetylgehalt nach der Acetylierung in Abhängigkeit der Reaktionszeit der Acetylierung [2.131]

Material	Reaktionsgewicht Gewinn (%)	Acetyl- anteil (%)	EMC (%)
Südl. Kiefer	0	1.4	12.0
	6.0	7.0	9.2
	14.8	15.1	6.0
	21.1	20.1	4.3
Espe	0	3.9	11.1
	7.3	10.1	7.8
	14.2	16.9	5.9
	17.9	19.1	4.8
Bambus	0	3.2	8.9
	10.8	13.1	5.3
	14.1	16.6	4.4
	17.0	10.2	3.7
Zuckerrohr	0	3.4	8.8
	9.4	14.4	5.3
	12.2	15.3	4.4
	17.6	19.0	3.4
Jute	0	3.0	9.9
	15.6	16.5	4.8
Nabelkraut	0	1.3	18.3
	10.1	14.0	8.6
Wasserhyazinthe	0	1.2	1.7
	8.3	10.8	1.2
	18.6	17.8	0.7

Abb. 2.8.15. *Gleichgewichtsfeuchte* bei 65% rel. Feuchte und 27°C in Abhängigkeit des Acetylgehalts nach der Acetylierung. *EMC* equil. moisture content [2.131]

Beweis stellt. Ermittelt man aus Abb. 2.8.15 die Reduzierung der Gleichgewichtsfeuchten infolge der Acetylierung und trägt diese über den Acetylgehalt nach der
Acetylierung auf, dann ergeben die Datenpunkte nach Abb. 2.8.16 eine Gerade,
obwohl die Anteile der Faser hinsichtlich Zellulose, Hemizellulose, Lignin etc.
sehr verschieden sind. Die Tatsache, daß die Reduzierung der Gleichgewichtsfeuchte in Abhängigkeit des gebundenen Acetylgehalts nach der Behandlung
gleich ist, deutet darauf hin, daß die Verringerung der Feuchtesorption durch
einen gemeinsamen Faktor gesteuert wird [2.131].

Die bereits angesprochene Formuntreue, insbesondere in Dickenrichtung von
Plattenmaterialien aus Naturfasern und -stoffen ist ein großes Problem. In
Flüssigwasser quellen z.B. Platten aus Espenflocken und Phenolharz nach 1
Stunde um 55 % in der Dicke an. Eine Platte mit acetylierten Flocken und 17,9
Gewichtsprozent gebundenem Acetyl ist nur um weniger als 2% aufgequollen.
Nach 5 Tagen waren die nichtacetylierten Referenzplatten um 66 % und
entsprechende acetylierte um nur 6 % aufgequollen. Das Aufquellen ist z.T.
reversibel aber auch irreversibel. Beides wird durch die Acetylierung stark
verringert.

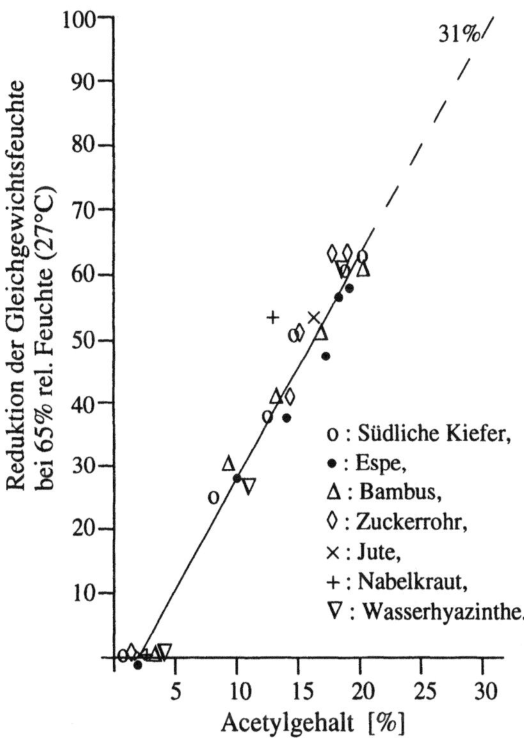

Abb. 2.8.16. Reduzierung der Gleichgewichtsfeuchte bei 65% Feuchte und 27°C
in Abhängigkeit des gebundenen Acetylgehalts in Gewichtsprozenten nach der
Acetylierung [2.131]

Wegen der biologischen Abbaubarkeit der Naturfaser müssen zur Verbesserung der *biologischen Beständigkeit* entsprechende Maßnahmen getroffen werden. Dies gilt im besonderen gegen verschiedene *Organismen* wie Pilze, Bakterien, Termiten usw.

In [2.131] wurden unbehandelte Platten aus Espen- und Kieferflocken in einem Pilzkeller weißen, weichen und braunen Zersetzungspilzen ausgesetzt. Sie wurden in weniger als 6 Monaten völlig zerstört. Demgegenüber zeigten acetylierte Platten mit 16 Gewichtsprozent gebundenem Acetyl keinen Befall. In einem Standardbodenversuch über 12 Wochen verloren die dem weißen *Zersetzungspilz* (Trametes versicolor) ausgesetzten Espenplatten mit Phenolharz 34 % an Gewicht, während die acetylierten Platten mit 17 Gewichtsprozent gebundenen Acetyl kein Gewicht verloren.

Bei dem braunen Zersetzungspilz (Tyromyces palustris) verloren die Espen-referenzplatten nur 2 % an Gewicht, bei der Verwendung von Phenol-formaldehydleim, aber 30 % beim Einsatz eines *Isocyanatleims*. Werden die Platten vor der Versuchsdurchführung im Wasser ausgelaugt, dann verlieren die Referenzplatten aus Phenolformaldehydleim 44 % an Gewicht, wenn sie dem braunen Zersetzungspilz (Gloeophyllum trabeum) ausgesetzt sind. Damit wird gezeigt, daß neben der chemischen Behandlung der Fasern durch Acetylierung auch das *Bindemittel* des Verbundwerkstoffes die biologische Beständigkeit und Haltbarkeit der Naturfasern und der Verbundwerkstoffe aus Fasern und Harz wesentlich verbessern kann.

Neben der Gewichtsabnahme durch Pilzbefall kann auch der Festigkeitsverlust ein Maß für die Auswirkungen sein. Bei speziellen Biege-*Kriechversuchen* konnte an Verbundwerkstoffen, die dem braunen oder weißen Zersetzungspilz ausgesetzt waren folgende Ergebnisse festgestellt werden:
- Referenzplatten aus Espen/*Formaldehydleim*:
  Versagen nach 71 Tagen bei dem Tyromyces palustris Pilz mit einem *Gewichtsverlust* von 7,8 % und Versagen nach 212 Tagen bei dem Trametes versicolor Pilz mit einem Gewichtsverlust von 31,6 %.
- Referenzplatten aus Espen/Isocyanatleim:
  Versagen nach 20 Tagen bei dem Tyromyces palustris Pilz mit einem Gewichtsverlust von 5,5 % und Versagen nach 118 Tagen mit dem Pilz Trametes versicolor mit einem Gewichtsverlust von 34,4 %.

Bei Platten, die aus acetylierten Spänen und Phenolformaldehyd- oder Isocyanatleim hergestellt wurden, kann es bei beiden Pilzen zu keinem oder nur geringem Gewichtsverlust. Keine der Proben versagten während des Versuchszeitraums.

Bei den Verbundwerkstoffen ist die Haftung zwischen Faser und Harz bzw. Span und Leim eine wichtige Größe, sie bestimmt die innere Haftfestigkeit maßgeblich. Bei entsprechenden Versuchen wurde festgestellt:
- bei Espen/Phenolformaldehydleimplatten hat sich nach 16 Wochen des Befalls mit dem T. palustris Pilz die innere Festigkeit um 90 % verringert und bei Platten aus Isocyanatleim um 85 %.
- nach 6 Monaten im feuchten nicht sterilen Boden verloren die gleichen Referenzplatten aus Formaldehydleim 65 % und die aus Isocyanatleim hergestellten 64 % ihrer inneren Haftfestigkeit.

Bei den entsprechenden acetylierten Verbundwerkstoffen war der Verlust an innerer Haftfestigkeit nach 16 Wochen Befall mit dem T. palustris-Pilz sehr viel geringer. Dies gilt auch nach einer Einlagerung in der Erde über 6 Monate.

Neben der Verbesserung der *biologischen Beständigkeit* lassen sich durch Acetylierung vor allem die innere *Haftfestigkeit* der Verbunde, die UV-Beständigkeit und Formunbeständigkeit wesentlich verbessern. Von verschiedenen, bisher untersuchten Reaktionssystemen scheint das nicht katalysierte Acetylierungsverfahren der kommerziellen Einführung am nächsten zu sein.

2.8.3.2 Behandlung der Faseroberfläche durch Beschichtung

In [2.128] wird darauf hingewiesen, daß die Feuchtigkeitsabsorption und -desorption von Verbundwerkstoffen mit Naturfasern als Verstärkungsfasern zu sehr hohen Schrumpfbelastungen führt, die z.B. ein *Haftungsversagen* zwischen Faser und Harz verursacht und damit die Festigkeitseigenschaften beeinträchtigt. Dies gilt insbesondere für sogenannten harz- und haftungsbedingten Eigenschaften wie Schub- und Querfestigkeiten von uni-multidirektionalen aber auch multidirektionalen Verbunden. Diesem Abfall in den Festigkeitseigenschaften von Verbundwerkstoffen mit Naturfasern kann jedoch durch entsprechende *Vorbehandlung der Fasern* vorgebeugt werden.

Ein weiteres Problem der unbehandelten Naturfasern ist ein hoher *Harzverbrauch* bei ihrer Imprägnierung, die durch Faserhohlräume begründet ist. Zur Verringerung der Feuchtigkeitsabsorption und -desorption sowie des hohen Harzverbrauchs, wurden nach [2,128] Jutefasern vor der Einbringung in das Harzsystem mit Lignin und *Ethylendiamin* (EDA) beschichtet. Die Fasern wurden zuerst 30 Minuten lang in einer 10-gewichtsprozentigen Ligninlösung getränkt und dann 24 Stunden lang bei 80°C getrocknet. Bei Verbundwerkstoffen mit so vorbehandelten Jutefasern war der Harzverbrauch gegenüber Verbunden mit unbehandelten Fasern nur noch halb so groß. Bei Fasern, die mit Ethylendiamin behandelt wurden, verringerte sich die Feuchtigkeitsabsorption in ähnlichem Maß. Durch die Untersuchung von unidirektionalen Verbunden wurde festgestellt, daß die *Faserbeschichtung* die Zugfestigkeit und den Modul nicht beeinträchtigen.

Die Haftung zwischen Kokosfasern und Polyesterharz ist nach [2.128] offensichtlich schlecht. Bei Faseroberflächenuntersuchungen mit dem Rasterelektronenmikroskop stellte sich heraus, daß die Faseroberfläche eine apolare wachsartige Beschichtung (Oberhaut) aliphatischen Ursprungs aufwies. Diese natürliche Beschichtung ist vermutlich nicht mit Polyester verträglich und führt damit zu einer schlechten Haftung zwischen Faser und Harz.

In diesem Falle bot sich an, die Faser durch eine Beschichtung durch oder Auslaugen der Oberhaut zu verändern. An Jute- und Kokosfasern wurden folgende Faseroberflächenbehandlungen durchgeführt:

1) Auftrag einer 1,5 ÷ 5,0 μm dicken durchgehenden *Kupferschicht* auf Jutefasern im chemischen Niederschlagverfahren.

2) Tränken oder Auslaugen der Kokosfasern in Laugenbädern unterschiedlicher Konzentrationen, ähnlich der Merzerisierung, also der Veredelung (Glänzendmachen) von Baumwolle.

Wie Abb. 2.8.17 zeigt, konnten durch den Kupferauftrag die Zug- und Biegefestigkeiten von unidirektionalen kokosfaserverstärkten Polyesterharzverbunden beträchtlich verbessert werden. Die durch den *Kupferauftrag* bedingte elektrische Leitfähigkeit solcher Verbunde erweitert unter Umständen das Einsatzspektrum solcher Fasern, bzw. das mit solchen Fasern verstärkten Kunststoffen.

In Abb. 2.8.18 sind die mechanischen Eigenschaften von unidirektionalen Verbunden aus unbehandelten und alkalibehandelten Kokosfasern und Polyesterharz gegenübergestellt. Die Verbesserung der Eigenschaften durch die *Alkalibehandlung* der Fasern sind z.T. beträchtlich, insbesondere bei Verbunden mit höheren Fasergehalten.

Es wird angenommen, daß die *Laugenbehandlung* die äußere *Wachsschicht* entfernt. Dadurch verbessert sich die Haftung zwischen Faser und Polyesterharz und damit auch die mechanischen Eigenschaften.

2.8.3.3 Maßnahmen zur Verbesserung der Faser-Matrix-Haftung von naturfaserverstärkten Thermoplasten.

Bei den meisten faserverstärkten Thermoplasten ist die Haftung zwischen den Fasern und der Matrix nicht besonders gut, was damit zusammenhängt, daß bei den Thermoplasten keine freien Valenzen vorhanden sind und deshalb eine Reaktion zwischen Faser und Matrix zur Verbesserung der Haftung im Prinzip nicht möglich ist.

Die *Haftung* zwischen *Faser und Harz* ist bei den meisten Faserverbunden die entscheidende Größe. Ist die Haftung schlecht, dann taugt in der Regel auch der Verbund wenig.

Material	UTS (MN/m^2)	Biegefestigkeit (MN/m^2)	Volumen Widerstand bei 100 V $(\Omega *cm)$
Polyester	49.6	52.2	$1.35 * 10^{11}$
Kokosfaser (wie erhalten - 0.23 Volumenanteil) + Polyester	45.9	56.2	$1.23 * 10^{10}$
Kupferbeschichtete Kokosfaser (0.23 Volumenanteil) + Polyester	56.9	69.8	$9.93 * 10^{-2}$ (L) 17.16 (T)
Wie oben , mit Kupferfaser mit Länge-zu-Durchmesser Verhältnis von 100	—	—	1.77 (L) 63.13 (T)
L = longitudinal; T = transversal			

Abb. 2.8.17. Mechanische und elektrische Eigenschaften von unidirektionalen Verbunden aus kupferbeschichteten Kokosfasern und Polyesterharz [2.128]

Kokosfaser Volumen-anteil	Behandlung der Kokosfaser	Auszieh-spannung (MN/m^2)	Biege-festigkeit (MN/m^2)	*Biege-modul* (GN/m^2)	*Kerbschlag-festigkeit* nach Charpy (10^3,MN/m^2)
0 (reines Polyester)	-	-	48.5	3.077	8.33
0.10	unbehandelt	83	33.5	2.792	-
	Alkali-behandelt	145	34.0	3.026	-
0.20	unbehandelt	-	33.0	2.497	7.44
	Alkali-behandelt	-	42.3	3.380	11.33
0.30	unbehandelt	-	29.0	1.720	-
	Alkali-behandelt	-	41.54	3.334	-

Abb. 2.8.18. Vergleich von mechanischen Eigenschaften von unidirektionalen Verbunden aus unbehandelten und alkalibehandelten Kokosfasern und Polyesterharz [2.128]

Von den eingeführten Verbunden mit den Verstärkungsfasern Glasfasern, Kohlenstoffasern, Aramidfasern etc. kennt man das Verhalten der Grenzschicht und der Haftung zwischen Fasern und Harz recht gut, insbesondere bei duromeren Harzsystemen wie Epoxid, Polyester, *Polyimide* und *Vinylester*.
Bei naturfaserverstärkten Thermoplasten verschärft sich das Interfaceproblem noch dadurch, daß Naturfasern sehr viel Feuchtigkeit aufnehmen. So ist nach [2.132] bei einer alipatischen Matrix und einer hydrophilen Zellulosefaser keine große Haftung zwischen Faser und Harz zu erwarten. Deshalb kann bei den Naturfasern, wie bei den Standardfasern, eine Haftung zur Matrix nur über eine spezielle Oberfläche aufgebaut werden. In [2.132] wurden drei Richtungen zur Verbesserung der Haftung zwischen Flachsfasern und dem Thermoplasten Polypropylen verfolgt:
- Ausrüstung des Flachses mit Silanen
- Beschichten von Flachs mit funktionalisiertem Polypropylen
- Ausrüstung mit wasserabweisend wirkenden Substanzen
Mit den beiden ersten Richtungen war eine deutliche Steigerung der Adhäsion zwischen Zellulosefasern und aliphatischer Matrix zu verzeichnen.

1. Ausrüstung des Flachses mit Silanen. Die Ausrüstung von Flachsfasern mit Silanen lehnt sich an die Oberflächenbehandlung von Glasfasern mit silanhaltigen Schlichten [2.133] an. Das bekannteste *Silanhaftmittel* ist Vinyltrichlorsilan. Es wird insbesondere bei Verbunden aus Glasfasern und aliphatischen Matrices verwendet. Die Silane verbessern durch ihre Haftung in vielen Fällen die mechanischen Eigenschaften, vor allem die sogenannten Naßeigenschaften. Darunter versteht man die mechanischen Eigenschaften der glasfaserverstärkten Kunststoffe nach einer längeren Auslagerung in einem feucht/warmen Klima.

Die Reaktionsfähigkeit der verschiedenen Silanhaftmittel mit der Glasoberfläche ist nicht einheitlich. Die Abb. 2.8.19 zeigt die Reaktion von Chlorsilanen mit der Glasoberfläche. Das Silan kann entweder direkt mit den OH-Gruppen der Glasfaseroberfläche reagieren, oder aber nach Hydrolyse zu linearen oder cyclischen Gebilden kondensieren, die dann als *Siloxan* bzw. *Siloxanol* an die Glasfasern gebunden werden.

Die Reaktion des Silans mit den Matrixsystemen ist durch Mischpolymerisation der Vinylgruppe mit Polyesterharzen möglich oder durch Addition der Epoxigruppe von Epoxiden an die hydrolytisch gebildeten OH-Gruppen des Silans [2.133]. Dieses System Silan-Glasfasern ist mit dem System Silan-Zellulose nur bedingt vergleichbar.

Die bei der Glasfaser mit dem Silan reagierende Hydroxylgruppe ist an Siliziumatome gebunden, bei Flachsfasern dagegen an Kohlenstoffatome.

2) Untersuchungen an Flachsfasern mit difunktionalisierten Silanen Ziel der Untersuchung von [2.132] war es, über das Silan mit seinen silizium- und organofunktionellen Gruppen eine Verbindung zwischen der Flachsfaser und dem in der Fahrzeugindustrie am meisten verwendeten Thermoplasten Polypropylen aufzubauen.

Die Vorstellungen dazu sind in Abb. 2.8.20 dargestellt. Danach gibt es am Markt nur zwei Gruppen von Silanen, die für eine Untersuchung am System Flachsfaser-Polypropylen in Frage kommen:
- Alkylgruppenfunktionalisierte *Silane*
- Silane, die eine radikalische Reaktion mit der Matrix eingehen können

Die alkylgruppenfunktionalisierten Silane sind *difunktionell.* Sie werden mit unterschiedlich langen *Alkylgruppen* angeboten. Untersucht wurden drei Silane mit unterschiedlichen Alkylgruppenlängen ohne Katalysator. Es zeigte sich, daß durch Oberflächenbehandlungen ohne Katalysator die Haftung zwischen Faser und Kunststoff nicht gesteigert werden konnte.

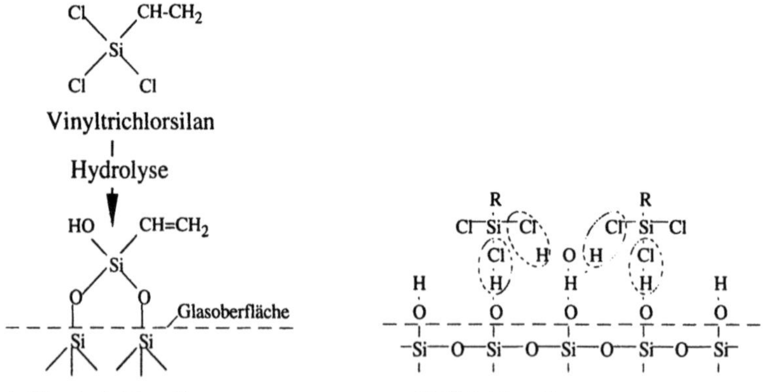

a) Vinyltrichlorsilan   b) Trichlorsilan
                                         (R=Vinyl, Alkyl, Allyl, usw.)

Abb. 2.8.19. Reaktion von Chlorsilanen mit der Glasoberfläche [2.132]

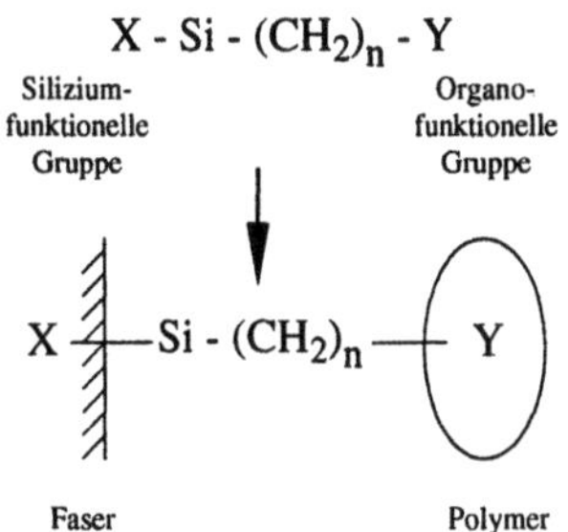

Abb. 2.8.20. Schematische Darstellung der Vorstellung einer Bindung Faser-Silan-Matrix [2.133]

Bei weiteren Untersuchungen mit einem Katalysator konnte eine gewisse Steigerung der Haftwerte erzielt werden, Die Ergebnisse waren insgesamt gesehen jedoch nicht befriedigend.

Zu Schließen ist daraus, daß ohne Katalysator Steigerungen der Haftung nicht möglich sind.

Die Untersuchungen mit Silanen mit ungesättigten funktionellen Gruppen basieren darauf, daß Polypropylen als gesättigter Kohlenwasserstoff nur radikalischen Reaktionen zugänglich ist. Deshalb sollte die funktionelle Gruppe der Silane über einen radikalischen Vorgang mit der aliphatischen Kohlenwasserstoffkette reagieren können und damit eine Steigerung der Haftung bewirken. Geeignete Silane sind:
- vinylfunktionalisierte-,
- methacrylfunktionalisierte- und
- azidfunktionalisierte Silane
Der Mechanismus der Anbindung der Silane an die zellulosische Faser entspricht dem der alkylgruppenfunktionalisierten Silanen.

Die chemische Reaktion von Silanen mit den Oberflächenhydroxylgruppen geschieht in zwei Stufen:
- Hydrolyse der Alkoxylgruppen des Silans zu Silanol
- Bindung des Silanols an die Hydroxylgruppen des Reaktionspartner, als Nebenreaktion Polykondensation zu oligomeren Polysiloxanen. Danach läuft bei höheren Temperaturen die eigentliche Faser-Matrix-Reaktion ab, bei der ein Initiator, der ein Startradikal anbietet, erforderlich ist.

Bei flachsfaserverstärktem Polypropylen ist eine Ausrüstung der silanisierten Faseroberfläche mit einem Radikalspender günstig. Dieser Spender wird bei den Verarbeitungstemperaturen der Matrix aktiv. Dafür günstig sind die Substanzen Dicumylperoxid (DCUP) und Dibenzoylperoxid.

Die Ergebnisse dieser Untersuchungen zeigen bei allen drei Silanen bei niedrigen Konzentrationen verbesserte Zugfestigkeiten des flachsfaserverstärkten Polypropylens (Abb. 2.8.21). Die maximale Steigerung der Zugfestigkeit von flachsverstärktem Polypropylen mit unbehandelten Fasern gegenüber Verbunden mit behandelten Fasern beträgt ungefähr 25 %.
Die Scherfestigkeiten, u.a. als Maß für die Haftung zwischen Faser und Kunststoff steigen bei allen 3 Silanen bei niedriger Konzentration ebenfalls an.

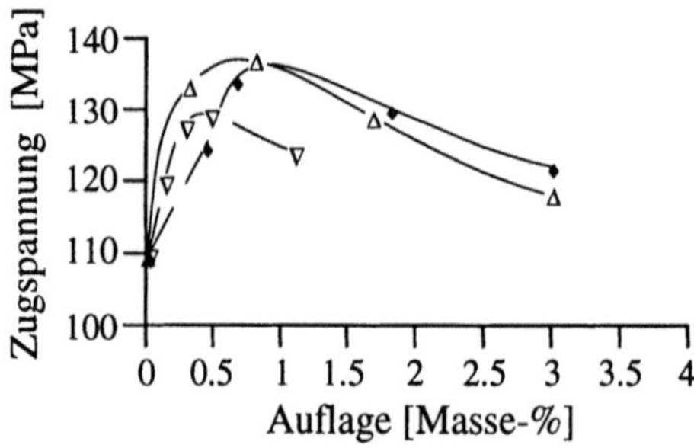

Abb. 2.8.21. Zugfestigkeiten von flachsfaserverstärktem Polypropylen in Abhängigkeit von der *Silanauflage* auf der Faser bei optimalen Abmischungen [2.133]

Wie Abb. 2.8.22 zeigt, ist höchste Steigerung der Scherspannung von Verbunden mit unbehandelten und behandelten Fasern maximal 110 %.

Verbesserung der Haftung von Faser und Harz durch Anwendung von funktionalisiertem Polymer. Neben den Oberflächenbehandlungen von Flachsfasern mit verschiedenen Silanen gibt es noch weitere Möglichkeiten zur Verbesserung der Faser/Harzhaftung, z.B. durch funktionalisierte Polymere.

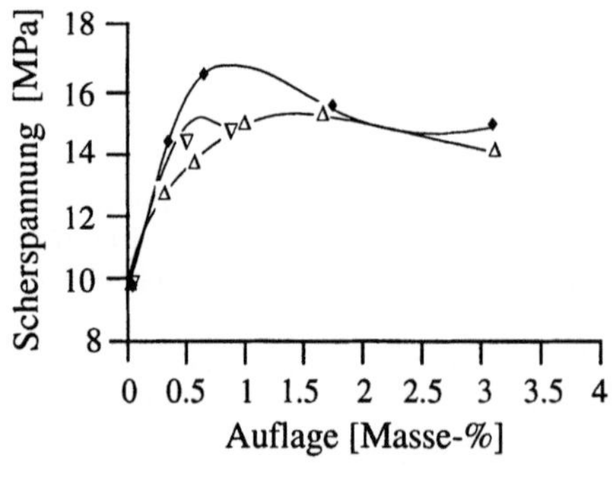

Abb. 2.8.22. Scherfestigkeiten von flachsfaserverstärktem Polypropylen in Abhängigkeit von der Silanauflage auf der Faser bei optimalen Abmischungen [2.133]

Das Ziel ist dabei die Faser mit einem der Matrix ähnlichen Material zu umhüllen. Dieses Material muß chemisch an der Faseroberfläche haften. Dazu werden den reaktionsfähigen Gruppen der Zellulose entsprechend modifizierte Polyolefine benötigt, die aufgrund ihres ungesättigten Charakters sehr reaktionsfreudig sind. Für das Matrixsystem Polypropylen gibt es nach Abb. 2.8.23 marktfähige Produkte. Dabei handelt es sich ausschließlich um Maleinsäureanhydrid modifiziertes Polypropylen. Unterschiede zeigen sich im Molekulargewicht und in der MAH-Konzentration [2.132].

Die Säureanhydridgruppen sind zu Veresterungsreaktionen mit den zellulosischen Hydroxylgruppen fähig, dabei entsteht ein auf der Faser haftender Polypropylenfilm.

Die Wirksamkeit der Haftvermittler nach Abb. 2.8.23 wurde an flachsfaserverstärkten Verbunden untersucht. Dabei konnten bereits bei kleinen Mengen Haftvermittler die Zug- und die Zugscherfestigkeiten erheblich verbessert werden. In den günstigsten Fällen wurde die Scherfestigkeit um 85% und die Zugfestigkeit um 25% gesteigert.

Bezeichnung	Hersteller / Lieferer	MG [1]	MAH-Konzentration [2] MA. %	
			gesamt	gebunden
Hercoprime HG 201	Himont	40'000	4 - 5	3- 4
Hostaprime HC 5	Hoechst AG	10'000	5 - 6	4 - %
Exxelor PO10/5	Exxon Chemical GmbH	90'000	0.5 - 1.0	0.5 - 1.0
Polybond 3002	BP Chemical	250'000	0.2 - 0.4	0.2 - 0.3
V1		250'000	2 - 3	0.5 - 1.0
V2		1'000	7 - 8	4.5 - 5.5

Abb. 2.8.23. Handelsübliche Haftvermittler (Maleinsäureanhydrid modifiziertes Polypropylen), [1] Produktangaben, [2] Säure-Base-Titration [2.133]

3. Matrixsysteme

Die weitverbreitete Meinung, Matrixsysteme dienen lediglich als "*Klebstoff*" für die Verstärkungsfasern, während die *Verbundeigenschaften* nur von den Fasern bestimmt sind, ist nicht korrekt. Vielmehr sind zum Aufbau eines leistungsfähigen Verbundes - neben der Faser - genaue Kenntnisse notwendig über:

- das sog. Interface, oder die *Interphase* zwischen Faser und Matrix. Das Interface wird meist online während der Fertigung der Faser durch eine *Oberflächenbehandlung* und/oder durch Aufbringen einer Avivage oder Schlichte ausgebildet. Diese *Avivage* ist i. w. auf die Matrixsysteme abgestimmt, in denen die Fasern eingebettet werden;
- die Matrix, die die Verstärkungsfasern aufnimmt und deren Einfluß die Verbundeigenschaften entscheidend prägt.

So sollten, um die Zugfestigkeiten von endlos eingebrachten Verstärkungsfasern voll zu nutzen, lediglich Matrixsysteme Verwendung finden, deren Bruchdehnung größer ist, als die der Faser [3.1, 3.2]. Eine Matrix mit geringem E-Modul, häufig gekoppelt mit hoher Bruchdehnung, ist dagegen bei *Druckbeanspruchung* nicht in der Lage die Fasern zu stützen, so daß nach [3.1, 3.2] der Verbund durch Mikrobeulen (sog. microbuckling) der einzelnen Filamente u.U. frühzeitig versagen kann.

Das Festigkeits- und Verformungsverhalten der Matrix sowie deren Koppelmechanismen zur *Faseroberfläche*, unter Einbindung der Avivage, bestimmen ganz wesentlich die Verbundeigenschaften senkrecht zur Faser [3.3, 3.4]. Das *Dehnungsverhalten* der Matrix, bzw. deren *Dehnungsüberhöhung* bei großen Steifigkeitsunterschieden zwischen Faser und Matrix führen zu geringen *Querfestigkeiten*, wie es bereits in Abb. 2.6.1 dargestellt ist. Bei geringen Unterschieden im E-Modul quer zur Faserrichtung, wie z.B. bei der Kohlenstoffaser, liegt dagegen die Schädigungsgrenze bei Querbeanspruchung deutlich höher, was eine höhere Nutzung im Verbund mit sich bringt.

In besonderer Weise beeinflusst die Wärmeformbeständigkeit der Matrix - zumindest bei Polymersystemen - das Temperatureinsatzspektrum der Faserverbunde. Mit Ausnahme der Polmerfasern weisen die Verstärkungsfasern durchweg höhere Temperaturbeständigkeit auf, so dass die Matrixsysteme den limitierenden Faktor darstellen [3.1-3.9].

Der Schwerpunkt der Ausführungen liegt hier auf dem Bereich der polymeren Matrices, die heute die bedeutendste Rolle bei den Faserverbundwerkstoffen einnehmen. Neben der Luft- und Raumfahrt haben sie vor allen Dingen Eingang im Sportartikelbereich gefunden. Anwendungen im Transportwesen und im Maschinenbau zeichnen sich vermehrt ab. Zusätzlich enthält dieser Abschnitt einige Hinweise auf weitere *Matrixsysteme* auf metallischer und *keramischer* Basis sowie über Kohlenstoff/Kohlenstoff (*C/C*) Verbundwerkstoffe. Die Forschungsaktivitäten auf diesem Gebiet sind sehr vielschichtig, belegt durch viele Publikationen. Der Einsatz in der Serie ist jedoch mit Ausnahme der C/C-Verbunde, nur in geringem Maßstab vollzogen. Vorreiter ist auch hier wie bei vielen neuen Technologien die Luft- und Raumfahrt, speziell im militärischen Bereich.

3.1 Polymere Matrixsysteme

Synthetische Kunststoffe sind *hochmolekulare* organische *Verbindungen*, die durch chemische Aneinanderreihung von niedermolekularen Grundbausteinen - den sog. Monomeren - durch verschiedene chemische Reaktionen entstehen [3.3, 3.4, 3.6, 3.7, 3.10]. Je nach Bildungsreaktion unterscheidet man folgende Kunststoffgruppen:
- *Polymerisate*: Sie entstehen durch eine Additionsreaktion gleichartiger und auch nach der Reaktion - bis auf die Aufhebung der Doppelbindung - unveränderter Grundbausteine.
- *Polykondensate*: Sie basieren auf einer *Substitutionsreaktion*. Zwei gleich- oder verschiedenartige reaktionsfähige Gruppen von Verbindungen reagieren miteinander; dabei entstehen niedermolekulare Nebenprodukte wie Wasser, Ammoniak, Chlorwasserstoffe, Alkohole etc..
- *Polyaddukte*: Entstehen durch die Polyreaktion von mindestens zwei bifunktionellen Verbindungen. Dabei wandert ein Wasserstoffatom von einer funktionellen Gruppe der einen Verbindung an eine Doppelbindung der anderen Verbindung. Gleichzeitig wird eine neue *Elektronenpaarbindung* zwischen den zwei Verbindungen geknüpft.

Neben den Polymerbildungsreaktionen, der chemischen Zusammensetzung, Gestalt und *Polymerisationsgrad* muß der Ordnungszustand der Polymere bekannt sein. Man unterscheidet ganz allgemein zwischen *Thermoplasten* und Duroplasten (Abb. 3.1.1)

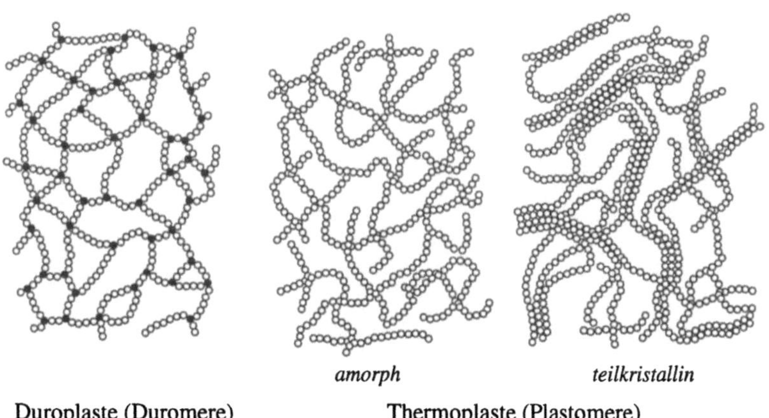

Abb. 3.1.1. Schematische Darstellung der Molekülstruktur für Thermo- und Duroplaste [3.23]

Bei den Thermoplasten herrschen zwischen den einzelnen Atomen innerhalb der Molekülkette die bekannten Bindungskräfte (*Primärbindungen*) vor. Für den Zusammenhalt der Polymere ist jedoch die räumliche Lage der Ketten zueinander und den dazwischen herrschenden *Sekundärkräften* maßgebend. Sie betragen meist nur den hundertsten Teil der Primärbindungen und sind stark abhängig vom Kettenabstand [3.3, 3.6, 3.7, 3.10].

Dieser Unterschied in den Bindungskräften ist charakteristisch für die Thermoplaste. Sie erweichen in der Wärme und sind nahezu beliebig ur- oder umformbar. Bei Abkühlung erstarren die Moleküle wieder, die Schmelze wird fest. Dieser Vorgang ist theoretisch beliebig oft wiederholbar. Je nach Komplexität des Molekülaufbaus und der Sperrigkeit von *Seitenketten* erstarren die Polymere völlig regellos. Sie befinden sich im *amorphen* Zustand (Abb. 3.1.1). Können die Molekülketten aufgrund ihrer Struktur wenigstens in Teilbereichen geordnete Strukturen aufbauen, dann handelt es sich um teilkristalline Polymere.

Bei Duroplasten dagegen bilden große Bereiche der Masse ein großes, dreidimensional durch Primärbindungen vernetztes Molekül. Die Formgebung bei den Duroplasten muß vor der *Vernetzungsreaktion* geschehen, da die Netzwerkstruktur nicht mehr aufschmilzt. Sie wird bei Energiezufuhr lediglich erweichen, bzw. bei zu hohen Temperaturen *Zersetzungserscheinungen* zeigen.

Die vielfältigen Faktoren, die das Eigenschaftsbild von Polymeren, seien es Duro- oder Thermoplaste, prägen, sind schematisch in der folgenden Abb. 3.1.2 dargestellt [3.3, 3.10].

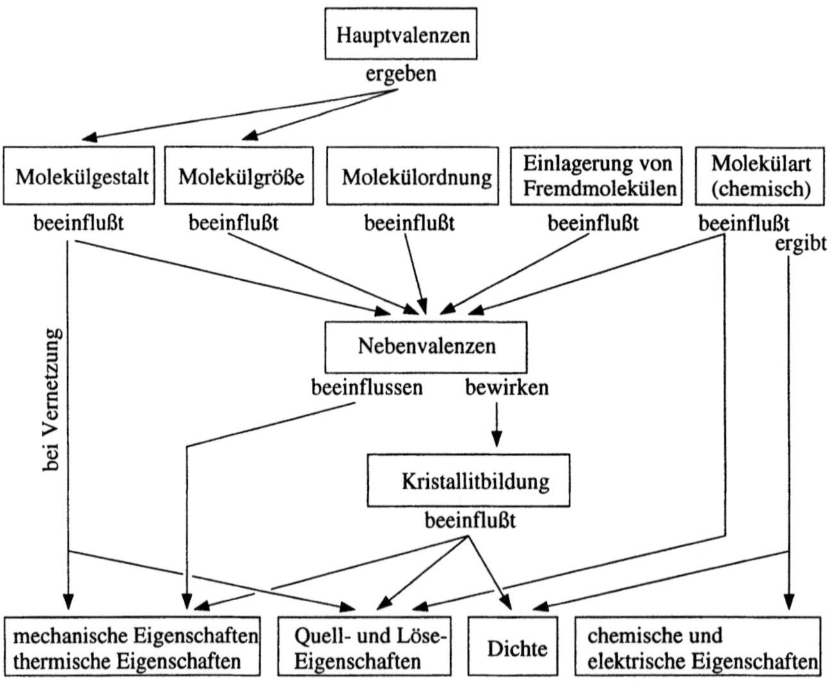

Abb. 3.1.2. Eigenschaftsbildende Faktoren bei Kunststoffen [3.3, 3.10]

- *Molekülgestalt*: Wie in Abb. 3.1.1 bereits gezeigt, können polymere Werkstoffe linear-kettenförmig, verzweigt und räumlich vernetzt sein. Je linearer die Molekülketten (z.B. bei *Polyethylen*) ausgebildet sind, desto höher ist der mögliche *Kristallinitätsgrad* und damit die Schmelztemperatur. Linear aufgebaute Polymere mit polaren Gruppen, wie z.B. Polyamide, weisen einen hohen Schmelzpunkt auf. *Benzolringe* in den Hauptketten zeigen auf, daß auch auf diesem Weg die mechanischen und thermischen Eigenschaften beeinflußt werden können (z.B. *Polycarbonat* (PC), *Polyphenylensulfid* (PPS), etc.)

- *Molekülgröße*: Polymere Molekülketten bestehen aus einer Aneinanderreihung von monomeren Ausgangsbausteinen, ihre Kettenlänge wird durch den Polymerisationsgrad (mittlere Anzahl der Monomere in einer Kette) definiert. Der Polymerisationsgrad hat einen erheblichen Einfluß auf die mechanischen Eigenschaften der Kunststoffe. Reißfestigkeit und *Dehnvermögen* nehmen mit wachsender Moleküllänge zu, ebenso die Schlagzähigkeit und der Widerstand gegen *Rißbildung*. Die damit gekoppelte steigende *Viskosität* erschwert allerdings deren Verarbeitungsfähigkeit.

- *Molekülordnung*: Je nach *Ordnungszustand* unterscheidet man bei den linearen Hochpolymeren zwischen völlig ungeordneten, sog. *amorphen* und den *teilkristallinen Thermoplasten*, bei denen durch Orientierung oder Kristallitbildung bereichsweise parallel geordnete Molekülketten einen Zustand hoher Ordnung schaffen. Diese kristallinen Bereiche sind in amorphe Strukturen eingebettet, da die Makromoleküle keine vollständige Kristallitbildung zulassen.

Die *Nebenvalenzkräfte*, die den Zusammenhalt der Polymere bewirken, sind stark abhängig vom Abstand der Molekülketten zueinander. Sie werden dementsprechend in kristallinen Bereichen stärker wirksam als in amorphen Strukturen.

Mit dem Kristallinitätsgrad steigen so wichtige Eigenschaften wie: *Schmelzbereich*, Zugfestigkeit, E-Modul, *Härte, Lösungsmittelbeständigkeit*. Dagegen nehmen Schlagzähigkeit, Widerstand gegen Rißbildung und Transparenz ab.

Duroplaste vernetzen grundsätzlich amorph, allerdings bestimmen hier vorwiegend die Hauptvalenzbindungen (dreidimensional) das mechanisch/ thermische Verhalten der Polymere.

- Mechanische und thermische Eigenschaften: Hochpolymere zeigen bei mechanischer Beanspruchung im normalen Gebrauch *viskoelastisches Verhalten* [3.3, 3.10], d.h. die auftretenden Verformungen sind teilweise *elastischer* (reversibler), teilweise *viskoser* (irreversibler) Natur. Das bedeutet, daß Werkstoffkenngrößen in Abhängigkeit von der Temperatur sowie der Belastungsgeschwindigkeit und -zeit zu betrachten sind.

Der *Torsionsschwingversuch* charakterisiert das viskoelastische Verhalten in Abhängigkeit von der Temperatur sehr gut. Die Kurvenverläufe in Abb. 3.1.3 weisen charakteristische Unterschiede für amorphe und teilkristalline Thermoplaste sowie für vernetzte Duroplaste auf.

Unterhalb des *Einfrierbereiches* - der sog. Glastemperatur T_G - liegen die Polymere im hartelastischen Zustand vor, der häufig durch hohe Sprödigkeit gekennzeichnet ist. Die Lage des Einfrierbereichs ist abhängig von der Molekülgestalt und der Stärke der Sekundärbindungen, d.h. je wirksamer

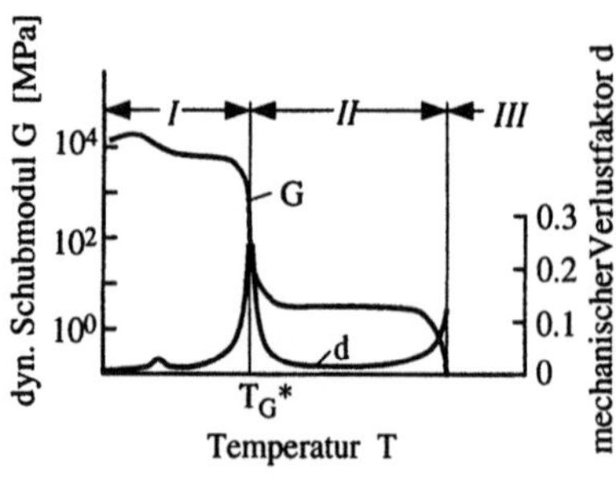

a) amorphe Thermoplaste

Bereich *I* : Energieelastisches Verhalten (Glaszustand). Anwendungsbereich des Werkstoffs.

T_G^* : Glasübergangstemperatur, Einfriertemperaur. Übergang in den thermoelastischen Bereich.

Bereich *II* : Entropieelastisches Verhalten (quasigummi-elastisch). Bereich der Warmumformung.

Bereich *III* : Viskoses Fließverhalten. Bereich der Thermoplastizität: Umformen und Schweißen.

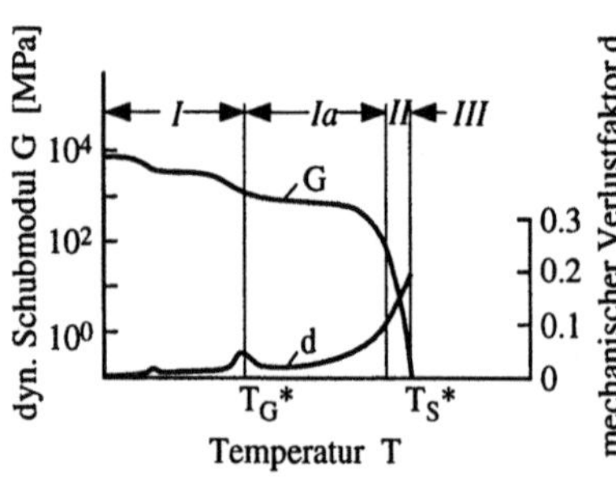

b) teilkristalline Thermoplaste

Bereich *I* : Glaszustand, amorphe Bereiche eingefroren, Kunststoff spröde.

T_G^* : Glasübergangstemperatur für die amorphen Anteile.

Bereich *Ia* : Amorphe Anteile thermoelastisch, kristalline Anteile starr. Üblicher Anwendungsbereich.

T_s^* : Kristallschmelztemperatur.

Bereich *II* : Bereich der aufschmelzenden Kristallite, Kunststoff wird warmumformbar (enger Temperaturbereich).

Bereich *III* : Viskoses Fließverhalten. Bereich der Thermoplasizität: Umformen und Schweißen.

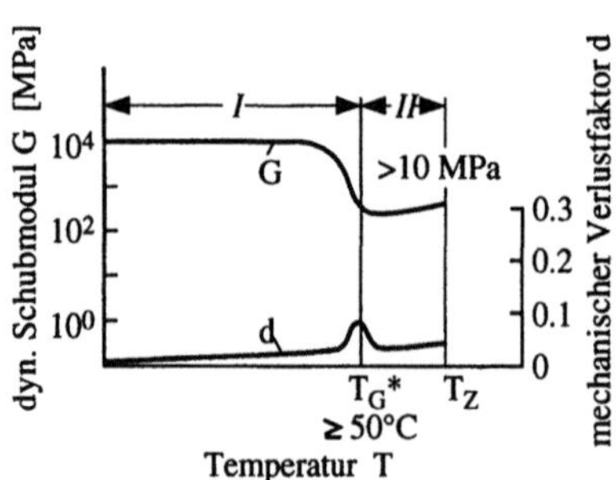

c) Duroplaste

Bereich *I* : Energieelastisches Verhalten. Anwendungsbereich. Werkstoffe hart und spröde (kein inneres Gleiten).

T_G^* : Glasübergangstemperatur.

Bereich *II* : Nicht vernetzte Bereiche, „erweicht", flexibel. Werkstoff ggf. etwas umformbar. Kein Fließen.

T_Z : Zersetzungstemperatur.

Abb. 3.1.3. Temperaturabhängigkeit des dynamischen Schubmoduls G und des mechanischen Verlustfaktors d von Kunststoffen verschiedenen Ordnungszustandes [3.10]

diese Kräfte, um so höher liegen die T_G-Werte. Der Einsatzbereich für amorphe Thermoplaste ist unterhalb dieser Temperatur zu suchen (Abb. 3.1.3), während teilkristalline Thermoplaste unterhalb des T_G starke *Versprödungserscheinungen* aufweisen.

Für teilkristalline Thermoplaste schließt sich bei Erwärmung der weich- oder *zähelastische* Bereich an, der die Temperatureinsatzspanne für die meisten Anwendungen beschreibt. Oberhalb des sich anschließenden *Schmelztemperaturbereichs* T_S (für teilkristalline Materialien) bzw. des T_G (bei amorphen Thermoplasten) liegen die Polymere im Schmelzezustand vor und sind entsprechend Abb. 3.1.3 um- bzw. urformbar.

Der Verlauf der *Schubmodulkurve* für ausgehärtete Duroplaste in Abb. 3.1.3 zeigt nur geringen Abfall. Das Polymer schmilzt nicht mehr auf, es erweicht lediglich im Bereich um den T_G. Die mechanischen Eigenschaften oberhalb des T_G genügen allerdings nicht mehr strukturellen Anforderungen [3.2, 3.3, 3.4, 3.9, 3.10].

Grundsätzlich eignen sich alle bekannten Thermo- und Duroplaste als Matrixsysteme für faserverstärkte Polymere, sei es mit Kurz- oder mit Endlosfasern. Im folgenden sollen die wichtigsten Polymere, die heute in diesem Sektor zur Anwendung gelangen, ausführlich beschrieben werden.

3.1.1   Duroplastische Matrixsysteme

Duroplastische Matrixsysteme, auch allgemein *Harze* genannt, durchlaufen bei der Verarbeitung zu einem Bauteil (nach Abschluß der Formgebung) eine chemische Reaktion des *Präpolymeren*, die zu einem dreidimensionalen, nicht mehr lös- und schmelzbaren Molekülnetzwerk führt. (Abb. 3.1.1). Sie lassen sich nach ihrem Reaktionsverhalten einteilen in:
- *Polymerisationsharze*
- *Polyadditionsharze*
- *Polykondensationsharze* [3.3-3.14].

Für die Verwendung als Matrixwerkstoff für Faserverbunde kommen fast ausschließlich Polyaddukte und Polymerisationsprodukte in Frage, da bei der chemischen Reaktion keine niedermolekularen Substanzen abgeschieden werden und so - zumindest teilweise - eine drucklose Härtung erlaubt ist. Polykondensationsprodukte fordern dagegen eine Härtung unter Druck, um die Bildung von Fehlstellen durch die *Spaltprodukte* weitgehend zu unterbinden.

Die Präpolymere selbst werden jedoch häufig durch Polykondensation hergestellt. Der Grad der Präpolymerisation richtet sich dabei i.w. nach der für eine gute Tränkung ausreichend niedrigen Viskosität [3.12]. Ist dies, wie bei vielen warmhärtenden *Epoxidverbindungen*, nicht möglich, dann löst man die Harze für eine bessere Tränkung bei Raumtemperatur in einem *Lösungsmittel*, das nach der *Imprägnierung* wieder abgedampft wird, oder man verarbeitet das System bei erhöhten Temperaturen.

3.1.1.1 Ungesättigte Polyesterharze (UP)

Vernetzungsreaktionen von Polyestern wurden 1934 erstmals von H. Staudinger untersucht. Ellis und Forster, USA, erhielten 1936 das erste Patent bzgl. der Polymerisation ungesättigter Polyester in formgebenden Werkzeugen. Die United States Rubber Company fand 1942, daß die mechanischen Eigenschaften von Polyesterharzen durch Verstärken mit Glasfasern erheblich verbessert werden können [3.10].

Ungesättigte Polyesterharze gibt es heute in vielen Einstellungen für zahlreiche Anwendungen, wie z.B.:
- glasfaserverstärkte Formteile und Halbzeuge,
- glasfaserverstärkte Formmassen für das Pressen, Spritzpressen oder Spritzgießen,
- Harzbeton,
- Klebemörtel,
- Versiegelungen,
- Beschichtungsmassen für den Korrosionsschutz von Bauwerken, Behältern und Rohrleitungen,
- Estrichmassen,
- Gieß-, Tränk- und Einbettharze für die Elektroindustrie,
- Spachtelmassen,
- Lacke und Klebstoffe.

Die ungesättigten Polyesterharze sind heute im Faserverbundbereich aufgrund ihrer einfachen Handhabung vielfach eingesetzt. Die Ausgangssubstanzen sind organische Alkohole, die mit organischen Säuren - unter Abspaltung eines Wassermoleküls - zur Reaktion gebracht werden, wie es schematisch in Abb. 3.1.4 dargestellt ist.

Für die Herstellung eines linearen ungesättigten Polyesters werden mehrwertige ungesättigte *Dicarbonsäuren*, vorwiegend *Malein-* und *Fumarsäure*, verwendet, die technisch einfach und wirtschaftlich herzustellen sind. Die Veresterung erfolgt mit zweiwertigen Alkoholen - vorwiegend *Äthylenglykol* bis *Butylenglykol* - unter Abführung des entstehenden Wassers, wie es in Abb. 3.1.5 skizziert ist.

Diese Reaktion führt zu relativ niedermolekularen linearen Polyestern, deren Kettenlänge durch das molekulare Verhältnis der Ausgangskomponenten bestimmt wird. Diese linearen Polyester enthalten als wichtigste Kettenelemente in größerer Anzahl reaktionsfähige Doppelbindungen; über diese -C=C-Bindungen kann nun durch *Copolymerisation* mit einer *Vinylverbindung* - vorzugsweise *Monostyrol* - ein hochmolekulares, dreidimensionales, nicht mehr lösliches und aufschmelzbares Netzwerk geschaffen werden.

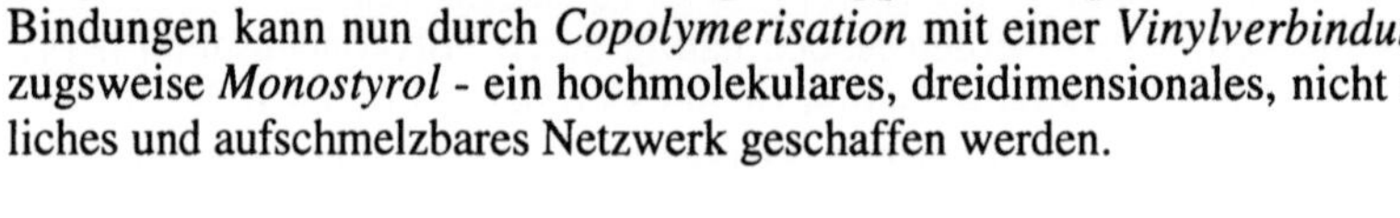

$$R_1-\overset{\overset{\displaystyle O}{\|}}{C}-OH \;+\; HO-R_2 \;\rightleftharpoons\; R_1-\overset{\overset{\displaystyle O}{\|}}{C}-O-R_2 \;+\; H_2O$$

Säure   Alkohol   Ester

Abb. 3.1.4. Grundsätzliche Reaktion zur Veresterung

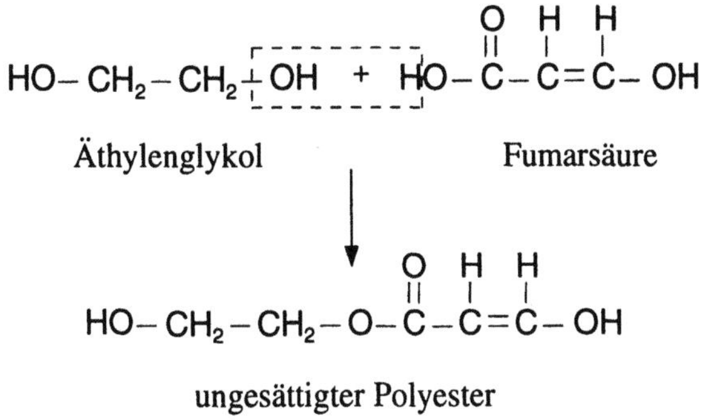

$$HO-CH_2-CH_2\dashrightarrow OH \quad + \quad HO-\overset{\overset{\textstyle O}{\|}}{C}-\overset{\overset{\textstyle H}{|}}{C}=\overset{\overset{\textstyle H}{|}}{C}-OH$$

Äthylenglykol   Fumarsäure

$$HO-CH_2-CH_2-O-\overset{\overset{\textstyle O}{\|}}{C}-\overset{\overset{\textstyle H}{|}}{C}=\overset{\overset{\textstyle H}{|}}{C}-OH$$

ungesättigter Polyester

Abb. 3.1.5. *Esterbildung* aus Dialkohol und ungesättigter Dicarbonsäure (Polykondensation)

Die durch *Radikalbildner* eingeleitete Härtung erfolgt durch *Pfropfpolymerisation*. Wie in Abb. 3.1.6 skizziert, bildet das polymerisierende Styrol Brücken zwischen den Polyestermolekülen, die an den Doppelbindungen durch deren Öffnung anbinden und aufpfropfen.

Das ungesättigte Polyestergrundharz mit einem Molekulargewicht zwischen 1000 und 5000 ist bei Raumtemperatur gewöhnlich zähflüssig bis fest und besitzt einen linearen bis leicht verzweigten Molekülaufbau. Das von der Kondensationsreaktion noch warme Harz wird mit ca. 30 % Monostyrol gemischt und so als stabilisiertes Flüssigharz geliefert, das kühl und lichtgeschützt 4-6 Monate lagerfähig ist. Monostyrol dient hier sowohl als Lösungsmittel als auch als Reaktionspartner bei der Vernetzungsreaktion.

Die Flüssigkeit zeigt dennoch eine Neigung zur Vernetzung, insbesondere bei Temperaturerhöhung und Luftzutritt. Daher wird den Lösungen häufig ein Inhibitor zugesetzt, wie z.B.:
- *Hydrochinon*
- *Catechin*
- *tertiäres Butylcatechin*
- *Chinon*
- *Pyprogallol*,

und zwar in geringen Konzentrationen von 0.001 bis 0.01%. Dadurch wird die Lagerfähigkeit unter den o.g. Bedingungen deutlich verlängert. Bei der Verarbeitung ist eine Herabsetzung der Viskosität durch Beimischung von Monostyrol in begrenztem Rahmen möglich.

Härtungsverhalten. Die vollständige Härtung eines ungesättigten Polyesterharzes (siehe Abb. 3.1.6) wandelt die viskose Flüssigkeit in ein brauchbares Produkt. Die Eigenschaften des Endproduktes sind zwar weitgehend von der Beschaffenheit der Ausgangskomponenten und der Struktur der UP-Harze abhängig, es ist aber von großer Bedeutung, in welcher Form und in welchem Umfang die ungesättigten Polyester miteinander verknüpft werden. Der Verarbeiter beeinflußt so in großem Maße durch die Auswahl der Komponenten und die

ungesättigter Polyester   Monostyrol

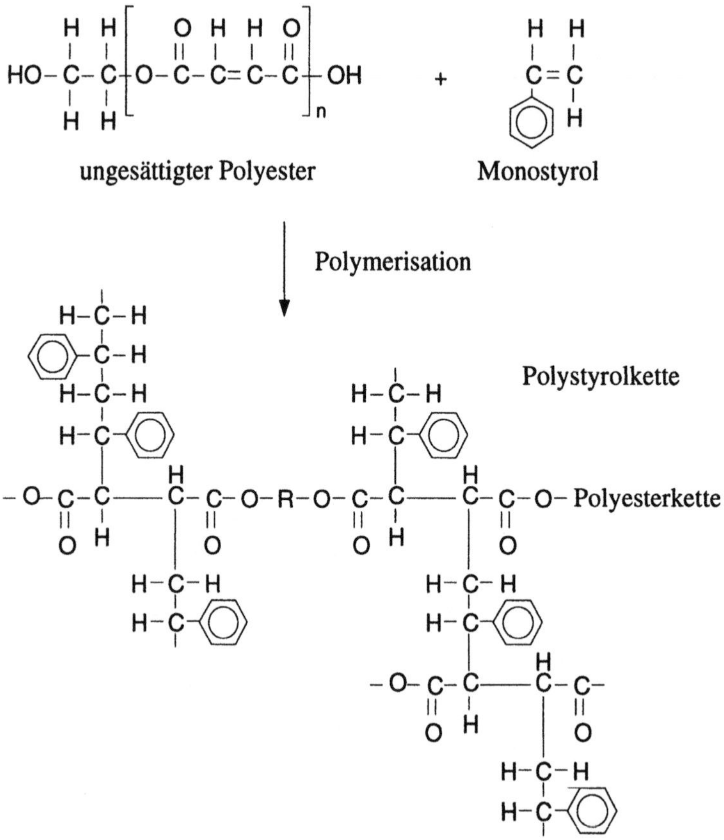

Polymerisation

Polystyrolkette

Polyesterkette

Abb. 3.1.6. *Polymerisationsablauf* zur dreidimensional vernetzten Struktur

Umgebungsbedingungen die Art und den Grad der Härtung und damit die Eigenschaften des Werkstoffs, bzw. des daraus hergestellten Bauteils [3.12].

Für die Initiierung des Härtungsvorganges werden freie *Radikale* in der viskosen Flüssigkeit benötigt. Als *Radikalbildner* verwendet man weitgehend organische Peroxide, die bei Temperaturen über 60°C genügend schnell zerfallen. Diese Radikalbildner werden häufig als Härter bezeichnet, obwohl sie die Härtungsreaktion lediglich anstoßen, selbst aber nicht daran beteiligt sind. Die *Zerfallgeschwindigkeit* der Peroxide kann durch den Einsatz von *Beschleunigern* - das sind Substanzen, die mit Peroxiden eine *Redoxreaktion* eingehen - soweit erhöht werden, daß eine Härtung bei Raumtemperatur (ca. 25°C) genügend schnell ablaufen kann.

Für die Härtung bei Raumtemperatur und bis 80°C haben sich überwiegend zwei Systeme bewährt:

1) *Ketonperoxide* mit *Kobaltbeschleunigern*
Bei der Kobalthärtung steht eine ganze Reihe von Härtern (Ketonperoxide) zur Verfügung, mit denen sich die Verarbeitungszeit variieren läßt. Die Aushärtung

geschieht relativ langsam, dadurch werden die Formteile weitgehend eigenspannungsfrei. Die *Entformungszeiten* sind entsprechend hoch.

Häufig verwendete Systeme sind:

Härter:	*Methylethylketonperoxid* MEKP	
	Cumolhydroperoxid	CUHP
	Cyclohexanonperoxid	CHP
	Acetylacetonperoxid	AAP
Beschleuniger:	*Kobaltoctoat*	COB
	Dimethylanilin	DMA mit Kobaltoctoat
	Kobalthexoate	

MEKP ist das reaktivste *Härtersystem* mit der kürzesten *Gelierzeit*, CHP das am geringsten reaktive System mit der längsten Gelierzeit. Dem Beschleuniger COB kann DMA zur Verkürzung der Gelierzeit zugesetzt werden. Durch Zugabe eines *Inhibitors* (z.B. Acetylaceton) bei der *Kobalthärtung* verlängert sich die Gelierzeit.

Nach [3.12, 3.13, 3.15] gilt für alle Systeme eine Richtrezeptur:
- 100 Gew. Teile UP-Harz
- 2-4 Gew. Teile MEKP oder CHP
- 0,1-2 Gew. Teile Kobaltbeschleuniger-Lösung (1 % Co)

In der Abb. 3.1.7 sind die Gelierzeiten eines UP-Harzes für unterschiedlich reaktive Peroxide in Abhängigkeit vom Beschleunigeranteil aufgetragen. Diese Kurven zeigen, daß die Verarbeitungszeit in weiten Grenzen variiert werden kann.

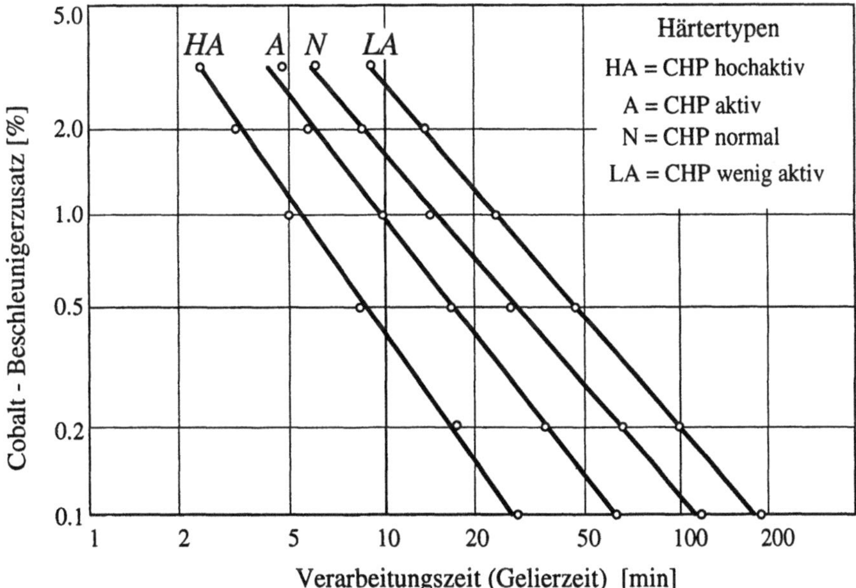

Abb. 3.1.7. Darstellung der Kobalthärtung bei konstantem *Härterzusatz* (2% Ketonperoxid) mit variabler Beschleunigerdosierung und verschieden reaktiven Harzen [3.17]

Allerdings sollten Reaktionsmittelanteile außerhalb der o.g. Grenzen vermieden werden. Eine zu geringe Menge Peroxid führt z.B. zu einer unvollständigen Härtung und damit zu geringen mechanisch/physikalischen Kenngrößen. Außerdem sollte die Verarbeitung nicht unterhalb 18°C durchgeführt werden, damit das Reaktionsmittelsystem anspringt [2.12, 3.16].

2) *Benzoylperoxide* mit *Aminbeschleunigern*

Als Beschleuniger für Benzoylperoxide (BP) kommen tertiäre Amine zum Einsatz. Häufig verwendete Kombinationen sind:

Härter: Benzoylperoxid (BP)

Beschleuniger: *Diethylparatoluidin* (DMPT) für kurze Gelierzeiten
                         Dimethylanilin (DMA) für mittlere Gelierzeiten
                         Diethylanilin (DEA) für lange Gelierzeiten

Das Reaktionsmittel BP/Amin ist wesentlich reaktiver als das System MEKP/Co. Die Härtung verläuft wesentlich schneller und ist auch noch bei tieferen Temperaturen durchführbar. Als Richtrezeptur gilt:

- 100 Gew. Teile UP-Harz
- 2-4 Gew. Teile Benzoylperoxid (50 %ig)
- 1-2 Gew. Teile Aminbeschleunigerlösung (10 %ig)

In Abb. 3.1.8 ist die Gelierzeit für ein UP-Harz in Abhängigkeit vom Beschleunigeranteil für verschiedene Aminbeschleuniger - bei konstantem Härteranteil - aufgetragen. Analog zur Abb. 3.1.7 ist eine große Variationsbreite in der Verarbeitungszeit einstellbar. Allerdings ist zu berücksichtigen, daß Benzoyl-

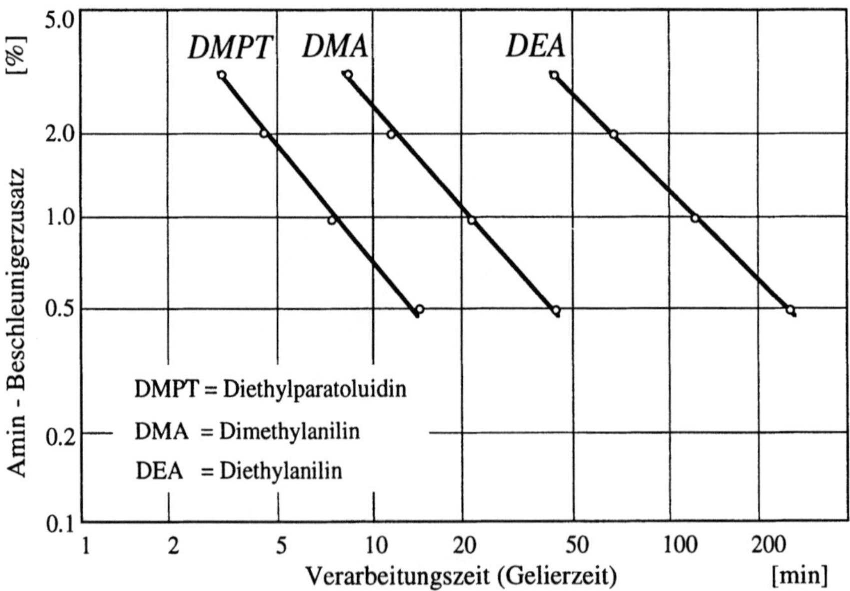

Abb. 3.1.8. Darstellung der Aminhärtung bei konstantem Härterzusatz (2% Benzoylperoxid) und variabler Beschleunigerdosierung bei verschiedenen Beschleunigertypen [3.17]

peroxid durch den Zutritt von Luftsauerstoff inhibiert wird - dünne Schichten, mit BPO gehärtet, bleiben daher leicht klebrig. Mit BPO gehärtete Teile müssen bei erhöhten Temperaturen nachgehärtet werden.

Für die Verarbeitung von UP-Systemen ist noch grundsätzlich anzumerken, daß *Katalysatoren* (Härter) und Beschleuniger niemals direkt miteinander vermischt werden dürfen. Die Beschleuniger sind starke *Reduktionsmittel* und liefern mit Peroxiden ein äußerst explosives Gemisch.

Es gilt daher grundsätzlich:
Beschleuniger in Harz einmischen und erst dann Katalysator zugeben (manchmal auch umgekehrte Reihenfolge vorteilhafter) oder das UP-Harz teilen, d.h. den Beschleuniger in dem einen, den Katalysator in dem anderen Teil lösen. Kurz vor Gebrauch die Komponenten intensiv mischen und verarbeiten.

Wirkung von Inhibitoren. Inhibitoren verhindern oder verzögern, wie schon beschrieben, die chemische Reaktion des Harz/Monostyrolgemisches. Darüber hinaus können durch den Zusatz von Inhibitoren bei der Verarbeitung variable Verarbeitungszeiten eingestellt werden. Damit läßt sich der sog. *Entformungsfaktor* (Verhältnis von Entformzeit zu Gelierzeit), der den Zeittakt bei der Verarbeitung definiert, nach [3.18] in weiten Grenzen variieren. Wie die Abb. 3.1.9 zeigt, wird vor allem für kobaltbeschleunigte Systeme der Entformfaktor positiv beeinflußt, da die Gelierzeit in wesentlich höherem Maße verlängert wird, als die Entformzeit. Im Gegensatz dazu verändern Amin-beschleunigte Systeme den Entformungsfaktor nur unwesentlich, das Verhältnis von Entform- zu Gelierzeit bleibt weitgehend gleich. Allerdings ist nach [3.18] bei *Aminsystemen* durch Verwendung von Inhibitoren eine erhöhte Klebrigkeit festzustellen.

Härtungssystem	Inhibitorzusatz [Gew. %]	Gelierzeit t_G [min]	Entformzeit t_E [min]	Verlängerung Gelierzeit V_G	Entformfaktor f_E
	--	5	60	1	12
MEKP / CoB	0,01	14	100	3	7
2% / 1%	0,02	45	180	9	4
	0,04	140	300	28	2
	--	15	120	1	8
CHP / CoB	0,01	60	220	4	4
2% / 1%	0,02	100	300	7	3
	0,04	220	450	15	2
	--	6	15	1	2,5
AAP / CoB	0,01	15	30	2,5	2,0
2% / 1%	0,02	25	45	4	1,8
	0,04	40	60	7	1,5
	--	20	60	1	3
BP / DMA	0,01	70	140	3,5	2
2% / 1	0,02	100	250	5	2,5
	0,04	200	600	10	3

Abb. 3.1.9. Einfluß des Inhibitorzusatzes auf die Gelier- und Entformzeit für amin- und kobaltbeschleunigte Systeme [3.18]

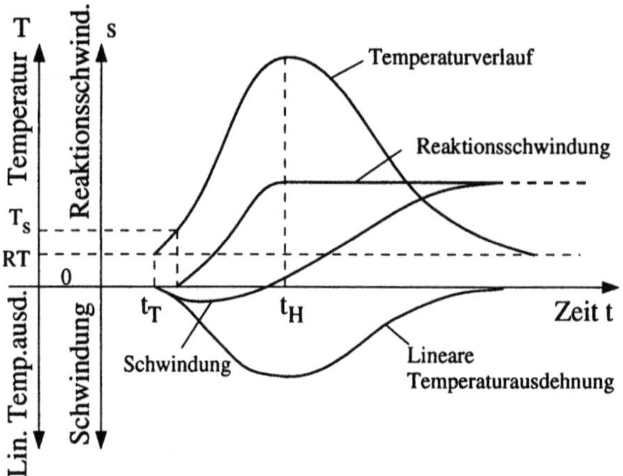

Abb. 3.1.10. Temperatur- und *Schwindungsverlauf* eines kalthärtenden UP-Harzes. t_T = Topfzeit, t_H = Härtungszeit [3.15]

Reaktionsverhalten. Den Fortschritt der Vernetzung erkennt man äußerlich durch einen Viskositätsanstieg des flüssigen Gemisches. Zu diesem Zeitpunkt ist der größte Teil der Radikalbildner bereits an das Netzwerk angebunden. Der *Polymerisationsumsatz* pro Zeiteinheit steigt nun sehr steil an, so daß die freiwerdende *Reaktionswärme* - aufgrund der geringen Wärmeleitfähigkeit des Harzes - den Harzansatz stark aufheizt, wie es der Abb. 3.1.10 zu entnehmen ist [3.15].

Je nach Wärmeableitung - z.B. durch Verstärkungsfasern oder metallische/nichtmetallische Formen - und Wandstärke des Bauteils sind Temperaturen über 100°C möglich. Die freiwerdende Wärmemenge ist bei bekanntem Doppelbindungsgehalt und bekannter Menge eingesetzten Styrols ein Maß für die umgesetzten Monomere und Polyestermoleküle. Damit kann der *Aushärtegrad* durch kalorimetrische Bestimmungen (z.B. *DSC*-Differential Scanning Calorimetry-Analyse) ermittelt werden [3.12, 3.15].

Diese Temperaturerhöhung ist in der Praxis genau zu beobachten, damit durch extreme Reaktionswärme keine Risse oder Verbrennungen entstehen ($T_{max.}$ ~140°C). Sie hängt ab vom Verhältnis Harzvolumen zu Harzoberfläche (Füllstoffgehalt, Geometrie), von der *Wärmekapazität* und der Wärmeleitfähigkeit des umgebenden Mediums sowie der Art der Katalysierung. Ein Aminsystem bewirkt eine rasche Durchhärtung, die aber an einem bestimmten Punkt abbricht. Das *Kobaltsystem* führt zu einer langsameren, dafür aber weiterführenden Aushärtung mit höherem Vernetzungsgrad. Da bei beiden Systemen keine vollständige Härtung bei RT zu erzielen ist, sollte eine Nachhärtung bei Temperaturen zwischen 60 - 100 °C erfolgen.

Die Härtungsreaktion hat bei ungesättigten Polyesterharzen eine hohe *Reaktionsschwindung* zur Folge, die zwischen 7-10 % betragen kann. In Abb. 3.1.10 ist neben der Temperaturerhöhung die Schwindung über der Reaktionszeit bis zum Abschluß der Reaktion aufgetragen. Der Reaktionsschwindung läuft die lineare *Wärmedehnung* infolge Temperaturerhöhung entgegen, so daß sich über die Reaktionszeit die mittlere *Schwindungskurve* ergibt [3.15].

Durch einen *Aufbläheffekt* von verdampfendem Styrol in mikroskopisch feinen
Partikeln, die dem Harz vorher zugemischt werden müssen und in die das Styrol
eindiffundiert ist, kann die Schwindung auf nahezu Null gesenkt werden. Diese
Fertigungstechnologie führt zu Teilen mit glatter, planer Fläche, ohne Einfall-
stellen (sog. *Low-Profile-Harze*), kann allerdings nur bei heißhärtenden Systemen
($T_H > 145°C$) mit Erfolg eingesetzt werden [3.12].

Funktions- und Zusatzstoffe. Die Eigenschaften der ausgehärteten Polyester-
harze werden neben der Auswahl der Härter/Beschleunigerkombination durch die
Ausgangsstoffe zur *Veresterung* bestimmt. Ein Polyester, nur aus kurzkettigen
Glykolen und ungesättigten Dicarbonsäuren aufgebaut, ist sehr reaktionsfreudig
und führt im ausgehärteten Zustand zu stark vernetzten und spröden Produkten.
Daher werden auch gesättigte Dicarbonsäuren oder Säureanhydride wie:
- *Phthalsäure*
- *Phthalsäureanhydrid*
- *Sebacinsäure* oder
- *Adipinsäure*

zum Aufbau des linearen ungesättigten Polyesters benutzt. Solche Molekül-
strukturen verändern die Abstände zwischen den Vernetzungsstellen und flexibili-
sieren so das Gesamtsystem. Darüber hinaus werden Reaktionsfreudigkeit (und
damit Reaktionstemperatur) und die Reaktionsschwindung herabgesetzt.

Ein typisches Standardharz hat nach [3.10] folgende Zusammensetzung:
- *Propylenglykol*   159 Teile
- *Maleinsäureanhydrid*   114 Teile
- Phthalsäureanhydrid   86 Teile

Die Verwendung von *chlorierten Säuren* (z.B. Tetrachlorphthalsäure) erhöht die
Flammwidrigkeit, Isophthalsäure verbessert die Chemikalienbeständigkeit.

Besonders zu erwähnen ist noch ein Polyesterharz, bei dem nach [3.16] ein Teil
des Styrols durch *Methylmethacrylat* ersetzt wird. Diese Harze weisen im ausgehärteten Zustand einen den eingebetteten Glasfasern vergleichbaren Brechungs-
index auf, so daß bei diesen Systemen ein hoher *Transparenzgrad* entsteht.

Arbeitsplatzprobleme. Die Verarbeitung von ungesättigten Polyestern mit
Monostyrol als Lösungs- und Vernetzungsmittel ist zwangsläufig mit der
Emission von *Styrol* - sowohl bei offenen Harzansätzen, als auch bei den mit Harz
imprägnierten textilen Verstärkungsgebilden - verbunden. Nach der Arbeitsplatz-
verordnung darf ein *MAK* (Maximale Arbeitsplatzkonzentration) - Wert von 20
ppm (parts per million) für Monostyrol nicht überschritten werden. Neben ent-
sprechender Arbeitsplatzgestaltung mit gezielter *Belüftung* und Schutzkleidung,
wie sie ausführlich in [3.18, 3.19] beschrieben ist, sowie geschlossenen Formen,
wie sie in [3.20] erläutert sind, können durch Zusätze in den Systemen - sog.
Hautbildnern - die Emissionen deutlich vermindert werden [3.18-3.21].

Die Anforderungen an Hautbildner, die heute alle auf *Paraffinbasis* aufgebaut
sind, sind in [3.19, 3.21] ausführlich diskutiert. Einerseits besteht die Forderung,
daß die hautbildenden Zusätze das Verarbeitungs- und *Imprägnierverhalten* nicht
verändern. Darüber hinaus darf die Hautbildung die *Haftungs*verhältnisse zwischen Matrix und Faser, aber auch an der Laminatoberfläche nicht negativ beein-

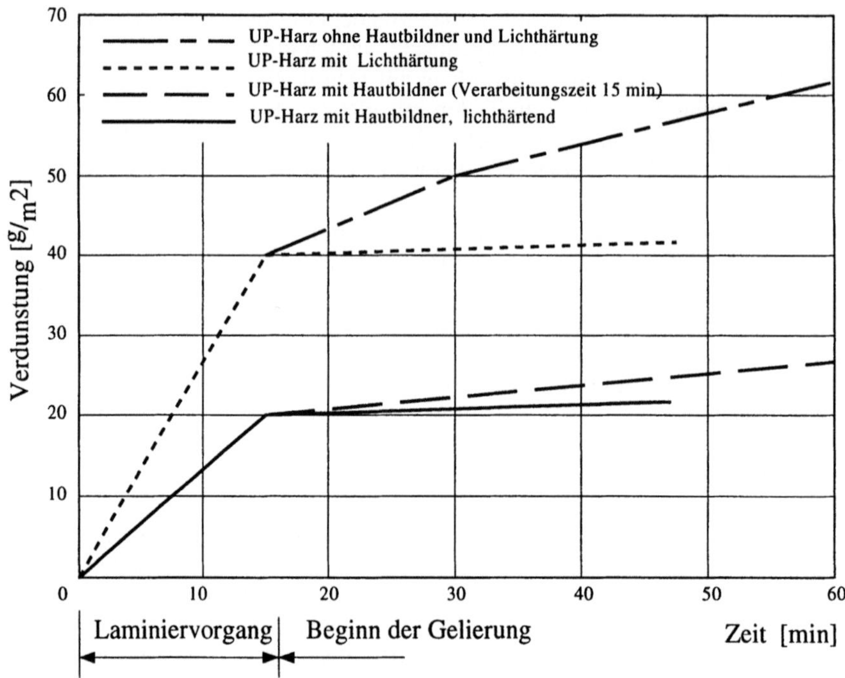

Abb. 3.1.11. Einfluß von Hautbildnern auf die *Styrolemission* beim Laminieren und Aushärten [3.18]

flussen. So wird gefordert, daß ein ausgehärtetes System nach 24 Stunden ohne Beeinträchtigung der Haftung überlaminiert werden kann.

Die Untersuchungen in [3.18, 3.19, 3.21] haben gezeigt, daß die Styrolverdunstung sowohl während des Laminiervorgangs, als auch im Verlauf der Aushärtung um ca. 50 % gesenkt werden konnte. Abb. 3.1.11 aus [3.18] belegt diese Aussage. Kennwerte über den Einfluß der Hautbildner auf die Haftungsverhältnisse sind in der genannten Literatur nicht verzeichnet. Lediglich in [3.21] ist gezeigt, daß die neu entwickelte LSE- (*Low Styrene Emission*) Type geringfügig bessere E-Moduli (gemessen an Mattenlaminaten im Dreipunktbiegeversuch) aufweist, als Standard-UP-Harze ohne Hautbildner.

Da nach [3.19] auch in naher Zukunft kein adäquater Ersatz für das Lösungs- und Vernetzungsmittel Styrol zu erwarten ist, sind neben der Verwendung von Hautbildnern weiterhin geeignete Schutzmaßnahmen im Verarbeitungsbereich - von der Kapselung des Harzbehälters bis hin zu wirkungsvoller Schutzbekleidung, wie sie z.B. in [3.19] diskutiert wird - unerläßlich.

Mechanisch/physikalische Eigenschaften. Die mechanisch/physikalischen Eigenschaften von ungesättigten Polyesterharzen sind natürlich abhängig von der jeweiligen Harz/Härtermischung und den entsprechenden Zuschlagstoffen. Für verschiedene Harztypen sind in der Norm DIN 16 946, T2 [3.24] Richtwerte aufgeführt, die für zwei Formmassen in Abb. 3.1.12 zusammengefaßt sind.

Eigenschaften	Einheit	Prüfmethode DIN	Formmasse-Typ 1110	Formmasse-Typ 1140
mechanische				
Rohdichte	g/cm^3	53479	1,2	1,2
Biegefestigkeit	MPa	53452	65	110
Zugfestigkeit	MPa	53455	30	55
Reißdehnung	%	53455	2	2
Biege-E-Modul	MPa	53457	3500	3500
Druckfestigkeit	MPa	53454	150	150
Schlagzähigkeit	kJ/m^2	53453	10	15
Kerbschlagzähigkeit	kJ/m^2	53453	1,5	2,5
thermische				
Gebrauchstemperatur ohne mechanische Beanspruchung in Luft *kurzzeitig*	°C	-	160	180
dauernd	°C	-	120	140
Glasübergangstemperatur	°C	-	70	120
Formbeständigkeit ISO/R75	°C	-	50	80
nach *Martens*	°C	53458	55	90
lin. Ausdehnungskoeffizient	K^{-1} . 10^6	-	60-80	60-80
elektrische				
Oberflächenwiderstand	Ω	53482	10^{15}	10^{15}
spez. Durchgangswiderstand	Ωcm	53482	10^{13}	10^{13}
dielektr. Verlustfaktor tan δ	-	53483		
(trocken) 50 Hz	-	-	0,02	0,01
1 kHz	-	-	0,02	0,01
1 MHz	-	-	0,03	0,02
Dielektrizitätszahl (trocken) 50 Hz bis 1 MHz	-	53483	4,5 bis 4	4
Kriechstromfestigkeit	-	53480		
(Stufe) KA	KA	-	3c	3c
KB	KB	-	>400	>500
KC	KC	-	>600	>600
Wasseraufnahme	mg / 4d	53472	40	40

Abb. 3.1.12. Eigenschaften unverstärkter UP-Formstoffe nach DIN 16946, T2 [3.10]

Die Breite der Variationsmöglichkeiten der Reinharzsysteme - dargestellt im Schubmodul/Dämpfungsverlauf über der Temperatur - entspricht den in Abb. 3.1.13 gezeigten mechanischen Eigenschaften. Während das extrem weiche Harz eine relativ geringe Temperaturbeständigkeit aufweist - siehe Abb. 3.1.14a - , liegt der Glasübergangsbereich (Abb. 3.1.14b) und damit die maximale Einsatztemperatur für ein wärmeformbeständiges Harz drastisch höher.

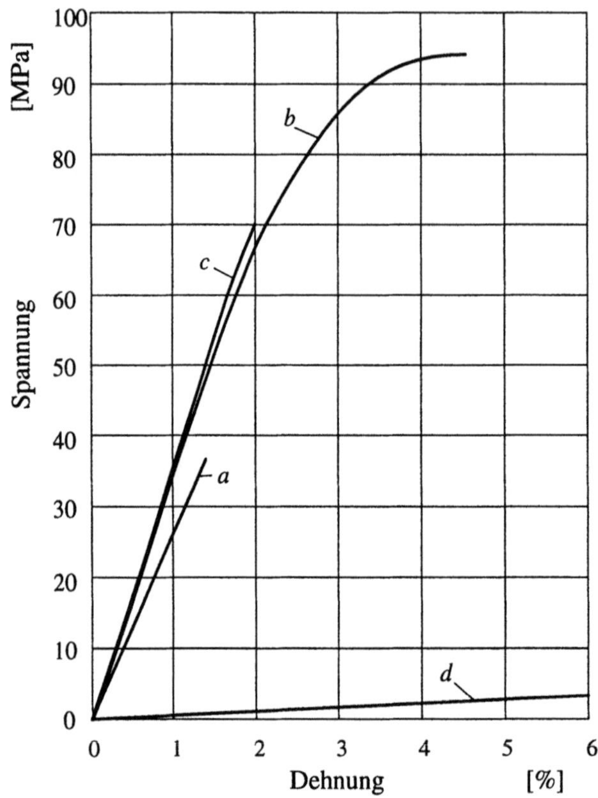

Abb. 3.1.13. Spannungs/Dehnungsdiagramm verschiedener unverstärkter UP-Harzformen. *a* Normalharz Typ 1110, *b* besonders zähes Harz Typ 1120, *c* wärmeformbeständiges Harz Typ 1130, *d* Weichharz Typ 1100 [3.10]

Nach Aussage von Domininghaus [3.10] liegt die *Gebrauchstemperatur* styrolvernetzter harzmattenverstärkter UP-Formstoffe bei
- 180°C für Stunden bis Tage,
- 130°C dauernd.
Mit mehrfunktionellen Vernetzungssystemen, wie *Diallylphthala*t (DAP), erhält man nach [3.10] Formstoffe mit einer Dauergebrauchstemperatur bis 150°C.

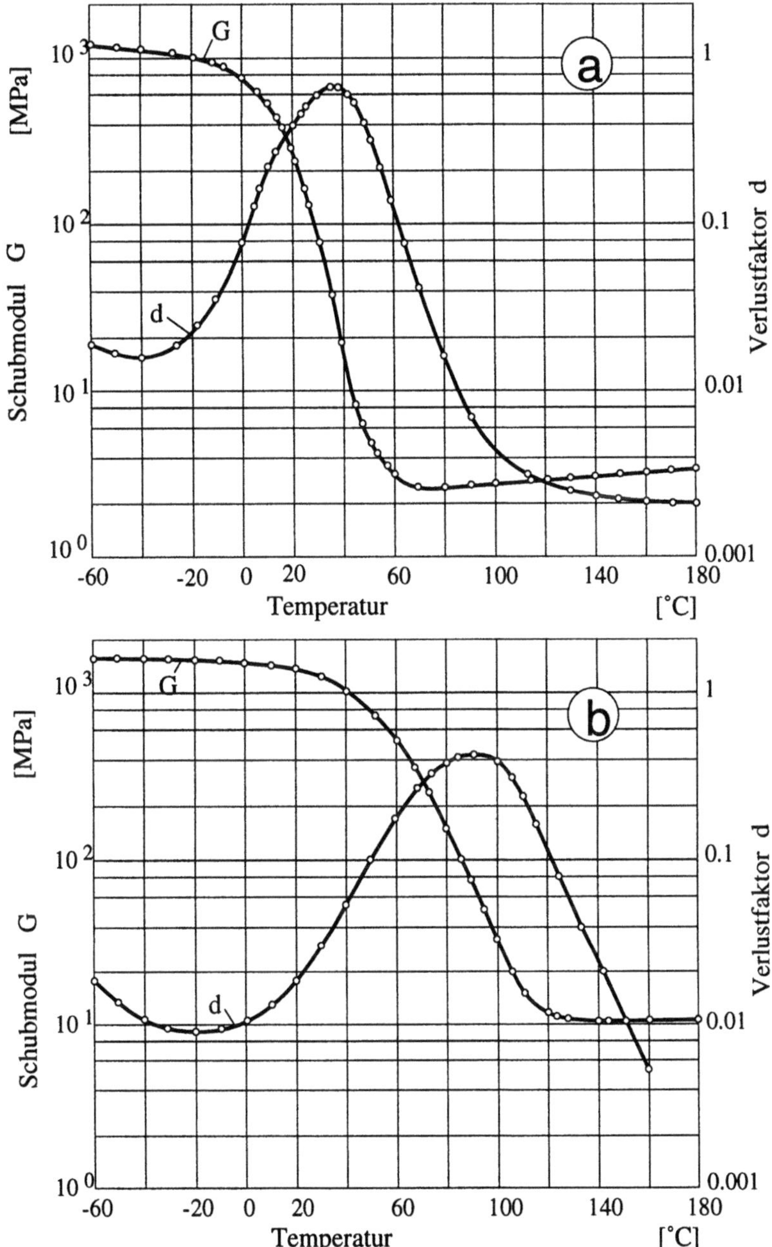

Abb. 3.1.14. Schubmodul/Dämpfungskurve ausgewählter UP-Harzformstoffe in Abhängigkeit von der Temperatur. *a* Weichharz Typ 1100, *b* wärmeformbeständiges Harz Typ 1130 [3.10]

Vinylester auf Epoxidbasis

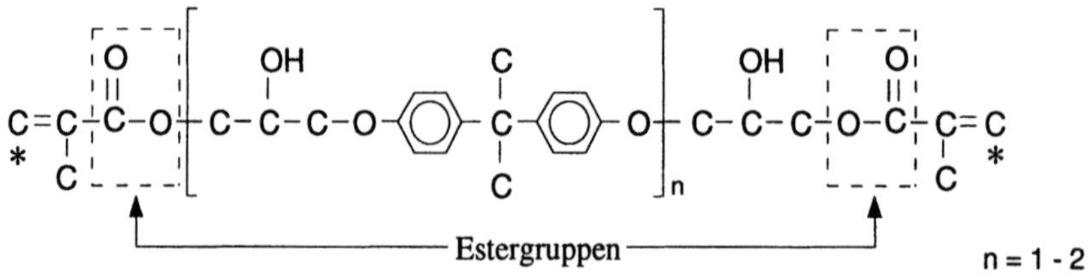

Estergruppen

n = 1 - 2

Polyester auf Basis Bisphenol-A - Fumarsäure

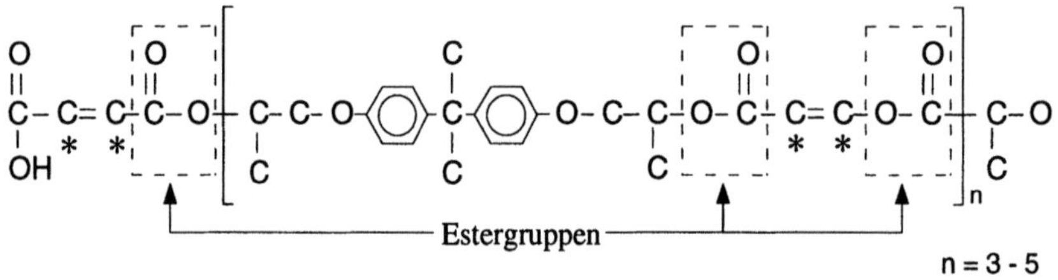

Estergruppen

n = 3 - 5

Isophtal - Polyester

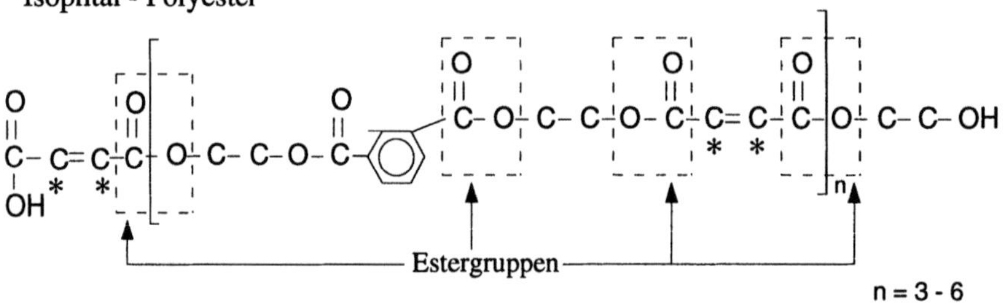

Estergruppen

n = 3 - 6

* Mögliche Vernetzungsstellen

Abb. 3.1.15. Darstellung der chemischen Formeln für Vinylester- und UP- Harz-systeme [3.25]

3.1.1.2 Vinylesterharze (VE)

Die Klasse der Vinylesterharze auf *Epoxidbasis* [3.20, 3.25] ist ein Kompromiß zwischen UP- und EP-Harzen (siehe Kap. 3.1.1.3). Wie die Abb. 3.1.15 zeigt, treten reaktionsfreudige -C=C- *Doppelbindungen* lediglich am Ende des Oligomers auf, im Gegensatz zu zwei typischen UP-Systemen, wie sie in 3.1.1.1 beschrieben sind. Diese Systeme enthalten je Wiederholungseinheit und zusätzlich am Ende der Moleküleinheit eine reaktionsfähige Doppelbindung.

Diese verminderte Anzahl von Doppelbindungen verringert einerseits die *Vernetzungsdichte* der ausgehärteten Systeme und erhöht somit die Schlagzähig-keit des Verbundes bei vergleichbarem oder besserem mechanischen Verhalten, wie die folgende Abb. 3.1.16 untermauert. Die geringere Vernetzungsdichte des

Eigenschaften		Harz	
	Epoxid-Vinyl-ester	Polyester auf Bisphenol-A Fumarsäurebasis	Isophtal-säureester
Zugfestigkeit [MPa]	81	62	60
Zugmodul [GPa]	3,3	3,3	3,3
Bruchdehnung [%]	5	2,1	2,1

Abb. 3.1.16. Eigenschaftsvergleich von Grundkenndaten für Vinylester- und UP-Harzsystem [3.25]

Vinylesters führt andererseits zu Systemen mit höherer Zugfestigkeit und, damit verbunden, höherer Bruchdehnung (Abb. 3.1.16), bei vergleichbarem E-Modul.

Hervorzuheben ist vor allen Dingen die höhere Chemikalien- und *Wasserbeständigkeit* dieser Vinylestersysteme. Dieser Effekt ist auf zwei Ursachen zurückzuführen. Einerseits ist - bei gleichem Reaktionsmechanismus, wie er in Abb. 3.1.6 gezeigt ist - die reaktionsfähige Gruppe jeweils am Ende der Molekülkette angebracht, und die Chance, daß eine vollständige Aushärtung erzielt wird, ist wesentlich größer als bei UP-Harzen. Andererseits bieten die nicht abgesättigten Doppelbindungen bei UP-Harzen, bevorzugte Möglichkeiten, z.B. für einen *hydrolytischen Abbau* der Molekülstruktur.

Darüber hinaus sind die polaren *Estergruppen*, gekennzeichnet in Abb. 3.1.15, bei UP-Harzen über der ganzen Kette verteilt, die jeweils Angriffsmöglichkeiten (*Verseifung* der Estergruppe) für Wasser bieten (Umkehrreaktion der Veresterung, wie in Abb. 3.1.4 dargestellt). Ansonsten gelten für Vinylesterharze ähnliche Verarbeitungsmaßregeln, wie sie für UP-Harze zutreffen. Insbesondere die Beachtung der Arbeitsvorschriften bzgl. des MAK-Wertes für monomeres Styrol trifft für Vinylesterharze in gleicher Weise zu wie für UP-Harze.

3.1.1.3 Epoxidharze (EP)

Als erster beschrieb P. Schlack im Jahre 1934 die Umsetzung von Diepoxiden mit *Aminen* zu Polyaminverbindungen. P. Castan ist die entscheidende Idee zuzurechnen, die große Reaktionsfreudigkeit der Epoxidharzgruppe (auch Ethylenoxidgruppe genannt) zunächst mit *Säureanhydriden* und später mit Polyaminen technisch zu nutzen. Er ließ nach [3.10, 3.26] bereits 1938 Kunstharze patentieren, die ohne Abspaltung flüchtiger Nebenprodukte aushärten und Endprodukte mit hervorragenden mechanischen Eigenschaften bei geringem Schwund ergeben. Die Fa. de Trey verwendete als erste derartige Harze für zahntechnische Anwendungen. Diese Grundlagenentwicklungen führten in der CIBA AG, Basel, im Jahre 1946 zur Herstellung von EP-Metallklebstoffen, Gieß- und Lackharzen.

Unabhängig von diesen Arbeiten haben weitere Firmen (wie Devoe & Raynolds, Shell etc.) analoge Harzsysteme entwickelt.

Aufbau von Epoxidharzen. Bei den Epoxidharzen handelt es sich um Verbindungen, die eine oder mehrere sehr reaktionsfreudige, endständige Epoxidgruppen und Hydroxylgruppen enthalten.

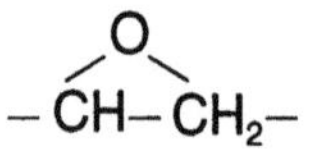

$$- \overset{\displaystyle O}{\overset{\displaystyle \diagup \diagdown}{CH - CH_2}} -$$

Epoxidgruppe

Unter dem Begriff "Epoxidharze" kann man hierbei sowohl die Epoxidgruppen enthaltenden Grundkomponenten als auch die ausgehärteten Systeme verstehen. Da die erstgenannten ihrem Wesen nach keine Polymere sind, die ausgehärteten Systeme aber keine freien Epoxidgruppen mehr enthalten, ist die Bezeichnung zwar nicht korrekt, wird allerdings heute weitgehend verwendet.

Durch die Anlagerung von Verbindungen mit aktiven Wasserstoffatomen, wie Aminen, Säuren oder Säureanhydriden, Phenolen, Alkoholen etc., öffnet sich der Dreierring, wobei eine Hydroxylgruppe entsteht (siehe Abb. 3.1.17). Nach [2.26-2.28] kann das erhaltene Produkt in zwei Isomeren vorliegen (1, 2), von denen je nach Reaktionsablauf das eine oder das andere überwiegt (im allgemeinen 1). Die gebildete Hydroxylgruppe kann mit einer Epoxid- oder einer anderen aktiven Gruppe weiterreagieren.

Diese hier schon angedeutete Vielzahl von Bindungsmöglichkeiten zu verschiedenen Stoffen führt zu einer ganzer Reihe von Systemen, die in verschiedensten technischen Bereichen Eingang gefunden haben.

Bisphenol-A-Epoxidharze. Die gebräuchlichsten EP-Harze sind heute nahezu ausschließlich Umsetzungsprodukte von *Bisphenol-A* und *Epichlorhydrin*, wie es in Abb. 3.1.18 dargestellt ist [3.8, 3.10, 3.12, 3.16, 3.26]. Epichlorhydrin und Bisphenol-A reagieren in Anwesenheit von Alkalihydroxyd unter Bildung einer Chlorhydrinverbindung, die durch Natronlauge rasch in die Glycidyletherverbindung überführt wird (*DGEBA*-<u>D</u>iglycid<u>e</u>ther auf <u>B</u>isphenol-<u>A</u>-Basis).

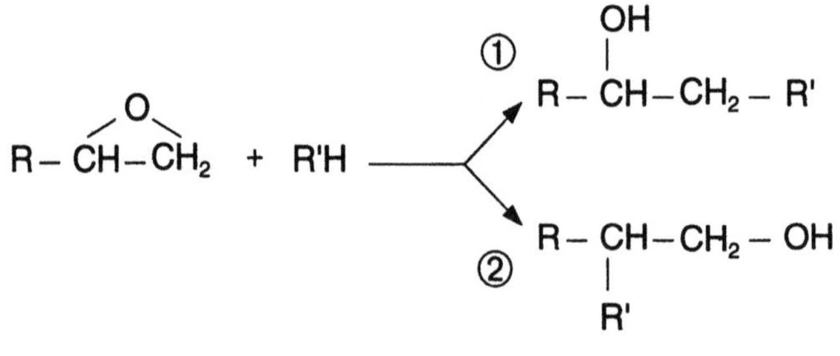

Abb. 3.1.17. Grundsätzliches Reaktionsschema für Epoxidharze [3.26]

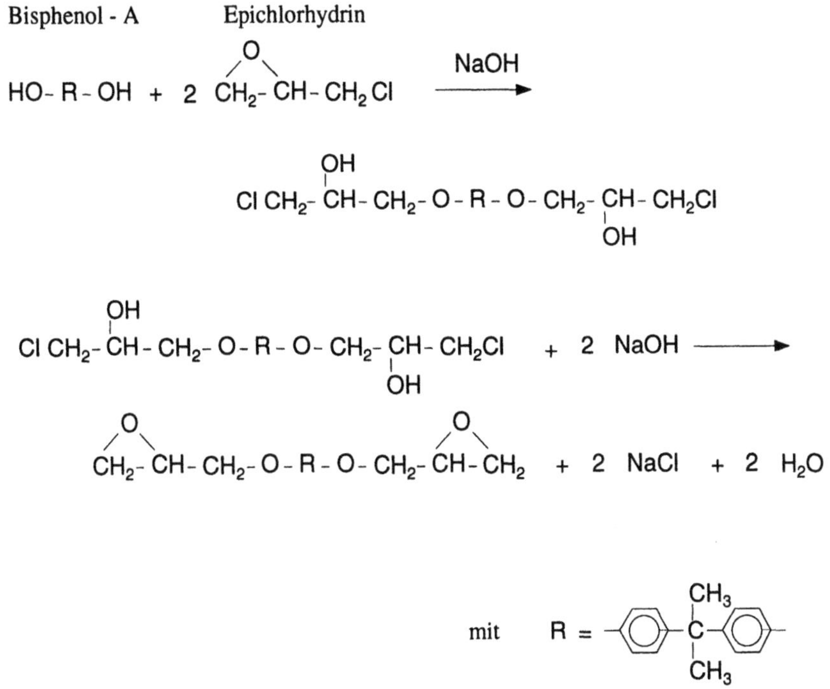

Bisphenol - A   Epichlorhydrin

$$HO-R-OH \;+\; 2 \; \overset{O}{\overset{/ \backslash}{CH_2-CH}}-CH_2Cl \quad \xrightarrow{NaOH}$$

$$Cl\,CH_2-\overset{OH}{\overset{|}{CH}}-CH_2-O-R-O-CH_2-\overset{}{\underset{OH}{\underset{|}{CH}}}-CH_2Cl$$

$$Cl\,CH_2-\overset{OH}{\overset{|}{CH}}-CH_2-O-R-O-CH_2-\overset{}{\underset{OH}{\underset{|}{CH}}}-CH_2Cl \;+\; 2\;NaOH \longrightarrow$$

$$\overset{O}{\overset{/ \backslash}{CH_2}}-CH-CH_2-O-R-O-CH_2-\overset{O}{\overset{/ \backslash}{CH}}-CH_2 \;+\; 2\;NaCl \;+\; 2\;H_2O$$

mit R = (Bisphenol-A-Rest: zwei aromatische Ringe verbunden über $C(CH_3)_2$)

Abb. 3.1.18. Herstellung von Epoxidharzen auf Basis von Bisphenol-A und Epichlorhydrin (Diglycidylether - DGEBA) [3.26]

Nach [3.10, 3.26] ist allerdings zu berücksichtigen, daß DGEBA mit noch im Reaktionsgemisch vorhandenem Bisphenol-A zu höhermolekularen linearen Polyethern weiterreagieren kann. Durch gezielten Überschuß an Epichlorhydrin läßt sich die Reaktion jedoch bewußt steuern, so daß Epoxidharze mit endständigem Epoxid und mittelständigen Hydroxylgruppen entstehen (Abb. 3.1.19).

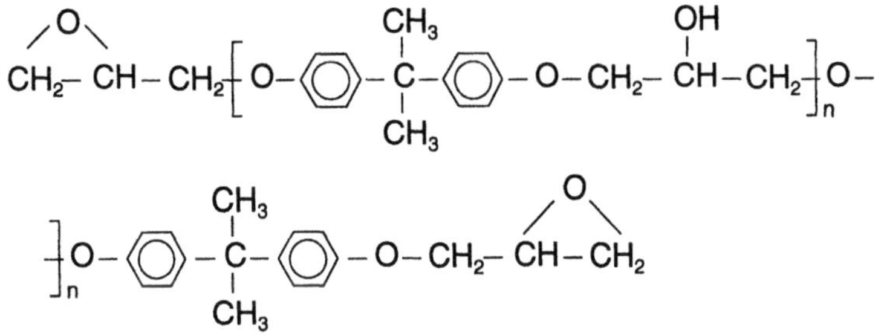

Abb. 3.1.19. Linearer Polyether mit endständigen Epoxidgruppen und mittelständigen Hydroxylgruppen [3.10]

Der Wert "n" ist hierbei ein Maß für die Länge der Molekülketten und damit auch für das Molekulargewicht. Mit n=o wird das Produkt zum Diglycidether mit einer molaren Masse von 340, mit n=10 beträgt die *molare Masse* etwa 3000 [3.10]. Produkte mit n<1 sind bei Raumtemperatur flüssig, Produkte mit n≥1 dagegen fest.

Bisphenol-F-Epoxidharze. Im Gegensatz zu Bisphenol-A, das aus Phenol und Aceton gewonnen wird, entsteht das Bisphenol-F durch Kondensation von Phenol und *Formaldehyd*. Dabei entsteht ein Gemisch von Isomeren und höhermolekularen Kondensationsprodukten. Demzufolge erhält man bei der Umsetzung des Bisphenol-F mit Epichlorhydrin ein Gemisch aus Epoxidsystemen mit unterschiedlichen Isomeren, wie sie in Abb. 3.1.20 dargestellt sind.

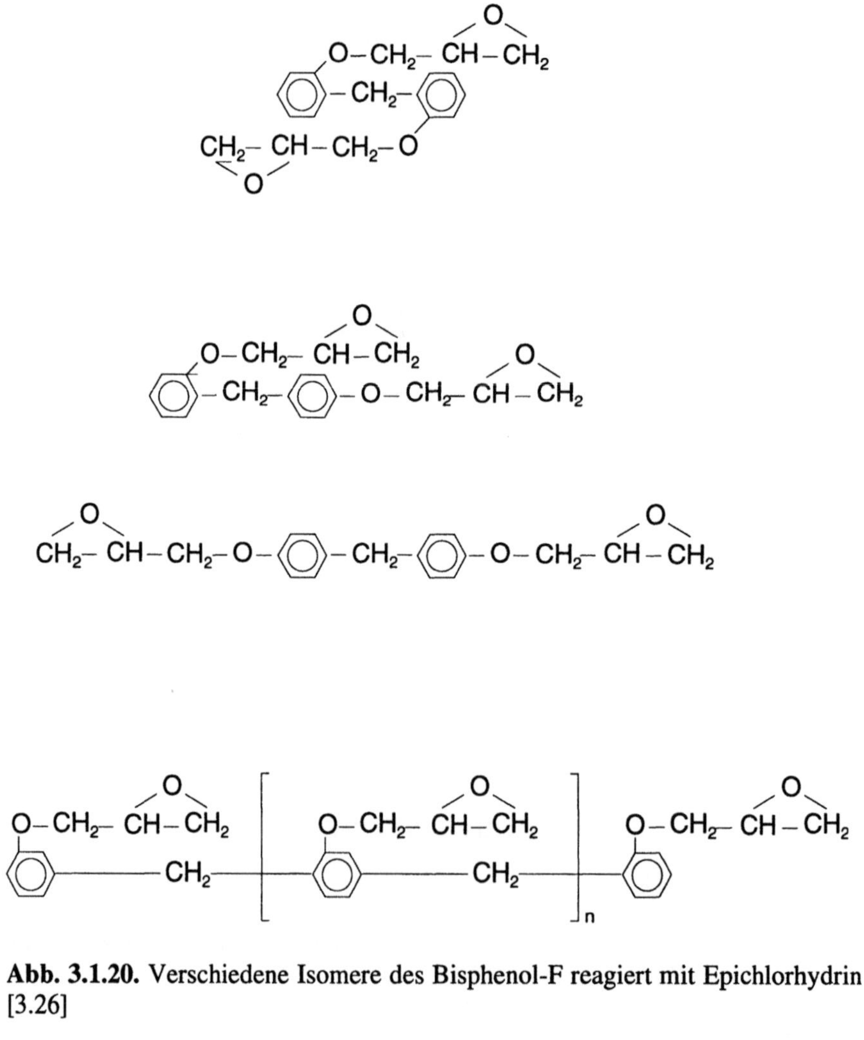

Abb. 3.1.20. Verschiedene Isomere des Bisphenol-F reagiert mit Epichlorhydrin [3.26]

Im Vergleich zu unmodifizierten Bisphenol-A-Harzen weisen Bisphenol-F-Systeme eine niedrigere Viskosität und eine geringere Neigung zur Kristallinität auf [3.10, 3.26].

Epoxidierte Novolake. Analog zu den Bisphenol-F-Harzen werden epoxidierte Novolake (Abb. 3.1.21) durch Reaktion von Phenolen mit Formaldehyd und anschließender Glycidylierung mit Epichlorhydrin hergestellt. Diese polyfunktionellen, hochviskosen bis festen Produkte erlauben nach [3.8, 3.10, 3.26, 3.27, 3.28] die Formulierung von Systemen, die sich durch hohe chemische Beständigkeit - vor allem gegen organische Lösungsmittel - sowie eine hohe Wärmeformbeständigkeit auszeichnen. Allerdings ist aufgrund der engmaschigen Vernetzung der unmodifizierten Systeme die Flexibilität i.a. gering, d.h. die Harze neigen zum Sprödbruchversagen.

Aliphatische Epoxidverbindungen. Glycidylether von aliphatischen Polyolen, wie sie Abb. 3.1.22 zeigt, sind im Gegensatz zu aromatischen Polyolen aufgrund ihrer niedrigen Viskosität geeignet, als reaktive Verdünnungsmittel und/oder als Flexibilisatoren eingesetzt zu werden.

Cycloaliphatische* und heterocyclische *Epoxidharze. In vielen Außenanwendungen ist nach Ansicht von verschiedenen Autoren [3.8, 3.10, 3.26, 3.27] die Witterungsbeständigkeit von aromatischen Bisphenol-A-Systemen nicht ausreichend. Aus diesem Grund wurden cycloaliphatische und heterocyclische

Phenolnovolak - glycidylether (angenäherte Formeln)

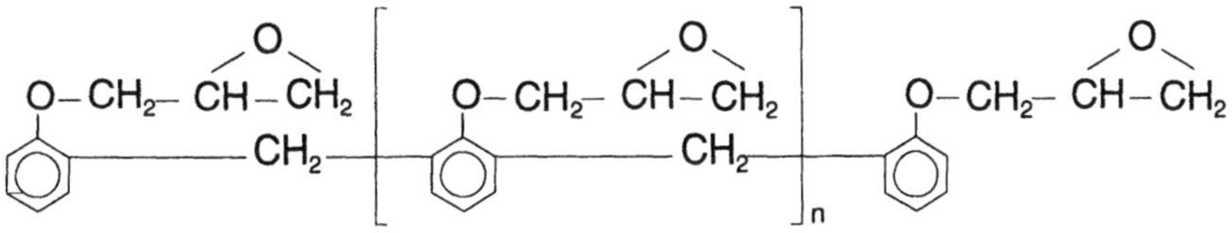

Kresolnovolak - glycidylether (angenäherte Formeln)

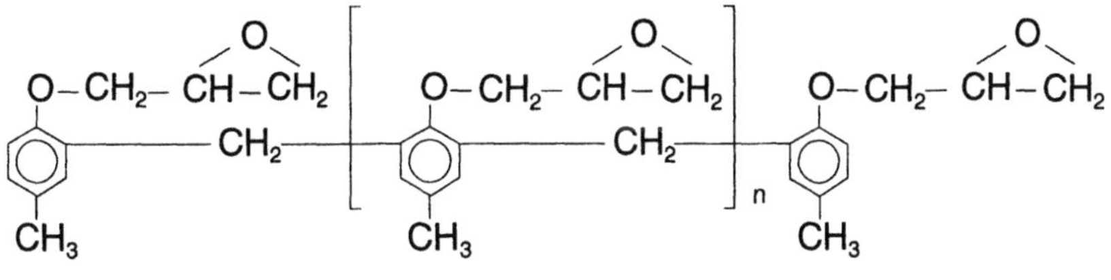

Abb. 3.1.21. Darstellung der Struktur der epoxidierten Novolake [3.8]

Polypropylenglycol - 425 - diglycidylether

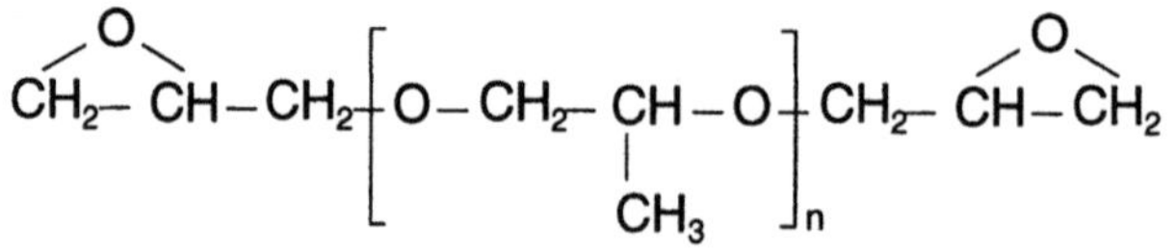

$$CH_2\!-\!CH\!-\!CH_2\!\left[O\!-\!CH_2\!-\!CH\!-\!O\right]_n\!CH_2\!-\!CH\!-\!CH_2$$

n entspr. mittlerem MG 425

Abb. 3.1.22. Darstellung der Struktur aliphatischer Epoxidharze [3.8]

Epoxidsysteme entwickelt, wie sie in Abb. 3.1.23 in ihrer Strukturformel gezeigt sind. Nach [3.26] ist vor allem das in Abb. 3.1.23 gezeigte *Triglycidylisocyanurat* (TGIC) für die Herstellung von außenwitterungsbeständigen *Pulverlacksystemen* von großer Bedeutung.

Heterocyclische Glycidylverbindungen

Bsp: Triglycidylisocyanurat

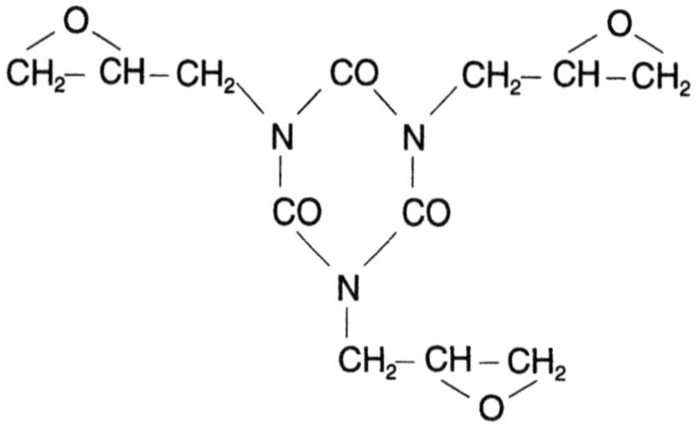

Cycloaliphatische Epoxidverbindungen

Bsp: 3,4 - Epoxycyclohexancarbonsäure - 3,4 - epoxycyclohexylmethylester

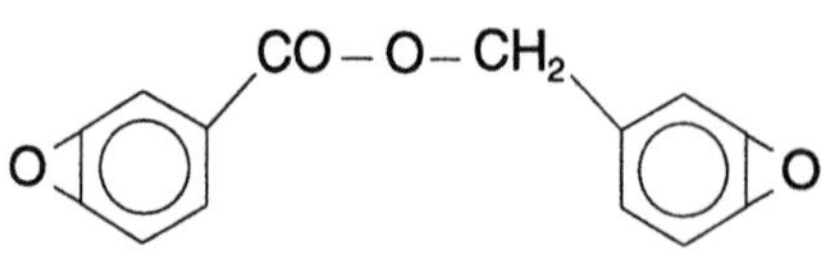

Abb. 3.1.23. Darstellung der Struktur von heterocyclischen und cycloaliphatischen Epoxidharzen [3.7, 3.26, 3.27]

Härtungssysteme. Die Epoxidharze werden - wie alle Duroplaste - erst durch den Härtungsprozeß zu brauchbaren Formstoffen. Ohne Härter sind die reinen Harze bei Raumtemperatur über lange Zeit lagerfähig. Die Härter wirken bei den EP-Systemen - im Gegensatz zu den UP-Harzen - nicht als Katalysatoren, sie sind Reaktionspartner. Deshalb kommt es auf die Einhaltung der genauen Mengenverhältnisse zwischen Harz und Härter an. Die Hersteller geben aus diesem Grund entsprechende Angaben wie *Epoxidäquivalent, Epoxidzahl* (oder *Epoxidwert*) der Harze sowie die entsprechenden Äquivalentgewichte der Reaktionsmittel an:
- Epoxid Äquivalent: entspricht der Harzmenge in Gramm, die 1 Mol Epoxidgruppen enthält.
- Epoxidwert: entspricht der Anzahl Mole der Epoxidgruppen in 100 g Harz

$$\text{Epoxidwert} = \frac{100}{\text{Epoxidäquivalent}}$$

- *H-aktiv-Äquivalent*: entspricht dem Härter-Gewicht in Gramm, das 1 Mol aktiven Wasserstoff enthält

Die Zusammensetzung des Gemisches ermittelt sich demnach, wie es in [3.29] für ein Harz/Härtergemisch beschrieben ist:
- Ermittlung des Epoxidwertes

$$\text{Epoxidwer}t = \frac{100 \ (g)}{179}$$

bezogen auf 100 g Harz für Epoxidäquivalent = 179
- Ermittlung der Härtermenge

Härteranteil   = Epoxidwert x Aminäquivalent
(für 100 g Harz)   (entsprechend H-aktiväquivalent)

$$\text{Härteranteil} \quad \frac{100}{179} \cdot 32 = 17{,}88$$

Aufgerundet ergibt sich somit ein Mischungsverhältnis von 100:18 (g).

Umsetzung mit Aminen. Der Reaktionsablauf zwischen Epoxidverbindungen und primären Aminen ist schematisch in Abb. 3.1.24 dargestellt. Die Amino-lagert sich an die Epoxidgruppe an, wobei eine Hydroxyl- und eine sekundäre Aminogruppe entstehen. Die sekundäre Aminogruppe kann mit einer weiteren Epoxidgruppe reagieren. Üblicherweise werden bei der Härtung von Epoxidharzen zum Aufbau einer dreidimensional vernetzten Struktur *Diamine* oder polyfunktionelle Amine eingesetzt.

Für Anwendungen mit hohen Einsatztemperaturen und hohen Beanspruchungen werden überlicherweise aromatische Diamine eingesetzt (z.B. *MPD= m-Phenylendiamid, DDS-Diaminodiphenylsulfon*). Die Systeme sind bei Raumtemperatur meist fest und müssen vor der Verarbeitung aufgeschmolzen oder in dem erwärmten Harz gelöst werden. Die Härtung läuft nur bei erhöhten Temperaturen ab, so daß sich bei Raumtemperatur recht stabile Mischungen ergeben, wie sie z.B. bei der Herstellung von Hochtemperaturprepregs benötigt werden.

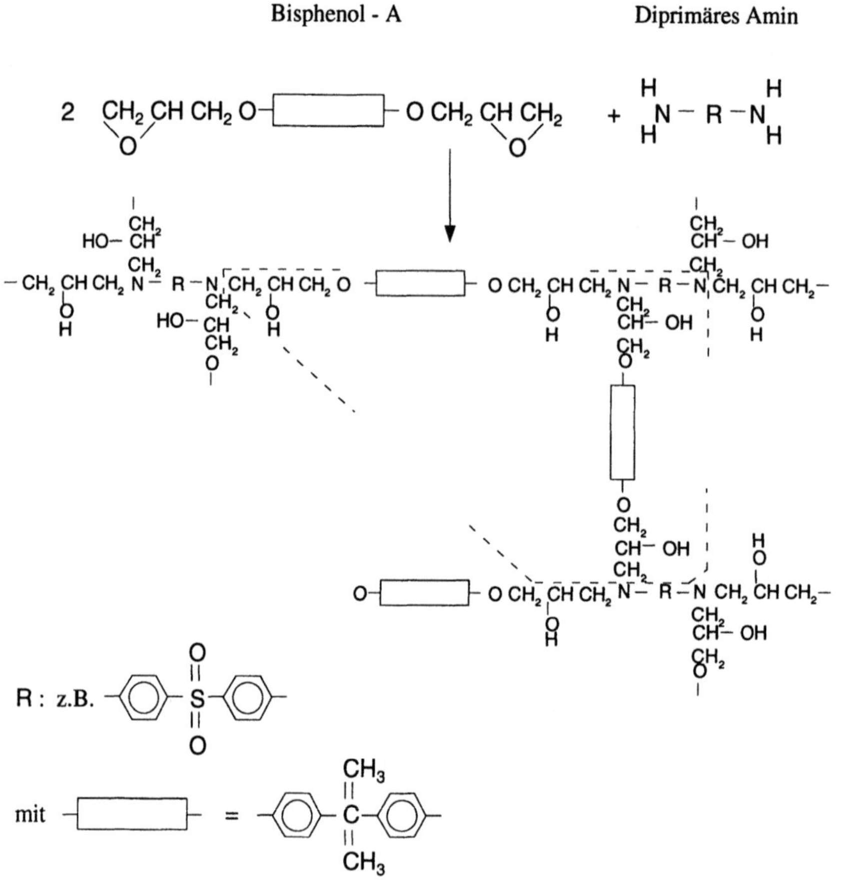

Bisphenol - A   Diprimäres Amin

Abb. 3.1.24. Netzwerkschema bei der Epoxidhärtung mit Aminen [3.7, 3.27]

***Aliphatische* oder *cycloaliphatische Amine* (z.B. TETA-Triethylentetramin).**
erlauben eine Aushärtung des Gemisches mit Epoxidharzen bei Raumtemperatur.
Aliphatische Amine führen zu Formstoffen mit hoher Chemikalienbeständigkeit
[3.10], allerdings mit geringerer Wärmeformbeständigkeit im Verhältnis zu aromatischen Aminen. Durch eine Nachhärtung bei erhöhten Temperaturen kann die
Wärmeformbeständigkeit in gewissen Grenzen angehoben werden.

Mit *Polyaminoamiden* härten Epoxidharze bei Raumtemperatur oder erhöhten
Temperaturen aus. Mit diesen Härtersystemen erzielt man Formstoffe mit erhöhter
Flexibilität und Schlagzähigkeit, allerdings bei geringerer Wärmeform-
beständigkeit und Festigkeit.

Umsetzung mit *Anhydride*n. Die Härtung mit *Polycarbonsäureanhydriden* ist
nur bei erhöhter Temperatur und mit cyclischen Anhydriden möglich [3.7, 3.10,
3.26, 3.28, 3.29]. Der Reaktionsverlauf ist schematisch in Abb. 3.1.25 dargestellt.

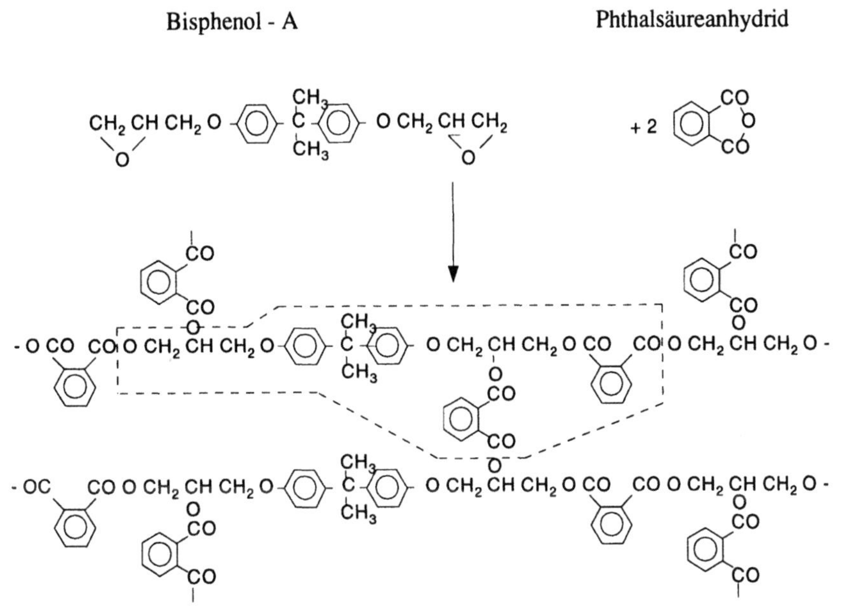

Bisphenol - A   Phthalsäureanhydrid

Abb. 3.1.25. Netzwerkschema bei der Epoxidhärtung mit Anhydriden [3.7, 3.27]

Die Reaktion mit den Epoxidgruppen tritt erst dann ein, wenn der Anhydridring geöffnet ist, z.B. durch sekundäre Hydroxygruppen am Epoxidharz. Die entstehende Carboxylgruppe setzt sich mit einer Epoxidgruppe um, wobei je eine neue Ester- und eine Hydroxylgruppe entstehen.

Anhydridhärtende Systeme werden überall dort bevorzugt, wo lange Verarbeitungszeiten bei geringen Viskositäten (z.B. in der *Wickeltechnik*) gefordert sind. Die exotherme Reaktion sowie der Verarbeitungsschrumpf sind geringer als bei amingehärteten Systemen. Durch die Härtung bei erhöhten Temperaturen erhält man Formstoffe mit guten elektrischen und mechanischen Eigenschaften sowie hoher Wärmeformbeständigkeit. Der Nachteil der langsamen Härtung kann durch geeignete Beschleuniger teilweise ausgeglichen werden.

Umsetzung mit Phenolen. Die Härtung von di- oder trifunktionellen Epoxidharzen mit geeigneten Polyphenolen (z.B. Bisphenol-A-Derivate, Novolake etc.) ergibt ein regelmäßiges Netzwerk aus aromatischen und aliphatischen Molekülabschnitten, die über Etherbrücken miteinander gekoppelt sind (Abb. 3.1.26).

Durch die Einbindung der Polyphenole erreicht man eine im Verhältnis zur Amin- bzw. Anhydridhärtung höhere *Hydrolyse-* und Oxidationsbeständigkeit [3.26, 3.28] nach der Härtung im Temperaturbereich von 130°C bis 180°C. Nach [3.26] läuft die Reaktion auch bei erhöhten Temperaturen relativ langsam ab, die Zugabe eines Beschleunigers ist deshalb notwendig.

Katalytische Härtung. Epoxidharze lassen sich auch durch eine anionische (Katalyse durch Lewis-Basen, z.B. tertiäre Amine, Imidazole) oder kationische (Katalyse durch Lewis-Säuren, z.B. Bortrifluorid-Komplexe) Polymerisation aus-

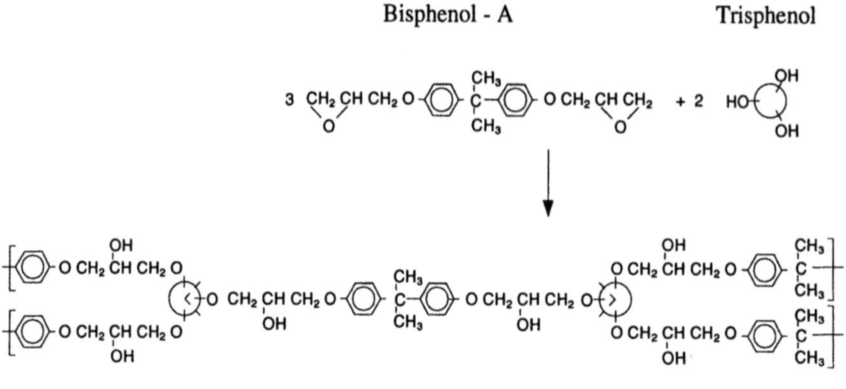

Abb. 3.1.26. Netzwerkschema bei der Epoxidhärtung mit Phenolen [3.27]

härten [3.8, 3.10, 3.26, 3.27]. Diese Härtung führt zu einer Vernetzung nur über Etherbrücken, wie es in Abb. 3.1.27 skizziert ist, die eine gute chemische und thermische Beständigkeit mit sich bringt. Nach [3.26] weisen diese Systeme allerdings nur geringe Flexibilität auf.

In [3.30, 3.31] berichtet Zehrfeld über katalytische Härtung von Epoxidharzen mit *B-Katalysatoren* (metallorganische Komplexverbindungen) die bei einer definierten Temperatur zerfallen und damit die *Homopolymerisation* des Epoxidharzes einleiten. Nach [3.31] werden die metallorganischen Reste in das Netzwerk eingebaut und erhöhen dessen Temperaturstabilität. Darüber hinaus lassen sich durch diese Art der katalytischen Reaktion offensichtlich Formstoffe mit hoher Rißzähigkeit, bzw. großer Dehnung herstellen.

Neben den Härtern sind - je nach Anwendung bzw. Verarbeitungsverfahren - weitere Zusätze notwendig.

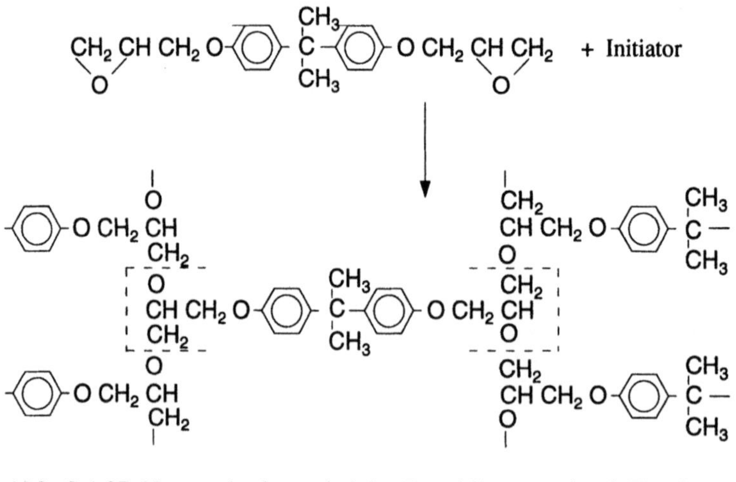

Abb. 3.1.27. Netzwerkschema bei der Epoxidhärtung durch Katalysatoren [3.27]

Verdünner. Für manche Anwendungen ist die Viskosität des reinen Harz/Härtergemisches zu hoch. Um Lösungsmittel oder Weichmacher zu vermeiden, werden sog. reaktive Verdünner eingesetzt. Das sind Systeme, wie *Butylglycidylether,* die Epoxidgruppen enthalten, die in das Netzwerk eingebaut werden.

Flexibilisatoren. Unter Flexibilisatoren sind generell Harze und Härter zu verstehen, deren funktionelle Gruppen im Molekül in weitem Abstand über vorwiegend aliphatische Strukturelemente miteinander verbunden sind. Typische Vertreter auf der Harzseite sind aliphatische Epoxide, wie *Polypropylenglycoldiglycidyläther* (siehe auch Abb. 3.1.22). Nach [3.8, 3.27], werden Flexibilisierungen allerdings vorzugsweise über Härterstrukturen herbeigeführt, z.B. mit Aminen, die teilweise nur über zwei aktive NH-Gruppen verfügen und so nur lineare Makromolekülabschnitte zulassen.

Härtung von Epoxidsystemen. Der Ablauf der *Härtungsreaktion* kann mit Hilfe der *DTA* (Differential Thermal Analysis) oder der DSC (Differential Scanning Calorimetry) gut verfolgt werden. Abb. 3.1.28 zeigt eine DSC-Kurve für ein aushärtendes Epoxidsystem bei einer Aufheizrate von 10°C/min. Die Fläche unter dem Peak ist ein Maß für den gesamten *exothermen* Wärmeumsatz bei der Reaktion. Daneben kann mit der DSC der Einfluß einer bestimmten isothermen Beanspruchung auf den verbleibenden Wärmeumsatz nachgewiesen werden.

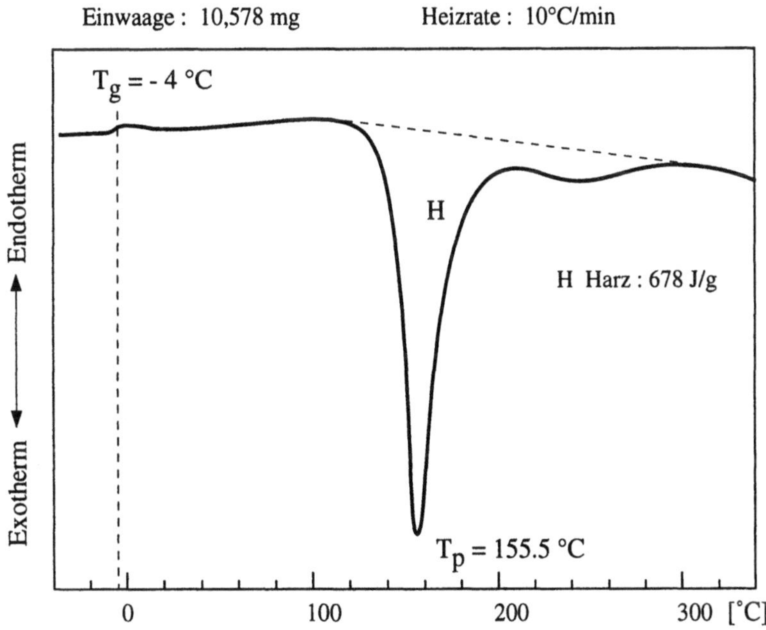

Abb. 3.1.28. DSC (Differential Scanning Calorimetry)-Kurve eines aushärtenden Epoxidharzes

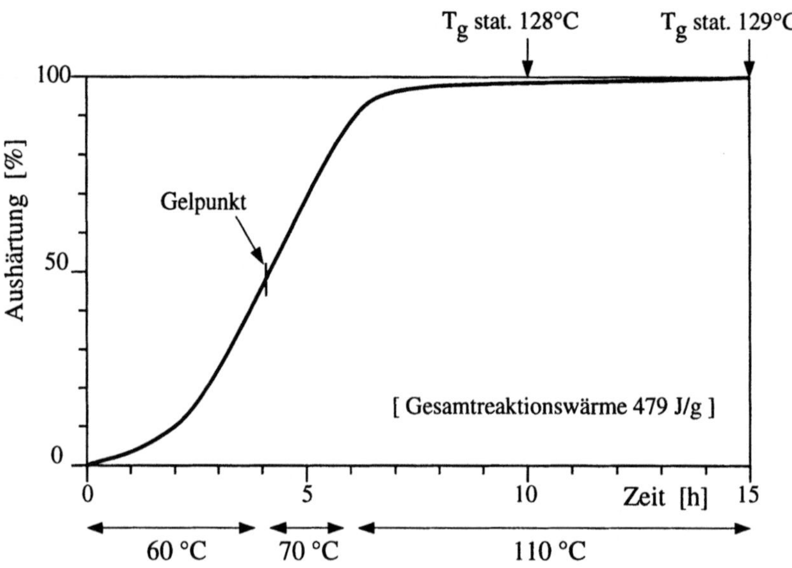

Abb. 3.1.29. Verlauf des Aushärtegrades (in %) in Abhängigkeit von der Temperatur [3.8]

Nach [3.8] verfolgt die Definition von *Härtezyklen* mit Hilfe der DSC zwei Ziele:
- Der *Gelierpunkt* des Reaktionsharzes soll bei möglichst tiefer Temperatur überschritten werden.
- Die *Aushärtekurve* soll mit konstanter Steigung verlaufen, d.h. der Wärmeumsatz pro Zeiteinheit soll in etwa konstant sein (siehe Abb. 3.1.29).

Der Gelierpunkt wird nach DIN 16 945 [3.32] bestimmt. Er zeigt an, nach welcher Zeit bei einer konstanten Temperatur eine bestimmte Menge an funktionellen Gruppen verbraucht ist und die eigentliche *Netzwerkbildung* begonnen hat. Dies macht sich durch einen steilen Anstieg der Viskosität bemerkbar, das Harz beginnt Fäden zu ziehen.

Beim Übergang vom flüssigen in den festen Zustand findet aufgrund der chemischen Reaktion eine *Volumenkontraktion* und damit eine Dichtezunahme statt, welche nach [3.8, 3.27] in erster Annäherung proportional dem Umsatz und der Anzahl aktiver Gruppen ist (maximal 5 %). Da bis zum Gelierpunkt ein Nachfließen der Masse möglich ist, reduziert sich der Reaktionsschwund je nach Aushärtebedingung auf 1-2,5 %.

Die mit dem Umsatz und der Schwindung verbundenen Vorgänge lassen sich am besten im Dichte/Temperaturschaubild nach Fisch und Hofmann [3.37] erklären (siehe Abb. 3.1.30). Die Dichteabnahmekurve des flüssigen Harzes folgt mit steigender Temperatur der Linie AB, während sie bei den ausgehärteten Systemen durch den Kurvenzug FED repräsentiert wird. Die Steigung der Kurven entspricht dem Wärmeausdehnungskoeffizienten des flüssigen bzw. festen Harzes.

Der Knickpunkt E in der Kurve stellt den Glasübergangspunkt T_G des Formstoffes dar [3.34]; oberhalb der T_G weist der Formstoff einen wesentlich höheren

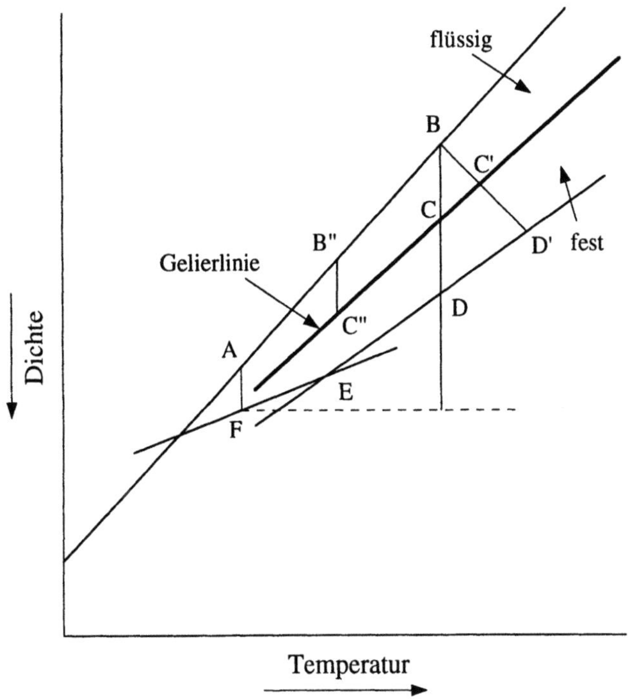

Abb. 3.1.30. Darstellung des Dichte/Temperaturverlaufs von Epoxidharzen [3.33, 3.34]

Volumenausdehnungskoeffizienten auf. Zwischen den beiden Linien verläuft die Gelierlinie. Hier erreicht die Reaktionsmasse den Zustand "nicht mehr fließfähig" [3.32, 3.34].

Die Vorgänge bei der Härtung lassen sich anhand des Schaubildes folgendermaßen erklären:

Beginnend bei der Temperatur A werden die Reaktionsmassen entlang der Kurve bis zum Punkt B aufgeheizt. Bei Punkt B setzt die Härtung ein. Unter isothermen Bedingungen (d.h. keine Temperaturerhöhung durch die Reaktion) folgt die Dichtezunahme dem Kurvenzug BCD bis zur völligen Härtung. Diese Dichtezunahme wird als Reaktionsschwund bezeichnet. Da das System auf der Strecke BC noch flüssig ist, macht sich dieser Bereich, wie oben angedeutet, in dem *Schwindungsmaß* des Formstoffes nicht bemerkbar.

Die Dichtezunahme entlang der Kurve DEF wird als physikalischer oder Abkühlungsschwund bezeichnet.

Gelingt es nicht, unter isothermen Bedingungen auszuhärten, dann heizt sich die Reaktionsmasse entsprechend dem Kurvenverlauf BC'D' weiter auf. Der Gelierpunkt wird bei höheren Temperaturen überschritten, und der Anteil des Reaktionsschwundes in der flüssigen Phase wird deutlich verringert. Der Reaktionsschwund in der festen Phase sowie der *Abkühlschwund* erhöhen sich deutlich, was zu erhöhten Eigenspannungen im Formstoff führt.

Der Kurvenzug B" C" zeigt den Dichteverlauf bei einer *Stufenhärtung*, wie sie in Abb. 3.1.29 beschrieben ist. Durch geringere Reaktionsgeschwindigkeit bei tieferen Temperaturen ist eine *isotherme Aushärtung* mit großem Schwundanteil in der flüssigen Phase sichergestellt.

Den Verlauf der physikalisch/mechanischen Eigenschaften in Abhängigkeit vom Aushärtegrad zeigt die Abb. 3.1.31 [3.8, 3.27]. Mit steigendem *Umsetzungsgrad* durchlaufen die Eigenschaften des Formstoffes häufig ein Maximum. Eine vollständige Aushärtung ist dennoch anzustreben, da nach [3.5, 3.8, 3.27] eine unvollständige Härtung (Umsetzungsgrad < 98 %) zu nachträglichen Eigenschaftsänderungen im Einsatzbereich des Formstoffes oder daraus hergestellter Faserverbundbauteile führen kann.

Struktur/Eigenschafts-Beziehungen. Die Vielfalt an Kombinationsmöglichkeiten von Harzen und Härtersystemen, wie sie beschrieben sind, erlauben dem Fachmann heute die Einstellung eines weiten Spektrums an Eigenschaften. Die Struktur/Eigenschafts-Beziehungen lassen sich nach [3.8, 3.27] über gezielte Strukturvariationen im Netzwerkaufbau nachweisen.

Die Glasübergangstemperatur ist für Polymere eine dominierende Eigenschaft; mit ihr korrelieren die physikalischen Eigenschaften und damit auch ihr Einsatzbereich. Es kann im allgemeinen davon ausgegangen werden, daß aromatische oder heterocylische Strukturen sowie hohe Vernetzungsdichte bei aushärtenden Systemen zu hohem T_G führen, was hohe Schubmodulwerte, hohe Wärmeformbeständigkeit und höhere mechanische Eigenschaften im Glaszustand zur Folge hat.

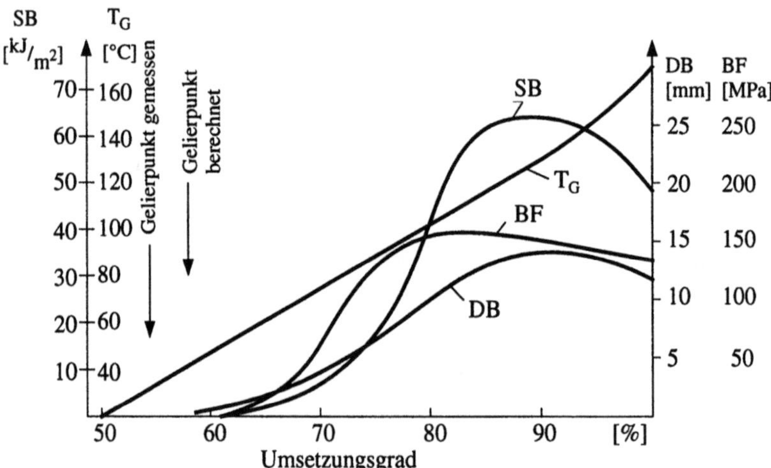

Abb. 3.1.31. Abhängigkeit des physikalischen Verhaltens vom Umsetzungsgrad. SB = Schlagbiegefestigkeit, DB = Durchbiegung, BF = Biegefestigkeit, T_G = Glasumwandlungstemperatur [3.27]

Allerdings sind diese Verbesserungen in den physikalischen Eigenschaften üblicherweise gekoppelt mit geringer Bruchdehnung und somit erhöhter Sprödigkeit der Systeme [3.8, 3.27, 3.35-3.41]. Aliphatische Kettenelemente reduzieren die *Netzwerkdichte* und die *Sprödigkeit*, verringern allerdings auch die Wärmeformbeständigkeit.

In den folgenden Abb. 3.1.32 bis Abb. 3.1.34 sind einige charakteristische Kennwerte von bekannten und häufig verwendeten Epoxidharzen mit unterschiedlichen Härtersystemen zusammengestellt. Es zeigt sich anhand dieser Kennwerte, daß die Vernetzung mit aromatischen Diaminen (hier *D D M*-Diaminodiphenylmethan) zu höheren T_G-Werten führt als die *Anhydridhärtung*. Die katalytische Härtung weist in Abb. 3.1.32 einen sehr starken Einfluß der *Katalysatormenge* nach. Der Anstieg der linearen Kettensegmente (von n=0,15 auf n=2) reduziert die Vernetzungsdichte erheblich und senkt damit die Glasumwandlungstemperatur deutlich. Dagegen nimmt die Schlagbiegefestigkeit als Maß für die Zähigkeit des Formstoffs zu.

Bei den vernetzten *Phenolnovolaken* verhält es sich umgekehrt; mit zunehmender Anzahl Wiederholungseinheiten - die allerdings jeweils eine reaktive EP-Gruppe enthalten - steigt der Vernetzungsgrad und die Wärmeformbeständigkeit sowie die Schlagzähigkeit fallen deutlich ab.

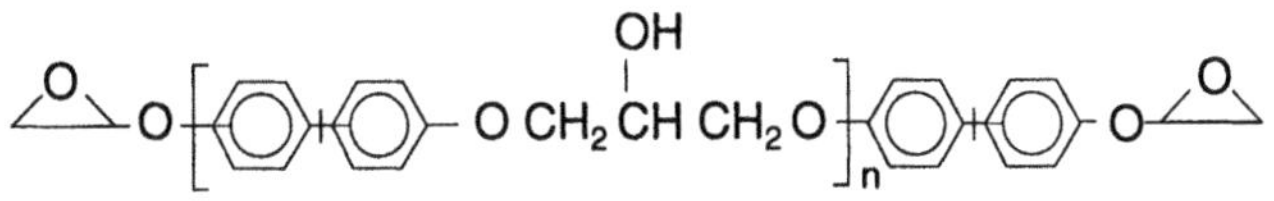

n	Härtung mit	T_G [°C]	BF [MPa]	DB [mm]	SB [$^{kJ}/_{m^2}$]
0,15	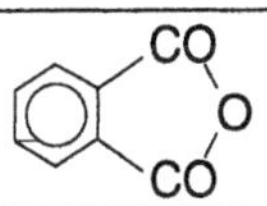 Phthalsäureanhydrid	130	136	12	25
2		115	132	14	46
0,15	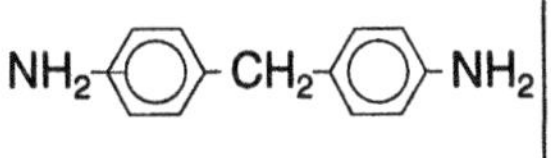 NH_2–⬡–CH_2–⬡–NH_2	159	135	14	54
2		123	138	15	78
0,15	2 Gew-% 1-Methylimidazol	170	115	6	16
0,15	2 Gew-% 1-Methylimidazol	142	114	6	13
2	4 Gew-% 1-Methylimidazol	112	111	10	20
0,15	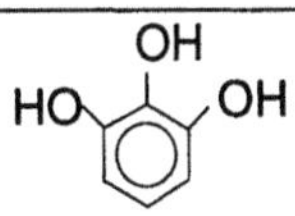 HO–⬡(OH)–OH	120	126	16	73
2		103	123	17	73

Abb. 3.1.32. Glasübergangstemperaturen und mechanisches Verhalten von unterschiedlich vernetztem Bisphenol-A-diglycidylether [3.27]

n	Härtung mit	T_G [°C]	BF [MPa]	DB [mm]	SB [kJ/m^2]
0,2	(Phthalsäureanhydrid)	137	152	10	26
1		158	152	8	17
0,2	NH_2-C$_6$H$_4$-CH_2-C$_6$H$_4$-NH_2	170	150	12	37
1		194	132	7	24
0,2	CH_3-N-Imidazol (Init.)	166	107	4	11
1		196	103	4	6
0,2	(Pyrogallol) OH, HO, OH	120	153	12	64
1		148	143	9	25

Abb. 3.1.33. Glasübergangstemperaturen und mechanisches Verhalten von unterschiedlich vernetzten glycidylisierten Phenolnovolaken (Initiator: 1 - Methylimidazol, 4 Gew%) [3.27]

Die höchsten Wärmeformbeständigkeiten werden mit *tetrafunktionellen Epoxidharzen*, gehärtet mit Diaminen, erzielt, wie es Abb. 3.1.34 zu entnehmen ist. Dies drückt sich auch im Kurvenverlauf des Schubmoduls über der Temperatur aus, dargestellt in Abb. 3.1.35. Die höchsten Glasübergangsbereiche ergeben die Strukturbeispiele aus Abb. 3.1.34, ob mit Diaminen oder durch Katalysator gehärtet.

Cycloaliphatische Epoxidharze (dünn ausgezogene Kurven) weisen ebenfalls Glasübergangstemperaturen auf. Durch Zusatz von 50 Gew. % eines Oligoesters [3.8, 3.27] fällt die Schubmodulkurve früher ab und weist zusätzlich eine größere Neigung auf, was typisch ist für schlagzähe Systeme.

Als Vergleich dazu sind in dem Diagramm die Kurven eines mit einem *Anhydridhärter* vernetzten Bisphenol-A-Systems und eines flexibilisierten Systems eingetragen. Die Zugabe von 50 Gew. % (bezogen auf Bisphenol-A) an Polypropylenglycol (Molekulargewicht 425) - siehe auch Abb. 3.1.22 - senkt die Glasübergangstemperatur drastisch (von $T_G \approx 130°C$ auf $T_G \approx 50°C$).

Einfluß von Flexibilisatoren. Die Beschreibung der Kurvenverläufe in Abb. 3.1.35 deutet bereits an, welche vielfältigen Möglichkeiten an Kombinationen von Harz und Härtern möglich sind. Allerdings zeigt diese Graphik auch, daß mit dem Einsatz von linearen Epoxidharzabschnitten neben einer Flexibilisierung auch eine drastische Abnahme der Glasübergangstemperatur und damit reduzierte

Härtung mit	T_G [°C]	BF [MPa]	DB [mm]	SB [$^{kJ}/_{m^2}$]
NH_2–⬡–SO_2–⬡–NH_2	260 - 270	151	6,0	15
Kat.	200 - 240	120	6,2	15

Abb. 3.1.34. Glasübergangstemperaturen und mechanisches Verhalten von Tetraglycid-Diamino-diphenylmethan (TGDDM), vernetzt durch Diamino-diphenylsulfon (DDS) oder durch Katalysator [3.27]

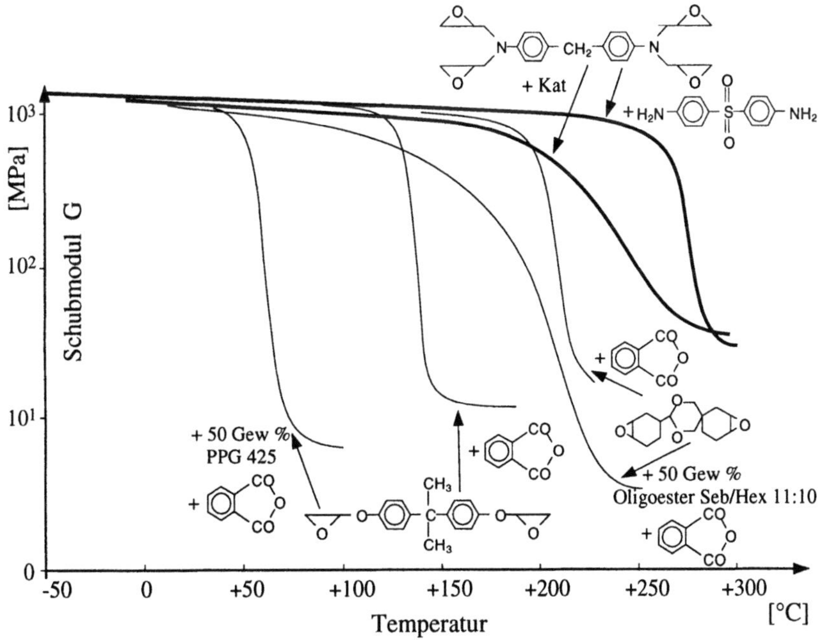

Abb. 3.1.35. Schubmodulverlauf einiger ausgewählter Harz/Härter-Systeme mit hohen Glasübergangsbereichen, im Vergleich zu flexibilisierten Systemen [3.27]

Wärmeformbeständigkeit verbunden ist. Die Anwendung von Epoxidharzen in hochbeanspruchten faserverstärkten Bauteilen erfordert allerdings wärmeformbeständige und schlagzähe Harzsysteme, die in der Lage sind, neben statischen und Ermüdungsbeanspruchungen auch Stoßbelastungen (sog. *Impactbeanspruchung*) zu ertragen.

Seit vielen Jahren beschäftigt sich aus diesem Grund die Forschung mit der *Schlagzähmodifikation* von Epoxidharzen, die i.w. durch folgende Verfahrenswege erreicht werden soll:
- lange lineare Kettenabschnitte (siehe Abb. 3.1.35)
- Beimischung von *Flüssigkautschuksystemen*
- Beimischung von thermoplastischen Polymeren
- *IPN's* (Interpenetrating Networks)

oder eine Kombination aus verschiedenen Verfahrensschritten.

Die Untersuchungen bei Yee [3.48] umfassen Modifikationen des Basissystems (Bisphenol-A- mit Piperidin-Härter) durch verschiedene Arten und mengenmäßige Zuschläge von Flüssigkautschuk (*CTBN*-carboxyl-terminated copolymer of butadiene and acrylonitrile) sowie durch Beigabe von Bisphenol-A (BPA) als linearem *Kettenverlängerer*. Die einzelnen Mischungen sind in Abb. 3.1.36 zusammengefaßt.

BPA-Anteil [phr]	Hycar -CTBN (Art)	Gummianteil [phr]	Bezeichnung	Tg [°C]
0		0	828	84,2
0	1300X8	5	828-8(5)	
0	1300X8	10	828-8(10)	85,6
0	1300X8	15	828-8(15)	
0	1300X8	20	828-8(20)	87,5
0	1300X8	30	828-8(30)	82,4
0	1300X15	5	828-15(5)	
0	1300X15	10	828-15(10)	84,2
0	1300X15	15	828-15(15)	
0	1300X15	20	828-15(20)	89,4
0	1300X15	30	828-15(30)	86,1
0	1300X13	5	828-13(5)	
24		0	828-BPA(24)	104,4
24	1300X8	5	828-BPA(24)-8(5)	100,6
24	1300X8	10	828-BPA(24)-8(10)	
24	1300X8	15	828-BPA(24)-8(15)	97,5
24	1300X8	20	828-BPA(24)-8(20)	90,5

Abb. 3.1.36. Mischungsverhältnisse von Harz, Flüssigkautschuk und Kettenverlängerern bei konstantem Härteranteil (5 Teile Härter auf 100 Teile Harz) [3.48]

Die Aussagen zur Schlagzähigkeit der Systeme basieren auf der Bestimmung der kritischen *Rißfortschrittsenergie* G_{IC} im Dreipunkt-Biegeversuch mit definierter Kerbe (SEN-3PB-Singleedge Notched-3-Point Bending [3.48]). Mit Zugpro-ben zur Messung der linearen und der *Volumendehnung* in Abhängigkeit von der Beanspruchung sollten Versagensphänomene nachgewiesen werden.

In Abb. 3.1.37 sind die Ergebnisse der G_{IC}-Versuche dargestellt. Die Kurven zeigen eindeutig den Einfluß der *Kautschukmodifikation*; weitgehend unabhängig vom Partikeldurchmesser des Kautschuks steigt die kritische Rißfortschritts-energie mit zunehmendem Kautschukgehalt an. Ein deutlich steilerer Anstieg der G_{IC}-Werte wird allerdings mit dem System mit linearer Kettenverlängerung erzielt, obwohl das Ausgangssystem nahezu die gleichen G_{IC}-Werte aufweist wie das engmaschigere, nicht modifizierte System. Offensichtlich wird der Einfluß der geringeren Vernetzungsdichte auf die Rißfortschrittsenergie erst durch die Einmischung von Elastomerkomponenten wirksam.

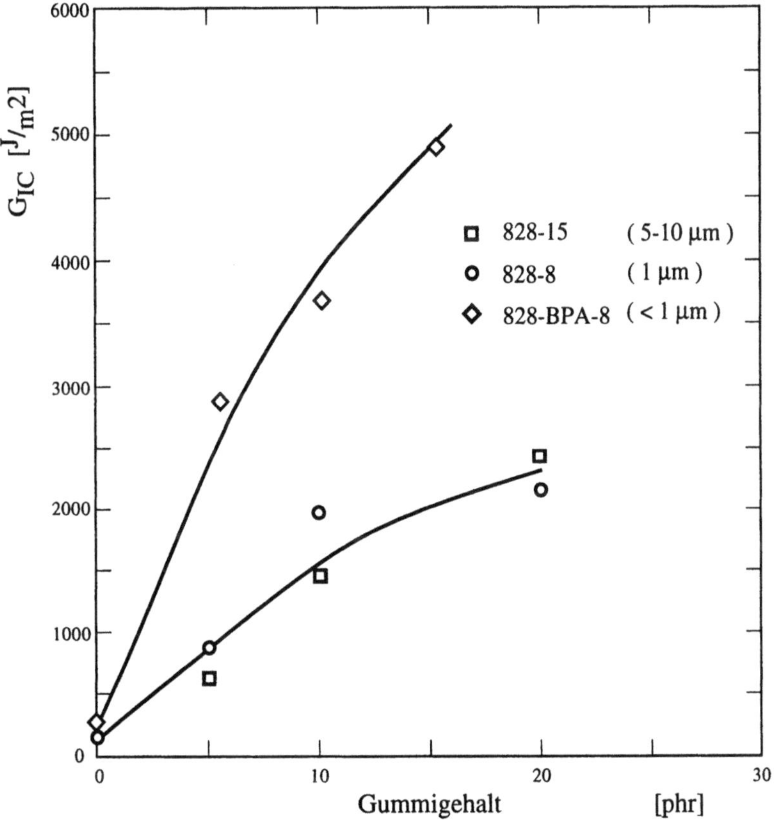

Abb. 3.1.37. Kritische Rißfortschrittsenergie als Funktion des Kautschukanteils für unterschiedliche Harzsysteme und Partikelgröße des Kautschuks [3.48]

Diese Aussage wird durch weitere Ergebnisse mit modifizierten Harzsystemen bestätigt [3.50]. Das Basisharz war vergleichbar dem aus der Untersuchung in [3.48], allerdings mit Veränderung der Anzahl Wiederholungseinheiten n zwischen den endständigen Epoxidgruppen (siehe auch Abb. 3.1.32-3.11.34). Entsprechend der steigenden Zahl n in Abb. 3.1.38 steigt das Epoxidäquivalentgewicht sowie das Molekulargewicht der unausgehärteten Oligomere, d.h. die Vernetzungsdichte nimmt entsprechend ab. Zur Einhaltung der *Stöchiometrie* zwischen Harz und Härter reduziert sich deshalb die eingewogene Härtermenge bei konstantem Harzmasseanteil (siehe Abb. 3.1.38).

Im Gegensatz zu den Ergebnissen in Abb. 3.1.36 [3.48] ist hier ein deutlicher Einfluß der Kettenlänge zwischen den Vernetzungsstellen der Epoxidgruppen auf die Glasübergangstemperatur festzustellen, wie es die Kurve in Abb. 3.1.39 beweist. Erstaunlich ist dabei allerdings, daß die Beimischung der elastomeren Komponente das T_G-Verhalten nicht beeinflußt. Es ist allerdings zu berücksichtigen, daß dieser T_G (aus DSC-Messungen) keine Aussage über den Schubmodulverlauf als Funktion der Temperatur liefert, wie es die *DMA* (Dynamisch Mechanische Analyse) oder der Torsionsschwingversuch, z.B. in Abb. 3.1.35 erlauben. Es ist zu erwarten, daß der Schubmodul steiler abfällt als bei nicht schlagzäh modifizierten Systemen [3.8, 3.44].

Dagegen bestimmt die Einmischung des *Kautschuk* ganz drastisch das Rißzähigkeitsverhalten der unterschiedlichen Harzmischungen, dargestellt in Abb. 3.1.40. Während die Zunahme des Molekulargewichts des Basisharzes (Reduzierung der Vernetzungsdichte) nur geringen Anstieg von G_{IC} bewirkt, steigt die Kurve für schlagzähmodifizierte Systeme extrem steil an.

Nr.	Harztype	n	Masse Harz [g]	Masse DDS [g]	Masse CTBN [g]	Epoxyd Äquiv. Gewicht [g/eq.]
1	DER 332	0	500	189,3	60,3	172-176 (174)
2	DER 337	0,42	500	133,3	56,3	230-250 (240)
3	DER 332/667	1,0	450	89,3	51,8	
4	DER 661	2,2	500	61,0	49,9	475-575 (525)
5	DER 662	3,0	500	50,0	49,1	575-700 (638)
6	DER 664	4,8	500	34,6	47,9	875-975 (925)
7	DER 667	10	500	17,8	46,6	1600-2000 (1800)

Abb. 3.1.38. Wichtigste Kenndaten der Harz/Härter-Systeme und der Mengenverhältnisse für die Härtung. DER 332/667 ist eine Mischung der Harze DER 332 und DER 661 (43,3 g + 406,7 g) [3.50]

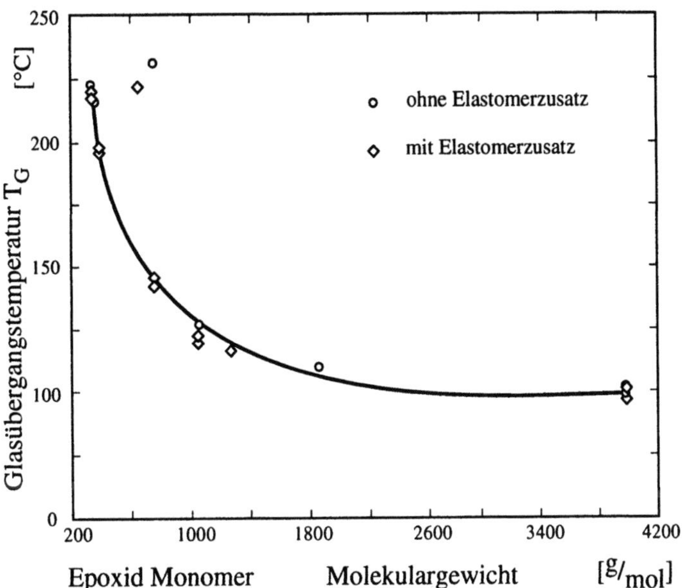

Abb. 3.1.39. Glasübergangstemperatur T_G als Funktion des Molekulargewichtes des ungehärteten Harzes [3.50]

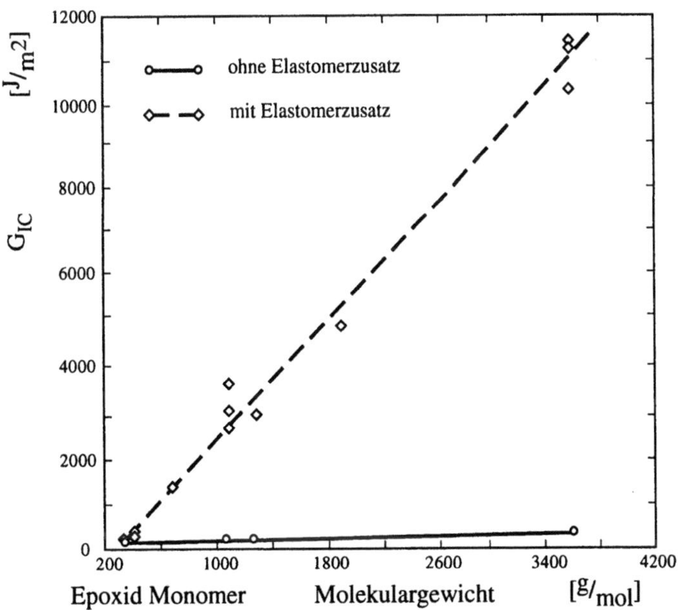

Abb. 3.1.40 Einfluß des Molekulargewichts des ungehärteten Epoxidharzes auf die kritische Rißfortschrittsenergie G_{IC} [3.50]

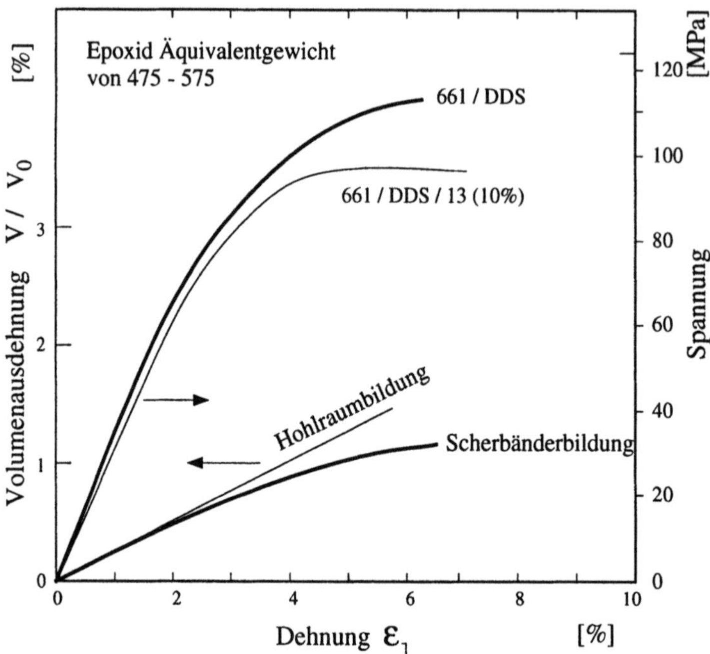

Abb. 3.1.41. Spannungs/Dehnungs-Diagramm mit Volumenänderung über der Dehnung für reines und schlagzähmodifiziertes Harz (mittleres Molekulargewicht, mittlere Vernetzungsdichte) [3.50]

Ein ähnliches Verhalten zeigen die Ergebnisse aus der Zugprüfung der verschiedenen Modifikationen, beispielhaft gezeigt in Abb. 3.1.41 und Abb. 3.1.42.

Das System 3 aus Abb. 3.1.38 zeigt ausgeprägtes nichtlineares Verhalten der Spannungs/Dehnungskurve (sog. *yielding* bei [3.50]), welches durch die Zugabe von *Elastomeren* verstärkt wird und zusätzlich den Ursprungs-E-Modul reduziert. Noch deutlicher ist der Einfluß der Vernetzungsdichte in Abb. 3.1.42 für System 6 sichtbar. Die Nichtlinearität beginnt früher, und das System erzielt eine deutlich höhere Bruchdehnung. Im Gegensatz dazu versagt das engmaschig vernetzte System 1 ohne und mit *Elastomermodifikation* bereits bei Bruchdehnungen unter 1 % und zeigt keine Nichtlinearität im Spannungs/Dehnungsschaubild [3.50]. Für diese unterschiedlichen Versagensmuster sind nach Aussage der bereits genannten Autoren [3.44-3.53] bei modifizierten Systemen folgende Versagens- bzw. Schlagzähigkeitsphänomene verantwortlich:

-   Bildung von Mikrorissen   *CRAZING*
-   Bildung von Hohlräumen um die
    eingelagerten Kautschukpartikel   *VOIDING*
-   Bildung von Scherbändern und -zonen *SHEARBANDING*

Während Bucknall [3.53] vor allem die Bildung von Mikrorissen - crazing - für das Zähigkeitsverhalten verantwortlich macht (vergleichbar mit crazing bei Thermoplasten [3.54]), sprechen Lorenzo [3.47], Kinloch [3.51] und Yee, Pearson [3.48, 3.49, 3.50] i.w. von "voiding" und "shearbanding" als *Rißzähigkeits-*

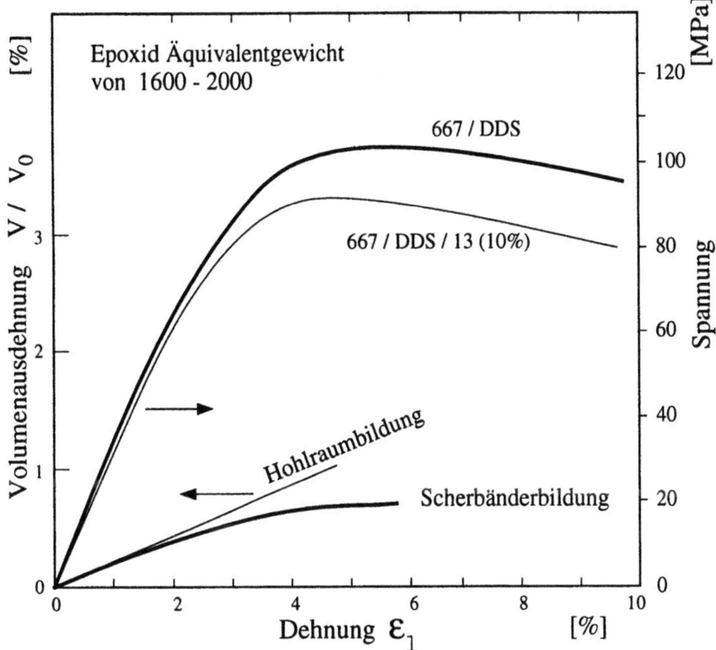

Abb. 3.1.42. Spannungs/Dehnungs-Diagramm mit Volumenänderung über der Dehnung für ein reines und schlagzähmodifiziertes Harz (hohes Molekulargewicht, geringe Vernetzungsdichte) [3.50]

mechanismen. Demnach werden, wenn die Vernetzungsdichte und die Einlagerung von Flüssigkautschukpartikeln aufeinander abgestimmt sind, folgende Mechanismen wirksam:

- *Energiedissipation* durch das Ausreißen von eingelagerten Kautschukpartikeln und Aufweitung der entstandenen Löcher bei Beanspruchung. Dieser Vorgang führt bei schlagzähmodifizierten Systemen zu einem Volumenanstieg bei der Zugprüfung, wie es in Abb. 3.1.41 und 3.1.42 zu erkennen ist (dünne Linie).
- Energiedissipation durch die Bildung von *Scherbändern*; nach [48] beginnt die Ausbildung von Scherbändern in dem Bereich, in dem die Spannungs-Dehnungskurve den linearen Kurvenbereich verläßt, gekennzeichnet durch verringerte Volumenzu- bzw. in [3.48] leichte Volumenabnahme, was mit "strain softening effect" bezeichnet wird (dicke Linie in Abb. 3.1.41 und 3.1.42). Bei visueller Betrachtung der Probe wird das Auftreten von Scherbändern durch *Weißfärbung* sichtbar. Bei schlagzäh modifizierten Systemen treten diese Scherbänder ebenfalls auf, bevorzugt an den Rändern der ausgerissenen Kautschukpartikel.

In [3.48, 3.50] werden diese Phänomene, ausgehend von einem definiert eingebrachten Riß, anhand eines Modells erläutert (siehe Abb. 3.1.43). Die Probe wird an der *Rißspitze* durch eine Querkraft belastet, (Phase 1), so daß sich das *Rißwachstum* quer zur Beanspruchung ausbilden muß. Mit zunehmender Verformung (Phase 2) werden die ersten Kautschukpartikel aus der umgebenden

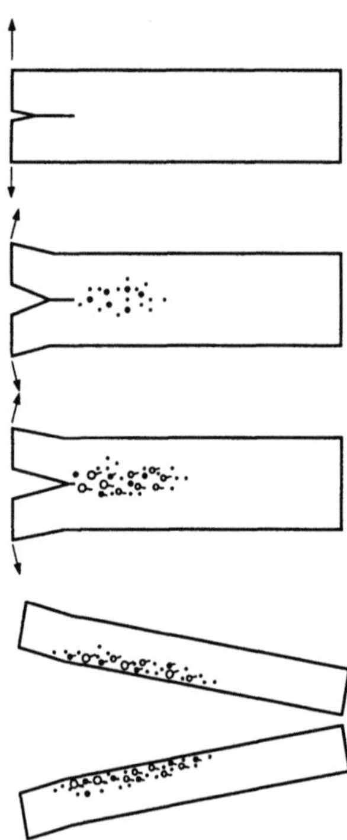

Abb. 3.1.43. Schematische Darstellung der Verformungsmechanismen bei schlagzähmodifizierten Epoxidharzsystemen durch Einlagerung von Kautschukpartikeln

Matrix ausgerissen und nehmen dadurch viel Energie auf. Die Volumenzunahme steigt überproportional. Bei weiterer Beanspruchung wachsen die Hohlräume um die *Kautschukpartikel* weiter an und bilden an den höchstbeanspruchten Stellen *Scherzonen* aus (Phase 3), die sich durch Weißfärbung optisch verfolgen lassen. Der Volumenzunahme durch Öffnung der Kautschuklöcher läuft die "Weichmachung-strainsoftening" mit Volumenkonstanz oder -abnahme entgegen (Abb. 3.1.41/ 3.1.42). Wenn die Rißfortschrittsenergie weiter ansteigt, tritt ein schlagartiges, instabiles Rißwachstum ein, das zum Versagen der gesamten Probe führt.
Natürlich stellt sich bei diesen Untersuchungen zur Schlagzähmodifizierung die Frage, ob die bisher an Reinharzen beschriebenen Verbesserungen des Rißzähigkeitsverhaltens auch auf Laminate mit eben solchen Matrixsystemen übertragbar ist. Mehrere Untersuchungen an Systemen, die bei erhöhten Temperaturen (125°C und 180°C) ausgehärtet sind, konnten zeigen, daß eine gute Übereinstimmung zwischen der kritischen Rißfortschrittsenergie für Reinharz und verstärkte Laminate besteht, solange nach der gleichen Methode geprüft wird [3.44, 3.45, 3.55]. Die Abb. 3.1.44 zeigt diesen Zusammenhang zwischen Reinharz und faserverstärkten Systemen [3.44]. Die Kurve belegt, dass eine Steigerung des Reinharz- G_{IC}- Wertes eine Verbesserung des Wertes im Laminat nach sich zieht.

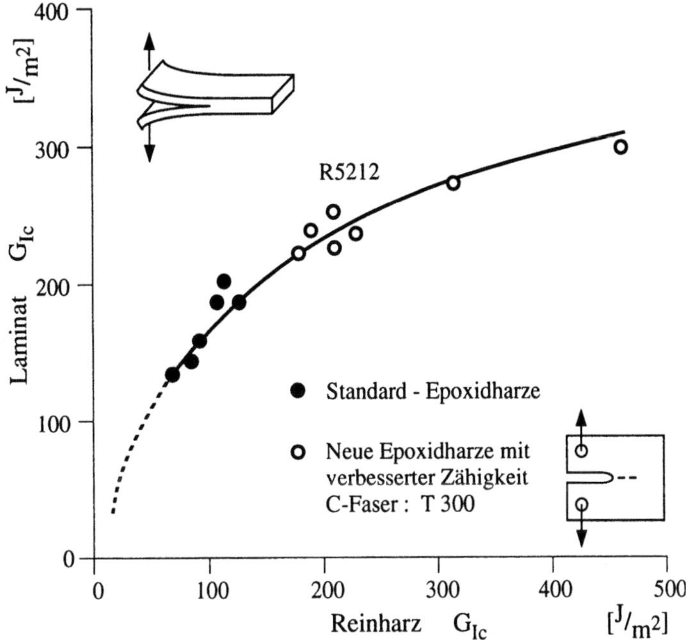

Abb. 3.1.44. Zusammenhang zwischen kritischer Rißfortschrittsenergie von Reinharz und Laminat [3.44]

Nach [3.44] ist zu erwar-ten, daß in naher Zukunft Systeme zu realisieren sind, die im Reinharz einen $G_{IC} \approx 400$ J/m², korrespondierend mit einem $G_{IC} \approx 300$ J/m² im Laminat erreichen.

Einen völlig anderen Weg beschreibt Zehrfeld [3.31] mit der Verwendung von Katalysatoren (sog. B-Kats) aus metallorganischen Komplexverbindungen, wie schon angemerkt, die eine Homopolymerisation des Epoxidharzes - unter Einbau des Katalysators in die Molekülkette- bewirken. Da diese Katalysatoren bei einer diskreten Temperatur wirksam werden, können nach [31] lange Verarbeitungs- bei kurzen Härtungszeiten erzielt werden, die zu Systemen mit hohen Glasübergangstemperaturen bei hohen Bruchdehnungen im Reinharz führen.

Der Zusammenhang zwischen Glasübergangstemperatur T_G und dem Mischungsverhältnis aus 2-funktionalem Bisphenol-A- (DGEBA) und mehrfunktionalem EP-Phenolnovolak ist in Abb. 3.1.45 dargestellt. Es zeigt sich, daß die Härtung mit B-Katalysatoren offensichtlich zu hohen T_G-Werten führt. Andererseits können durch die Härtung mit B-Kats nach Aussage von Zehrfeld hohe T_G-Werte mit hohen Bruchdehnungen gekoppelt werden (z.B. $T_G = 138°C$; Bruchdehnung $E_{Br} = 8,6$ %; Standardsysteme: $T_G = 140-150$ %, $E_{Br} = 4,5$ %). Diese Entwicklung befindet sich zwar noch in einem frühen Stadium, die ersten Ergebnisse lassen jedoch erwarten, daß hohe *Rißzähigkeit (Impacttoleranz)* und hohe Glasumwandlungstemperatur sich nicht so gegenläufig verhalten müssen, wie bisher dargestellt.

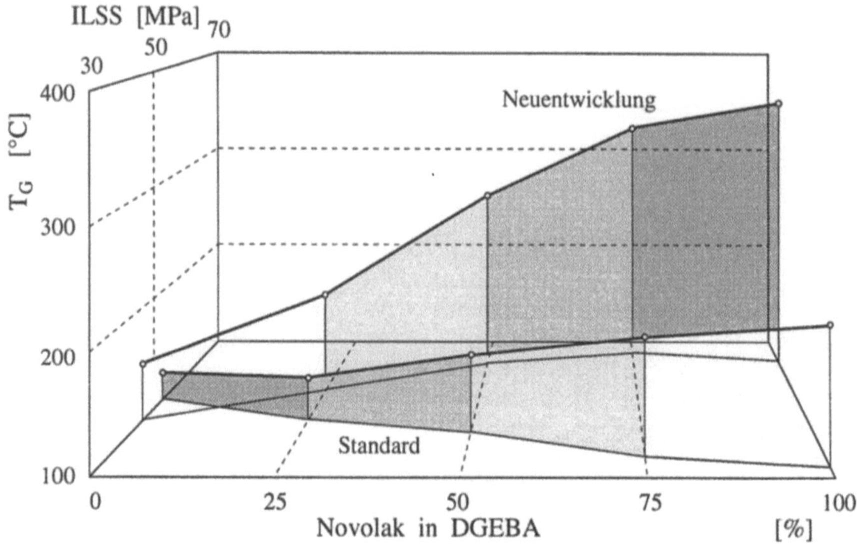

Abb. 3.1.45. Darstellung des Einflusses des Mischungsverhältnisses von DGEBA und Phenolnovolaken, mit Katalysatoren gehärtet, auf die Glasumwandlungstemperatur [3.31]

***Toxizität* und Gewerbehygiene.** Nach Kugler in [3.8] und [3.56] ist die akute Toxizität der Epoxidverbindungen - mit Ausnahme der hochreaktiven niedermolekularen Epoxidverbindungen, die nicht durch Haut, Schleimhäute und Zellmembranen resorbiert werden können - relativ gering (siehe Abb. 3.1.45).

Epoxidharze können *sensibilisierende Eigenschaften* haben und damit Ursache von allergischen *Hautekzemen* sein. Neben direkten Reizwirkungen auf der Haut und an Schleimhäuten können bei Inhalation größerer Mengen von Dämpfen auch systematische *Vergiftung*serscheinungen auftreten. Gut entlüftete Arbeitsräume und lokale Absaugungen an den Dampfquellen gestatten allerdings eine sichere Handhabung flüchtiger Komponenten.

Jahrelange Erfahrung im Umgang mit Epoxidharzen bei vielen Anwendern hat gezeigt [3.8], daß das grundsätzliche Risiko bei Beachtung einiger Regeln auf ein Minimum begrenzt werden kann:
- Direkter Kontakt von Epoxidharzen mit Lebensmitteln ist strikt zu vermeiden
- Transport- und Aufbewahrungsbehälter müssen nach Möglichkeit stets geschlossen gehalten werden.
- Äußerste Reinlichkeit am Arbeitsplatz und gute Ventilation sind unerläßlich.
- Haut- und Augenkontakt sind zu vermeiden. Gegebenenfalls sind Handschuhe und Schutzbrille zu tragen.
- Zur Reinigung kontaminierter Hautstellen kein Lösungsmittel verwenden, sondern Wasser und nichtalkalische Seife.
- Am Arbeitsplatz darf weder geraucht, gegessen noch getrunken werden.

Nach [3.8, 3.56] sind Hauterkrankungen, die durch Epoxidharze hervorgerufen werden, im akuten Stadium unangenehm. Es sind jedoch kaum Fälle bekannt, bei denen bleibende Schäden auftraten. Bei sensibilisierten Personen klingen alle Reaktionen rasch ab, sobald der direkte Kontakt vermieden wird.

3.1.1.4 Polyimide (PI) und andere hochtemperaturbeständige Duroplaste

Der Begriff *hochtemperaturbeständig* oder *thermostabil* wird oft mißbräuchlich angewandt und nicht richtig beschrieben, da es sich um zwei grundsätzlich unterschiedliche Mechanismen handelt, die zum Verlust von mechanisch/ physikalischen Eigenschaften in Abhängigkeit von der Temperatur führen. Der erste Mechanismus ist ein reversibler Prozeß, der das Erweichen und Aufschmelzen (bei Thermoplasten) der Polymere beschreibt, verbunden mit einem sprunghaften Abfall der mechanischen Kennwerte. Dieser Prozeß kennzeichnet die Wärmeformbeständigkeit. Dagegen wirkt der zweite Mechanismus durch einen Abbau der Molekülketten (Zersetzung) bei Wärmeeinwirkung, was zu einer irreversiblen Veränderung des Werkstoffs führt. Diese *thermooxidative Beständigkeit* ist allerdings nicht nur abhängig von der Umgebungstemperatur. Vielmehr spielen die Umgebungsbedingungen eine zusätzliche Rolle bei der Definition der thermooxidativen Beständigkeit [3.8, 3.57, 3.58, 3.59].

Ziel der Arbeiten zur Herstellung thermostabiler Polymere ist die Erhöhung sowohl der Umwandlungstemperaturen, als auch der thermischen Zersetzung durch die Synthetisierung von Monomeren mit Hochtemperatureigenschaften. Den größten Beitrag zur thermischen Stabilität von Polymeren liefert die *Primärbindungsenergie* zwischen den Atomen einer Polymerstruktur. In Abb. 3.1.46 sind die Bindungsenergien der wichtigsten chemischen Verbindungen aufgelistet. Demnach müssen temperaturbeständige Polymere i.w. aus C-C, C-N und C-O-Bindungen aufgebaut sein. Weiterhin wird der Zusammenhalt der Polymere durch *Sekundärbindungen* wie *Dipol-Dipol-Kräfte* oder Wasserstoffbrückenbinbeeinflußt, die nach Abb. 3.1.46 allerdings um ein bis zwei Größenord-nungen geringer sind und stark vom Ordnungszustand des Polymers sowie seiner Konfiguration abhängen.

Nach [3.58] ist die *Resonanzstabilisierung* ein bei vielen aromatischen und Leiterpolymeren genutztes Phänomen zur Erhöhung der Temperaturstabilität der Polymerkette. Die Resonanzenergien liegen nach [3.58] in Abb. 3.1.46 in der Größenordnung der chemischen Bindungen. In der Literatur sind eine ganze Reihe von thermostabilen Polymeren beschrieben [3.6-3.8, 3.57-3.59] die i.w. auf aromatischen und heterozyklischen Struktureinheiten aufgebaut sind. Die wichtigsten Vertreter - vor allen Dingen als Matrixsysteme für Faserverbunde - sind Polyimide, *Polybenzimidazole* und *Polyimidazopyrrolone*. Diese Abhandlung beschränkt sich schwerpunktmäßig auf die Polyimide (PI) und die artverwandten *Polybismaleinimide* (BMI). Diese Systeme finden heute bereits vielfach Anwendungen als
- hochtemperaturbeständige Folien,
- Lacke,
- Harze und flexible Leiterplatten für hohe Anwendungstemperaturen,
- Preßmassen,
- Matrixsysteme für Faserverbundwerkstoffe.

Bei den Matrixsystemen unterscheidet man allgemein zwischen thermoplastischen und duroplastischen Hochtemperaturmatrixwerkstoffen.

Bindungsenergien primärer und sekundärer Valenzen	
Bindung	E $[^{kJ}/_{Mol}]$ 25°C
C– C	347
C= C	613
C≡ C	837
C– N	325
C= N	615
C≡ N	892
C– O	359
C= O (Ketone)	754
C– S	273
N– N	164
N= N	420
Si– O (Silikone)	445
Resonanzenergie aromat. und heterocyclischer Systeme	170 - 300
Dipol-Dipol - Bindugen	8,5 - 17
Wasserstoffbrücken-Bindungen	17 - 50

Abb. 3.1.46. Energieinhalte verschiedener chemischer Bindungen [3.8, 3.58]

Thermoplastische Hochtemperaturpolymere. Thermoplaste im klassischen Sinne verfügen über einen ausgeprägten Schmelzebereich, der eine Verarbeitung nach den bekannten Methoden wie Extrudieren, Spritzgießen etc. erlaubt. Dagegen weisen hochtemperaturbeständige Polymere aufgrund ihrer Struktur Schmelzpunkte auf, die über der Zersetzungstemperatur liegen und die Verarbeitung mit den genannten Verfahren erschweren. Nach Stenzenberger [3.8] sind allerdings diese Polymere technisch interessant, da das Endprodukt in Stufen polymerisiert werden kann, wobei die Zwischenstufen löslich oder schmelzbar sind.

Die Abb. 3.1.47 beschreibt die klassische *Polyimidsynthese* von aromatischem Amin mit einem aromatischen Tetracarbonsäureanhydrid (hier Pyrromellitsäureanhydrid), mit Amidocarbonsäure als Zwischenprodukt, durch thermische oder chemische Cyclodehydratisierung zum Endprodukt. Bekannteste Vertreter dieser Polyimide sind *Kapton* (als Folie) und *Vespel* (als Kunststoff), beide von der Fa. Du Pont, die sich einen beträchtlichen Anwendungsbereich geschaffen haben. Nach [3.8] sind allerdings Versuche fehlgeschlagen, diese Polymersysteme als Matrix für Faserverbundwerkstoffe einzusetzen, da das Lösungsmittel zur Imprägnierung der Fasern und die freiwerdenden Kondensationsprodukte zu porenbehafteten Laminaten mit ungenügenden mechanischen Eigenschaften führten.

Pyralin

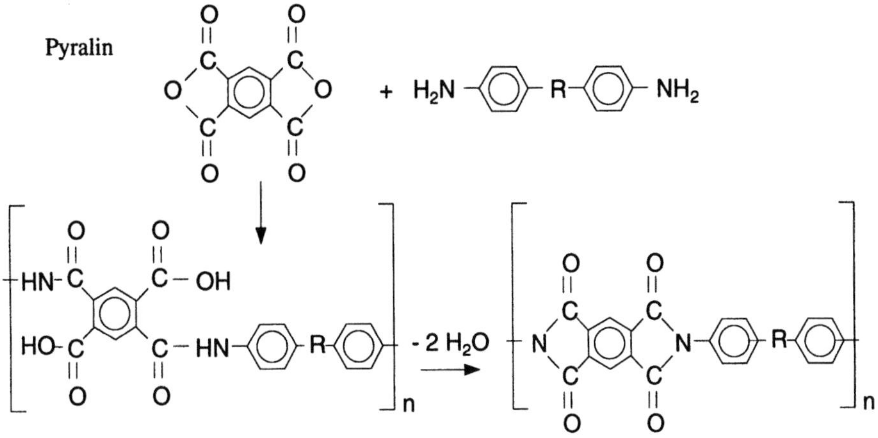

Skybond 703

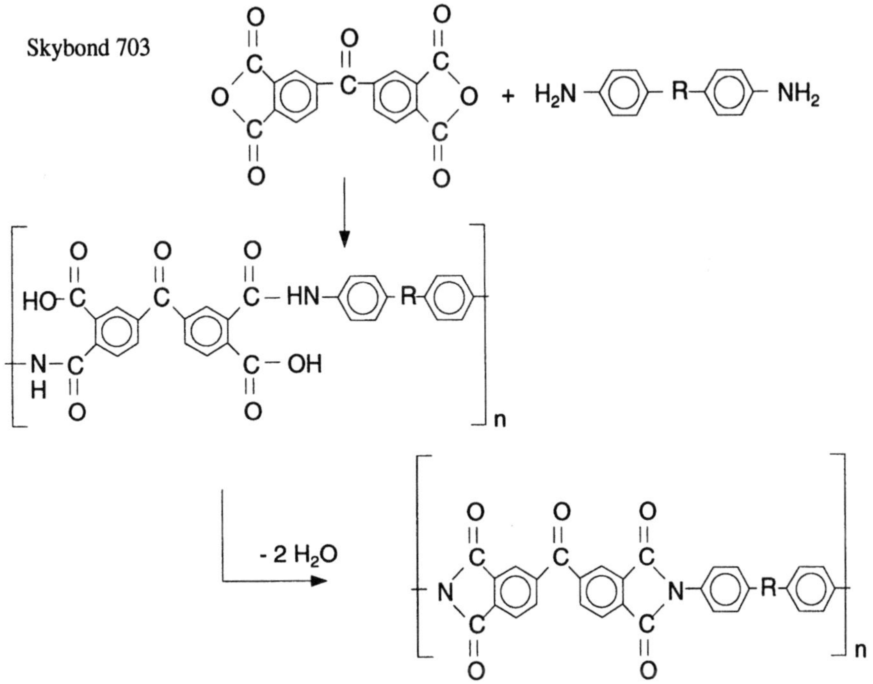

Abb. 3.1.47. Chemismus von zwei typischen Polyimidentwicklungsprodukten [3.10]

Aufgrund dieser Erfahrungen verfolgte man nach Stenzenberger [in 3.8] zwei Wege:
- *In situ-Synthese* von linearen Polyimiden während der Herstellung des Verbundwerkstoffs,
- Verwendung von vollständig imidisierten noch löslichen, linearen Polyimiden. Das In situ-Verfahren ist von Interesse, da die monomeren Ausgangssubstanzen in hochkonzentrierten Lösungen auf die Verstärkungsfaser aufgebracht werden können, um auf der Einzelschicht (sog. *Prepreg* -preimpregnated material) bei Imidisierungstemperatur synthetisiert zu werden. In Abb. 3.1.48 ist die chemische Reaktion für ein Polyimidharz der Produktereihe *NR150* (Fa. Du Pont) dargestellt, das nach der o.g. Methode auf der Faser polymerisiert. Je nach monomeren Ausgangssubstanzen können lineare thermoplastische Polymere gewonnen werden, die noch schmelzbar sind und beim Verpressen bei oder oberhalb des Schmelzpunktes porenfreie Laminate mit guten Hochtemperatureigenschaften ergeben.

In [3.60] ist eine weitere Entwicklung auf dem Gebiet der thermoplastischen Polyimide beschrieben (*LARC-TPI*), die allerdings lediglich das Viskositätsverhalten verschiedener Mischungen mit unterschiedlich fließfähigen Imiden behandelt. Nach [3.8] wird dieses System ebenfalls für die In situ-Imprägnierung von Faserverbundwerkstoffen entwickelt, ein marktgängiges Produkt ist daraus allerdings noch nicht entstanden.

Das in Abb. 3.1.49 dargestellte Polyimid mit der Handelsbezeichnung PI2080 (Fa. UPJOHN) wird als thermoplastisches Polyimid vollständig synthetisiert und als Lösung (z.B. in N'-methylpyroliden NMP) auf die Faser aufgetragen. Nach Abdampfen des Lösungssmittels können Prepregs bei 330 - 350°C, also oberhalb der Glasübergangstemperatur ($T_G \sim 310°C$) zu porenfreien Laminaten verpreßt werden.

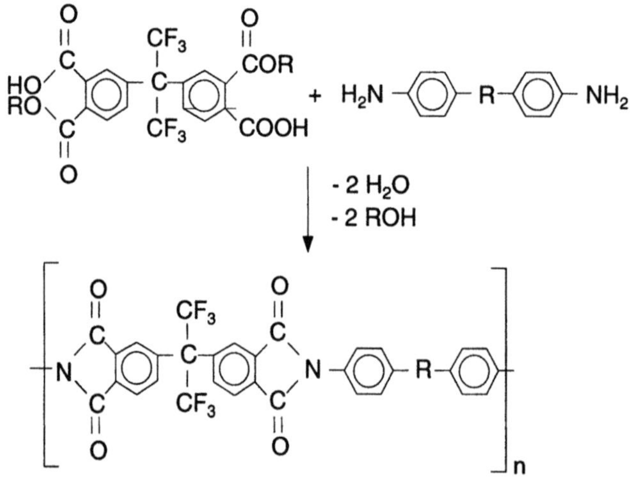

Abb. 3.1.48. Typische Struktur einer Polyimidentwicklung auf Basis einer Fluorcarbonsäure [3.10]

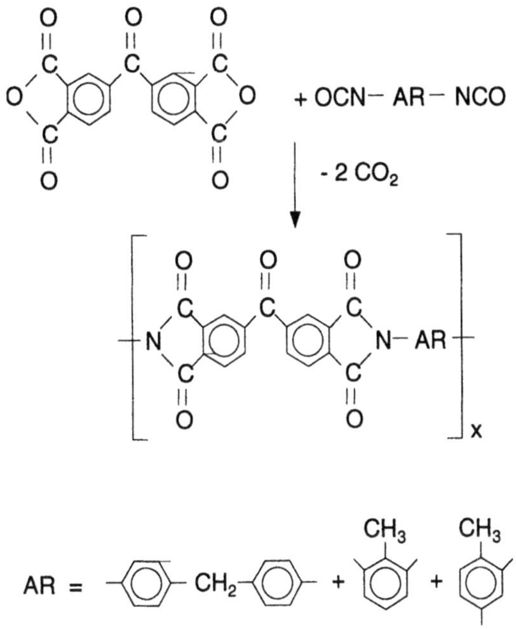

Abb. 3.1.49. Chemismus des linearen Polyimids PI2080 [3.8, 3.10]

Die Verarbeitungsschwierigkeiten sowie die Verwendung hochsiedender Lösungsmittel haben die Verbreitung hochtemperaturbeständiger *thermoplastischer Polyimide* noch weitgehend verhindert, obwohl die thermoplastische Struktur hohes Schlagzähigkeitsvermögen bei hoher Temperaturbeständigkeit (Wärmeform- und thermooxidative Beständigkeit) sicherstellt.

Duroplastische Polyimide. Die verstärkte Forderung nach temperaturbeständigen Polymersystemen für Daueranwendungen bis 250°C konnte durch Epoxidharze bei weitem nicht gedeckt werden. Neben der Entwicklung der hochtemperaturbeständigen Thermoplaste, wie oben beschrieben, wurden duroplastische Systeme mit steifen hochtemperaturbeständigen Molekülbausteinen entwickelt, die

- die verarbeitungstechnischen Gesichtspunkte für die Herstellung von fehlerfreien Laminaten sowie
- die strukturmechanischen Voraussetzungen zur Erzielung hoher Glasübergangstemperaturen im gehärteten Formstoff berücksichtigten.

Aufbauend auf einem Patent von H.R. Lubowitz [3.61] wurde beim NASA Lewis Research Center [3.8, 3.58] das *Norbornen-Konzept* zur Herstellung hochtemperaturbeständiger Polyimide weiterentwickelt. Der prinzipielle Reaktionsablauf dieses Systems - *PMR-15* (Polymerisation of Monomeric Reactants; molecular weight 1500 [3.62-3.64] ist in Abb. 3.1.50 dargestellt.

Bei diesem System wird der Faserwerkstoff (Gewebe, UD) mit dem Monomerengemisch - gelöst in Methylalkohol - imprägniert und das Lösungsmittel abgetrieben. Nach Erhitzen auf 150-220°C erfolgt die *Kondensations-* und

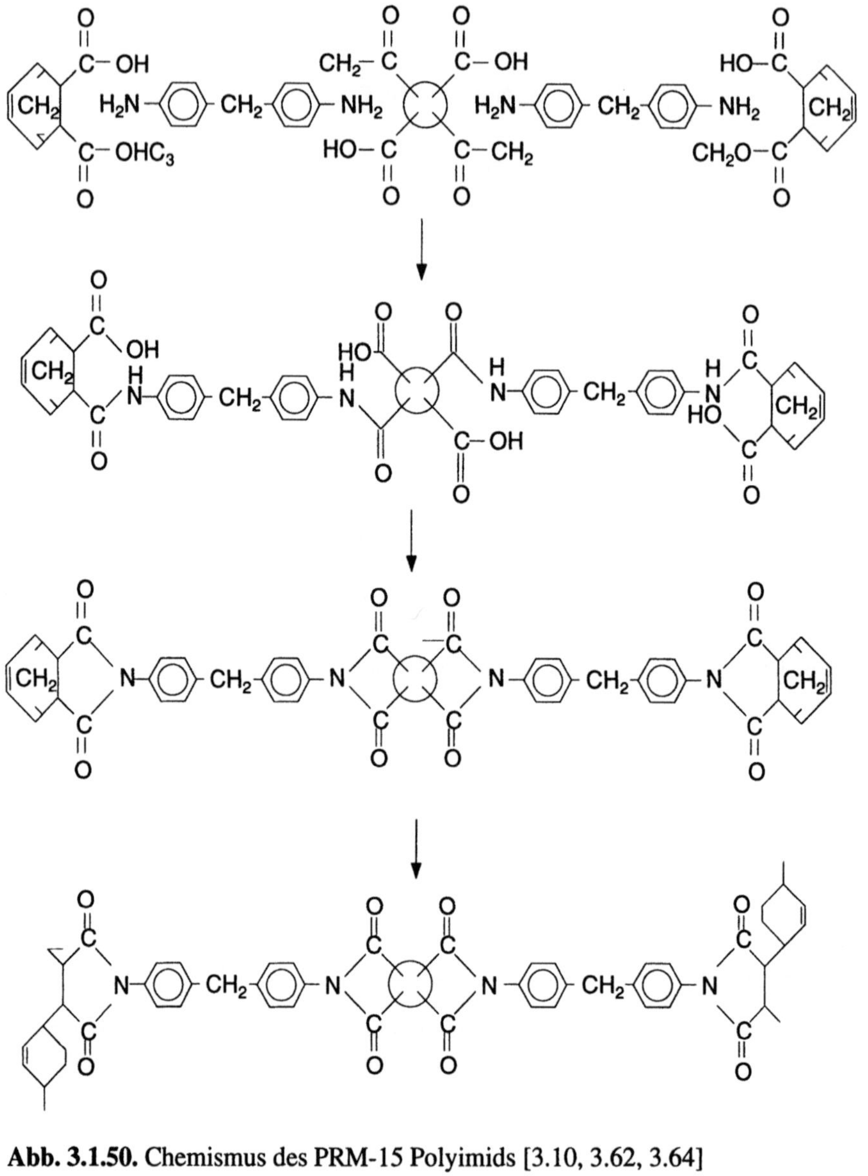

Abb. 3.1.50. Chemismus des PRM-15 Polyimids [3.10, 3.62, 3.64]

Cyclodehydrationsreaktion, die das duroplastische mit *Norbornen-Endgruppen* versehene Polyimid bildet. Die endgültige Vernetzung zum duroplastischen Polyimid erfolgt im Temperaturbereich von 280-315°C, nach [3.8] als *pyrolytische Polymerisation*. Die Trennung der Reaktionen ist nur möglich, weil die "*In situ*"-*Kondensation* bei relativ niedrigen Temperaturen abläuft und die *Polymerisationsreaktion* nicht beeinflußt, wodurch porenfreie Laminate entstehen.

Die hohen Härtungstemperaturen bewirken allerdings - bedingt durch die Unterschiede im Wärmedehnungsverhalten - *Mikrorisse* im Laminat, die bei

Temperaturwechselbeanspruchung die mechanischen Kenngrößen stark beeinträchtigen können. Wilson u.a. [3.1.64] zeigen, daß durch möglichst geringe Härtungstemperatur die *Mikrorißempfindlichkeit* deutlich reduziert wird, wie es in Abb. 3.1.51 dargestellt ist. Allerdings reduzieren sich die mechanischen Kenngrößen der so hergestellten Laminate bei hohen Temperaturen, was Wilson auf eine veränderte Härtungscharakteristik und damit geänderte Molekularstruktur zurückführt.

Weitere Entwicklungen, wie sie in [3.62] ausführlich diskutiert werden, beschäftigen sich mit der Veränderung des Molekulargewichts der monomeren Wiederholungseinheit des PMR-15-Systems. Durch Erhöhung des Molekulargewichts erhofft man sich einerseits eine Erhöhung der thermooxidativen Beständigkeit, andererseits keine oder geringe Einbuße der Wärmeformbeständigkeit.

Durch Erhöhung des Molekulargewichts der Wiederholeinheit verringert sich die Anzahl der Norbornen-Endgruppen, die nach [3.1.62] die thermooxidative Beständigkeit negativ beeinflussen. Während der Gewichtsverlust der Proben bei Lagerung in Luft bei 371°C tatsächlich reduziert wird, fällt gleichzeitig die Glasübergangstemperatur des ausgehärteten Systems, was i.w. auf längere lineare Molekülabschnitte zwischen den Vernetzungsstellen zurückzuführen ist. Weitere Untersuchungen müßten hier zeigen, in wieweit die veränderte Molekularstruktur die Hochtemperatureigenschaften, vor allem aber das Schlagzähigkeitsverhalten verändern.

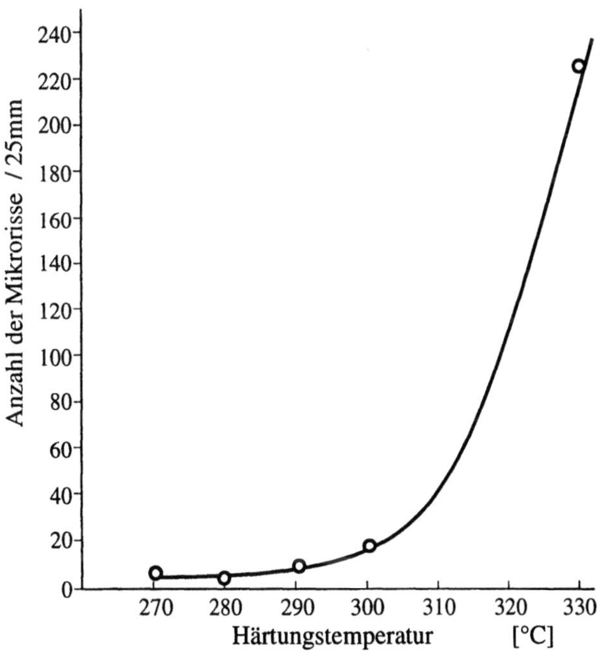

Abb. 3.1.51 Einfluß der Härtungstemperatur auf die Mikrorißbildung von PMR-15 [3.64]

Um 1970 entwickelte man bei Hughes Aircraft eine neue Familie von duroplastischen Polyimiden, die mit endständigen *Acetylengruppen* versehen sind und durch thermische Polymerisation zu hochtemperaturbeständigen Duromeren vernetzen [3.8].

Die Entwicklung wurde von Gulf übernommen und unter dem Namen Thermid 600 in den Handel gebracht. Die mechanischen Kenngrößen, gemessen am Reinharz, sind in Abb. 3.1.52 zusammengetragen und anderen bereits behandelten Systemen gegenübergestellt. Das Reinharz zeigt recht hohe Biegeeigenschaften, eine mit allen Duromeren vergleichbare Bruchdehnung, aber eine hohe Wärmeformbeständigkeit [3.8]. Dennoch hat sich dieses Material auf dem Markt noch nicht durchgesetzt.

Die schwierige Verarbeitung sowie der heute noch hohe Preis schränken das Anwendungsgebiet dieser Polyimide deutlich ein.

Bismaleinimidharze. Die ersten duroplastischen Polyimide, deren Härtungs- und Verarbeitungscharakteristik dem von Epoxidharzen entsprach, waren Bismaleinimide. Deren Vorteile liegen einerseits in der relativ kostengünstigen Synthese [3.8] andererseits in ihrer Reaktivität und Copolymerisierbarkeit sowie ihren Formstoffeigenschaften.

Die Synthese erfolgt in einem zweistufigen Verfahren durch Umsetzung von aromatischem Diamin mit Maleinsäureanhydrid (Abb. 3.1.53). Die in der ersten Stufe gebildete Bismaleinamidokarbonsäure wird in der zweiten Stufe mittels Essigsäureanhydrid in Gegenwart von wasserfreiem Natriumacetat unter Abspaltung von Wasser cyclisiert, wobei nach [3.8] Bismaleinimid in hoher Ausbeute gewonnen wird.

Eigenschaften	PE	VE	EP	NP	BMI	A-t
Dicht [g/cm^3]	-	1.12	1.24	-	1.28	1.37
Zug- RT	20-70	83	65-70	48-83	48-59	80-85
festigkeit X °C	-	-	-	39	-	-
[MPa]				(260°C)		
Dehnung [%]	2-10	5.0	1.7-2.0	1.4-2.5	1-2	2
Biege- RT	65-110	126	110-120	76	85-120	131
festigkeit X °C	-	-	58-64	48	45-60	29
[MPa]			(150°C)	(250°C)	(250°C)	(316°C)
Biege- RT	3.0-3.6	3.16	3.57	3.2	3.95	4.49
E-Modul X °C			2.15	2.17	2.64	-
[GPa]			(150°C)	(250°C)		
Bruchzähigkeit	-	-	158	-	156	175
[J/m^2]						
Glaspunkt [°C]	50-130	102-150	>200	>300	287	370
LOI	-	-	-	-	0.42	-

Abb. 3.1.52. Mechanische Eigenschaften duroplastischer Matrixharze. PE = Polyester, VE = Vinylester, EP = typischer Epoxid, BMI = Bismaleinimide, NP = Norbornen Polyimid, A-t = Acetylen-terminiert [3.8]

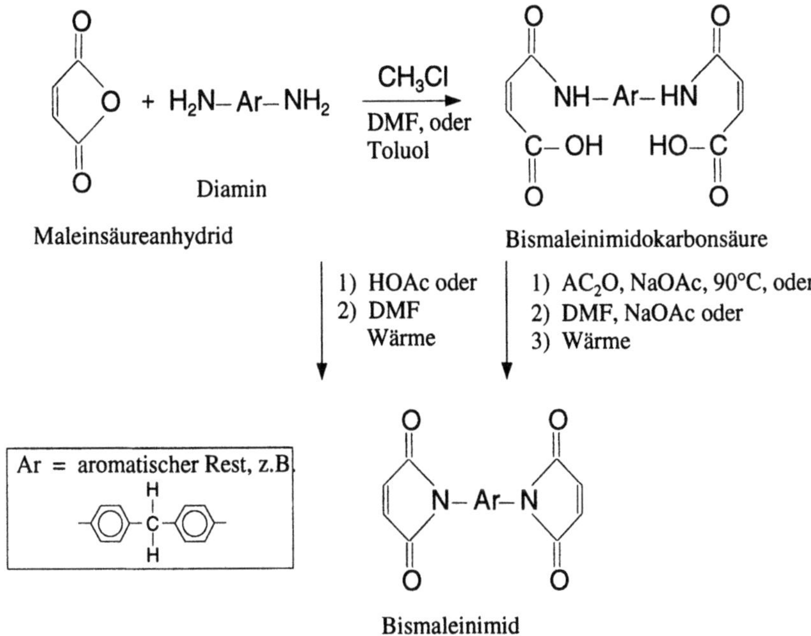

Abb. 3.1.53. Synthese von Bismaleinimid-353 Systemen [3.8]

Das Reaktionsschema macht deutlich, daß im Prinzip eine große Anzahl von Reaktionspartnern möglich ist, allerdings sind für temperaturbeständige Bismaleinimide lediglich aromatische primäre Diamine von Interesse. Im Hinblick auf die Verarbeitbarkeit und die Endeigenschaften der Formstoffe ist die Auswahl der Diamine entscheidend. Langkettige aromatische Amine führen zu hochmolekularen hochviskosen Bismaleinimiden, die bei der Aushärtung ein relativ weitmaschiges Netz bilden, was zu Systemen mit erstaunlich hoher Bruchdehnung bei hohem Elastizitätsmodul führt. Andererseits führen niedermolekulare Bismaleinimide zu engmaschig vernetzten und damit spröden Formstoffen mit hoher Wärmeformbeständigkeit bei vergleichsweise niedriger Schmelzviskosität, die der Verarbeitung solcher Systeme entgegenkommt.

Die *Maleinimiddoppelbindung* ist sehr reaktionsfreudig und kann mit zahlreichen chemischen funktionellen Gruppen reagieren [3.59], beispielsweise:
- mit primären und sekundären Aminen, Phenolen und Thiophenolen (*Michel Addition),*
- *mit Dienen in einer* Diels-Alder Reaktion,
- mit Allylphenyl-Verbindungen und Allylphenolen über eine *"ENE"-Reaktion,*
- mit Vinyl- oder Allylverbindungen, die in Gegenwart von Peroxiden copolymerisieren.

Daneben kann natürlich die anionische Homo- und Copolymerisation mit basischen Katalysatoren ablaufen, die nach [3.59] für spezifische Anwendungen von großem Interesse ist.

Diese Vielfalt an Kombinationsmöglichkeiten bietet große Variationen in den Eigenschaften der Polybismaleinimide:
- durch die Vernetzungsdichte im unausgehärteten Formstoff, bestimmt durch das Molekulargewicht des ungehärteten Systems;
- durch die Auswahl der Reaktionspartner wie oben beschrieben;
- durch Modifikation mit Thermoplasten oder Elastomeren, um die Schlagzähigkeit zu verbessern.

Das Hauptproblem aller hochvernetzten duromeren Systeme und der Polyimide bzw. Polybismaleinimide im besonderen, ist ihre hohe Sprödigkeit. Das bedeutet hoher E-Modul des Reinharzes bei geringer Festigkeit, niedriger Bruchdehung und Schlagzähigkeit. Wie schon bei den beschriebenen Epoxid- und UP-Systemen sind auch bei den Bismaleinimiden viele Versuche unternommen worden, das Schlagzähigkeitsverhalten zu verbessern, ohne die Hochtemperatureigenschaften drastisch abzubauen.

Stenzenberger [in 3.8] beschreibt an einem Beispiel, wie das Molekulargewicht der Ausgangssubstanzen das mechanische Verhalten der ausgehärteten Polymere beeinflußt. Die Tabelle in Abb. 3.1.54 zeigt deutlich, daß mit zunehmendem Molekulargewicht, also abnehmender Vernetzungsdichte, Biegefestigkeit und Bruchdehnung deutlich ansteigen ohne merkliche Beeinflussung des Biege-E-Moduls. In [3.8] ist allerdings keine Aussage zur Beeinflussung der Wärmeformbeständigkeit gemacht, so daß kein vollständiges Bild wiedergegeben werden kann.

Steigende Molekulargewichte führen zwangsläufig zu Systemen mit steigender *Schmelzeviskosität*. Nach [3.8, 3.59] ist die Schmelzeviskosität des angesprochenen Systems so hoch, daß es nur über *Lösungsmittelimprägnierung* verarbeitbar ist.

Häufig wird versucht, durch Kopolymerisation das mechanische Verhalten, insbesondere die Schlagzähigkeit, zu verändern. So beschreibt Stenzenberger [3.8] ein Kopolymer zwischen Bismaleinimid und Vinylverbindungen, das mittlerweile kommerziell angeboten wird [3.8, 3.59, 3.65-3.67]. Von dem in [3.8, 3.66] beschriebenen System sind keine Reinharzkenndaten vorhanden, die eine

Harztype	FMW	Biegefestigkeit	Biege-E-Modul	Dehnung
		[MPa]	[GPa]	[%]
C 751-1	1140	220	4,38	4,81
C 751-2	790	180	4,65	3,71
C 751-3	670	121	4,28	2,68

Abb. 3.1.54. Mechanische Eigenschaften von Bismaleinimid in Abhängigkeit von der Vernetzungsdichte. *FMW* = Formuliertes Molekulargewicht, *C 751* = Compimide 751 (Entwicklungsprodukt der Fa. Technochemie) [3.10]

Steigerung der Schlagzähigkeit gegenüber den nicht modifizierten Systemen deutlich machen könnte. Die Kenngrößen in [3.8], gemessen am Laminat, bescheinigen allerdings hohe Wärmeformbeständigkeit und hohe thermooxidative Stabilität des Systems.

Eine Weiterentwicklung auf Basis eines *Diallylbisphenol A* modifizierten Bismaleinimids [3.8, 3.67] zeigt interessante mechanische Eigenschaften, die im Vergleich zu einem Standardepoxidharz in Abb. 3.1.55 aufgelistet sind. Bemerkenswert ist hier vor allem, daß bei höherer Wärmeformbeständigkeit (demonstriert durch die Kennwerte der HDT- und TMA-Prüfung) eine höhere Bruchdehnung und Bruchzähigkeit der Bismaleinimidsysteme zu verzeichnen ist.

Von Bedeutung erscheint eine Entwicklung von Copolymerisaten mit *Bis(o-propenylphenoxy)*-Verbindungen, wie sie in [3.59] beschrieben wird. Niedrigmolekulare Bis(propenylphenoxy)-Systeme sind nach [3.59] tiefschmelzend und können mit niedrigschmelzenden Bismaleinimiden homogen formuliert werden.

Eigenschaft		BMI-Entwicklungs-systeme		Standard EP-Harz MY 720 / HT 976 (100/44 Gew.teile)
		System I	System II	
Zugfestigkeit	25°C [MPa]	81	97	59,5
Zugmodul	25°C [GPa]	4,34	3,95	3,79
Bruchdehnung	25°C [%]	2,3	3,0	1,8
Zugfestigkeit	150°C [MPa]	51,8	70,7	45,5
Zugmodul	150°C [GPa]	2,48	2,88	2,65
Bruchdehnung	150°C [%]	2,6	3,05	1,9
Druckfestigkeit	25°C [MPa]	209	212	204
Druck-E-Modul	25°C [GPa]	2,44	2,52	1,99
Biegefestigkeit	25°C [MPa]	169	188	93
Biege-E-Modul	25°C [GPa]	4,12	4,06	3,49
HDT	[°C]	273	285	238
TG (TMA)	[°C]	273	282	249
Bruchzähigkeit	[J/m2]	170	210	ca. 80-100

Abb. 3.1.55. Eigenschaftsvergleich von Standard-EP-Harz und Bismaleinimid (BMI)-Entwicklungsystemen. HDT = Heat Distortion Test, TMA = Thermomechanische Analyse [3.59]

Derartige Mischungen härten bei Temperaturen zwischen 170 und 230°C aus. Die Abb. 3.1.56 zeigt beispielhaft einige Ergebnisse verschiedener Mischungen, gemessen am Reinharz. Die Kennwerte belegen deutlich, daß durch o.g. Modifikationen die mechanischen Kennwerte, insbesondere die Rißzähigkeit, deutliche Steigerung erfahren, bei teilweise geringer Einbuße der Wärmeformbeständigkeit (gemessen mit DMA).

Bismaleinimid [%]	Schlagzäh-modifikatoren [%]		Biege-festigkeit [MPa]		Biege-E-Modul [GPa]		Biege-Dehnung [%]	
			23°C	250°C	23°C	250°C	23°C	250°C
100	-		76	31	4,64	3,03	1,7	1,03
82	TM 122	18	98	70	3,99	2,93	2,49	2,37
60	TM 122	40	114	73	3,58	2,15	3,20	4,50
80	TM 122-1	20	87	56	3,85	2,82	2,3	2,0
60	TM 122-1	40	128	83	3,49	2,38	3,9	>5
80	TM 123	20	106	65	3,96	2,66	2,34	2,52
60	TM 123	40	132	56	3,70	1,71	3,75	4,86
80	TM 123-1	20	114	78	4,17	2,47	2,87	3,73
60	TM 123-1	40	122	81	3,59	2,44	3,44	4,52

Bismaleinimid [%]	Schlagzäh-modifikatoren [%]		G_{IC} [J/m^2]	T_g [°C] DMA Analyse	TMA Analyse	Wasser-Aufnahme [%]
100	-		63	>300		4,30
82	TM 122	18	185	285		4,00
60	TM 122	40	267	256		2,90
80	TM 122-1	20	234	300		3,74
60	TM 122-1	40	378	277		3,63
80	TM 123	20	191	275	(266)	3,66
60	TM 123	40	439	261	(249)	2,59
80	TM 123-1	20	247	273	(252)	3,46
60	TM 123-1	40	466	265	(260)	2,90

Abb. 3.1.56. Einfluß der Modifikationen von Bismaleinimiden auf die mechanisch/physikalischen Kenngrößen. [3.59]
TM 122 = 4,4'bis (*o*-propenyl-phenoxy) diphenylsulphon,
TM 122-1 = 4,4'bis (*o*-methoxy-*p*-propenylphenoxy) diphenyl sulfon,
TM 123 = 4,4'bis (*o*-propenyl-phenoxy)benzophenon,
TM 123-1 = 4,4'bis (*o*-methoxy-*p*-propenyl-phenoxy)benzophenon

Für die Verarbeitung zu Prepregs können derart optimierte Systeme durch sog. *Reaktivverdünner* [3.59] in ihrer Viskosität und Verarbeitbarkeit (*Drapierfähigkeit, Klebrigkeit*) weitgehend den Bedürfnissen der Verarbeiter angepaßt werden.

Eine in der Epoxidharztechnologie weit verbreitete Methode zur Schlagzähmodifikation - ohne wesentliche Beeinflussung des E-Moduls und der Wärmeformbeständigkeit - ist die Modifikation der Reinharze mit Elastomeren oder Thermoplasten (siehe Abschn. 3.1.1.3). In verschiedenen Publikationen [3.8, 3.67, 3.69] ist beschrieben, daß dieser Mechanismus auch bei Bismaleinimiden mit Erfolg angewandt wird. Reinharz und Elastomer sind im ungehärteten Zustand kompatibel, beim Härten tritt jedoch ab einer gewissen Umsetzung eine *Phasenseparation* ein. Dadurch entsteht eine *Mikrohohlphasenstruktur*, die zu Produkten mit hoher Schlagbiegezähigkeit führt, sofern die Elastomerpartikel in der Größenordnung 1-5 µm liegen.

Reinharzkennwerte, die die Wirksamkeit der Elastomermodifikation deutlich machen, liegen in der genannten Literatur nicht vor. Allerdings zeigen Gerth u.a. [3.69], daß die Modifikation mit Thermoplasten eine drastische Steigerung der Schlagzähigkeit am Laminat bewirkt, untermauert durch die Prüfung "*Compression after Impact*" [3.70].

Die Beschreibung der Polyimide und Bismaleinimide sowie die Anzahl von Publikationen macht das große Interesse an dieser Werkstoffklasse aus. Die Hochtemperaturbeständigkeit, Lösungsmittelresistenz sowie das hervorragende Brandverhalten dieser Systeme prädestinieren sie für Anwendungen im Triebwerkbereich, bei Überschallflugzeugen, aber auch bei Brandschutz und ähnlichen Beanspruchungen.

Schwerpunkte der weiteren Forschungsaktivitäten müssen nach [3.8] sein:
- Verbesserung der Verarbeitbarkeit bei bestmöglicher Thermostabilität,
- Verbesserung des Alterungsverhaltens im warmfeuchten Klima,
- Erhöhung der Schlagzähigkeit (Damage tolerance) von Faserverbunden durch verbesserte Schlagzähigkeit der Matrixsysteme bei weitgehend gleichbleibender Temperaturstabilität.

3.1.1.5 Phenolharze (PF)

Bereits im Jahre 1909 erarbeitete L. H. Baekeland ein Verfahren zur Verarbeitung von Phenol/Formaldehyd Gemischen zur Herstellung des bekannten *Bakelite*. Die Verarbeitungsversuche und Nutzanwendungen der nach dem Kondensationsprinzip polymerisierenden Phenole führten bald zu der Erkenntnis, daß die bei der in Wärme durchgeführten Reaktion freiwerdenden gas- und dampfförmigen Substanzen nur unter Druck feinverteilt im Harz gelöst bleiben. Ausgangsstoffe für die Phenoplaste [3.10] sind Phenole, *Kresole* und die weniger verwandten *Xylenole*, wie sie in Abb. 3.1.57 dargestellt sind.

In dieser Abb. sind nur die für die Phenoplast wichtigen Kresole- und Xylenolisomere dargestellt, da nur die Stellen im Ringmolekül zur Verknüpfung beitragen, die sich in Nachbarlage oder gegenüber der Hydroxylgruppe befindet [3.10].

Von den Aldehyden als Reaktionspartner kommen i.w. Formaldehyde - häufig in wäßriger Lösung verarbeitet - zur Anwendung.

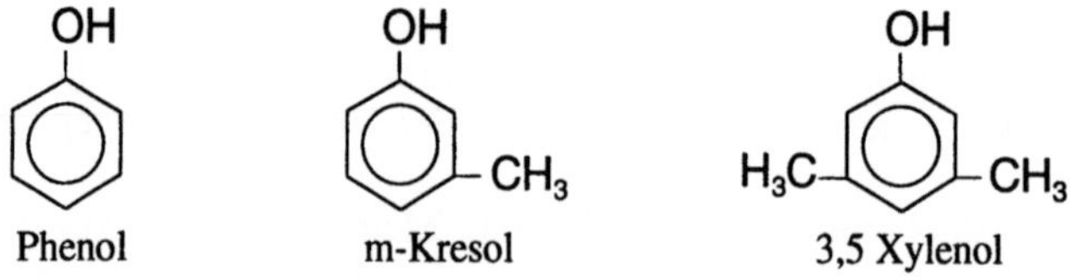

Phenol   m-Kresol   3,5 Xylenol

Abb. 3.1.57. Ausgangsstoffe für Phenoplaste

Novolake. *Novolake* werden aus Phenol und Formaldehyd (molares Verhältnis etwa 1:0,8) bei saurer Reaktionsführung gebildet, wie es aus Abb. 3.1.58 hervorgeht. Phenol und Formaldehyd bilden o- und p-Methylolphenol, die mit weiterem Phenol zu di-Hydroxydiphenylmethan (DPM) kondensieren. Bei dieser Reaktion können sich drei Isomere bilden, wie sie in Abb. 3.1.58 dargestellt sind; üblicherweise überwiegen die 2,4'- und die 4,4'-Isomeren.

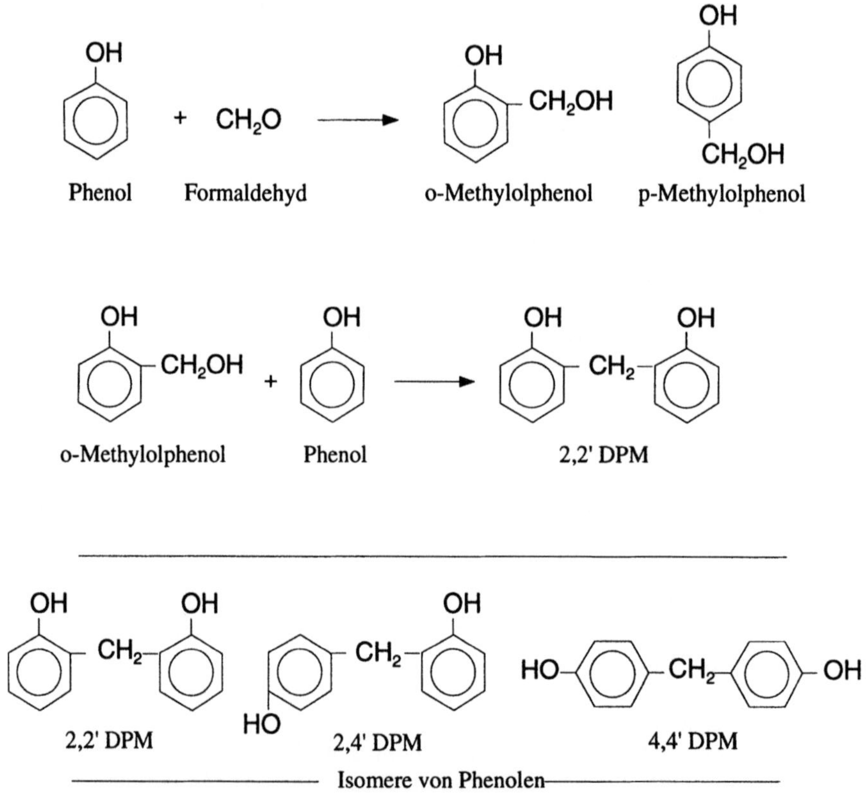

Phenol   Formaldehyd   o-Methylolphenol   p-Methylolphenol

o-Methylolphenol   Phenol   2,2' DPM

2,2' DPM   2,4' DPM   4,4' DPM

Isomere von Phenolen

Abb. 3.1.58. Reaktionsschema zur Herstellung von Novolaken [3.10]

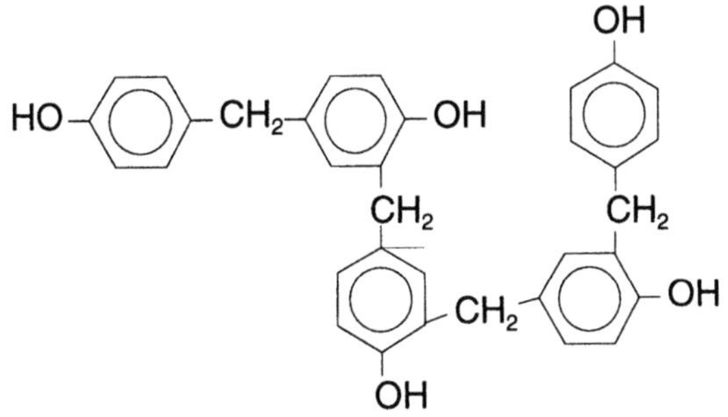

Abb. 3.1.59. Darstellung eines Novolakes [3.10]

Diese *Isomere* reagieren nach [3.10] langsam mit dem noch vorhandenen
Formaldehyd zu weiteren Methylolabkömmlingen, die ihrerseits schnell mit
Phenol reagieren und so höhere Verbindungen bilden, wie es Abb. 3.1.59 dar-
stellt. Der Phenolüberschuß begrenzt diese Verbindungen allerdings auf 5 bis 6
Ringe je Molekül.

Derartige Novolake enthalten keine *Methylolgruppe* mehr (aufgrund des
Phenolüberschusses) und vernetzen deshalb beim Erhitzen nicht. Bei Zugabe von
Komponenten, die Methylenbrücken bilden können, z.B. *Hexamethylentetramin*,
vernetzen sie in der Wärme zu unschmelzbaren und unlöslichen Duroplasten
(siehe Abb. 3.1.60) unter Abspaltung von Ammoniak. Die in Abb. 3.1.59 dargestellten niedermolekularen Novolake können auch mit Epoxidgruppen zu Epoxi-
Novolaksystemen reagieren, wie es bereits in Abschn. 3.1.1.3 beschrieben ist.

Resole. Bei alkalischer Reaktion mit Formaldehydüberschuß (Formalde-
hyd:Phenol 1:1,2 bis 1:1,5) werden die sogenannten Resole gebildet (siehe Abb.
3.1.61). Die Phenolalkohole bilden sich rasch, die nachfolgende Kondensationsreaktion läuft dagegen langsam ab. Es bilden sich die in Abb. 3.1.61
gezeigten Polyalkohole mit einer geringen Anzahl an Benzolringen.
Bei Erhitzung härten die Resole über die nicht kondensierten Methylolgruppen -
sie sind selbsthärtend, wie es in Abb. 3.1.61 gezeigt wird.

Verarbeitung. Bei der Verarbeitung von Novolaken und Resolen spricht man,
ähnlich wie bei anderen aushärtenden Systemen, von drei Härtungsstufen. Die in
Abb. 3.1.58 und Abb. 3.1.60 dargestellten Novolake bzw. Resole sind lösliche
und schmelzbare Substanzen mit niedriger Molmasse, sie befinden sich im *A-
Zustand* [3.10] wie es Abb. 3.1.62 dokumentiert. Ein niedermolekulares Harz liegt
bei A1, ein höher molekulares wird durch den Punkt A2 repräsentiert.

Bei Wärmezufuhr durchlaufen die Systeme einen kautschukähnlichen Zustand,
in dem sie durch mehrere Lösungsmittel quellbar, aber nicht in ihnen löslich sind.
Die Harze befinden sich im *B-Zustand*. Bei weiterer Wärmezufuhr (160 ÷ 180°C)
bildet sich der ausgehärtete *C-Zustand*, indem die Systeme nicht mehr quellbar
und löslich sind. Wie die Abb. 3.1.62 vermittelt, ist die Härtung im Bereich C2
beendet; sterische Behinderung läßt einen Kondensationsgrad von 100 % nicht zu.

Hexamethylentetramin ("Hexa")

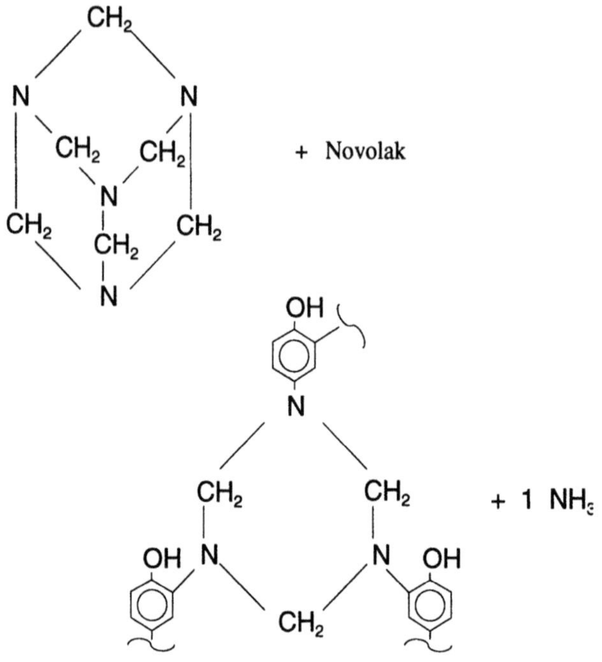

3 Moleküle Novolak + 1 Molekül "Hexa"

Abb. 3.1.60. Härtungsreaktion für Novolake [3.10]

Bei der Herstellung härtbarer Formmassen wird das Harz im Bereich des A-bis B-Zustandes durch *Füll-* und *Verstärkungsstoffe* konfektioniert (z.B. Holzmehl, Baumwollfetzen, Ruß, Kurzfasern, Endlosfasern, etc.). Im Punkt B1 liegt eine leichtfließende, in Punkt B2 eine bereits schwerfließende Formmasse vor, die im Bereich zwischen B und C zum Bauteil verarbeitet wird. Um ein lunkerbehaftetes Bauteil zu vermeiden, muß die Formgebung und Überführung in den C-Zustand unter Druck geschehen.

Der hohe Vernetzungsgrad der Phenolharzformstoffe und die in weiten Bereichen variierbare Zugabe von Zuschlags- bzw. Verstärkungsstoffen führen zu hervorragenden Eigenschaften [3.10], wie
- hohe Festigkeit und Steifigkeit,
- Oberflächenhärte,
- geringe Kriechneigung,
- hohe Wärmeformbeständigkeit,
- hohe Beständigkeit gegen organische Lösungsmittel, neutrale Chemikalien, schwache Säuren und Laugen [3.77],
- hohe Glutbeständigkeit,
- schwer entflammbar.

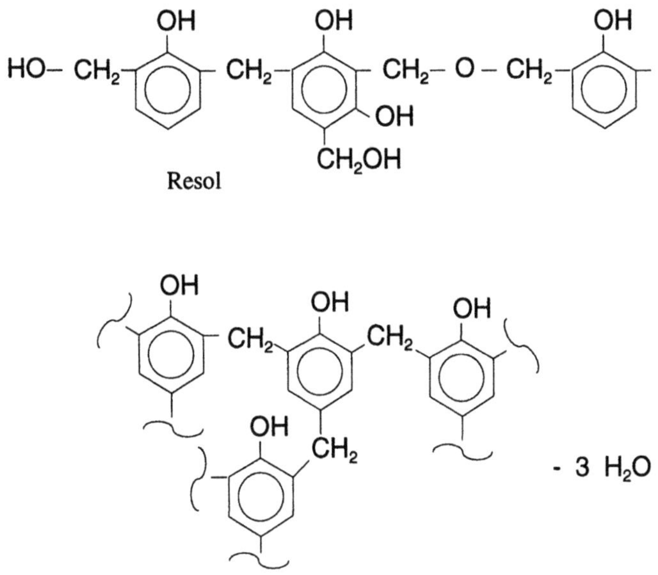

Resol

Ausgehärtetes Resol (Resit)

Abb. 3.1.61. Härtungsreaktion für Resolharze [3.10]

Die meisten Phenolformmassen basieren auf Novolaken, lediglich bei ammoniak-freien Formteilen werden *Resole* benutzt. Phenolformmassen werden mit einer ganzen Reihe von Füll- und Verstärkungsstoffen angeboten, die nach DIN 7708T.2 typisiert sind.

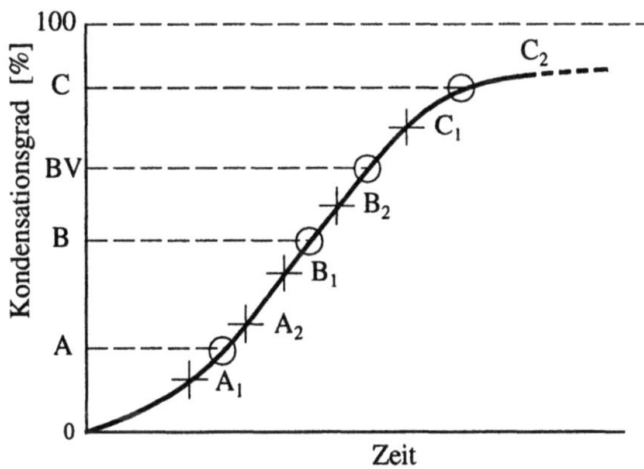

Abb. 3.1.62. Verlauf der Polykondensation von eigenhärtenden Resolen [3.10]

Im Zusammenhang mit Faserverbundwerkstoffen ist vor allen Dingen das hervorragende Brandverhalten von Phenolformmassen in Kombination mit Verstärkungsfasern (bis heute weitgehend Glasfasern) für Innenanwendungen im Flugzeugbau (Seitenverkleidungen und Fußboden) zu nennen.

Es ist allerdings bekannt, daß Phenolformmassen, als Prepregs mit Glasfasergeweben verarbeitet, aufgrund ihrer Sprödigkeit nicht als *Sandwichsysteme* mit Wabenstrukturen im *"one-Shot"-Verfahren* geeignet sind, die Anbindung an die Wabe ist nicht ausreichend.

Zehrfeld [3.30] berichtet von einer Entwicklung, in der Phenole und Epoxide, gemeinsam gehärtet, die o.g. Anforderungen erfüllen. Die Phenolformmassen an der Oberfläche erfüllen die Brandforderungen, während das Epoxidprepreg die Anbindung des Systems an die Wabe sicherstellt (Abb. 3.1.63). Dazu wurde ein Phenol-Novolaksystem entwickelt, das mit Aminhärtung ohne Kondensationsprodukte in den Endzustand überführt wird.

Ein parallel entwickeltes Epoxidprepregharz stellt einerseits die gute Anbindung an die *Wabe* der Sandwichstruktur sicher, andererseits ist die Härtungsreaktion von Epoxid- und Phenolprepreg gewährleistet. Nach [3.30] versagen die Mischsysteme bei der Prüfung der interlaminaren Scherfestigkeit (ILS) entweder im Epoxid- oder im Phenolbereich.

Diese Entwicklung könnte den ohnehin weiten Anwendungsbereich der Phenolharzformmassen für strukturelle Bauteile im Flugzeugbau deutlich erweitern.

3.1.2 Faserverstärkte Thermoplaste

Die Entwicklung der Faserverbundwerkstoffe ist eng verknüpft mit der Verwendung von duromeren polymeren Matrixsystemen, wie sie im vorangegangenen Kapitel ausführlich beschrieben sind. Diese Entwicklungsrichtung beruht vor allem auf der Tatsache, daß die niedermolekularen Präpolymere der Duromere aufgrund ihrer geringen Viskosität jegliche Fasergebilde ausgezeichnet imprägnieren können. Darüber hinaus ist bei verschiedenen Duromeren eine Verarbeitung bei Raumtemperatur, ohne oder mit geringem Druck, zu großen und

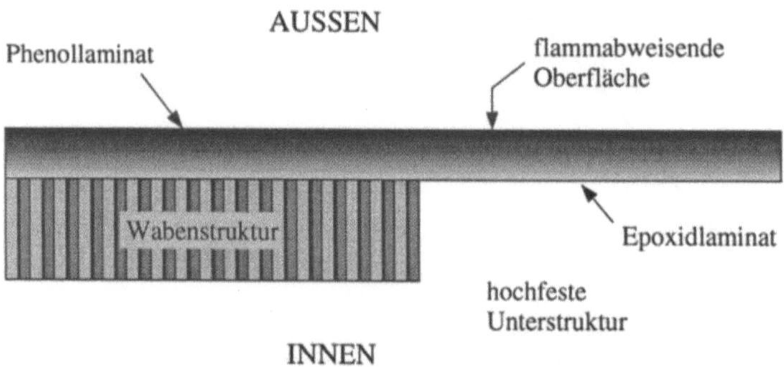

Abb. 3.1.63. Aufbau eines Sandwichsystems mit gemeinsam gehärtetem Phenol-Epoxid-System für Anwendungen in brandgefährdeten Bereichen [3.58]

großflächigen Bauteilen möglich. Insbesondere für Kleinserien und große Strukturen sind so billige Werkzeuglösungen und damit billige Herstellungswege einzuschlagen.

Die Entwicklung in der Luft- und Raumfahrt hat jedoch gezeigt, daß bei hochbeanspruchten - vor allem unter Schlagbeanspruchung stehenden - Bauteilen das spröde Werkstoffverhalten der duroplastischen Matrixsysteme Nachteile mit sich bringt, die den Anwendungsbereich der Faserverbund-werkstoffe einzuschränken droht.

Ende der siebziger Jahre setzte aus diesem Grund eine Entwicklung ein, Matrices aus thermoplastischen Polymeren für Faserverbundwerkstoffe einzusetzen. Wie schon zu Beginn dieses Kapitels erläutert, sind die Thermoplaste chemisch bereits vollkommen polymerisiert.

Verarbeitungsverfahren wie *Um-* und *Urformen* etc. beruhen also nur auf physikalischen Veränderungen der Matrix. Durch Zuführung von Energie erweichen die Thermoplaste, bis sie schließlich in den Schmelzezustand überführt werden. In diesem Temperaturbereich sind sie urformbar, wie bereits in Abb. 3.1.3 gezeigt. Durch Abkühlung der Schmelze erstarrt der Thermoplast wieder zu sprödem oder zäh-hartem Werkstoff. Aufgrund seiner *Molekularstruktur* ist er also im Prinzip beliebig oft aufschmelzbar und umformfähig.

Darüber hinaus sind die Prozesse und Prozeßzyklen nicht von der chemischen Reaktion der Polymere bzw. Präpolymere abhängig wie bei den Duroplasten. Vielmehr sind es physikalische Effekte, die das Verarbeitungsverhalten bestimmen und, wie man aus der *Spritzgieß-* oder *Extrusionstechnik* weiß, zu kurzen Fertigungszeiten führen können.

Nachteilig ist bei der Verwendung von Thermoplasten deren rheologisches Verhalten. Aufgrund des polymeren Charakters sind selbst Thermoplastschmelzen relativ hochviskos, dazu noch abhängig von der Scherbeanspruchung bei der Verarbeitung. Die Abb. 3.1.64 zeigt den Viskositätsunterschied zwischen einem unvernetzten Duroplast und mehreren exemplarischen Thermoplasten in

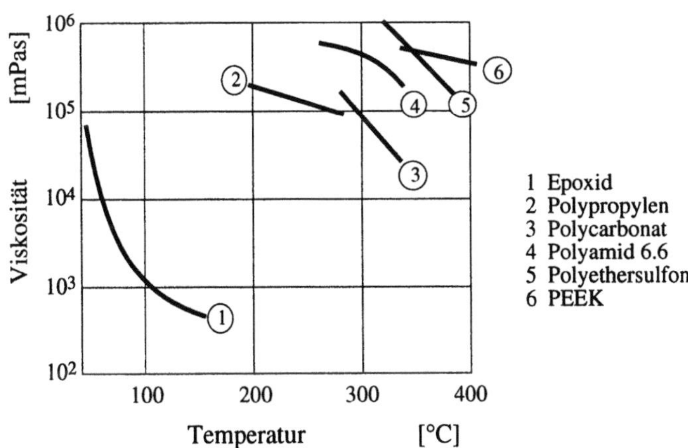

Abb. 3.1.64. Viskositätsverhalten von duro- und thermoplastischen Polymeren in Abhängigkeit von der Temperatur. [3.91]

Abhängigkeit von der Temperatur bei einer konstanten *Schergeschwindigkeit*. Die Abbildung verdeutlicht, daß einerseits höhere Temperaturen angewandt, andererseits veränderte Imprägniermethoden entwickelt werden müssen, um eine Imprägnierung und fehlerfreie Verarbeitung der Faserverbunde zu erreichen.

Weiterhin ist zu beachten, daß Thermoplaste ausgeprägt viskoelastisches Verhalten im Gebrauchstemperaturbereich aufweisen. Allerdings ist dieses Verhalten bei hohen Verstärkungsgraden mit Endlosfaserverstärkung nicht so deutlich sichtbar.

Abgesehen von den kurzfaserverstärkten Spritzgußmassen konzentrierten sich die ersten Entwicklungen auf hochleistungsfähige hochtemperaturbeständige Thermoplaste, begründet durch einen möglichen Einsatz im Bereich hochbeanspruchter Bauteile in der Luft- und Raumfahrt. Erst später griff die Entwicklung auch auf bekannte technische Thermoplaste, sog. *"engineering plastics"*, über, die eine deutliche Erweiterung des Anwendungsbereichs von faserverstärkten Thermoplasten mit sich bringen kann.

Dieser Abschnitt beschreibt die heute bekannten bzw. in Entwicklung befindlichen Thermoplaste, die in die Faserverstärkung - vorwiegend Endlosverstärkung - Eingang gefunden haben. Die Abb. 3.1.65 [3.79] zeigt einen Überblick über die anschließend diskutierten Thermoplaste, der allerdings das Verhalten dieser Werkstoffklasse nicht vollständig wiedergibt.

3.1.2.1 Polypropylen - PP

Der Massenkunststoff PP hat sich aufgrund seiner mechanischen Eigenschaften, seines Verarbeitungs- und Modifikationsspektrums sowie seines Preises auf den dritten Platz im Weltverbrauch von Standardkunststoffen vorgeschoben.

Die wichtigsten Eigenschaften, die ihn gegenüber Polyethylen zu einem technisch sehr interessanten Werkstoff machen, sind laut [3.10]:
- niedrige Dichte,
- höherer Schmelzebereich (entspricht höherer Wärmeformbeständigkeit),
- PP-Homopolymer ist in der Kälte spröde, Copolymere können schlagzäh eingestellt werden,
- PP neigt kaum zur Bildung von Spannungsrissen.

Die charakteristische (CH_3) Gruppe in diesem Polymer kann räumlich unterschiedlich angeordnet sein. Daraus resultieren unterschiedliche mechanisch / physikalische Eigenschaften. Es wird unterschieden in:
- *isostatisches Polypropylen,*
- *syndotaktisches Polypropylen,*
- *ataktisches Polypropylen,*

wie es in Abschn. 2.3 ausführlich erläutert ist.

Technisch bedeutsam ist das teilkristalline, isotaktische Polypropylen. Je höher der isotaktische Anteil ist, um so höher sind Kristallinitätsgrad, Schmelzbereich, Zugfestigkeit, Steifigkeit und Härte. Der Kristallinitätsgrad sowie die Art und Größe der Überstrukturen (Sphärolithe) sind darüber hinaus abhängig von den Verarbeitungs- und Abkühlbedingungen sowie von *Nukleierungszusätzen*, die durch vermehrte Kristallitbildungskeime zu feineren Überstrukturen führen.

Eigenschaften		HT-Thermoplast			
		PEI	PSU	PPS	PEEK
Dichte	[g/cm^3]	1.27	1.24	1.35	1.30
Bruchdehnung	[%]	60	75	1.6	35
Zugfestigkeit	[MPa]	105	70	78	100
E-Modul (Zug)	[MPa]	3300	2600	3300	3800
Einsatztemperatur	[°C]	200	174	135	300
Glastemperatur	[°C]	217	190	88	143
Kristallit. Temperatur	[°C]	***	***	288	343
Fliesstemperatur	[°C]	370	315	***	***
Feuchtigkeitsaufnahme [Gew%]		0.30	0.22	0.05	0.15
Bruchzähigkeit (G$_{IC}$) [J/m^2]		3700	3200	210	8000
Struktur		a	a	t	t

Eigenschaften		Engineering Thermoplaste			
		PE-HD	PP	PA-66	PC
Dichte	[g/cm^3]	0.96	0.90	1.14	1.20
Bruchdehnung	[%]	400	650	170	120
Zugfestigkeit	[MPa]	30	37	57	70
E-Modul (Zug)	[MPa]	600	1300	1700	2200
Einsatztemperatur	[°C]	50	45	66	137
Glastemperatur	[°C]	-95	-18	50	145
Kristallit. Temp.	[°C]	135	180	270	***
Fliesstemperatur	[°C]	***	***	***	240
Feuchtigkeitsaufnahme [Gew%]		0.01	0.01	2	0.5
Bruchzähigkeit (G$_{IC}$) [J/m^2]		9000	10000	21000	25000
Struktur		t	t	t	a

Abb. 3.1.65. Eigenschaftsbild wichtiger Thermoplaste. t = teilkristallin, a = amorph [3.79]

Eine nachteilige Eigenschaft von PP ist die bei Temperaturen um 0°C eintretende Versprödung. Diese Glasübergangstemperatur kann durch *Blockkopolymerisation* mit Ethylen und/oder Elastifizieren mit thermoplastischen Elastomeren (EPDM) zu tieferen Temperaturen hin verschoben werden (siehe Abb. 3.1.66). Die Glasübergangstemperatur, charakterisiert durch das Dämpfungsmaximum bei 10°, ist für alle drei dargestellten Typen vorhanden und ist dem Polypropylen zuzuordnen. Allerdings weisen die modifizierten PP-Varianten bei -45°C ein Zwischenmaximum auf, was auf erhöhte Schlagzähigkeit des Systems hinweist.

Polypropylen hat in den letzten Jahren verstärkt Eingang in technische Teile in der Automobilindustrie gefunden. Als Matrixsystem für *GMT* (Glas-Mattenverstärkter Thermoplast) hat es sich seit einigen Jahren etabliert und ist damit in

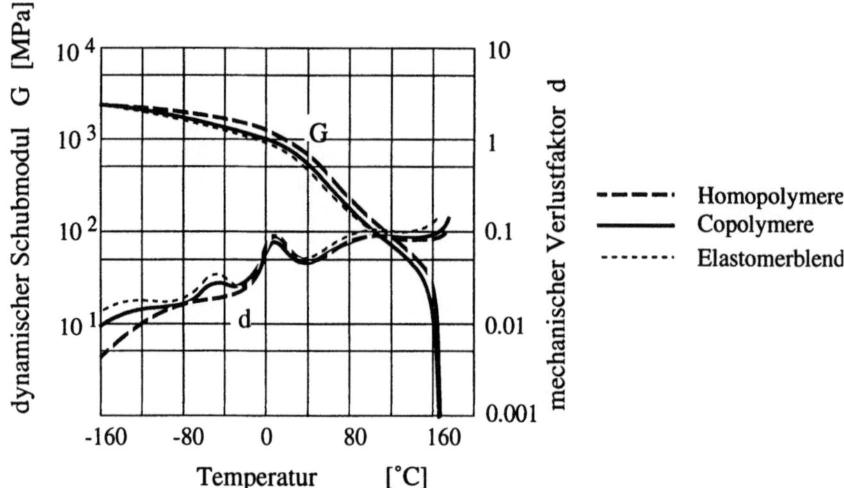

Abb. 3.1.66. Abhängigkeit einiger Polypropylen-Typen von der Temperatur [3.10]

vielen Bereichen zu einer ernsthaften Konkurrenz für *SMC* (Sheet Moulding Compounds) herangewachsen. Es liegt nahe, mit diesem System auch glasgewebeverstärkte und unidirektionale Halbzeuge zu entwickeln. Damit kann eine ganze Halbzeugfamilie angeboten werden, die das Anwendungspotential von faserverstärkten Thermoplasten in Zukunft deutlich erhöhen wird.

3.1.2.2 Polyamid (PA)

Die durch *Polykondensation* hergestellten Polyamide zeichnen sich nach [3.10] durch folgende Eigenschaften aus:
- hohe Festigkeit, Steifigkeit und Härte,
- hohe Formbeständigkeit in der Wärme,
- hoher Verschleißwiderstand,
- hohe Beständigkeit gegen Lösungsmittel, Kraftstoffe etc.,
- gesundheitliche Unbedenklichkeit,
- hohe Feuchtigkeitsaufnahme, die die mechanisch/physikalischen Eigenschaften sowie die Dimensionsstabilität beeinflussen.

Aufgrund unterschiedlicher Ausgangsmonomere und Kondensationsprinzipien existiert heute eine ganze Familie von Polyamiden auf dem Markt, so daß je nach Anwendungsfall unterschiedliche Typen ausgewählt werden. Allen Polyamiden ist die typische Amidgruppe

$$-\overset{\overset{\textstyle O}{\|}}{C}-\overset{\overset{\textstyle H}{|}}{N}-$$

Amidgruppe

eigen, die das Verhalten dieser Werkstoffgruppe wesentlich bestimmt.

Man unterscheidet bei den Polyamiden grundsätzlich zwei Arten von Reaktionen und daraus resultierenden Polymeren.

Polyamide aus Diaminen und Säuren. Bei dieser Kondensationsreaktion nehmen zwei unterschiedliche Reaktionspartner teil, wie es in Abb. 3.1.67 für Polyamid 6.6 (PA6.6 oder PA 66) dargestellt ist.

Polyamide aus Aminosäuren. Verwendet man dagegen einen Baustein, der an beiden Molekülenden unterschiedliche Gruppen trägt, so kommt man zu Aminosäuren (innere Amide). In Abb. 3.1.68 ist der Reaktionsablauf dargestellt. Durch Kondensationsreaktion der *Aminosäure* entsteht das Caprolactam. Durch geringe Menge an Wasser oder einen Katalysator entsteht durch ringöffnende Polymerisation das Polyamid 6.

Die Anzahl der Wiederhohlungseinheiten zwischen den beiden Bausteinen, bzw. die Anzahl Methylengruppen in der Wiederholungseinheit bei einer Ausgangssubstanz beeinflußt naturgemäß sehr stark das Werkstoffverhalten. Die Abb. 3.1.69 faßt einige wichtige Kriterien für die unterschiedlichen Polyamide zusammen. Hier wird deutlich, daß die Zahl der Methylengruppen im Verhältnis zu den Amidgruppen sowohl die Wasseraufnahme als auch die Schmelztemperatur in hohem Maße bestimmen. Wie Abb. 3.1.69 zeigt, sinkt die Wasseraufnahme mit steigender Anzahl $CH_2/CONH$-Gruppen drastisch, allerdings fällt auch die Schmelztemperatur deutlich ab.

Nach [3.10] wird die Wasseraufnahme zusätzlich durch den Kristallisationsgrad bestimmt, der je nach Abkühlungsbedingungen um bis zu 50 % (von 10 % bis zu 60 %) schwanken kann. Mit ansteigendem Kristallinitätsgrad nimmt die Wasseraufnahme ab, die elektrischen und mechanischen Kennwerte sowie die Dimensionsstabilität nehmen zu.

Hexamethylendiamin

$$H_2N-\left(CH_2\right)_6- NH_2$$

Adipinsäure

$$HOOC-\left(CH_2\right)_4- COOH$$

Polyamid 6.6 oder PA66

$$H\left[N-\left(CH_2\right)_6-N-\underset{\underset{O}{\|}}{C}-\left(CH_2\right)_4-\underset{\underset{O}{\|}}{C}\right]_n H \quad + (n\text{-}1)\ H_2O$$

erste Zahl 6 :   C-Atome des Diamin
zweite Zahl 6 : C-Atome der Dicarbonsäure

Abb. 3.1.67. Reaktionsschema für PA 66 [3.10]

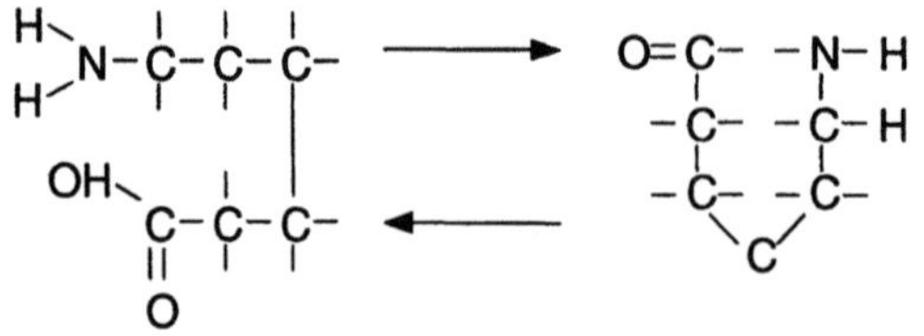

Aminocarbonsäure Caprolactam

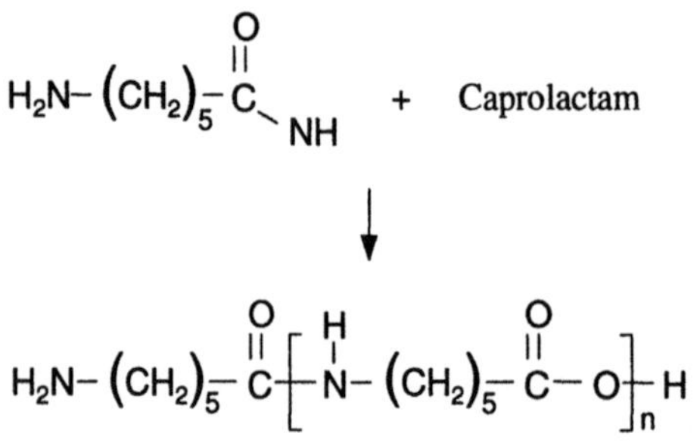

PA 6 Homopolymerisat mit 6 C-Atomen in der Wiederholungseinheit

Abb. 3.1.68. Herstellung des Polyamids PA 6 [3.10]

PA-Sorte	Strukturformel	CH_2 : CONH	Dichte [g/cm³]	T_S [°C]	WA [%]
PA 6	[-NH(CH_2)$_5$CO-]...	5	1.12-1.15	230	9.5
PA 11	[-NH(CH_2)$_{10}$CO-]...	10	1.03-1.05	-	-
PA 12	[-NH(CH_2)$_{11}$CO-]...	11	1.01-1.04	172	1.8
PA 66	[-NH(CH_2)$_6$NH-CO(CH_2)$_4$CO-]...	5	1.13-1.16	255	8.5
PA 69	[-NH(CH_2)$_6$NH-CO(CH_2)$_7$CO-]...	6.5	1.06-1.08	-	-
PA 610	[-NH(CH_2)$_6$NH-CO(CH_2)$_8$CO-]...	7	1.07-1.09	215	3.3
PA 612	[-NH(CH_2)$_6$NH-CO(CH_2)$_{10}$CO-]...	8	1.06-1.07	-	-

Abb. 3.1.69. Eigenschaftsbild verschiedener Polyamide. T_S = Schmelztemperatur, *WA* = Wasseraufnahme, Ausgangsprodukte: *PA 6* = e-Caprolactam, *PA 11* = Aminoundecansäure, *PA 12* = Laurinlactam, *PA 66* = Hexamethylendiamin, Apidinsäure, *PA 69* = Hexamethylendiamin, Acelainsäure, *PA 610* = Hexamethylendiamin, Sebacinsäure, *PA 612* = Hexamethylendiamin, Dodecandisäure [3.10]

Für reine- oder kurzfaserverstärkte Polyamide sind in vielen Publikationen Kennwerte für Kurz- und Langzeitbeanspruchung erfaßt und diskutiert (z.B. [3.10]), die allerdings nicht auf endlosverstärkte Werkstoffe übertragbar sind. Charakteristische Kurvenverläufe, die einen Hinweis auf die Temperatureinsatzgrenzen und Verarbeitungstemperaturen geben, sind die in Abb. 3.1.70 dargestellten Kurven aus dem Torsionsschwingversuch [3.10].

Dieses Diagramm zeigt deutlich, daß für die hier dargestellten PA-Typen im Bereich um 50°C die Glasumwandlungstemperatur zu suchen ist, die mit einer deutlichen Einbuße an Steifigkeit des Materials gekoppelt ist und die sich auch bei bestimmten Eigenschaften von endlosfaserverstärkten Laminaten wiederfindet.

Für das heute in der Faserverbundtechnologie wichtige PA12 [3.84] ist die Spannungs-Dehnungskurve in Abb. 3.1.71 für unterschiedliche Prüftemperaturen aufgetragen [3.10], wobei Kurve a das Verhalten bei geringen, Kurve b den Verlauf bei hohen Dehngeschwindigkeiten darstellt. Die hohen Verformungen, selbst bei tiefen Prüftemperaturen und hohen Dehngeschwindigkeiten, weisen auf den schlagzähen Charakter dieses Polymers als Matrixsystem hin.

Die Abb. 3.1.72 unterstreicht diese Aussage durch die Darstellung der *Kerbschlagzähigkeit* für kurz- (0,2 - 0,4 mm) und langfaserverstärktes (ca. 10 mm) Polyamid. Mit steigendem Fasergehalt wächst die Kerbschlagzähigkeit deutlich an, wobei das mit Langfasern verstärkte System überlegene Werte anzeigt, sowohl im trockenen wie auch im konditionierten (mit Feuchtigkeit gesättigtes System) Zustand.

Allerdings macht die Abhängigkeit der Steifigkeit von der Temperatur auch die eingeschränkte Tauglichkeit dieses Systems bei hohen Beanspruchungen (z.B. unter Druck) deutlich, da ein geringer Elastizitätsmodul des Matrixsystems nach [3.1, 3.2] zu einer deutlichen Reduktion der Druckfestigkeit eines Faserverbundbauteils führt.

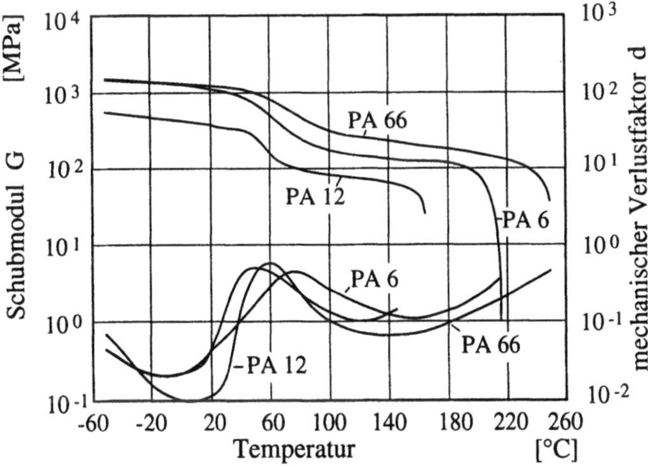

Abb. 3.1.70. Schubmodul/Dämpfungsverhalten verschiedener Polyamide als Funktion der Temperatur [3.10]

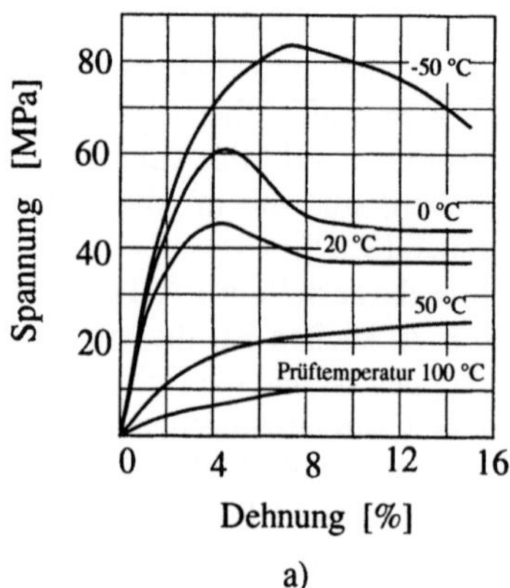
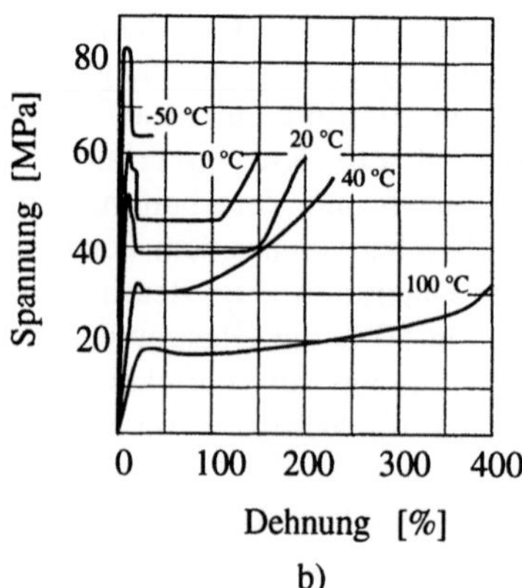

Abb. 3.1.71. Spannungs/Dehnungsverhalten von PA 12 in Abhängigkeit von der Prüftemperatur und der Geschwindigkeit. a 10 mm/min, b 100 mm/min [3.10]

Die Entwicklung der Verarbeitungsprozesse und der Anwendungsmöglichkeiten in der Maschinenbauindustrie und im Transportwesen wird zeigen, ob das endlosfaserverstärkte Polyamid seine Stärken, die es im technischen Bereich bisher zeigen konnte, auch hier ausspielen kann.

Nach [3.10] sind weitere Polyamidsysteme in der Entwicklung, die durch den Einbau von aromatischen Gruppen in die Molekülkette die Wärmeformbeständigkeit steigern und die Feuchtigkeitsaufnahme drastisch reduzieren soll. Ein Einsatz bei endlosfaserverstärkten Systemen ist allerdings noch nicht abzusehen.

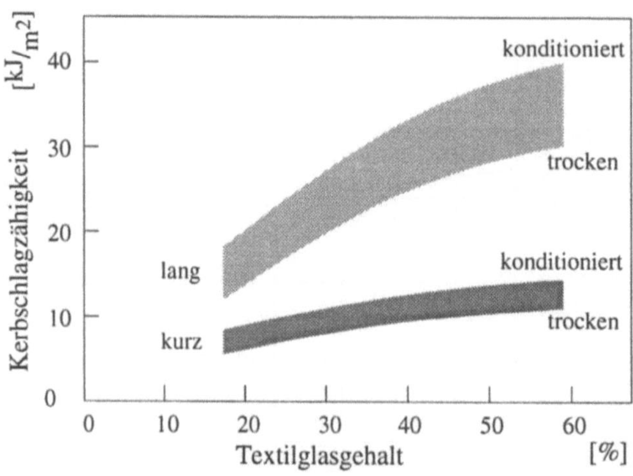

Abb. 3.1.72. Kerbschlagzähigkeit von Polyamid in Abhängigkeit vom Glasfasergehalt bei verschiedenen Faserlängen und *Konditionierungszuständen* [3.10]

3.1.2.3 Polyethylenterephthalat (PET)

Der Einsatz von zweiwertigen Alkoholen, wie Ethylenglycol, statt Diaminen sowie von zweiwertigen Säuren, wie Terephthalsäure, führt in einer Polykondensationsreaktion zu linearen gesättigten Polyestern, wie es Abb. 3.1.73 zeigt. Sie enthalten als bestimmendes Molekül die Estergruppe

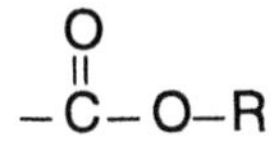

$$-\overset{\overset{\textstyle O}{\|}}{C}-O-R$$

Estergruppe

die das mechanisch/physikalische Verhalten charakterisiert:
- hohe Festigkeit und Steifigkeit,
- gutes Zeitstandverhalten,
- große Oberflächenhärte,
- hohe Maßhaltigkeit,
- günstiges Gleit- und Verschleißverhalten,
- hohe Chemikalienbeständigkeit.

Aufgrund der geringen Kristallisationsgeschwindigkeit und den damit verbundenen langen Verweilzeiten bei der Verarbeitung im Spritzgießverfahren konzentrierte sich die Entwicklung und Anwendung zuerst auf die Herstellung von Polyesterfasern. Erst durch die Verwendung von Nukleierungsmitteln gelang es, die *Kristallisationsgeschwindigkeit* soweit zu erhöhen, daß eine wirtschaftliche Verarbeitung im Spritzgießverfahren möglich wurde.

Das parallel entwickelte *Polybutylenterephthalat* (PBT) weist dagegen eine wesentlich höhere Kristallisationsneigung auf, was auf die längeren aliphatischen Kettenabschnitte in der Molekülkette zurückzuführen ist (siehe Abb. 3.1.73).

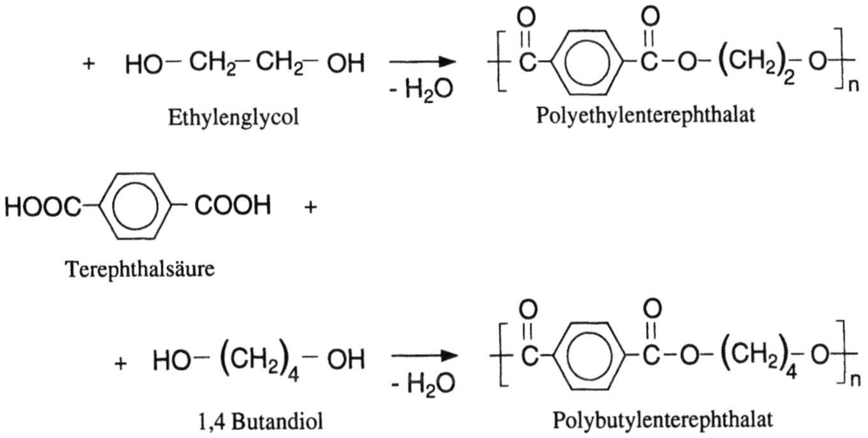

Abb. 3.1.73. Reaktionsschema für die Polykondensation von *Polyalkylenterephthalat* [3.10]

Nach [3.10] wird allerdings mit PBT das mechanisch/physikalische Eigenschaftspotential des PET nicht erreicht.

Durch den Einbau sperriger monomerer Bausteine, wie z.B. *Isophthalsäure*, kann nach [3.10], selbst bei großen Wandstärken, eine amorphe Struktur verwirklicht werden, die u.a. verbesserte Schlagzähigkeit verspricht. Eine große Anwendung erfährt das amorphe PET heute z.B. in der Getränkeindustrie.

Der Unterschied im Temperaturverhalten zwischen dem amorphen und dem teilkristallinen PET (bis zu 40 % Kristallinitätsgrad) wird in Abb. 3.1.74 in der Darstellung des Schubmodulverlaufs sichtbar. Beide Systeme zeigen im Bereich um 80°C ein erstes Steilabfallgebiet, wobei das teilkristalline PET oberhalb dieser Temperatur ein - wenn auch bei tieferem Modul - zweites Plateau aufweist, was auf eine erhöhte Wärmeformbeständigkeit dieses Polymers hinweist. Darüber hinaus ist in dieses Diagramm eine Kurve für ein kurzglasfaserverstärktes PET (20 Gew. %) eingetragen. Einerseits steigt dadurch das Schubmodulniveau deutlich an, andererseits fällt die Veränderung der Kurve oberhalb T_G nicht so drastisch wie bei dem unverstärkten Typ.

Die höhere Wärmeformbeständigkeit gegenüber Standard-Polyamiden kann diesem Polymer eine interessante Zukunftsperspektive im Automobilbereich verschaffen. Es liegt daher nahe, dieses System auch für endlosfaserverstärkte Thermoplaste zu betrachten. Bis heute existieren zwar keine thermoplastischen Prepregs mit diesem System auf dem Markt, allerdings werden mit Mischsystemen intensive Entwicklungen betrieben, in denen sowohl Verstärkungs- als auch Matrixmaterial in Faserform vorliegen (sog. *Intermingled Yarn*) [3.79, 3.85]. Die gegenüber Polyamid höheren Verarbeitungstemperaturen können allerdings den Einsatz dieser Systeme beschränken.

Bei Verwendung von Bisphenol A (siehe Abschn. 3.1.1.3, Epoxidharze) an Stelle von Ethylenglycol gelangt man zu den sogenannten *Polyarylaten* oder *Polyarylestern* mit höherem aromatischem Anteil in der Molekülkette [3.10]. Daraus resultieren höhere Wärmeformbeständigkeit und bessere Schlagzähigkeit; ein Einsatz bei faserverstärkten Systemen ist noch nicht bekannt.

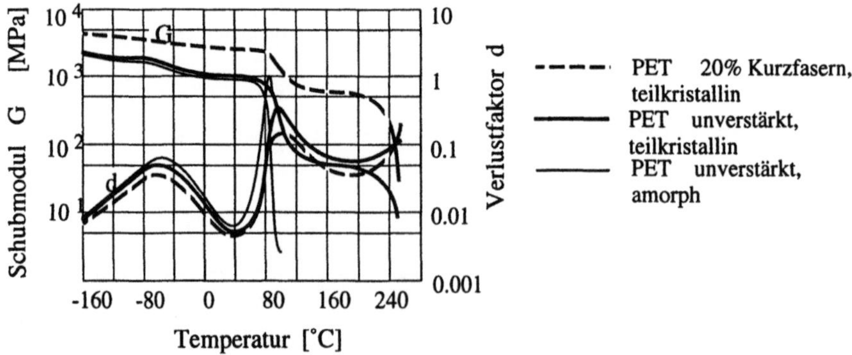

Abb. 3.1.74. Schubmodul *G* und mechanischer Verlustfaktor *d* von PET als Funktion der Temperatur [3.10]

3.1.2.4 Polysulfone und -sulfid

Innerhalb der letzten zwanzig Jahre ist in der Entwicklung von technisch hochwertigen Thermoplasten die Anzahl der Polymere mit Schwefel in der Hauptkette - sei es als *Sulfid* (S) oder als Sulfon (SO_2) - stark gewachsen. Charakteristisch für die Gruppe von Thermoplasten ist nach [3.10] außerdem, daß das Schwefelatom immer an eine ebenfalls in der Hauptkette befindliche Phenylgruppe gebunden ist:

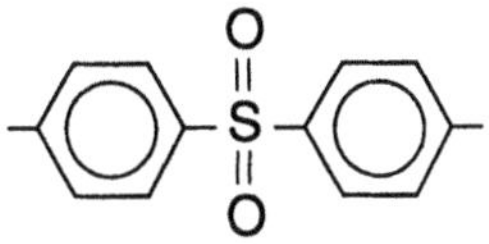

Diphenylsulfon 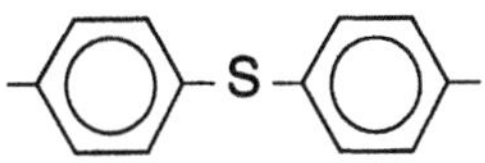   Diphenylsulfid

Der Aufbau der Molekülkette mit verschiedenen weiteren Bausteinen führt zu einer Reihe von interessanten Polymeren mit durchweg hohen Wärmeformbeständigkeiten.

Polysulfon (PSU)

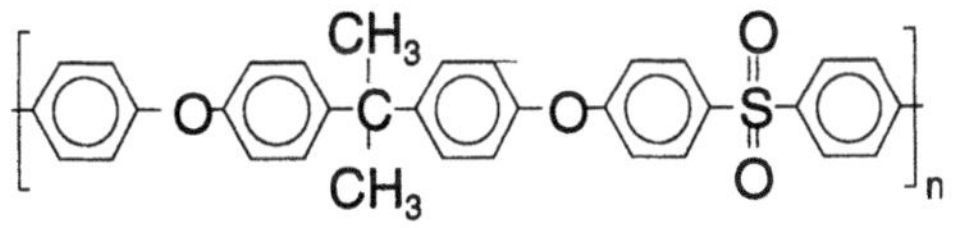

Polysulfon

Die o.g. *Diphenylsulfon*gruppe wird bei diesem Polymer einerseits durch eine Ether-, andererseits durch eine Sauerstoffgruppe verbunden. Dieser Molekülaufbau garantiert einerseits hohe Wärmeformbeständigkeit durch die Sulfongruppe, andererseits eine gewisse Flexibilität durch die restlichen Elemente, die neben einer guten Verarbeitbarkeit weitere Eigenschaftsmerkmale mit sich bringt [3.10]:
- hohe Festigkeit, Steifigkeit und Härte über einen weiten Temperaturbereich,
- hohe Temperaturstabilität,
- amorpher Charakter, daher hohe Transparenz (leicht gelblich),
- hohe Schmelzeviskosität, bei hoher Verarbeitungstemperatur (siehe Abb. 3.1.64),
- hohe Flammwidrigkeit und geringe Rauchgasentwicklung,
- hohe Chemikalienbeständigkeit, allerdings nicht beständig gegen bestimmte Lösungsmittel.

Dieser Entwicklung der Polysulfone folgte einige Jahre später die Synthese von *Polyethersulfon*.

Polyethersulfon (PES)

z.B. Victrex (ICI)

z.B. Radel (UCC)

Diese Polymere zeichnen sich dadurch aus, daß die Diphenylsulfongruppen direkt durch Sauerstoffgruppen gekoppelt sind, was einerseits die Wärmeform- und thermooxidative Beständigkeit erhöht, andererseits auch höhere *Verarbeitungstemperatur* erfordert. Darüber hinaus ist nach [3.10] die Herstellung der Polymere selbst wesentlich schwieriger und damit teurer als die der bisher beschriebenen Thermoplaste.

Vergleicht man das Wärmeformbeständigkeitsverhalten der beiden Polymere anhand des Schubmoduls, wie es in Abb. 3.1.75 gezeigt ist, so fällt der Unterschied der beiden Polymere sofort ins Auge. Beide Systeme büßen mit steigender Temperatur nur wenig im Schubmodulverlauf ein, allerdings übertrifft das PES das PSU um ca. 50°C.

Vergleicht man das *isochrone Spannungs-Dehnungsdiagramm* dieser beiden Systeme, so unterstreichen die Kurven die oben gemachte Aussage (siehe Abb. 3.1.76 für 23°C und 140°C). Das Verformungsverhalten von PES ist bei gleicher Zugspannung wesentlich geringer als das von PSU. Nach [3.1] sollte sich dieses Verhalten auch bei faserverstärkten Systemen vorwiegend bei Druckbeanspruchung auswirken, was allerdings experimentell nicht nachgewiesen ist.

Bis heute hat, zumindest bei endlosfaserverstärkten Materialien, lediglich das höherwertige PES Bedeutung erlangt.

Polyphenylensulfid (PPS).

Polyphenylensulfid

Das Rückgrat dieses hochtemperaturbeständigen symmetrisch aufgebauten Polymers bilden alternativ Phenylkerne und Schwefelatome. Aufgrund seines linearen Aufbaus erstarrt dieses Polymer teilkristallin, wobei der Kristallinitätsgrad - und damit die gesamten mechanisch/physikalischen Eigenschaften - stark von den Verarbeitungsbedingungen beeinflußt wird [3.9, 3.10, 3.57].

Das Polymer ist gekennzeichnet durch [3.10]:

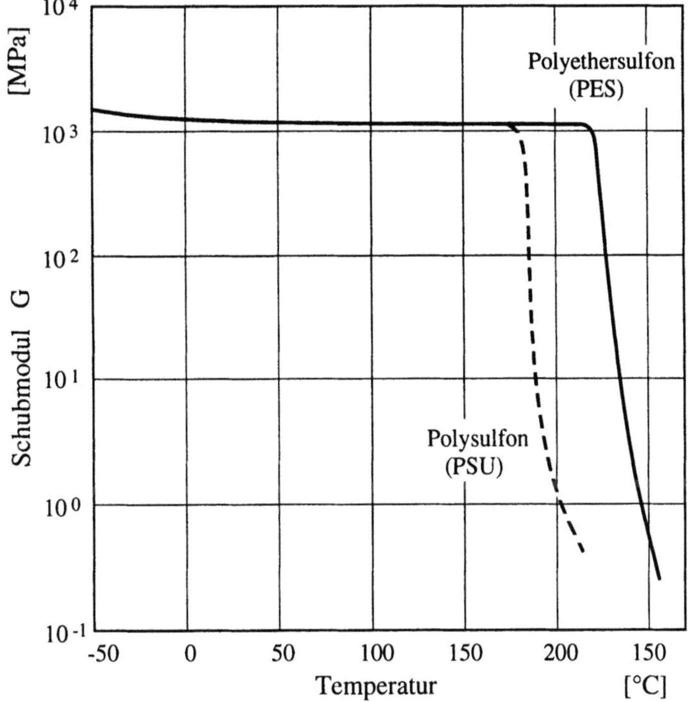

Abb. 3.1.75. Vergleich der Schubmodulkurven für Polysulfon (PSU) und Poly-ethersulfon (PES) (trocken) [3.10]

- hohe Festigkeit, Steifigkeit und Härte,
- hohe Wärmeformbeständigkeit,
- geringe Feuchtigkeitsaufnahme,
- günstiges Fließverhalten (vor allem in der Spritzgießverarbeitung),
- hohe Maßbeständigkeit,
- hohe Beständigkeit gegen den Angriff von Chemikalien,
- hohe Witterungsbeständigkeit,
- hohe Flammwidrigkeit,
- begrenzte Hydrolysebeständigkeit [3.9, 3.57].

Der hochkristalline Charakter und der beschriebene Molekülaufbau sind für das spröde Verhalten des PPS verantwortlich, so daß dieses System praktisch ausschließlich faser- oder mineralverstärkt verarbeitet wird. Diese Zusatzstoffe verringern die Sprödigkeit deutlich [3.9. 3.10, 3.57].
In Abb. 3.1.77 ist der Schubmodul/Dämpfungsverlauf über der Temperatur dargestellt. Für unverstärkte und kurzglasfaserverstärkte Typen ist die Glasübergangstemperatur deutlich erkennbar, wobei die Fasern die Ausprägung des Knickes deutlich reduzieren. Oberhalb des T_G sind weiterhin aufgrund des hohen Kristallinitätsgrades hohe mechanisch/physikalische Kennwerte vorhanden, wie es das isochrone Spannungs-Dehnungs-Diagramm für ausgewählte Zeiten und Temperaturen verdeutlicht (Abb. 3.1.78).

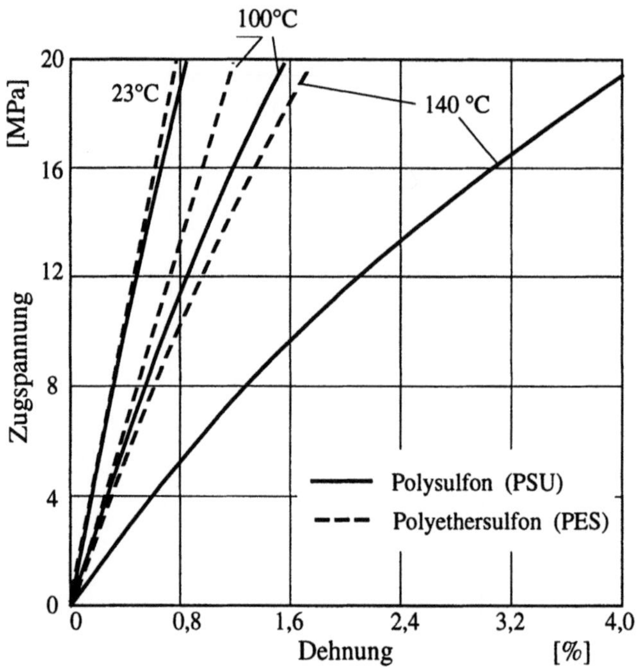

Abb. 3.1.76. Isochrones Spannungs- Dehnungsdiagramm für Polysulfon (PSU) und Polyethersulfon (PES) für verschiedene Temperaturen (1000 h-Wert) [3.10]

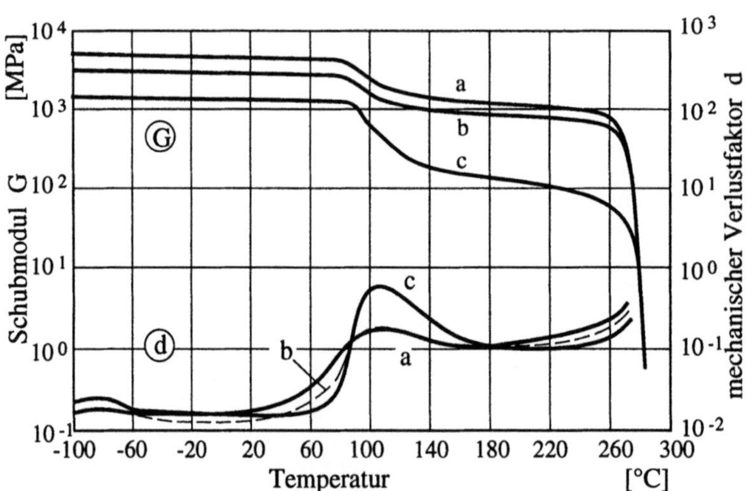

Abb. 3.1.77. Schubmodul G und mechanischer Verlustfaktor d als Funktion der Temperatur für verschiedene Typen Polyphenylensulfid (PPS). a PPS 65 Gew.-% kurzfaserverstärkt, b PPS 40 Gew.-% kurzfaserverstärkt, c PPS unverstärkt [3.10, 3.9, 3.57]

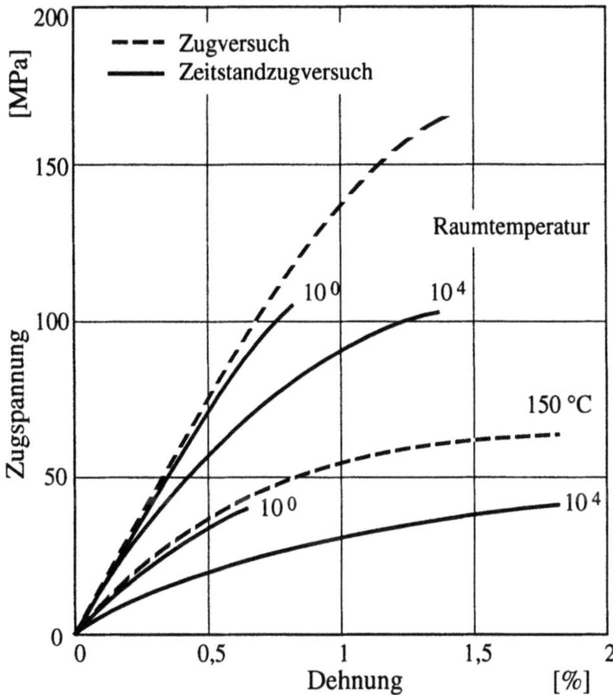

Abb. 3.1.78. Isochrones Spannungs- Dehnungsdiagramm von Polyphenylensulfid (PPS, 40 Gew.-% kurzglasfaserverstärkt) für Raumtemperatur und 150°C [3.9, 3.10,.3.57]

Dieses System bietet aufgrund seiner Wärmeformbeständigkeit eine gute Basis als Matrixsystem für Faserverbundwerkstoffe. Seine hohe Sprödigkeit behindert allerdings die volle Nutzung des Eigenschaftspotentials von hochwertigen Verstärkungsfasern, bedenkt man, daß die Bruchdehnung des Matrixsystems ca. 2-3fach höher sein sollte als die der Verstärkungsfaser [3.1, 3.2].

3.1.2.5 Polyetherimid (PEI)

Das *Polyetherimid* ist von seinem Namen und seiner Struktur her eigentlich den bereits in Kap. 3.1.1.4 beschriebenen *Imiden* zuzuordnen. Aufgrund seines

Polyetherimid

rheologischen Verhaltens und den damit verknüpften Verarbeitungsbedingungen, die dieses System eher in die Nähe von Polysulfonen ansiedeln, ist es den thermoplastischen Polymeren zugeordnet.

Der Aufbau aus Imid- und aromatischen Gruppen ist verantwortlich für eine hohe thermooxidative und Wärmeformbeständigkeit des Systems. Die *Ethergruppen* dagegen verleihen der Molekülkette eine erhöhte Flexibilität, so daß das System bei genügend geringer Viskosität mit allen bekannten Thermoplastverfahren, wie Spritzgießen, Extrudieren etc. verarbeitbar ist. Das PEI ist durch folgende Eigenschaften charakterisiert [3.10, 3.86]:

- hohe Festigkeit, Steifigkeit und Härte,
- hohe Wärmeformbeständigkeit,
- hohe Dauergebrauchstemperatur,
- niedriger thermischer Ausdehnungskoeffizient,
- hohe Chemikalienresistenz und Hydrolysebeständigkeit,
- hohe Flammwidrigkeit,
- geringe Rauchentwicklung,
- löslich in verschiedenen Lösungsmitteln wie Methylethylketon (MEK) oder Methylenchlorid.

Aufgrund seiner Molekularstruktur ist das PEI den meisten bekannten Polymersystemen, vor allem den amorphen Polysulfonen überlegen, und bis zu Temperaturen nahe seiner Glasumwandlungstemperatur belastbar.

Das mechanische Verhalten ist, ähnlich wie bei den zuvor beschriebenen Systemen, durch die isochrone Spannungs-Dehnungskurve für das unverstärkte PEI bei verschiedenen Temperaturen und Beanspruchungszeiten dargestellt (siehe Abb. 3.1.79). Die Ergebnisse aus Abb. 3.1.79 sind nicht direkt mit denen in Abb. 3.1.76 bzw. 3.1.78 vergleichbar, da es sich bei den Kennwerten von PEI um eine Biegebeanspruchung handelt, während die Ergebnisse der vorher genannten Systeme aus Zugversuchen herrühren.

Die bereits beschriebene Lösungsmittelempfindlichkeit - wie man sie von praktisch allen amorphen Thermoplasten kennt - beschränkt zwar einerseits den Einsatz von PEI in manchen Anwendungen. Andererseits läßt die Löslichkeit die Herstellung von *Lösungsmittelprepregs* auf recht einfache Weise zu. Bei vollkommener Entfernung des Lösungsmittels können hervorragende fehlerfreie Laminate mit ausgezeichneten mechanisch/physikalischen Eigenschaften hergestellt werden [3.79, 3.81, 3.86].

3.1.2.6 Polyaryletherketone (PAEK)

Die Synthese von *Polyaryletherketonen* gelang bereits zu Beginn der sechziger Jahre den Firmen Du Pont und ICI [3.10]. Bei den Polyaryletherketonen (PAEK) handelt es sich um eine Klasse hochtemperaturbeständiger Thermoplaste, die teilkristallinen Charakter aufweisen. Je nach Zusammensetzung der Makromoleküle und den Abkühlbedingungen ist nach [3.10] ein Kristallinitätsgrad von 48% erreichbar. Bei den Verarbeitungsbedingungen im *Spritzgießverfahren* oder bei der Verarbeitung zu Faserverbundbauteilen wird dieser kristalline Anteil jedoch praktisch nie erreicht.

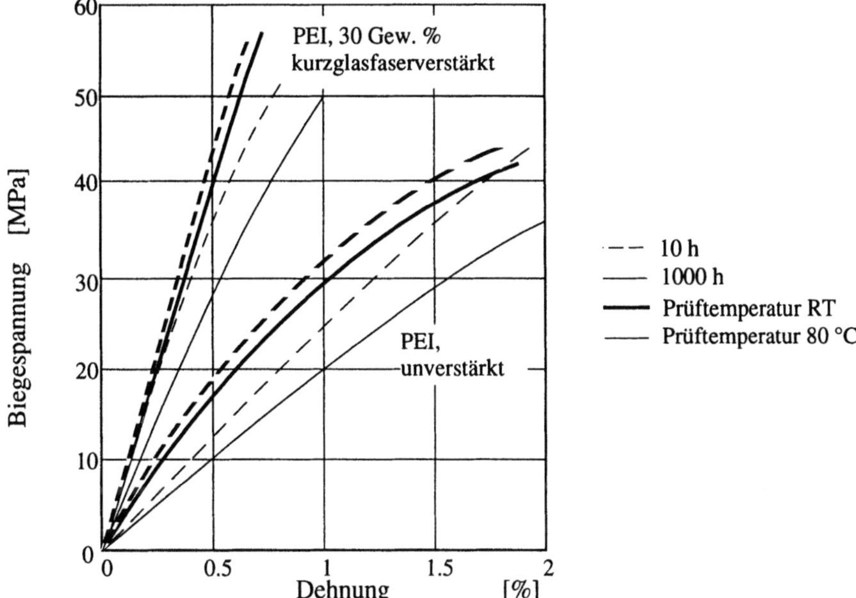

Abb. 3.1.79. Isochrones Spannungs- Dehnungsdiagramm (Dreipunktbiegebean-spruchung) von Polyetherimid, verstärkt und unverstärkt bei Raumtemperatur und 80°C [3.10]

Durch die Aneinanderreihung von *Keton-* bzw. Ether*gruppen* läßt sich eine ganze Familie von Polyaryletherketonen entwickeln, wie sie in Abb. 3.1.80 dar-gestellt ist. Die Auswirkungen der Molekülanordnung auf das thermische Verhalten ist in diese Graphik mit aufgenommen. Mit abnehmender Anzahl von Ethergruppen steigen sowohl die Glasübergangstemperatur T_G als auch die Schmelztemperatur T_S der Polymere an. Aus der in Abb. 3.1.80 aufgelisteten An-zahl von Varianten haben sich heute auf dem Markt lediglich das *Polyether-etherketon* (PEEK) sowie das *Polyetherketon* (PEK) in größerem Maße durch-gesetzt. Für die Verwendung als Matrixsystem bei Faserverbundwerkstoffen hat praktisch nur PEEK Bedeutung erlangt (*APC2*-Aromatic Polymeric Composite von ICI) [3.82, 3.87].

Zu den hervorstechenden Eigenschaften der Polyaryletherketone sind nach [3.10] zu zählen:
- hohe Festigkeit,
- hohe Schlagzähigkeit,
- hohe Wärmeformbeständigkeit,
- gute elektrische Eigenschaften,
- günstiges Gleit- und Verschleißverhalten,
- hohe Chemikalien- und Hydrolysebeständigkeit,
- schwer entflammbar, bei geringer Rauchgasentwicklung.

Das mechanisch/physikalische Verhalten wird wie bei allen teilkristallinen Thermoplasten von der Glasumwandlungstemperatur und dem Abfall des

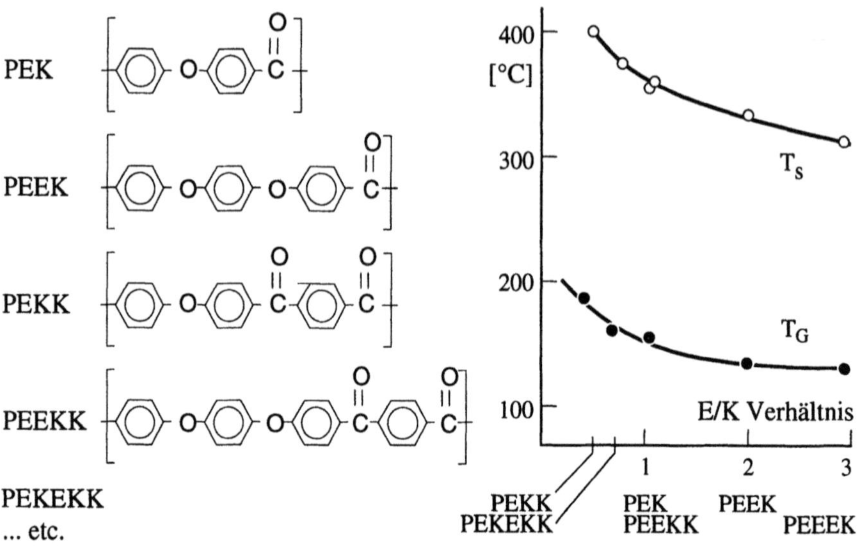

Abb. 3.1.80. Zusammenhang zwischen den Strukturelementen von Polyaryletherketonen und den thermischen Eigenschaften. T_G Glasübergangstemperatur,
T_S Schmelztemperatur [3.10, 3.87]

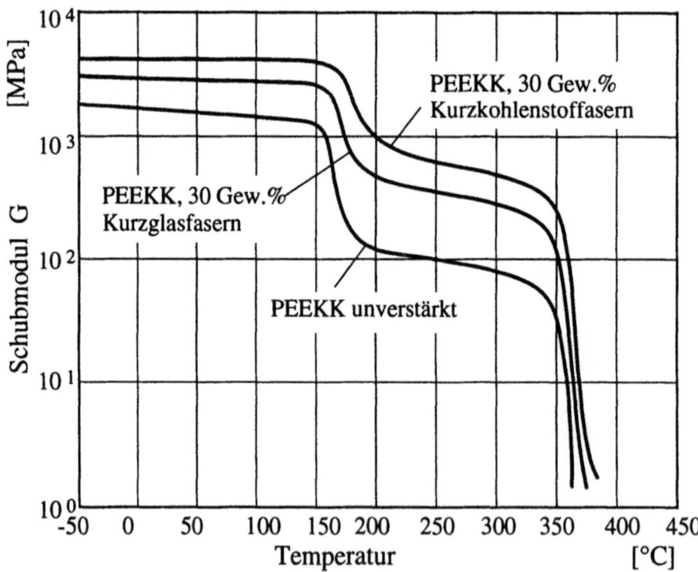

Abb. 3.1.81. Schubmodulverlauf von Polyetheretherketonketon (PEEKK) in
Abhängigkeit von der Verstärkungsfaser [3.10]

Schubmoduls in diesem Temperaturbereich gekennzeichnet. Die Abb. 3.1.81 zeigt beispielhaft für ein Polyaryletherketon (hier PEEKK) eine derartige Schubmodulkurve sowie zusätzlich den Einfluß der *Verstärkungswirkung* durch Kurzglasbzw. Kurzkohlenstoffasern. Der Temperaturübergang ist, wie der Kurvenverlauf belegt, durch die Verstärkung mit Kurz- oder Endlosfasern nicht zu verschieben. Lediglich die Höhe des Abfalls des Schubmoduls kann durch eine Faserverstärkung vermindert sowie das Schubmodulniveau insgesamt angehoben werden. Nach [3.82, 3.88] beeinflußt insbesondere bei endlosfaserverstärkten Laminaten die Erweichung der amorphen Polymerbereiche das Eigenschaftsbild der Systeme. Oberhalb T_G nehmen die Kennwerte für die Querzugfestigkeit (Beanspruchung quer zur Faser) sowie die Druckfestigkeit von unidirektionalen Laminaten (alle Fasern in Kraftrichtung ausgerichtet) deutlich ab.

Ein ähnliches Bild ergibt sich bei der Betrachtung des isochronen Spannungs/Dehnungsdiagramms in Abb. 3.1.82, zwischen 100°C und 150°C ist ein drastischer Abfall der Zugspannung zu verzeichnen. Dennoch weisen die Polyaryletherketone, gemessen nach UL 746B [3.89], eine höhere maximale Gebrauchsdauer auf, als alle vergleichbaren thermoplastischen Polymere, wie es Abb. 3.1.83 deutlich macht.

Diese *Hochtemperaturbeständigkeit* sowie das günstige Gleit/Reibverhalten, selbst bei hohen Temperaturen, machen diesen teilkristallinen Werkstoff zum

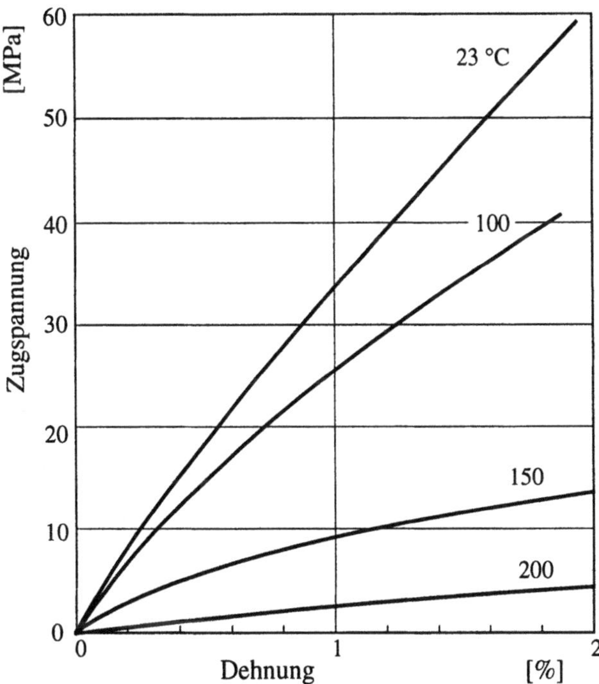

Abb. 3.1.82. Isochrones Spannungs-Dehnungsdiagramm für Polyetherketon (PEK), 1000 h-Wert [3.10]

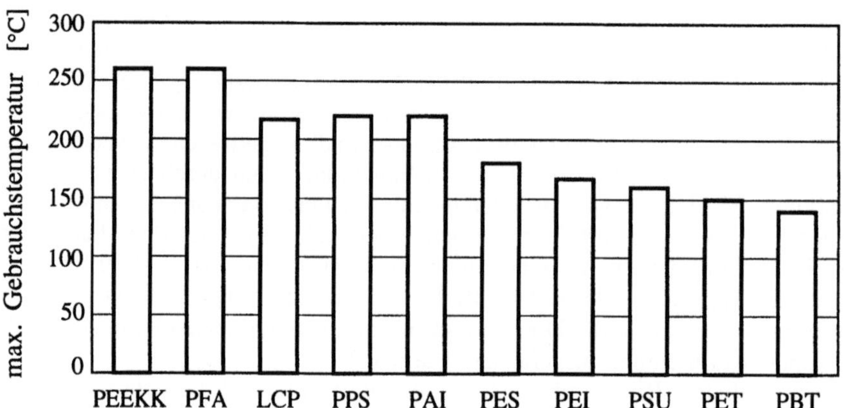

Abb. 3.1.83. Darstellung der maximalen Gebrauchstemperatur verschiedener Thermoplaste nach UL 746B. *PEEKK* Polyetheretherketonketon, *PFA* Perfluoralkoxy-Copolymer, *LCP* Liquid Crystal Polymer, *PPS* Polyphenylensulfid, *PAI* Polyamidimid, *PES* Polyethersulfon, *PEI* Polyetherimid, *PSU* Polysulfon, *PET* Polyethylenterephthalat, *PBT* Polybutylenterephthalat [3.10]

Maßstab für den Einsatz von thermoplastischen Polymeren für Faserverbundbauweisen.

3.1.3 Zusammenfassung

In den vorangegangenen Abschnitten wurden die wichtigsten Polymersysteme - Duromere und Thermoplaste - aufgelistet und beschrieben, die heute Bedeutung in der Faserverbundtechnologie erzielt haben bzw. von denen in der nächsten Zeit ein Durchbruch zu erwarten ist. Die Aufzählung erhebt nicht den Anspruch auf Vollständigkeit, vor allen Dingen ist die Betrachtung anderer Verarbeitungstechnologien, wie Spritzgießen, Extrudieren, Schäumen etc. nur am Rande erwähnt, so daß viele Polymermodifikationen, wie sie z.B. in [3.10] diskutiert werden, hier überhaupt nicht erwähnt sind.

Es zeichnet sich ab, daß faserverstärkte Duroplaste auch in weiterer Zukunft einen großen Anteil an Bauteilstrukturen, vor allen Dingen an großflächigen Bauteilen mit kleinen Stückzahlen, ausmachen, während faserverstärkte Thermoplaste aufgrund kürzerer Taktzeiten eher in Anwendungen mit größeren Stückzahlen gelangen werden.

Die bei Stolze [3.79] angesprochene Problematik der spröden *Duromersysteme*, die als Überlegenheit der Thermoplaste deklariert wurde, ist heute weitgehend behoben. Schlagzähe Epoxidharze, wie sie in Abschnitt 3.1.1.3 näher erläutert werden, haben mittlerweile ein den Thermoplasten adäquates Niveau erreicht.

Lediglich die Feuchtigkeitsaufnahme der duroplastischen Polymersysteme, die das Feucht/Warmverhalten drastisch beeinflußt, ist nicht gelöst. Während nach [3.90] in Abb. 3.1.84 Epoxide im trockenen Zustand ohne weiteres die Martenskennwerte von Hochtemperaturthermoplasten übersteigen, zeigen die feuchtigkeitsgesättigten Duromere eine deutliche Unterlegenheit.

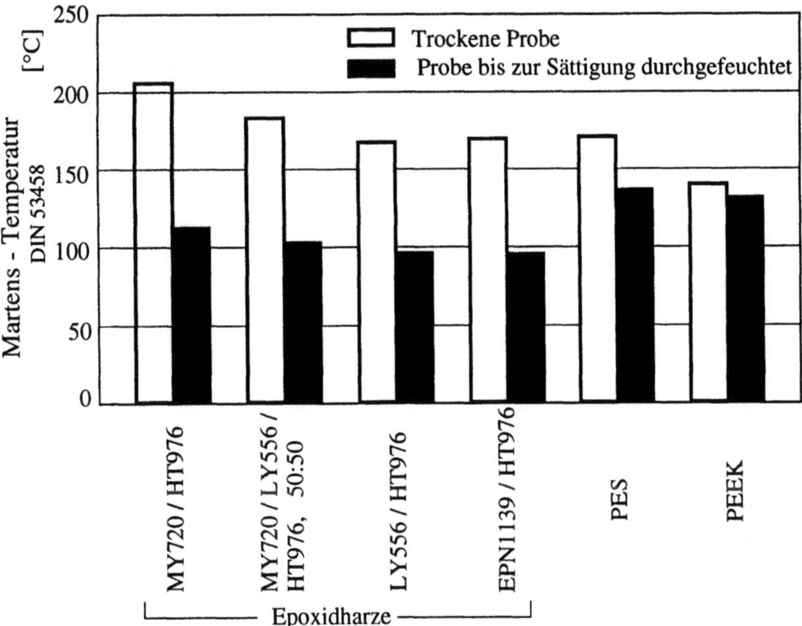

Abb. 3.1.84. Darstellung der Wärmebeständigkeit für ausgewählte Duro- und Thermoplaste, trocken und nach Feuchtesättigung [3.79, 3.90]

Diese geringe Feuchtigkeitsempfindlichkeit sowie das herausragende Brandverhalten von Hochtemperaturthermoplasten - bei guten mechanischen Eigenschaften - wird ihnen ein immer breiteres Anwendungsspektrum eröffnen, ohne die duromeren Matrixsysteme zu verdrängen.

3.2 Sonstige Matrixsysteme

Bei Faserverbundwerkstoffen mit polymeren Matrixsystemen ist in den meisten Fällen die Wärmeform- und thermooxidative Beständigkeit durch die Matrices eingeschränkt, obwohl sie aufgrund ihrer weitgehend bekannten Fertigungstechnologien heute praktisch ausschließlich in der Serienfertigung zum Einsatz kommen.

Die genannte Einschränkung hat jedoch seit geraumer Zeit eine Forschungsbewegung in Gang gesetzt, die sich mit der Verstärkung von weiteren, meist anorganischen Systemen wie

- *Keramiken*,
- *Metallen*,
- *Kohlenstoff*,

auseinandersetzt. Verstärkungsmaterialien im weitesten Sinne können dabei sein

- *Partikel* (i.w. Keramikpartikel),
- *Whisker*,
- *Fasern* (Kurz-, Lang-, Endlosfasern),

die analog den polymeren Faserverbundwerkstoffen in die Matrix eingebettet werden.

Diese Forschungsaktivitäten haben eine große Anzahl von Veröffentlichungen und Fachbüchern nach sich gezogen, die sowohl das Eigenschaftspotential als auch mögliche Fertigungsverfahren am Beispiel von Prototypbauteilen beschreiben. Die Systeme sowie die möglichen *Fertigungsprozesse* sollen im Rahmen dieses Buches der Vollständigkeit halber kurz erwähnt werden. Weiterführende Information ist jedoch der Fachliteratur im Literaturverzeichnis zu entnehmen.

3.2.1 Metallische Matrixsysteme

Analog zu den Erkenntnissen und Regeln bei polymeren Matrixsystemen lassen sich mit Metallmatrices ganz gezielt isotrope oder anisotrope Eigenschaftscharakteristika einstellen, die in vielen Veröffentlichungen beschrieben sind, z.B. [3.91 - 3.107]. Im Prinzip können alle bekannten Metalle mit Verstärkungskomponenten versehen werden, die Literatur beschreibt allerdings vorzugsweise Leichtmetalle wie Aluminium (Al), *Aluminium-Lithium* (Al-Li), *Magnesium* (Mg) und *Titan* (Ti) mit verschiedenen Legierungen.

Die Abb. 3.2.1 zeigt schematisch die verschiedenen möglichen Verarbeitungsprozesse, wie sie in [3.93] beschrieben sind. Der Verarbeitungsprozeß von Endlosfasern mit großen Filamentdurchmessern - Bor- oder *SiC-Fasern* mit *Wolfram-* oder *Kohlenstoffseele* (siehe Abschn. 2) - ist in Abb. 3.2.1 skizziert. Die "dicken" Filamente sind, parallel ausgerichtet, zwischen zwei metallischen Folien plaziert und werden in der *Schmelzephase* vollständig von der Matrix umschlossen. Nach [3.93] werden die einzelnen Filamente vorher bereits metallisch beschichtet, um eine gleichmäßige Benetzung der Faser durch die *Matrix* zu gewährleisten.

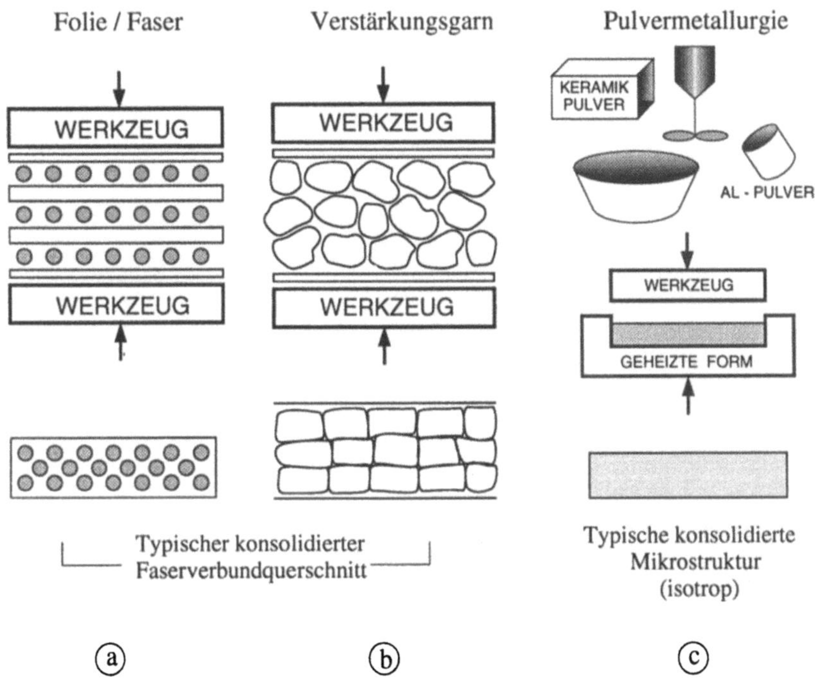

Abb. 3.2.1. Schematische Darstellung von Verarbeitungsprozessen von verstärkten Metallen [3.93]

In [3.100] wird das *Heißpreß-* oder *Warmwalzverfahren* vorgestellt, bei dem Aluminiumoxidfasern (Al_2O_3) zwischen *lotplattierten Aluminiumblechen* bei ca. 600°C verpreßt werden. Damit wird eine *Oxidation* der Grenzfläche Faser/Matrix sowie der oxidfreien Oberflächen der Kernbleche verhindert. Beim weiteren Verpressen zu Bauteilen oder Platten wird das überschüssige Lot, das eine niedrigere Schmelztemperatur als die *Kernbleche* aufweist, aus dem Verbund herausgepreßt.

Problematischer ist der Verarbeitungsprozeß für Endlosfasern mit geringen Durchmessern (SiC-Fasern ohne Seele, Kohlenstoffasern), wie es in Abb. 3.2.1 b dargestellt ist. Aufgrund der Feinheit der Filamente sowie der dichten Packung der Rovings, z.B. bei Kohlenstoffasern, ist das Imprägnierverhalten weitaus schwieriger.

Für *kurzfaser-* oder *partikelverstärkte Metalle* beschreibt die Abb. 3.2.1 c die Herstellungsmethode. Kurzfasern oder Partikel werden intensiv mit dem Matrixmetall - in *Pulverform* in einer *Schlämmung* - vermischt und verpreßt. Dadurch erreicht man einen mehr oder weniger *isotropen* Verstärkungsgrad, der sowohl die mechanisch/physikalischen Eigenschaften wie auch das Gleit/Reibverhalten oder die Wärmeformbeständigkeit beeinflußt [3.100].

Die Abb. 3.2.2 [3.93] zeigt ein für eine Aluminiumlegierung typisches Spannungs-Dehnungsdiagramm, das die Verstärkungswirkung von verschiedenen Materialien deutlich macht. Während das unverstärkte Aluminium bei relativ

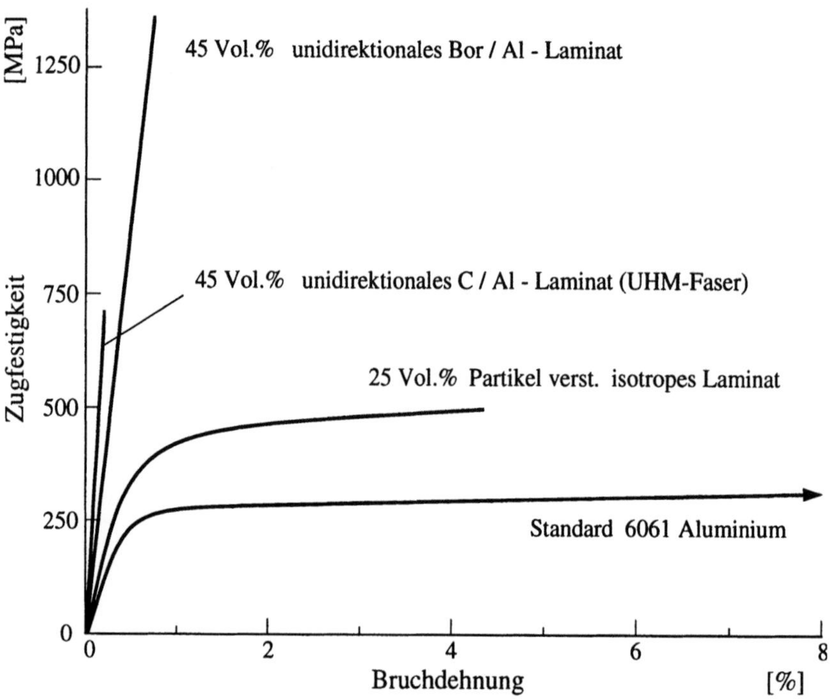

Abb. 3.2.2. Spannungs-Dehnungsverhalten von unverstärktem und verstärktem Aluminium [3.93]

niedriger Festigkeit und Steifigkeit ausgeprägtes *duktiles* Verhalten zeigt, weisen die Kurven für endlosfaserverstärktes Material ein den Polymermatrices vergleichbares Spannungs-Dehnungsverhalten auf. Der *Borfaser/Aluminiumverbund* zeigt dabei höchste Festigkeiten, das *Laminat* mit der Kohlenstoffaser den höchsten E-Modulkennwert. Die isotrope *Partikelverstärkung* erhöht das Festigkeitsverhalten sehr deutlich, ohne das ausgeprägt plastische Verformungsverhalten sehr nachteilig zu beeinflussen.

Die Ausbildung einer geeigneten Grenzfläche zwischen Matrix und Faser - das sog. Interface - ist entscheidend für die Verstärkungswirkung einer Faser in einer Matrix, gleichgültig, ob polymerer oder metallischer Natur. In vielen Publikationen wird der Kennwert, der sich aus der *Mischungsregel* von Faser und Matrix ergibt [3.23], als Maß für die Güte der Haftung herangezogen. In [3.96] ist für ein Laminat mit 40 % SiC-Fasern und einer Titanlegierung eine gute Uebereinstimmung zwischen dem gerechneten (*ROM*-Rule of mixture) und dem gemessenen Kennwert als Funktion der Temperatur gefunden worden, wie es Abb. 3.2.3 zeigt. Die Kurve für das reine Titan zeigt im Verhältnis, welch deutlicher Verstärkungseffekt in Faserrichtung möglich ist.

Verarbeitungsverfahren. In vielen Veröffentlichungen sind verschiedene Verarbeitungsverfahren für faserverstärkte Metalle beschrieben, deren Auswahl durch

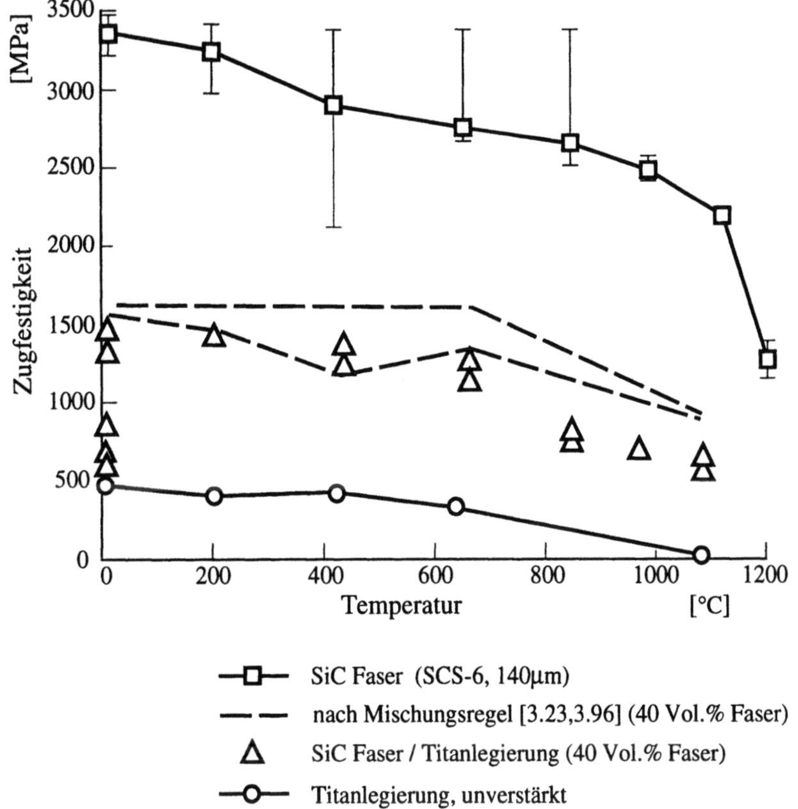

Abb. 3.2.3. Vergleich von gemessenen Eigenschaften und Mischungsregel für *faserverstärkte Titanlegierungen* [3.96]

die Art des Verstärkungsmaterials, durch seine oxidative Beständigkeit, durch die Form des Matrixsystems bestimmt wird.

- Herstellung von "*Prepregbändern*" im Warmwalzverfahren [3.100, 3.103]. Bei diesem Verfahren, abgestimmt auf Aluminium, wird die Matrix bei relativ geringen Temperaturen auf die Faser aufgewalzt (über lotplattierte Alu-Bleche). Ein Laminat wird durch Stapeln von Prepregs und Verpressen hergestellt. Durch die geringe Temperaturbeanspruchung und durch eine Beimischung von Mn-Verbindungen kann nach [3.100] eine gute Haftfestigkeit erreicht werden.

- *Druckgießverfahren* ist nur bei leichtfliessenden Schmelzen und relativ geringen Verstärkungsgraden möglich. Mit der *Hochdruckschmelzeinfiltration* (HDSI) sind bei Al_2O_3-Fasern und Aluminiumlegierungen nach [3.100] bis zu 22 Vol. % Faseranteile möglich, die gegenüber unverstärkten Metallbauteilen eine Gewichtseinsparung von ca 40 - 50 % versprechen [3.100].

- *Drucklose Schmelztechnik* ist ebenfalls bei Kurzfasern möglich. Die gegossenen Halbzeuge sind durch *Schmiede-* und *Preßprozesse* weiterverarbeitbar.

Nach [3.93, 3.100] ist die Faserverteilung abhängig vom Faserdurchmesser. Bei großen Filamentquerschnitten (Ø 100 µm) treten nach [3.100] kaum Probleme auf, bei Ø 3 - 10 µm kommt es leicht zu *Agglomeratbildung*, die die Gleichmäßigkeit der mechanisch/physikalischen Eigenschaften sehr nachteilig beeinflußt.

- *HIP*-<u>H</u>ot <u>I</u>sostatic <u>P</u>ressure-Verfahren mit Matrixhalbzeugen, die nach dem sog. *RSP* (<u>R</u>apid <u>S</u>olidification <u>P</u>rocess) [3.96] hergestellt werden. Entsprechend Abb. 3.2.1 werden Fasern und Matrixband alternierend gestapelt und bei Temperaturen, die dem Matrixsystem entsprechen, unter hohem Druck isostatisch verpreßt.
- *Pulvermetallurgische* Kurzfaserverstärkung; nach [3.103] bringt diese Methodgeringen e nur Verstärkungseffekt, da sowohl beim Mischen von Matrixpulver mit den Kurzfasern, als auch beim anschließenden Verpreß-vorgang die Fasern brechen und somit die Zugfestigkeit nur geringfügig verbessern.

Diese kurze Beschreibung der faserverstärkten Metalle erhebt natürlich keinen Anspruch auf Vollständigkeit. Sie soll darauf aufmerksam machen, daß durch Faser- oder Partikelverstärkung das Eigenschaftsbild von Metallen massiv beeinflußt werden kann. Bis heute fehlt allerdings - aufgrund der schwierigen und teuren Verarbeitung - eine Akzeptanz dieser verstärkten Metalle, abgesehen von Spezialanwendungen in der Luft- und Raumfahrt. Weiterentwicklungen zur Erhöhung der Fertigungsgeschwindigkeiten sollten in Zukunft diesen Werkstoffen einen breiteren Markt erschließen.

3.2.2 Faserverstärkte Keramiken

Die Zielsetzung bei der Entwicklung von *faserverstärkten Keramiken* unterscheidet sich deutlich von der für faserverstärkte Polymere und Metalle [3.108-3.119], die in den vorangegangenen Kapiteln beschrieben ist. Bei letzteren zielt die Faserverstärkung auf eine Verbesserung von *Steifigkeit* und Festigkeit sowie Wärmeformbeständigkeit ab. Keramiken weisen dagegen bereits in unverstärkter Form hohe Steifigkeiten und Wärmeformbeständigkeit bei geringer Rißzähigkeit - sprich hoher Sprödigkeit - auf, wie es die tabellarische Zusammenstellung wichtiger Kennwerte in Abb. 3.2.4 belegt.
Bei den hochfesten *monolithischen* keramischen Werkstoffen hat man zwar in den letzten Jahren erhebliche Verbesserungen erzielt [3.117 - 3.119], allerdings behindert die hohe Sprödigkeit, bzw. mangelnde Rißzähigkeit dieser Werkstoffe noch immer einen erweiterten Einsatz in technischen Anwendungen. Verantwortlich für das spröde Versagen bei Zugbeanspruchungen ist die fehlende Ausbildung von *plastischen Deformationszonen* an der Rißspitze, die einen *Energieabbau* bewirken können. Deshalb läuft ein einmal ausgebildeter Riß mehr oder weniger ungehindert durch das Bauteil und bewirkt ein *katastrophales Versagen* der gesamten Struktur [3.119]. Dieses Verhalten bereitet erhebliche Schwierigkeiten sowohl bei der Auslegung als auch bei der Fertigung, Montage und dem sicheren Betrieb von keramischen Maschinenbaukomponenten.

BASIS		Si_3N_4	SiC	ZrO_2	Al_2O_3 $(+ZrO_2)$
Spez. Gewicht	[g/cm³]	2,0 ... 3,2	3,2	6	4
Biegefestigkeit	[MPa]	200...1000	400	500...1000	300 (600)
Heißbiegefestigkeit bei 1400°C	[MPa]	200...600	200-400	100	100
Bruchzähigkeit K_{IC}	[kJ/m²]	3 - 10	3 - 5	6 - 15	3 (8)
E-Modul	[GPa]	200...300	400	200	400 (300)
Wärmedehnung	10^{-6} [K]	3	5	10	8
Wärmeleitfähigkeit	[W/mK]	10 ... 40	100-140	2	30
Termoschockbeständigkeit		hoch	hoch	mittel	gering
Abtriebbeständigkeit		sehr gut	sehr gut	gut	gut

Abb. 3.2.4. Materialeigenschaften verschiedener Ingenieurkeramiken [3.117]

Ein erfolgversprechendes Konzept, das *Sprödbruchverhalten* sowie die damit verbundene *Thermoschockempfindlichkeit* zu verbessern, ist die Verstärkung der Keramiken mit Fasern (Kurz- oder Endlosfasern) oder Whiskern. Die Faserkomponente übernimmt hier die Aufgabe, durch verschiedene *Versagensmechanismen* in hohem Maß Energie zu absorbieren und damit ein *quasiduktiles Versagensverhalten* zu bewirken, wie es in Abb. 3.2.5 schematisch dargestellt ist.

Während bei der unverstärkten Matrix der erste Anriß sofort zum Versagen der Probe führt, bewirken erste Matrixrisse bei verstärkten Keramiken lediglich einen Absatz in der Kraft-Dehnungskurve und einen weiteren Kurvenverlauf, der ein quasiduktiles Verhalten beschreibt. Im Modell sind die wichtigsten Versagensmechanismen für derartige Keramiken skizziert. Durch *Grenzflächenversagen (fibre debonding), Faserauszug ("Pull out")* und *Faserbruch* wird derartig viel Energie aufgebracht, daß die spröde Matrix, gekoppelt mit spröden Fasern [3.109] ein solch duktiles Verhalten aufweist. Die Grenzfläche zwischen Fasern und Matrix muß deshalb so ausgebildet sein, daß einerseits eine *Kraftübertragung* von der Matrix auf die Faser möglich ist und die Faser so zum mechanischen Verhalten beiträgt. Andererseits darf die Haftung nicht so gut sein, daß bei Auftreten von Rissen die o.g. Effekte nicht wirksam werden können [3.99].

Von der stofflichen Charakterisierung her unterscheidet man heute zwischen *Oxid-* und *Nichtoxidkeramiken* [3.117]. Bei den Oxidkeramiken hat das Aluminiumoxid (Al_2O_3) mengenmäßig die größte Bedeutung erlangt und hat sich in vielen Anwendungsgebieten bewährt. Wie aus Abb. 3.2.4 zu entnehmen ist, weist *Zirkonoxid* (ZrO_2) ein gutes Eigenschaftsbild auf und gewinnt daher zunehmend an Bedeutung. Durch eine *Dotierung* des Al_2O_3 mit ZrO_2 läßt sich z.B. die Biegefestigkeit des Al_2O_3 zusätzlich deutlich steigern (siehe Abb. 3.2.4).

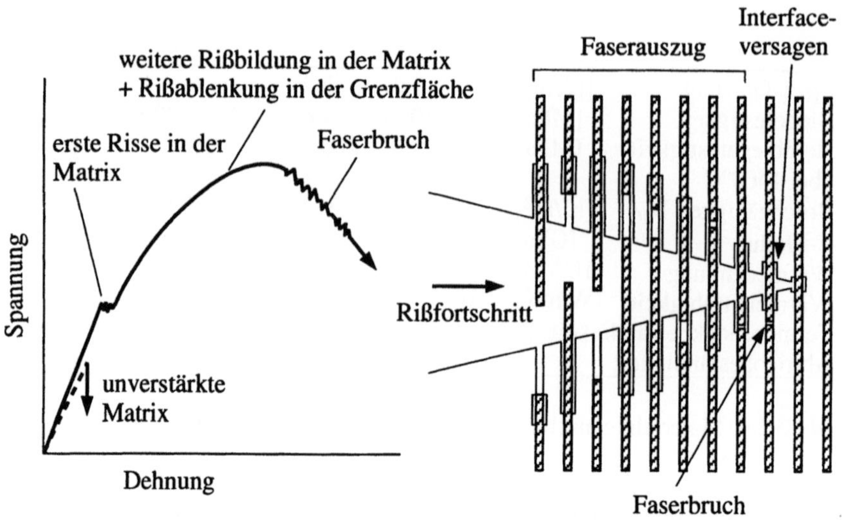

Abb. 3.2.5. Spannungs-Dehnungs-Verhalten von reinen und faserverstärkten Keramiken, sowie Modell des Versagensfortschritts [3.119]

Oxidkeramiken haben nach [3.117] prinzipiell den Nachteil einer nicht ausreichenden Wärmeformbeständigkeit. Bei Beanspruchung über längere Zeit bei erhöhten Temperaturen zeigen sie *Kriechneigung*, die andererseits das *Sintern* bei relativ niedrigen Temperaturen erlaubt. Aufgrund ihrer besseren Wärmeformbeständigkeit gewinnen die Nichtoxidkeramiken an Interesse. Nach [3.117] sind nichtoxidische Verbindungen bereits seit langer Zeit in Form der metallischen Hartstoffe, also der *Carbide, Boride, Nitride* und *Silizide* der Übergangsstoffe bekannt. Zu den nichtoxidischen Keramiken zählen die binären Verbindungen zwischen Kohlenstoff, Silizium, Stickstoff und Bor (*Siliziumkarbid* SiC, *Borkarbide* BC, Bornitride BN), die aufgrund ihrer überwiegend kovalenten Bindung und ihrer kurzen Atomabstände höchste (theoretische) Festigkeiten, Härte sowie chemische und thermische Stabilität aufweisen.

Von besonderem Interesse sind hier die Werkstoffe auf der Basis von Siliziumkarbid (SiC) und *Siliziumnitrid* (SiN), weil diese unter oxidierender Atmosphäre eine *selbstheilende Schutzschicht* bilden. Sie können nach [3.117] deshalb trotz thermodynamischer Unbeständigkeit gegen Oxidation in oxidierender Atmosphäre auch bei hohen Temperaturen eingesetzt werden.

Zur Herstellung keramischer Verbundwerkstoffe sind nach [3.119] grundsätzlich folgende Verfahren anwendbar:
- Pulververfahren,
- *Sol-Gel-Verfahren,*
- *Infiltration mittels flüssiger Phase,*

- Gasphaseninfiltration,
  CVD - Chemical Vapour Deposition,
  CVI - Chemical Vapour Infiltration,
- Pyrolyse von oligomeren oder polymeren siliziumorganischen Verbindungen.

Die Pulvermethode, die bevorzugt für die *Kurzfaser-* und Whisker-*Verstärkung* eingesetzt wird, basiert auf den Verfahren der modernen Keramiktechnologie, wie *Schlicker-* und Spritzgieß*verfahren* sowie der *Folientechnik* [3.11, 3.119, 3.120]. Problematisch können bei diesem Verfahren die beim Verdichten unter Druck (Heißpressen, *Gasdrucksintern*, heißisostatisches Pressen-HIP) oder ohne Druck (Sintern) auftretende Scherbeanspruchung und die Schädigung der Fasern durch die scharfkantigen Pulverteilchen des Matrixwerkstoffes sein.

Beim Sol/Gel-Verfahren werden durch Tränken von textilen Fasergebilden mit Sol oder kontinuierlicher Faserstranginfiltration mit *Lösungen*/Dispersionen, im Naßwickelverfahren mit anschließender Trocknung, Prepregs hergestellt. Insbesondere die Einführung von Sol/Gel-basierten Pulvern und Binderphasen erlaubt nach [3.119] die Reduzierung der Sinter- und Heißpreßtemperaturen bis zu Werten, die eine thermische Schädigung der Fasern und Whisker ausschließen.

Bei der *Flüssigphasenimprägnierung* geht man von einem Kohlenstoff/Kohlenstoff- (C/C) Faserverbund aus. Die poröse C/C-Struktur (siehe Abschn. 3.2.3) wird mit schmelzflüssigem *Silizium* bei Temperaturen zwischen 1500 und 2000°C unter Inertgas infiltriert. Nach [3.116] ist die Infiltrationshöhe abhängig von der Oberflächenspannung und der *Kapillarausbildung* im C/C-Verbund. Untersuchungen in [3.116] haben gezeigt, daß bei den o.g. Temperaturen Strukturen bis zu 1,6m Länge unter Vakuum infiltriert werden können.

Bei dem Verfahren der **chemischen Gasphasenabscheidung (CVD, CVI)** entsteht der Verbundwerkstoff durch chemische Gasphasenimprägnierung eines porösen Fasergerüstes (Gewebe, Geflecht, Gelege), wobei sich das Gas als feste Phase auf und zwischen den Fasern abscheidet und so die Matrix des Verbundwerkstoffes bildet. Nach [3.108, 3.119] weisen die nach diesem Verfahren hergestellten Verbundwerkstoffe (SiC mit Kohlenstoff- oder Keramikfasern) heute die höchsten Werte bzgl. Rißausbreitungsverhalten, Rißzähigkeit, Wärmeformbeständigkeit und *Thermoschockverhalten* auf.

Ein Nachteil bei diesem Verfahren ist die lange Prozeßdauer zur Infiltration von textilen Gelegen. So werden nach [3.119] zur Herstellung großer Strukturen Reaktionszeiten bis zu sechs Wochen angegeben. Es ist bei der Infiltration nach [3.110] vor allem darauf zu achten, daß die Faserabstände groß genug sind, um ein Abscheiden der Gasphase zu erlauben. Allerdings muß vermieden werden, daß eine ungleichmäßige Faserverteilung zu Matrixanhäufungen führt, die bei Beanspruchung im Bauteil zu verfrühtem örtlichem Versagen führen kann.

Die Flüssigimprägnierung von Fasergebilden mit oligomeren oder polymeren siliziumorganischen Verbindungen mit anschließender **Pyrolyse** wird in [3.115] näher erläutert. Nach dem in Abb. 3.2.6 skizzierten Prozeß wird das *Siliziumpolymer* - mit Keramikpulver angereichert - z.B. im Wickelverfahren mit

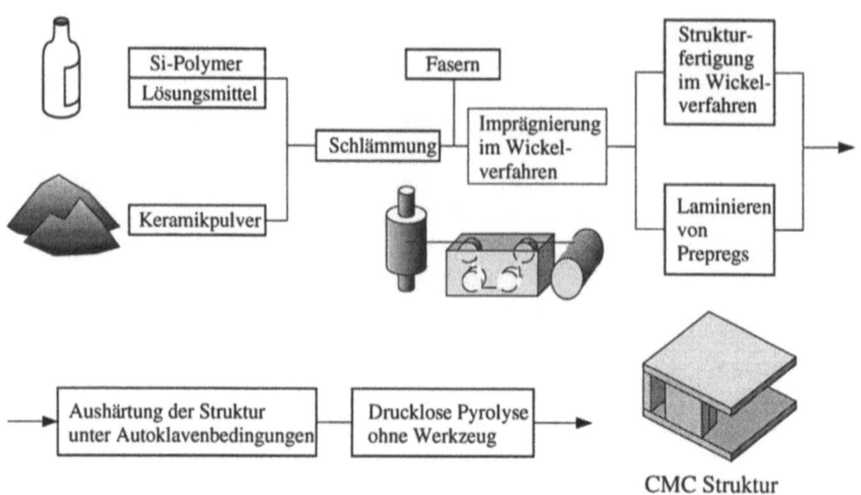

Abb. 3.2.6. Polymerpyrolysetechnik für faserverstärkte Keramik (CMC) mit Hilfe der Wickeltechnik für die Matriximprägnierung [3.115]

einer Keramikfaser verarbeitet. Der "*Grünling*" wird nach der Aushärtung im Autoklaven (ca. 200°C, 10-20 bar) bei Temperaturen um 1000°C in Argonatmosphäre freistehend pyrolisiert. Mit großem Erfolg wurde so ein Abgasrohr für ein Triebwerk eines Mittelstreckenflugzeugs (Dornier DO328) hergestellt.

Die Entwicklungsarbeiten der letzten Jahre [3.109 - 3.120] haben gezeigt, daß ein kritischer Punkt bei der Herstellung der faserverstärkten Keramiken der thermische und chemische Angriff der Verstärkungskomponenten während des Herstellungsprozesses ist. So beschreibt Warren [3.109], daß die Keramikfasern bei hohen Prozeßtemperaturen zur *Kornvergrößerung* neigen und damit einen großen Teil ihrer Verstärkungswirkung verlieren. Warren plädiert aus diesem Grund für die Verwendung von Kohlenstoffasern, die bei den Verarbeitungstemperaturen von Keramiken keine Strukturveränderung durchlaufen. Allerdings sind diese Fasern thermooxidativ anfällig bei erhöhten Temperaturen. Ein Infiltrationsprozeß, wie er in [3.116] beschrieben ist, könnte dieses Problem in Zukunft lösen.

Darüber hinaus ist ein Schwergewicht auf die Erfassung und Steuerung der *Grenzflächenausbildung* zwischen Faser und Matrix zu legen, um die o.g. Energieabsorptionsmechanismen wirksam werden zu lassen.

Der Bericht einer japanischen Expertengruppe [3.113], die die Probleme der Markteinführung von Keramiken, vornehmlich von faserverstärkten Keramiken, beschreibt, beinhaltet genau diese o.g. Probleme, die das Keramikfieber der 80er Jahre gedämpft haben. Verfeinerte Fertigungsverfahren und verbesserte Ausgangsmaterialien können dieser Werkstoffklasse eine wirkungsvolle Zukunft bescheren.

3.2.3 Kohlenstoffaserverstärkter Kohlenstoff C/C- (Carbon/Carbon)

In den vorherigen Abschnitten ist bereits die Wärmeformbeständigkeit von C/C-Materialien angedeutet worden, die weit über der für metallische und keramische Matrices liegt. Die Entwicklung dieser Systeme begann Ende der fünfziger Jahre in den USA und einige Jahre später in Frankreich. Eingeleitet wurde die Entwicklung durch die Forderungen aus der Raumfahrt für *Raketenspitzen* und *Wiedereintrittskörper*, die hohen Temperaturen ausgesetzt sind [3.109, 3.121 - 3.124].

Als Verstärkungsfasern eignen sich prinzipiell alle in Abschnitt 2.1 beschriebenen Kohlenstoffasern, sei es auf Rayon- , PAN-, oder Pechbasis. Nach [3.121] ist die Ausbeute bei Rayonfasern zu gering und der Kohlenstoffgehalt bei hochfesten PAN-Fasern nicht ausreichend, so daß heute überwiegend Pechfasern oder Hochmodul-PAN-Fasern zum Einsatz kommen. Die Ausgangsmaterialien für die *Kohlenstoffmatrix* können polymere Systeme mit hohem Kohlenstoffgehalt - duromere oder thermoplastische - sein, die in einem aufwendigen Prozeß zu reinem Kohlenstoff umgewandelt werden. Darüber hinaus können gasförmige Kohlenwasserstoffe zum Einsatz kommen, abhängig vom gewählten Prozeß.

Nach [3.121, 3.122] haben sich heute drei Prozeßvarianten durchgesetzt:
- der *"Solid"-Prozeß*,
- der *"Liquid"-Prozeß*,
- der CVD/CVI-Prozeß.

In Abschn. 3.2.1 bzw. 3.2.2 ist der CVD/CVI-Prozeß bereits beschrieben. Gasförmiger Kohlenstoff wird in einem textilen Fasergebilde abgeschieden und baut gleichmäßig Kohlenstoff als Matrix auf.

Die beiden übrigen Prozesse beruhen auf einer Flüssigimprägnierung mit polymeren oder Pechausgangsmaterialien, wie sie prinzipiell in Abb. 3.2.7 beschrieben sind [3.123]. Nach der Imprägnierung wird das Garn, analog dem Wickelverfahren, auf eine Trommel aufgewickelt und das Band nach der Trocknung als ebenes Prepreg zu einem Laminat mit vorgegebenen Faserorientierungen gestapelt. Das derartig vorgefertigte Laminat wird bei erhöhten Temperaturen *karbonisiert* bzw. *graphitiert*.

Nach Abb. 3.2.8 wird die "Solid"-Fertigungsroute auf duromeren Polymersystemen wie Phenolharzen oder *Polystyrylpyridinen* [3.116] aufgebaut, die im ausgehärteten Zustand hohen Kohlenstoffanteil - allerdings im amorphen glasartigen Zustand - enthalten, der nicht die gewünschte Graphitstruktur einnimmt. Im Gegensatz dazu bildet bei der Flüssigimprägnierung ein thermoplastisches Material, meist auf der Basis von Pech, den Prekursor, der die Ausbildung einer Graphitstruktur analog der der Kohlenstoffaser (siehe Abschn. 2.1) zuläßt.

Im Anschluß an die Pyrolyse wird das System bei Temperaturen zwischen 1500 und 1750°C graphitiert. In diesen beiden Fertigungsstufen entstehen flüchtige Produkte, die im Laminat Fehlstellen und Poren hinterlassen. Diese Fehlstellen müssen, wie es Abb. 3.2.8 zeigt, durch mehrmaliges Imprägnieren wieder aufgefüllt und wiederholt karbonisiert , bzw. graphitiert werden.

Diese zeitaufwendigen Arbeitsschritte machen die Herstellung von C/C-Werkstoffen so teuer, daß eine weite Verbreitung noch ausgeschlossen ist. Allerdings zeigen Untersuchungen in [3.121, 3.122], daß eine *Hochdruckimprägnierung* mit flüssigen Kohlenwasserstoffen in wenigen Stunden abgeschlossen ist, im Gegensatz zur Infiltration bei Normaldruck, wie es Abb. 3.2.9 eindrücklich be-

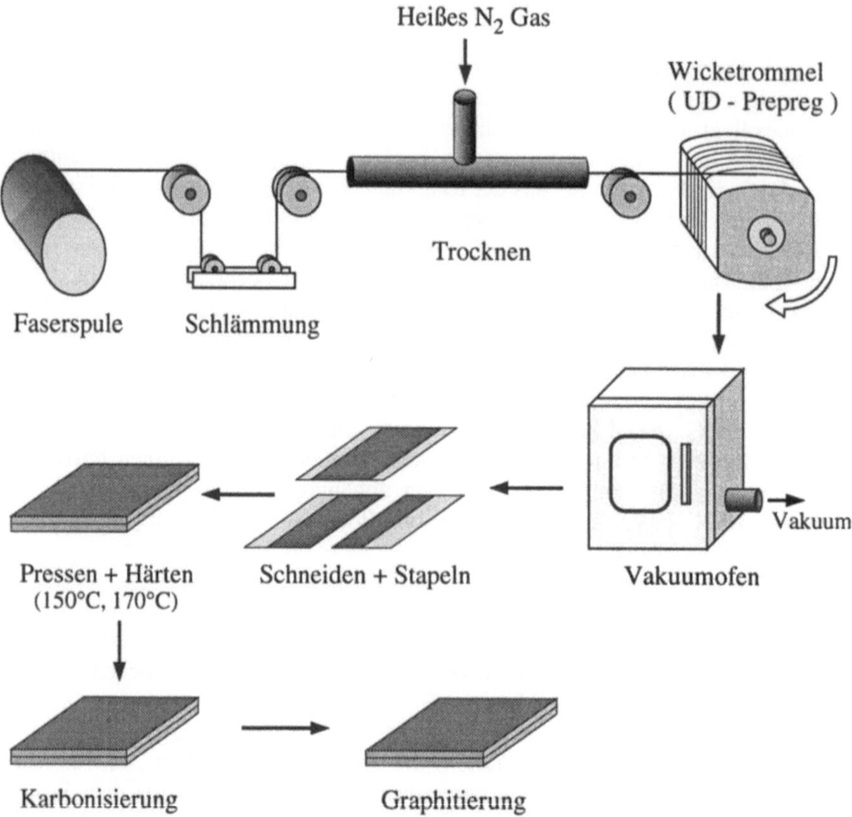

Abb. 3.2.7. Prinzipieller Arbeitsablauf bei der Herstellung von Carbon/Carbon (C/C)-Material nach der Flüssigmethode [3.123]

legt. Mit der gleichen Anzahl Imprägnierzyklen wird eine höhere Materialdichte erreicht, was umgekehrt geringere Porosität des graphitierten Materials bedeutet.

Die Abb. 3.2.7 demonstriert die Fertigung von 2D-Laminaten, wie man sie von polymeren Faserverbundwerkstoffen her kennt. Die hohen *Karbonisier-* und *Graphitiertemperaturen* bewirken allerdings häufig Delaminationen bei der Fertigung. Deshalb und aufgrund der heute bekannten Anwendungen [3.121, 3.122] in der Raumfahrt und im Sport, werden heute vielfach dreidimensionale Verstärkungsgebilde verwendet, die weitgehend isotropes Materialverhalten bewirken. Speziell bei Aerospatiale [3.121] wurden geeignete textile Verarbeitungsmaschinen entwickelt, die faserverstärkte Gebilde mit Anordnungen in mehreren Raumrichtungen produzieren können (*3-D-, 4-D-"Gewebe"*). Vorwiegende Anwendungsgebiete waren und sind Auskleidungen für *Triebwerksdüsen*, Spitzen von Raketen, Wiedereintrittskörpern (z.B. Space Shuttle) etc., die extrem hohen Beanspruchungen von über 2000°C ausgesetzt sind.

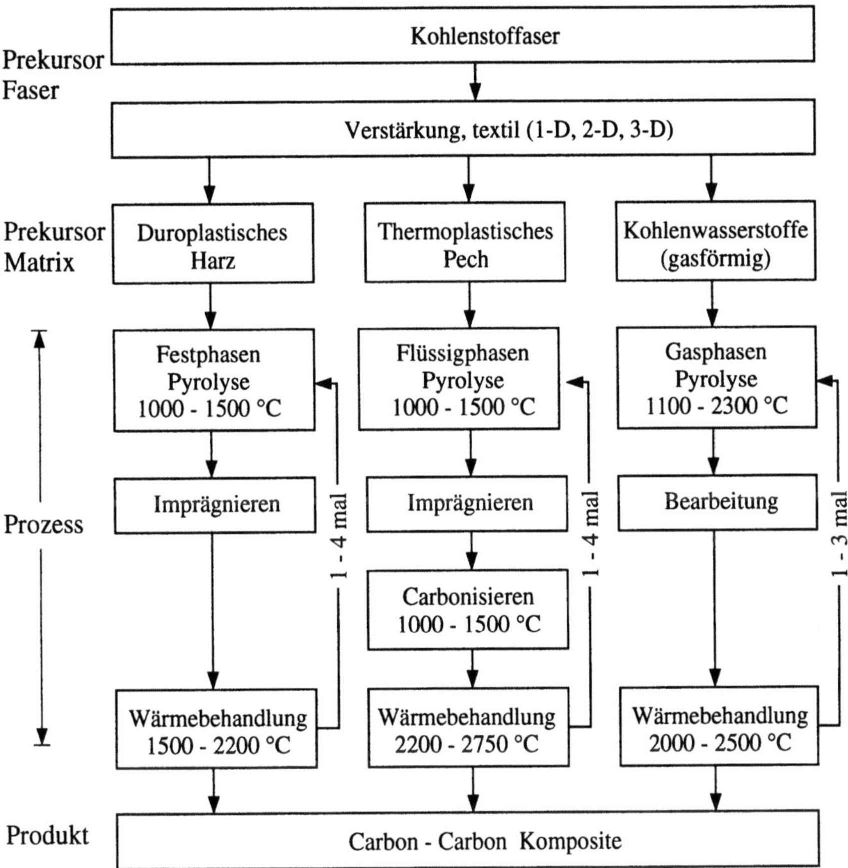

Abb. 3.2.8. Vergleichende Arbeitsschritte für die gängigen Fertigungsverfahren [3.122]

Seit einigen Jahren haben diese Materialien Eingang in den Motorsport - die *Scheibenbremsen* von F1-Wagen sind heute durchweg aus C/C - und in die Luftfahrt gefunden, wo C/C-Bremsscheiben und -beläge eingesetzt werden. Die hohen *Reibbeiwerte* bis zu 1000°C und der geringe Abrieb, gepaart mit geringem spezifischem Gewicht führen zu deutlichen Gewichtseinsparungen bei längeren Standzeiten.

Nach [3.122] sind die biokompatiblen Eigenschaften von C/C-Werkstoffen hervorragend geeignet, solche Materialien in intrakorporalen Applikationen einzubringen. Die anpaßbaren Eigenschaften an die Knochenstruktur (siehe Abschn. 2.8) sprechen für dieses Material. Wenn es gelingt, wie in [3.121] beschrieben, die Fertigungszeiten drastisch zu reduzieren, steht diesem Werkstoff eine große Zukunft bevor. Kombiniert mit dem SiC-Infiltrationsverfahren [3.116] kann die geringe oxidative Beständigkeit u.U. entscheidend verbessert werden, da die Kohlenstoffoberfläche durch SiC vor oxidativem Angriff geschützt ist.

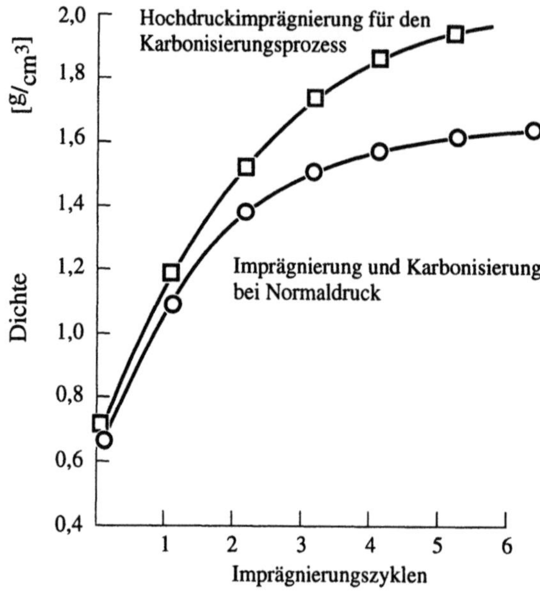

Abb. 3.2.9. Abhängigkeit des spezifischen Gewichtes von Laminaten vom Infiltrierungsvorgang [3.122]

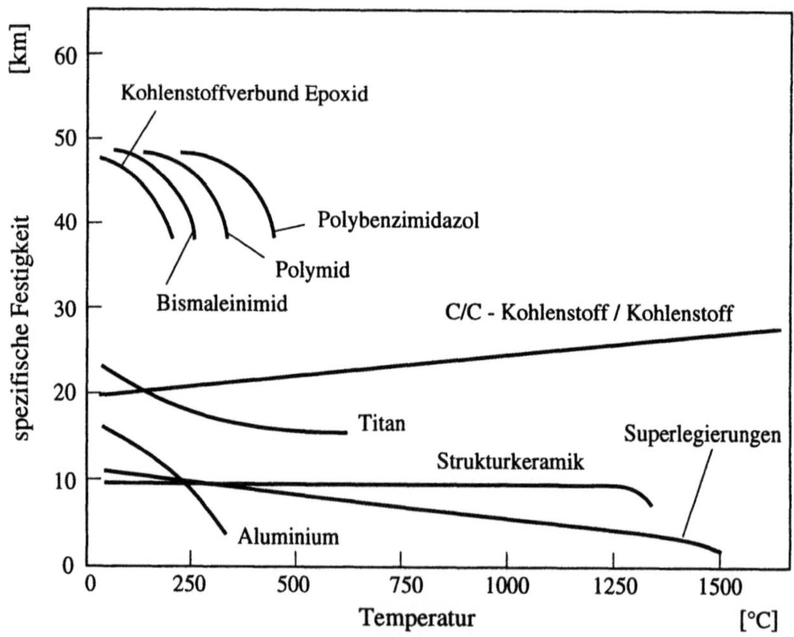

Abb. 3.2.10. Spezifische Festigkeit als Funktion der Anwendungstemperatur für verschiedene Materialien [3.1, 3.122]

Abschließend sei in Abb. 3.2.10 die Temperaturbeständigkeit der verschiedenen Faserverbundwerkstoffe und bekannter Metalle dargestellt. Diese Graphik zeigt eindrücklich die Überlegenheit von C/C-Werkstoffen selbst gegenüber temperaturbeständigen Metallegierungen. Mit dieser Graphik werden die vielfältigen Anwendungsmöglichkeiten von Verbundwerkstoffen und Werkstoffverbunden für verschiedene Temperaturbereiche und deren Überlegenheit gegenüber isotropen metallischen Werkstoffen demonstriert.

Literaturverzeichnis

Literatur zu Kapitel 1

1.1 Ambos, H.: Die Bedeutung von Schlüsseltechnologien, Vortrag zum Symposium Faserverbundbauweisen an der ETH-Zürich, 22./23. März 1993

1.2 Clark, P.J. und Flemings, M.C.: Moderne Werkstoffe und ihre wirtschaftliche Bedeutung; Spektrum der Wissenschaft, Heidelberg, Dez. 1986

1.3 Hoffman, P.R.: The latest developments in speciality aerospace materials; World Aerospace Technology '92, The International Design and Development, 1992

1.4 Liedl, G.: Die Wissenschaft von den Werkstoffen; Spektrum der Wissenschaft, Heidelberg, Dez. 1986

1.5 Baer, E.: Hochentwickelte Polymere; Spektrum der Wissenschaft, Heidelberg, Dezember 1986

1.6 Flemming, M.: Die Bedeutung anisotroper Konstruktionen - eine Übersicht; Konstruktion 45, 1993

Literatur zu Kapitel 2

2.1 Blumberg, H.: Stand und Entwicklungstendenzen für Hochleistungs-Polymer- und Kohlenstoffasern; 28. Internationale Chemiefasertagung, Dornbirn, September 1989

2.2 Rose, G.P.: Hochfeste Kohlenstoffasern: Herstellung und Eigenschaften; Ingenieurwissen; Kohlenstoff- und aramidfaserverstärkte Kunststoffe, VDI-Verlag GmbH, Düsseldorf, 1977

2.3 N.N.: Technik-Werkstoffe; Härene Stärke; Der Spiegel, Nr. 12, 1969

2.4 Fitzer, E.; Weiß, R.: Oberflächenbehandlung von Kohlenstoffasern; Verarbeiten und Anwenden kohlenstoffaserverstärkter Kunststoffe; VDI-Verlag GmbH, Düsseldorf, 1989

2.5 Fitzer, E.: Neue Entwicklungen für Faserverbundwerkstoffe, Handbuch für neue Systeme; Hrsg. Demat Exposition Managing; Vulkan-Verlag, Essen, 1992

2.6 Edie, D.; Fitzer, E.; Rhee, B.: Present and Future Reinforcing Fibers - From Solid to Hollow; Verbundwerk, Wiesbaden, 1991

2.7 Spengler, H.; van Galen, J.: Herstellung von Kohlenstoffasern aus Steinkohlenteerpech; BMFT- Verbundprojekt 03M1015: Verbundpartner: AKZO, Wuppertal; Rütgerswerke AG, Frankfurt; TU Karlsruhe (Institut für Chemische Technik); Universität Erlangen (Institut für Technische Chemie), 1990

2.8 McGuire, C.; Vollerin, B.: Thermal Management of Space Structures; SAMPE-European Chapter, 1990

2.9   Flemming, M.; Pönitzsch, W.; Roth, S.: Die Jagd nach Kosten- und Gewichtsreduzierungen; Technische Rundschau 46/90, Hallwag Verlag, Bern, 1990

2.10   Sin Shoug Lin: Recent Developments of Carbon Fiber in Japan; SAMPE-Journal, Volume 28, Nr. 4, July/August 1992

2.11   Brown, D. Kyle; Phillips, Wayne M.: SAMPE- Journal, Volume 26, Nr. 5, September/October 1990

2.12   Tse Hao Ko: Effects of Stabilization on the Properties of PAN-based Carbon Fibers during Air Oxidation; SAMPE-Quarterly, Volume 22, Nr 2, January 1991

2.13   N.N.: SACMA (Suppliers of Advanced Composites Materials Association): Standardization of reporting of carbon fiber tensile modulus; Advanced Composites, May/June 1991

2.14   N.N.: Datenblatt von Fortafil Carbon Fibers, AKZO, Technical Data Sheet 902 A Fortafil 3 (C) "Continuous Carbon Fiber," Fortafil Fibers, Inc., Rockwood, 1992

2.15   Sin Shoug Lin: Oxidative Stabilization in Production of Pitch Based Carbon Fiber; SAMPE-Journal, Volume 27, Nr. 1, January/ February 1991

2.16   Ischikawa,T.; Nagaoki T.: Recent Carbon Technology Including Carbon and SIC Fibers; English Editor: I.C. Lewes, JEC Press Inc. 1983

2.17   Böder, H.; Neumann, U.: Kohlenstoffasern als Verstärkungsmaterial für eine neue Klasse von Konstruktionswerkstoffen, Kunststoffe 73/6, 1983

2.18   Eyerer, P.; Heißler, H.: Verstärkte Kunststoffe in der Luft- und Raumfahrt; Kohlmanner-Verlag, 1988

2.19   N.N.: BASF-Broschüre: Pilotprojekt Brücke auf dem Firmengebäude der BASF in Ludwigshafen

2.20   Mc Connel, V.P.: Can composites rebuilt Amercia's infrastructure, Advanced Composites, Nov./Dez. 1992

2.21   N.N.: BASF-Broschüre: High strength tension member made of carbon fiber composites

2.22   Roth, S.; Grüninger, P.G.: Beitrag zur Deutung des Querzugversagens von Stranglaminaten; Vortrag auf der AVK-Tagung, Freudenstadt, 1969

2.23   Bunsell, A.R.: Composite Materials Series, 2; Fibre reinforcements for composite materials, Chapter 8, Elsevier Science Publishers, Amsterdam, 1988

2.24   Marzullo A.: SAMPE Journal, Vol 28, No. 6, November/ Dezember 1992

2.25   Schoenberg, T.: Boron and Silicon Carbide Fibers.; Eng. Mat. Handbook, Vol. 1, Composites, ASNA, Mutals Park, Ohio 4473, 1987

2.26   Hoffmann, P.R.: The international review of aerospace design and development; Textron Specialty Materials, World Aerospace Technology 1992

2.27   Mittnik, Melvin A.: Continuous SiC fibre reinforced metals; SAMPE-Journal, Volume 26, Nr. 5, September/October 1990

2.28   Thompson, B.; LeCostaonec, J.-F.: Recent developments in SiC-Monafilament Reinforced Si_3N_4 Composites; SAMPE Quarterly, Volume 22, Nr. 3, April 1991

2.29   Galasso, F. u.a.: Preparation, Structure and Properties of Continuous Silicon Carbide Filaments; Appl, Phys. Lett., Band 9, pp. 37 - 39, 1966

2.30   N.N.: Datenblatt über Nicalon-Silicon Carbide Continuous Fiber, Nippon Carbon Co., LTD, 6-1, Hatchobori 2-chome, Chuo-Ku, Tokyo

2.31   Wawner, F.E.; Nutt, S.R.: Investigation of Diffusion Barrier Materials on Silicon Carbide Filaments; Ceram. Eng. and Sci. Proc. Band 1, pp. 709–719, 1980

2.32   Ogbuji, O. u.a.; The ß and ∂ Transformation in Polycristalline SiC: IV, A Comparison of Conventionally Sintered, Hot Pressed, Reaction-Sintered, and Chemical-Vapor Deposited Samples; 1st Annual Meeting, The American Ceramic Society, Cincinatti, Ohio, May 1, 1979

2.33   White, R.C.; Midlothian; Dabis H.R.: Silicon Carbide Structures; U.S. Patent 3, 508, 954 April 28, 1970

2.34   Hartmann, H.; Nußbaum, H.J.: Neues über Aluminiumoxyd-faserverstärkte Verbundstoffe; 20. Internationale Chemifasertagung, Dornbirn, 1981

2.35   Cooke, T.F.: Fiber Reinforcement; Handbook of Composite Reinforcements, Edited by Lee, M.S., VCH-Verlagsgesellschaft, Weinheim, 1993

2.36   Bunsell, A.R.: Fiber Reinforcement; Handbook of Composite Reinforcements, Edited by Lee, M.S., VCH-Verlagsgesellschaft, Weinheim, 1993

2.37   Miller, W.C.: Fibers and Nonwoven Fabrics; in Encyclopedia of Textiles; edited by Grayson M., pp 443-450, Wiley, New York, 1984

2.38   Tretzel, J.; Achtsnit H.D.; Bohler, J.; Gimpel M.; Herwig H.U.; Wegerhoff, A.: Production, Processing and Application of Enka Silica Fibers; 57th Annual TRI Conference, Charlotte, NC, April 21-22, 1987

2.39   Brocke, P.; Schurmans, H.; Verhoest, J.: Inorganic Fibers and Composite Materials; A Survey of Recent Developments, Pergamon Press, Oxford, 1984

2.40   Romine, J.C.: Ceramic Engineering and Scientific Proceedings; 11th ACS Annual Conference on Composites and Advanced Ceramic Materials, 1987

2.41   Verbeck, W.: German Patent 2,218,960 ; 1973

2.42   Penn, B.G.; Ledbetter, III, F.E.; Clemons, J.M.; Daniels, J.G.: Journal of Appl. Polymers Sciences, 27 (10), p. 3751, 1982

2.43   Penn, B.G.; Daniels, J.G.; Ledbetter, III, F.E.; Clemons, J.M.: Industrial Engineering, Chemical Process Design Developments p 217, 1984

2.44   Lin, R.Y.; Economy, J.; Murty, H.H.; Ohnsorg, R.: Appl. Polym. Symp., 29, 175, 1976

2.45   N.N.: Der Neue Brockhaus, zweiter Band, E-J; F.A. Brockhaus, Wiesbaden 1960

2.46   Flemming, M.; Musch G.: Werkstoffkennwerte; ETH-Zürich, Institut für Konstruktion und Bauweisen, interne Broschüre, 1989

2.47   Schneider, H.; Schneider, L.: Lexikon Naturwissenschaft in der Alltagssprache; Wolfgang Krieger Verlag

2.48   Hagen, H. u.a.: Glasfaserverstärkte Kunststoffe, Kap. 1.4, Glasfasern; Springer Verlag, 1961

2.49   Neumüller, O.-A.: Taschenlexikon der Chemie, ihrer Randgebiete und Hilfswissenschaften; Franck'sche Verlagshandlung, Stuttgart, 1977

2.50   N.N.: dtv-Lexikon der Physik, Deutscher Taschenbuch Verlag, August, 1970

2.51   Michaeli, W.; Wegener, M.: Einführung in die Technologie der Faserverbundwerkstoffe; Carl Hanser Verlag, München, 1989

2.52   Meyer, O.: Glasfasern für die Verstärkung von Kunststoffen; Kunststoff-Rundschau, 2. Jahrgang, Heft 4, 1955

2.53   Krevelen, D.W. van: Verbundwerkstoffe (Composites); 22. Internationale Chemiefasertagung, Dornbirn, 1983

2.54   Kleinholz, R.: Neue Erkenntnisse bei Textilglasfasern zum Verstärken von Kunststoffen; 22. Internationale Chemiefasertagung, Dornbirn, 1983

2.55   Meyer, O.: Glasfasern für die Verstärkung von Kunststoffen; Kunststoff-Rundschau, 2. Jahrgang, Heft 3, 1955

2.56   Freytag, H.; Koch, P.-A.: Glasfäden-Untersuchungen; Einführung, Begriffserklärung, allgemeine Problembetrachtung; Veröffentlichungsreihe der Deutschen Glastechnischen Gesellschaft e.V., 1943

2.57   Baer, E.: Hochentwickelte Polymere; Spektrum der Wissenschaft, pp 150-160, Dezember 1986

2.58   Hancork, T.A.; Spruiell, J.E.; White, J.L.: Wet spinning of aliphatic and aromatic polyamides; Journal of Applied Polymer Science, Vol. 21, pp. 1227-1247, 1977

2.59   Morgan, R.J.; Allred, E.A.: Aramid Fiber Composites; Handbook of Composites Reinforcements, pp. 5 - 22, Edited by Lee, S.M.; VCH-Verlagsgesellschaft mbH, Weinheim, 1993

2.60   N.N.: Die Aramidfaser für Hochleistungs-Verbundwerkstoffe - Twaron; AKZO-Broschüre, 42097 Wuppertal, 1994

2.61   Ehrenstein, G.W.: Faserverbund-Kunststoffe: Werkstoff-Verarbeitung-Eigenschaften; Carl Hanser Verlag, München, 1992

2.62   Dobb, M.G.; Johnson, D.J. and Saville, B.P.: Compressional behaviour of Kevlar fibres, Polymer, Vol 22, July 1981

2.63   Greenwood, J.H.; Rose, P.G.: Compressive behaviour of Kevlar 49 fibres and composites, Journal of materials science, pp. 1809-1814, 1974

2.64   Dobb, M.G.; Johnson, D.J.; Saville, B.P.: Direct observation of structure in High-Modulus aromatic Fibers; Journal Polymer Science (Polym. Symp.), 58, pp.237-251, 1977

2.65   Panar, W.; Avakian, P.; Blume, R.C.; Gardner, K.H., Gierke, T.D., Yang, H.H.: Morphology of Poly (p-Phenylene Terephthalamide) Fibers; Journal of Polymer Science: Polymer Physics Edition, Vol. 21, pp. 1955-1969; 1983

2.66   Rosen, B.W.: Mechanics of Composite Strengthening in Fibre Composite Materials; American Society for Metals, Metals Park, Ohio, p. 37; 1965

2.67   Dobb, M.G.; Johnson, D.J. ; Saville, B.P.: Supramolecular Structure of a High-Modulus Polyaromatic Fiber (Kevlar 49); Journal Polymer Science (Polymer Physics Edition), 15, pp. .2201-2211; 1977

2.68   Hillermeier, K.: Aramidfasern; Ingenieurwissen, Kohlenstoff- und aramidfaserverstärkte Kunststoffe, VDI-Verlag, Düsseldorf 1977

2.69   Morgan, R.J.; Fung-Ming Kong; Lepper, K.: Laser-Induced Damage Mechanisms of Kevlar 49-Epoxy Composites; Journal of Composite Materials, Vol. 22, Nov. 1988

2.70   Morgan, R.J.; Pruneda, C.O.; Butler, N.; Kong, F.M.; Caley, L.E.; Moore, R.L.: The Hydroliytic Degradation of Kevlar 49-Fibres; Proceedings of the 29th Nat. Sampe Symposium, pp. 891-902, 1984

2.71   Dobb, M.G.; Johnson, D.J.; Majeed, A.; Saville, B.P.: Microvoids in aramid-type fibrous polymers; Polymer, Vol 20, October, 1979

2.72   Northolt, M.G.: Aramids-bridging the gap between ductile and brittle reinforcing fibers, AKZO Research Laboratories, Arnheim

2.73   N.N.: The Effect of Ultraviolet light on Products Based on Fibers of Kevlar 29 and Kevlar 49-Aramid; Du Pont Technical Report C-29;1977

2.74   Fellers, J.F.; Lee, J.S.: SAXS Studies of Polymeric Materials Used in Performance Composites; Lawrence Livermore National Laboratory Contract, P.O. 2819401, Final report, June 1985

2.75   Tallent, M.A.; Cordova, C.W.; Cordova, D.S.; Donnelly, D.S.: Thermoplastic Fibers for Composite Reinforcement; Handbook of Composite reinforcements, pp. 634-648, Edited by Lee, S.M; VCH-Verlagsgesellschaft mbH., Weinheim, 1993

2.76   Hinrichsen, G.: Superfeste Polyethylenfasern; Spektrum der Wissenschaft, Heidelberg, November 1986

2.77   N.N.: Dyneema SK60-High performance fibers in composites; Broschüre der Firma DSM High Performance Fibers B.V.; Eisterweg 3, NL 6422 PN Heerlen, 1988

2.78   Kirschbaum, R.; Yasuda, H.; Gorp v., E.H.M.: High strength/high modulus polyethylene fibres; 25. Internationale Chemiefasertagung, Dornbirn, 1986

2.79   N.N.: Diolen 164S, 173; Broschüre der Firma AKZO, ;

2.80   Schwarz, O.: Kunststoffkunde, Vogel Fachbuch Technik, Berufspraktische Ausbildung; Vogel Buchverlag Würzburg, 2. Auflage, pp. 115 - 122, 1988

2.81   Koser, U.; Stellbrink, K.U.: Matrixloser Faserverbund; DLR-Nachrichten, Heft 72, August 1993

2.82   Lindquist, P.F.; u.a.: Crystal Structure of Vapor - Deposited Boron Filaments; Journal of Applied Physics, Volume 39, Number 11, 1968

2.83   De Bolt, H.E.: Boron an other high strength , high modulus, low-density filamentary reinforcing agents; Specialty Material Division, AVCO Corporation, Lowell, Massachussetts

2.84   Wawner, F.E.; Eason, J.W.; De Bolt, H.E.; Suplinskas, R.D.: Some aspects of boron filament elongation; Ceramic Engineering and Science; Proc., Band 1, Heft 7-8 (A), pp. 340-347, 1980

2.85   N.N.: Härene Stärke; Der Spiegel 12, 1969

2.86   Wawner, F. E. jr.: Boron Filaments, Modern Composite Materials; Chapter 10, 1st. Ed.; Addison + Wesley, 1967

2.87   Eason, J.W.: Modell for the Elongation of Boron on Tungsten During Chemical Vapor Deposition; Ceramic Engineering and Science; Proc.; Band 1, Heft 7-8 (B), pp. 693-708, 1980

2.88   Mehalso, R.M.; Diefendorf, R.J.: Kinetics of Boron deposition by the Hydrogen Reduction of Boron Trichloride; Fifth International Conference on CVD; Electrochemical Society, Princeton, pp. 84-98, 1975

2.89 Carlton H.E. ; Oxley, J.; Hall, E.: Kinetics of the hydrogen reduction of boron trichloride to boron; Second International Conference on CVD, Electromechanical Society, pp. 209-225, 1970

2.90 Carlsson, J. O.: Factors influencing the morphologies of Boron deposited by chemical vapour deposition; Journal of the Less Common Metals, 70, pp. 77-96, 1980

2.91 Bhardwaj, Jayant, Krawitz, Aaron D.: The Structure of Boron in Boron Fibres; Journal of Materials Science 18, pp.. 2639-2649, 1983

2.92 Di Carlo, J. A.: National Aeronautics and Space Administration, Lewis Research Center, Cleveland, Ohio 44 135

2.93 De Bolt, H.; Davis, H.: Carbon Filament Coated with Boron and Method for Making Same, U.S. Patent 4, 142, 008, Feb. 1979

2.94 Mehalso, E.M.; Diefendorf, R.J.: High strength - High Modulus Boron Vapor Deposited on a Carbon Monofilament Substrate

2.95 Lee J.A.; Mykkanen D.L.: Metall and Polymer Matrix Composites, Noyes Data Corporation, Park Rigde, New Jersey, U.S.A, 1987

2.96 Mehalso, R.M.; Diefendorf, R.J.: Vapor Deposition of high strength-high-modulus Boron on a Carbon monofilament substrate; Glask, F.A. (Ed.) 3rd International Conference on Chemical Vapor Deposition Proc., Salt Lake City, Utah, Am. Nucl. Soc.; pp. 552-560, 1972

2.97 Wawner, F.E.; Nutt, S.R.: Investigation of Diffusion Barrier Materials on Silicon Carbide Filaments; Ceramic Engineering and Science, Proceedings, Bd. 1, Juli/Aug. 1980

2.98 Ufer, E.: Hollow-fibres in fibre-reinforced plastics; its advantages and limitations. Verbundwerk '91, 3rd International Conference on Reinforced Materials and Composite Technologies, 1991

2.99 Niederstadt, G.: Möglichkeiten zur Erhöhung der Biegesteifigkeiten von CFK-Schichtstoffen mittels Hohlfasereinlage; DFVLR-Braunschweig, Bericht Nr. IB 152-80/05-1980

2.100 Semrau, H.J.: Untersuchung des Knick- und Beulverhaltens von unidirektionalen Hohlglasfaser-Carbon-Mischlaminaten anhand von Gütezahlvergleichen; Dornier GmbH-Bericht Nr. SK80-190/78 - 1978

2.101 Flemming, T.: Vergleich der mechanischen Eigenschaften und des Umformverhaltens zwischen gerichteten kurz- und langfaserverstärkten Thermoplasten; Dissertation an der TU München, Institut für Werkstoff- und Verarbeitungswissenschaften, 1994

2.102 Niederstadt, G.; Gädke, M.; Bäuml, H.: Untersuchungen von Hohlglasfasern für die Verbundwerkstoffentwicklungen; DFVLR-Institut für Flugzeugbau, Braunschweig, Berichts-Nr. DLR-FB 76-45

2.103 Bäuml, H.: Vorversuche an Hohlglasfaserlaminaten und Einzelfasern im Raster-Elektronenmikroskop mit Zugbelastung zur Darstellung mikroskopischer Verformungen und Bruchvorgänge; DFVLR-Braunschweig, Institut für Strukturmechanik; Interner Bericht IB 152-77/19 - 1977

2.104 Fitzer, E.; Fritz, W.; Geigl, K.H.; Müller, T.: Hohle Kohlenstoffasern - eine neue Generation von Kohlenstoffasern; Carbon '80, Proceedings of the 3rd International Carbon Conference, Baden-Baden, June 30 - July 4, 1980

2.105   Geigl, K.H.: Studien zur Oberflächenchemie von Kohlenstoffasern und zur Entwicklung von Kohlenstoffhohlfasern; Dissertation, Universität Karlsruhe, 1979

2.106   Rhee, B.S.; Ryu, S.K.; In, S.J.; Kim, J.P.; Yo, Y.G.: The Mechanical Properties of C- and Hollow-Shaped Carbon Fiber According to the Fiber Thickness; Proceedings of the Twentieth Biennial Conference on Carbon, Santa Barbara, CA., pp. 306-307, June 23-28, 1991

2.107   N.N.: Properties of Industrial Fibers; Broschüre der Fa. AKZO Fibers; p. 56; Published by AKZO Fibers; Arnheim, January 1993

2.108   Kumar, S.: Ordered Polymer Fibers; Handbook of Composite Reinforcements, Edited by Lee, M.S.; VCH Verlagsgesellschaft, Weinheim, 1993

2.109   Cassidy, P.E.: Thermally Stable Polymers, Marcel Dekker, Inc., New York, 1980

2.110   Lysenko, Z: US Patent 4.766.244, to Dow Chemical Co.; Aug. 23, 1988

2.111   Ledbetter, H.D.; Rosenberg, S.; Hurtig, C.W.: An integrated laboratory process for preparing rigid rod fibers from the monomers; The Materials Science and Engineering of Rigid-Rod Polymers; Materials Research Society Symp. Proceedings, Pittsburg, p. 253, 1989

2.112   Reisch, M.S.: High-Performance Fibers Find Expanding Military, Industrial Uses; Chemical and Engineering News,Feb. 2, 1987

2.113   Odell, J.A.,; Keller, A.; Atkins, E.D.T.; Natgy, M.J.; Feijoo, J.L.; Ungar, G.: Orientability of rigid rodlike molecules in solution and controlled preparation of model systems; The Materials Science and Engineering of Rigid-Rod Polymers, Materials Research Society Symp. Proceedings, p. 223, Pittsburg, 1989

2.114   Berry, C.: Properties of solutions of rodlike chains from dilute solutions to the nematic state; The Materials Science and Engineering of Rigid-Rod Polymers; Materials Research Society Symp.Proceedings, p. 181, Pittsburg, 1989

2.115   Chow, A.W.; Penwell, P.E.; Bitler, S.P.; Wolfe, J.F.: Synthesis and solution properties of some extended chain poly(benzazoles); Polymer Preprints (ACS), Bd. 28, p. 50, 1987

2.116   Arpin, M.; Strazielle, C.: Characterization and conformation of aromatic polyamides: poly(1,4-phenylene therphthalamide) and poly(p-benzamide) in sulphuric acid; Polymer, Bd. 18, p. 591, 1977

2.117   Blades, H.; US Patent 3, 767, 756 , to E. I. Du Pont de Nemours and Co.; Oct. 23, 1973

2.118   Cohen, Y., Frost, H.H., Thomas, E.L.: Reversible Gelation in Polymers, ACS Symposium Series 350, p. 181; Edited by Russo, P., 1987

2.119   Cohen, Y; Thomas, L.: Microfibrillar Network of a Rigid Rod Polymer; American Chemical Society, 1988

2.120   Sawyer, L.C., Jaffe, M.: The Structure of Thermotropic Copolyesters; Journal of Material Science 21, pp. 1897-1913, 1986

2.121   Eggersdorfer, M.: Perspektiven nachwachsender Rohstoffe in Energiewirtschaft und Chemie, Spektrum der Wissenschaft, Heidelberg, Juni 1994

2.122   Schweiger, P.; Oster, W.: Nachwachsende Rohstoffe - Ergebnisse der Anbauversuche mit Miscanthus und Arundo donax; Informationen für die Pflanzenproduktion, Heft 7/1991; Hrsg.: Landesanstalt für Pflanzenbau, Forchheim (Baden-Württemberg), Ministerium für ländlichen Raum, Ernährung, Landwirtschaft und Forsten, 1991

2.123   Werner, D., Köhler, E.: Pflanzenfasern im Verbund - das Beispiel Chinaschilf, Spektrum der Wissenschaft, Heidelberg, Juni 1994

2.124   Röhrle, H., Schollen, R., Sigolotto, C., Sillbach, W.: Kraftflußberechnungen in Knochenstrukturen und Prothesen; Forschungsbericht des Bundesministeriums für Forschung und Technologie; Dornier Bericht 79/70A, Dornier GmbH, Dezember 1979

2.125   Renz-Rathfelder, S.: Palmengarten, Faserpflanzen; Graphik: Hr. Schäfer Senkenbergmuseum, Herausgeber Stadt Frankfurt am Main, Juni 1992

2.126   Wittig, W.: Einsatz von Naturfasern in Kfz-Bauteilen, VDI-Verlag GmbH, Düsseldorf, 1994

2.127   Koch, B.; Ruffieux, K.; Mayer, E.; Wintermantel, E.: Biogradable Textile Reinforced Polymers: Processing of a new degradable composite; ETH-Zürich, Techtextil Symposium, 1994

2.128   Rohatgi, P.K., Satayanarayana, K.G., Chand, N.: Natural Fiber Composites, Handbook of Composite Reinforcements, Edited by Lee, M.S.; VCH Verlagsgesellschaft mbH.; Weinheim, 1993

2.129   Tubach, M., Kessler, R.W.: Marktsituation und Einsatzbereiche von Flachs, Textilveredlung 29, Nr. 1/2, 1994

2.130   Baumgartl, H.; Schlarb, A.: Naturfaserverstärkte Verbundstoffe; Symposium "Nachwachsende Rohstoffe - Perspektiven für die Chemie", Frankfurt a.M., 5./6. Mai 1993

2.131   Rowell, R.M.: Natural Composites Fiber Modification, Handbook of Composite Reinforcements, Edited by Lee, M.S.: VCH Verlagsgesellschaft mbH.; Weinheim, 1993

2.132   Hagen, H.: Glasfaserverstärkte Kunststoffe; pp. 186-192, Springer-Verlag, 1961

2.133   Mieck, K.P., Nechwatal, A., Knobelsdorf, C.: Stand der Entwicklung zur Faser-Matrix-Haftung von Flachs in Verbundwerkstoffen aus thermoplastischer Matrix, Vortrag zum 5. Reutlinger Flachsymposium 1994 "Quo vadis Flachs?" 7.3.- 8.3. 1994

Literaturverzeichnis zu Kapitel 3

3.1   Semrau, H.J.: Neue nichtmetallische Strukturverbundwerkstoffe im militärischen Flugzeugbau; DGLR-Jahrestagung, Hamburg 1984

3.2   Ziegmann, G.: Einfluß der Feuchtigkeit und der Prüftemperatur auf das Verhalten von Faserverbundwerkstoffen; DGM-Tagung, Konstanz, 1988

3.3   Vieweg, R.; Goerden, L.: Kunststoff-Handbuch, Band VIII, Polyester; Carl Hanser Verlag, 1973

3.4   Michaeli, W.; Wegener M.: Einführung in die Technologie der Faserverbundwerkstoffe; Carl Hanser Verlag, 1989

3.5   Scheer, W.: Matrixwerkstoffe; aus: Kohlenstoff- und aramidfaserver-
        stärkte Kunststoffe; VDI-Verlag, 1977

3.6   Baer, E.; Moet, A.: High Performance Polymers; Carl Hanser Ver-
        lag, 1991

3.7   Saechtling, H.: Kunststoff-Taschenbuch, 24. Ausgabe, Carl Hanser
        Verlag, 1989

3.8   Heißler, H.: Verstärkte Kunststoffe in der Luft- und Raumfahrttechnik;
        Kohlhammerverlag, 1986

3.9   Ziegmann, G.: Temperaturbeständige Kunststoffe - Fertigung, Struktur
        und Eigenschaften an ausgewählten Beispielen; Dissertation an der
        RWTH-Aachen, 1979

3.10   Domininghaus, H.: Die Kunststoffe und ihre Eigenschaften; 4. Auflage,
        VDI-Verlag, Düsseldorf, 1992

3.11   Menges, G.: Einführung in die Kunststoffverarbeitung; Carl Hanser
        Verlag, München, 1975

3.12   Menges, G.: Kunststoffverarbeitung III - Mit Langfasern verstärkte
        Kunststoffe; Schriftenreihe des IKV Aachen

3.13   Flemming, M.; Musch, G.: Werkstoffkennwerte; Vorlesungsmanuskript
        an der ETH-Zürich, 1989

3.14   Bauer, W.; Woebken, W.: Verarbeitung duroplastischer Formmassen;
        Carl Hanser Verlag, München, 1973

3.15   Roth, E.: Schwindung von ungesättigten Polyesterharzen; Dissertation an
        der RWTH-Aachen, 1977

3.16   Roth, S.: Herstellungsverfahren und Eigenschaften von Matrices und
        Verstärkungsfasern für Faserverbunde; Dornier-Bericht, SK70-
        Aug.80, 1980

3.17   Schmitt, : Arbeitsplatzumfeld bei der Wickeltechnik; Interne Information
        Fa. Schindler, Altenrhein, 1993

3.18   Ehrig, F.; Gernot, T.; Kloubert, T.; Krusche, T.; Stöger, M.: Verfahrens-
        technische Impulse für die Duromerverarbeitung; 17. IKV.Kolloquium,
        RWTH-Aachen, 1994

3.19   Vanek, J.: Styrolemissionsminderung und Kontrollmessungen bei der
        industriellen Fertigung von GF-UP-Großbauteilen im Naßverfahren;
        Vortrag an der 22. AVK-Tagung, 1989

3.20   Drogt, B.: Closed Moulding: A Cheap Solution to Styrene Emission;
        Reinforced Plastics, Heft 6, 1994

3.21   N.N.: Styrolemission halbiert; Kunststoffe 84, Heft 5, 1994

3.22   Scholz, D.: Verarbeitungsverfahren und Eigenschaften hochtemperatur-
        beständiger UP-Harze; Fachtagung "Hochtemperaturbeständige Kunst-
        stoffe-Thermoplaste, Duroplaste", SKZ Würzburg, 1985

3.23   Menges, G.: Werkstoffkunde der Kunststoffe; 2. Auflage, Carl Hanser
        Verlag, München, 1985

3.24   N.N.: Reaktionsharzformstoffe, Gießharzformstoffe, Typen; DIN 16 946,
        T2, 1989

3.25   N.N.: Derakane-Epoxy Vinyl Ester Resins; Firmeninformation der Fa.
        DOW

3.26   N.N.: Epoxidharze und deren Härtungsmechanismen; Firmenbroschüre
        der Fa. Ciba-Geigy AG

3.27   Lohse, F.: Aufbau von Epoxidharzmatrices; 22. Internationale Chemie-
        fasertagung, Dornbirn, 1983
3.28   Batzer, H.; Lohse F.: Einführung in die makromolekulare Chemie; Hüttig
        & Wepf Verlag, Basel, Heidelberg, 1976
3.29   Musch, G.; Schulz, M.: GFK-Technik im Modellbau; Neckarverlag,
        Villingen-Schwenningen, 1992
3.30   Zehrfeld, J.: New Polymer Concepts for Modern Thermosetting Resin-
        Based Fiber Composite Structures; Verbundwerk '91, Wiesbaden, 1991
3.31   Zehrfeld, J.: Zukünftige EP-Harze mit hoher Temperaturbeständigkeit
        und Bruchdehnung; Vortrag bei "Leichtbau mit Verbundwerkstoffen im
        Verkehrswesen"; Braunschweig, Oktober 1992
3.32   N.N.: Reaktionsharze, Reaktionsmittel und Reaktionsharzmassen, DIN
        16 945, 1989
3.33   Fisch,W.; Hoffmann, W.: Chemischer Aufbau von gehärteten Epoxid-
        harzen; Makromolekulare Chemie 44/46, Heft 8, 1961
3.34   Ehrenstein, G.W.: Faserverbund-Kunststoffe, Werkstoffe-Verarbeitung-
        Eigenschaften; Carl Hanser Verlag, München, 1992
3.35   Dodink, H.; Kenig, S.; Liran, I.: Low temperature curing epoxies for
        elevated temperature composites; Composites, vol 22, Nr. 4, July 1991
3.36   Niederstadt, G.: Die Vielfalt der faserverstärkten Polymere; Werkstoff
        und Innovation, 9-10/90; 11-12/90; 1/1991
3.37   Gupta, V.B.; Drzal, L.T.; Adams, W.W.; Lee, C.Y.C.; Rich, M.J.:
        Structure-Property Relationships in a Cured Epoxy Resin System; 29th
        International Sampe Symposium, Anaheim, April 1984
3.38   Wenz, S.M.; Mijovic, J.: The Effect of Cure Schedule on Physical/
        Mechanical Properties of Graphite/Epoxy Composites; Sampe Journal,
        March/April, 1989
3.39   Dusek, K.: Network Formation in Curing of Epoxy Resins; Advanced
        Polymer Science 78, 1986
3.40   Kamore, T.; Furukawa, H.: Curing Mechanisms and Mechanical
        Properties of Cured Epoxy Resins; Advanced Polymer Science, 80, 1986
3.41   Le May, J.D.; Kelley, F.N.: Structure and Ultimate Properties of Epoxy
        Resins; Adv. Polymer Science 78, 1986
3.42   Stängle, M.; Altstädt, V.; Tesch, H.; Weber, Th.: Thermoplastic
        toughening of 180°C curable epoxy matrix composites - a fundamental
        study; 12. International Sampe Conference, Maastricht, 1991
3.43   Bishop, J.A.: The chemistry and mechanical properties of a new gene-
        ration of toughened epoxy matrices; 12. International Sampe Conference,
        Maastricht, 1991
3.44   Lang, R.W..; Tesch, H.; Schornick, G.: 125°C-curable epoxies - a
        systematic approach to new resin formulations for composites; 8th Inter-
        national Sampe Conference, La Baule, 1987
3.45   Lang, R.W.; Tesch, H.; Herrmann, G.H.: 125°C-curable Epoxy Matrix
        Composites with Improved Toughness and Hot/Wet Performance; 9th
        International Sampe Conference, Mailand 1988
3.46   Bucknall, C.B.; Partridge, I.K.: Phase Separation in Crosslinked Resins
        Containing Polymeric Modifiers; Polymer Engineering and Science; Vol.
        26, Nr. 1; January 1986

3.47   Lorenzo, L.; Hahn, H.T.: Effect of Ductility on the Fatigue Behaviour of Epoxy Resins; Polymeric Modifiers; Polymer Engineering and Science; Vol. 26, Nr. 1; January 1986

3.48   Yee, A.F.; Pearson, R.A.: Toughening Mechanisms in Elastomer-Modified Epoxies; Part I: Mechanical Studies; Journal of Materials Science, Nr. 21, 1986

3.49   Pearson, R.A.; Yee, A.F.: Toughening Mechanisms in Elastomer-Modified Epoxies, Part II: Microscopy Studies; Journal of Materials Science, Nr. 21, 1986

3.50   Pearson, R.A.; Yee, A.F.: Toughening Mechanisms in Elastomer-Modified Epoxies, Part III: The Effect of Cross-Link Density; Journal of Materials Science 24, 1989

3.51   Kinloch, A.J.; Hunston, D.L.: Effect of Volume Fraction of Dispersed Rubbery Phase on the Toughness of Rubber-Toughened Epoxy Polymers; Journal of Mat. Science Letters 5, 1986

3.52   Bürk, Th.: Untersuchungen zur Übertragbarkeit des Werkstoffverhaltens von Faserverbunden anhand von Messungen am Reinharz; Unveröffentlichte Diplomarbeit an der TU Stuttgart und Dornier Friedrichshafen, 1985

3.53   Bucknall, C.B.: Toughened Plastics; Applied Science, London, 1977

3.54   Opfermann, J.: Untersuchungen zur Fließzonenbildung und zum Bruch von amorphen Plastomeren; Dissertation an der RWTH-Aachen, 1987

3.55   Brunsch, K.; Gölden, H.-D.; Herbert, C.-M.: "High Tech- the Way into the Nineties"; Elsevier Science Publishers, B.V., Amsterdam, pp. 261-272, 1986

3.56   N.N.: Arbeitshygienische Hinweise zur Verarbeitung von Kunststoffprodukten der Ciba-Geigy; Informationsbroschüre der Fa. Ciba-Geigy AG

3.57   Ziegmann, G.; Menges, G.: Untersuchung der Einflüsse von Verarbeitungsbedingungen und Umgebungstemperatur auf die chemischen, elektrischen und mechanischen Eigenschaften von hochtemperaturbeständigen Thermoplasten; Forschungskuratorium Maschinenbau, Forschungsheft Nr. 75, Frankfurt, 1979

3.58   Stenzenberger, H.: Hochtemperaturfeste Verbundwerkstoffe; aus: Kohlenstoff und aramidfaserverstärkte Kunststoffe; VDI-Verlag, 1977

3.59   Stenzenberger, H.D.; König, P.: Polybismaleinimide: eine Klasse temperaturbeständiger Matrixduromere für Hochleistungsverbundwerkstoffe; 28. Internationale Chemiefasertagung, Dornbirn, 1989

3.60   Clair, T.L.St.; Burkes, H.D.: Melt Flow Properties of Larc-TPI 1500 Series Mixtures; Sampe Quarterly, Oct. 1992

3.61   Lubowitz, H.R.: US-Patent 352 8950, 1970

3.62   Vannucci, R.D.; Malarik, D.C.: High Molecular Weight First Generation PMR Polyimides for 343°C Applications; Sampe Quarterly, July 1992

3.63   Bowles, K.J.; Nowak, G.: Thermooxidative Stability Studies of Celion 6000/PMR-15 Unidirectional Composites; PMR-15 and Celion 6000 Fiber; Journal of Composite Materials, Volume 22, Oct. 1988

3.64   Wilson,D.; Wells, J.K.; Hay, J.N.: Preliminary Investigations into the Microcracking of PMR-15/Graphite Composites - Part I., Effect of Cure Temperature; Sampe Journal, May/June 1987

3.65   Scholle, K.F.M.G.J.; Winter, H.: A New BMI with Excellent Fracture Toughness and Processability; 33rd Intenational Sampe Conference, Anaheim, 1988

3.66   Ho, V.: The Development of a Modified Bismaleimide Resin System with Improved Toughness for Composites; 31st International Sampe Conference, Anaheim, 1986

3.67   Chekherdemian,G.; Kraft, G.; Schmid, R.: Characteristic Behaviour of a High-Temperature BMI-System; 9th International Sampe Conference, Mailand, 1988

3.68   Steiner, P.A.; Browne, J.M.; Blair, M.T.,McKillen, J.M.: Development of Failure Resistant Bismaleimide/Carbon Composites; Sampe Journal, March/April, 1987

3.69   Gerth, D.; Alststädt, V.; Fischer, J.; Boyd, J; Ling, A.: Toughened Bismaleimide Resin Systems for Aerospace Applications; 13th International Sampe Conference, Hamburg, 1992

3.70   N.N.: Compression after Impact (CAI); Boeing Specification BSS 7260

3.71   Pater, R.H.: Improving processing and toughness of a high performance composite matrix through an interpenetrating polymer network; Sampe Journal, Vol. 26, NR. 5, Sept/Oct. 1990

3.72   Pater, R.H.; Gerber, M.K.: Film Properties of High Performance Semi-Interpenetrating Polyimide Networks; Sampe Quarterly, July 1992

3.73   Clair, A.K.St.; Stoakley, D.M.: Low Coefficient of Thermal Expansion Polyimides Containing Metal Additives; Sampe Quarterly, July 1992

3.74   Hou, T.H.; Reddy, R.M.: Characterization of Thermoplastic Polyimide New-TPI; Sampe Quarterly, Jan. 1991

3.75   Loisel, B.; Cuillery, C.; Abadie, M.J.M.: Kinetische Untersuchungen an kohlefaserverstärktem Polyimid; Kunststoffe 82, Heft 5, 1992

3.76   Harris, F.W.; Beltz, M.W.; Hergenrother, P.M.: A New Readily Processable Polyimide; Sampe Journal Jan/Feb. 1987

3.77   Gibbesch, B.; Schedlitzki, D.: Faserverstärkte Phenolharzwerkstoffe für den Anlagenbau; Kunststoffe 84, Heft 6, 1994

3.78   Michaeli, W.; Gernot, Th.; Ehrig, F.; Klaas, H.: Rheologische Stoffdaten für Duroplaste; Plastverarbeiter, 45. Jhrg., Nr. 3, 1994

3.79   Stolze, R.: Aramid- und C-faserverstärkte Thermoplaste - Chancen gegenüber Duroplasten, Erfordernis von neuen Herstellungsverfahren; 25. Internationale Chemiefasertagung, Dornbirn, 1986

3.80   Rathmann, D.: Übersicht über das Angebot an hochtemperaturbeständigen thermoplastischen Kunststoffen und deren Eigenschaften; Fachtagung "Hochtemperaturbeständige Kunststoffe - Thermoplaste, Duroplaste", SKZ Würzburg, 1985

3.81   Menges, G.: Faserverbundwerkstoffe mit Kunststoffmatrix - Stand und Aussichten; 28. Internationale Chemiefasertagung, Dornbirn, 1989

3.82   Brandt, J.H.; Richter, H.: Hochleistungsverbunde mit thermoplastischen Matrixwerkstoffen für die Luft- und Raumfahrt; 28. Internationale Chemiefasertagung, Dornbirn, 1989

3.83   Wolters, J.: Hochtemperaturbeständige Thermoplaste: Zahlen und Fakten; Kunststoffe 82, Heft 4, 1992

3.84   Baron, Chr.; Mehn, R.: Thermoplastic Composites in Vehicle Applications; 6th European Conference on Composite Materials, ECCM, Bordeaux, 1993

3.85   Brüning, H.-J.; Disselbeck, D.: Thermoplastische Hochleistungsfilamentgarne und ihre Anwendung in Faserverbundwerkstoffen; 31. Internationale Chemiefasertagung, Dornbirn, 1992

3.86   Tolksdorf, Th.: Optimierung der Verarbeitungsbedingungen faserverstärkter Thermoplaste; Unveröffentlichte Studienarbeit, TU Stuttgart, 1990

3.87   N.N.: APC-2 - Aromatic Polymer Composite; Informationsbroschüre der Firma ICI

3.88   Elspass, W.: Dimensionsstabile monolitische und hybride Bauweisen unter extremen Umgebungsbedingungen; Schlußbericht zum NF-Vorhaben, ETH-Zürich, 1993

3.89   N.N.: Underwriter Laboratories; UL 746 B

3.90   Niederstadt, G.: Leichtbau mit kohlenstoffaserverstärkten Kunststoffen; Expert-Verlag, 1985

3.91   Ziegmann, G.: Processing of Fibre Composites - a Comparison of Thermoplastics and Thermosets; Verbundwerk '91, Wiesbaden, 1991

3.92   Mittnick, M.A.: Continuous SiC-fiber reinforced metals; Sampe Journal, Vol 26, Sept./Oct. 1990

3.93   Dolowy, J.F.; Harrigan, W.C. jr.; van den Bergh, M.R.: Metal Matrix Composites, Aluminium; aus Lee, S.M. Handbook of Composite Reinforcements, VHC-Publishers, 1993

3.94   Mikucki, B.A., Shook, S.O.: Metal Matrix Composites, Magnesium; aus Lee, S.M. Handbook of Composite Reinforcements, VHC-Publishers, 1993

3.95   Wawner, F.E.: Metal Matrix Composites, Property Correlations; aus Lee, S.M. Handbook of Composite Reinforcements, VHC-Publishers, 1993

3.96   Noebe, R.D.; Locci, I.E.: Metal Matrix Composites, Rapid Solidification Processing; aus Lee, S.M. Handbook of Composite Reinforcements, VHC-Publishers, 1993

3.97   Ponzi, C.: Some aspects of the characterization of metal matrix composite materials for studying high-performance aerospace structural components; Centro Materiali Compositi, Mailand, 1991

3.98   Hartmann, H.; Nußbaum, H.J.: Neues über aluminiumoxidfaserverstärkte Verbundwerkstoffe; 20. Internationale Chemiefasertagung, Dornbirn, 1981

3.99   Vaidya, R.U.; Subramanian, K.N.: Studies on metallic-glass/glass-ceramic interface; Sampe Journal, Vol 28, March/April 1992

3.100   Ibe, G.; Penkava, J.: Entwicklung faserverstärkter Aluminiumwerkstoffe; Metall, Sonderdruck, Heft 6, Jhrg. 41, 1987

3.101   Lavernia, E.J.: Synthesis of Particulate Reinforced Metal Matrix Composites Using Spray Atomization and Co-Deposition; Sampe Quarterly, Jan. 1991

3.102   Lee, J.A.; Mykkanen, D.L.: Metal and polymer matrix composites; Noyes Data Corporation, 1987

3.103   Ibe, G.; Penkava, J.; Tank, E.; Kainer, K.U.; Hage, F.: Entwicklung faser-
        und partikelverstärkter Leichtmetalle; Symposium Materialforschung des
        BMFT, Hamm, 1988

3.104   Buschmann, R.; Elstner, J.; Mielke, S., Seitz, N.: Metallische Verbund-
        werkstoffe; Symposium Materialforschung des BMFT, Hamm, 1988

3.105   Yamamura, T.; et al.: Compatibility of new continuous Si-Ti-C-O-fiber
        for composites; 8th International Sampe Meeting , La Baule, 1987

3.106   Peel, C.J.; Moreton, R.; Gregson, P.J.; Hunt, E.P.: Some Developments
        in the Performance of Lightweight Aerospace structural Materials; 8th
        International Sampe Meeting , La Baule, 1987

3.107   Miravete, A.: Metal Matrix Composites; Vorträge auf der ICCM/9,
        Woodhead, Publishing Limited, Madrid, 1993

3.108   Hoffmann, P.R.: The latest developments in speciality aerospace
        materials; World aerospace technology, 1992

3.109   Warren, J.W.: Ceramic Matrix Composites, Carbon Fiber Reinforced; aus
        Lee, S.M. Handbook of Composite Reinforcements, VHC-Publi-
        shers, 1993

3.110   Hurwitz, F.I.: Ceramic Matrix Composites, Ceramic Fiber reinforced; aus
        Lee, S.M. Handbook of Composite Reinforcements, VHC-Publi-
        shers, 1993

3.111   Tiegs, T.; Becher, P.: Ceramic Matrix Composites, SiC-Whisker-
        Reinforced; aus Lee, S.M. Handbook of Composite Reinforcements,
        VHC-Publishers, 1993

3.112   Kaisersberger, E.: Control of Ceramic Raw Materials for High Tem-
        perature Composite Structures; 8th International Sampe Meeting, La
        Baule, 1987

3.113   N.N.: Obstacles to Commercialization of Structural Advanced Ceramics;
        Sampe Journal , Vol. 27, Nr. 3, May/June 1991

3.114   Amateau, M.F.; Conway, J.C. jr.; Bhagat, R.B.: Ceramic Composites:
        Design, Manufacture and Performance; Vortrag bei der ICCM/9, Madrid,
        Juli 1993

3.115   Haug, T.:, Schäfer, W.: Fibre Reinforced Ceramics Based on Oxides;
        Vortrag bei der ICCM/9, Madrid, Juli 1993

3.116   Krenkel, W.; Gern, F.: Microstructure and Characteristics of CMC
        Manufactured via the Liquid Phase Route; Vortrag bei der ICCM/9,
        Madrid, Juli 1993

3.117   Grathwohl, G.: Mechanische Eigenschaften keramischer Konstruktions-
        werkstoffe; DGM Informationsgesellschaft Verlag, 1993

3.118   Greil, P.: Strukturkeramik mit hohem Potential; Vortrag beim
        Symposium Materialforschung, Hamm, 1988

3.119   Menges, G.; Ziegler, G.: Faserverbundwerkstoffe - Grundlagen und
        Einführung in die Besonderheiten; Vortrag beim Symposium Material-
        forschung, Hamm, 1988

3.120   Blecha, M.; Pohlmann, H.J.: Entwicklung von hochwarmfesten, korro-
        sionsbeständigen, nichtmetallischen keramischen Werkstoffen, insbe-
        sondere Siliciumnitrid für den Gasturbinenbau; Forschungsbericht T85-
        015, BMFT, 1985

3.121   Grenie, Y.: Carbon-Carbon Composites and Aerospatiale, State of the Art and Prospects; 8th Internationale Sampe Meeting, La Baule, 1987

3.122   Ngai, T.: Carbon-Carbon Composites; aus Lee, S.M. Handbook of Composite Reinforcements, VHC-Publishers, 1993

3.123   Takayasau, J.; Ikegami, M.; Tsushima, E.; Shindo, A.: Mechanical Properties of Unidirectional C/C-Composites Prepared Using Matrix Precursor Containing Green Coke as the Main Component; ICCM/9, Madrid, July 1993

3.124   Takabatake, M.; Nagata, Y.: Effect of Thermal Shrinkage to the Reinforcement Carbon Fiber in the Carbon-Carbon Composite During Carbonization Process; ICCM/9, Madrid , July 1993

Sachwortverzeichnis

Abkürzungen

AAP	Acetylacetonperoxid
ABPBO	Poly-2,5-benzoxazol
APC-2	Armomatic Polymere Composite
BMI	Bismaleinimid
BP	Benzoylperoxid
C/C	Kohlenstoff/Kohlenstoff (kohlenstoffaserverstärkter Kohlenstoff)
CHP	Cyclohexanonperoxid
COB	Kobaltoctoat
CTBN	carboxyl-terminated copolymer of butadiene and acrylonitrile
CUHP	Cumolhydroperoxid
CVD	Chemical Vapour Deposition
CVI	Chemical Vapour Infiltration
DAP	Diallylphthalat
DDM	Diaminodiphenylmethan
DDS	Diaminodiphenylsulfon
DGEBA	Diglycidether auf Bisphenol-A-Basis
DMA	Dimethylanilin
DMA	Dynamisch mechanische Analyse
DMPT	Diethylenparatoluidin
DSC	Differential Scanning Calorimetry
DTA	Differential Thermo Analyse
EP	Epoxidharz
G_{IC}	kritische Rißfortschrittsenergie
GMT	Glasmattenverstärkter Thermoplast
HDT	Heat Distorsion Test
HIP	Hot Isostatic Pressure
ILS	Interlaminare Scherfestigkeit
IPN	Interpenetrating Network
LSE	Low Styrene Emission
LARC-TPI	LARC-Thermoplastic Polyimide
MAK	Maximale Arbeitsplatzkonzentration
MEKP	Methylethylketonperoxid
MPD	m-Phenylendiamid
PA	Polyamid
PBI	Polybenzimidazol
PBO	Poly(p-phenylen-2,6-benzol [1,2-d:4,5-d'] bisoxazol)
PBT	Polybutylenterephthalat
PBZT	Poly(p-phenylen-2,6-benzol [1,2-d:4,5-d'] bisthiazol)
PC	Polycarbonat
PDIAB	Benzolbisimdazol
PE	Polyethylen
PEEK	Polyetheretherketon

PEEKK	Polyetheretherketonketon
PEI	Polyetherimid
PEK	Polyetherketon
PES	Polyethersulfon
PET	Poylethylenterephthalat
PF	Phenolharze
PI	Polyimid
PMR 15	15 Polymerisation of Monomeric Reactants (molecular weight 1500)
PP	Polypropylen
PPS	Polyphenylensulfid
PSU	Polysulfon
ROM	Rule of Mixture
RSP	Rapid Solidification Process
SFK	Synthesefaerverstärkter Kunststoff
SiC	Silizium Carbide
SMC	Sheet Moulding Compound
TETA	Triethylentetramin
T_G	Glasumwandlungstemperatur
TMA	Thermomechanische Analyse
T_S	Schmelztemperaturbereich
T_Z	Zersetzungstemperatur
UHMPE	Ultrahochmolekulares Polyethylen
UP	Ungesättigtes Polyesterharz
VE	Vinylester

Springer-Verlag und Umwelt

Als internationaler wissenschaftlicher Verlag sind wir uns unserer besonderen Verpflichtung der Umwelt gegenüber bewußt und beziehen umweltorientierte Grundsätze in Unternehmensentscheidungen mit ein.

Von unseren Geschäftspartnern (Druckereien, Papierfabriken, Verpackungsherstellern usw.) verlangen wir, daß sie sowohl beim Herstellungsprozeß selbst als auch beim Einsatz der zur Verwendung kommenden Materialien ökologische Gesichtspunkte berücksichtigen.

Das für dieses Buch verwendete Papier ist aus chlorfrei bzw. chlorarm hergestelltem Zellstoff gefertigt und im pH-Wert neutral.